刘建伟 主编

味道春秋

52位中国烹饪大师精华技艺集成

北京·旅游教育出版社

策　　划：李荣强
责任编辑：李荣强

图书在版编目（CIP）数据

味道春秋 / 刘建伟主编. —北京 ： 旅游教育出版社，2016. 1
ISBN 978-7-5637-3299-9

Ⅰ. ①味…　Ⅱ. ①刘…　Ⅲ. ①烹饪—方法—中国　Ⅳ. ①TS972.117

中国版本图书馆CIP数据核字(2015)第312784号

味道春秋

刘建伟 主编

出版单位	旅游教育出版社
地　　址	北京市朝阳区定福庄南里 1 号
邮　　编	100024
发行电话	(010) 65778403 65728372 65767462 (传真)
本社网址	www.tepcb.com
E-mail	tepfx@163.com
印刷单位	济南纸老虎彩色印艺有限公司
经销单位	新华书店
开　　本	889毫米×1194毫米　1/16
印　　张	25
字　　数	450千字
版　　次	2016年1月第1版
印　　次	2016年1月第1次印刷
购书咨询	0531-87065151
定　　价	98.00元

（图书如有装订差错请与0531-87065151联系）

中国社会的重大变革和快速发展是近几十年才真正出现的，在时代步入快车道后，“人心浮躁”和“急功近利”这两个副产品也相伴而生，此时，“传承”便显得尤为重要。告诉后人“事情原来是什么样子，又是怎样一步步发展演化成现在的状态”，是一件既有现实需求，又有深远意义的使命。

“浮躁”和“功利”同样也浸染了餐饮行业，“创新”与“时尚”一度成为全行业狂热追逐的首要指标。有些入行三四年的小厨工，连肉丝都切不利索，便整天嚷嚷着创新、颠覆……

潮涨潮落，浪洗沙磨，当分子美食的繁华逐渐消散，意境装盘的浮夸趋于沉静，越来越多的人在往回看。他们翻然转身，回到过去，搜寻那些久已遗失的宝贝。

宝贝在哪里呢？张文海已然87岁，吕长海、颜景祥也已年近耄耋，宝贝，就装在这些长者的肚子里、脑海中。

烹饪是一门饱含艺术气质的实用技术，技术是其根茎源泉，是数千年来大厨们在灶台间焰影里实践、总结、提炼、传承而来的宝贵经验，而艺术气质则是附着在烹调技艺之上的那个范儿，如崔义清站灶潇洒飘逸、刘敬贤翻勺气韵贯通，那是潜心修炼几十年后，炉火纯青技艺的自然表露。游刃颠勺，美感外溢；动静之间，气度迷人。

几年间，中国大厨专业传媒遍历江南塞北，走访52位中国烹饪大师，拍摄整理了他们最得意的作品和最精华的技艺。同时采撷来的还有他们磨砺一生所凝结的那份淡泊情怀和从容气度。

记录一个时代的大师名厨，留下一个时代物质与精神生活的格调和剪影。

《味道春秋》

编委会名单

目录

Contents

崔义清——1——风箱前走出一代宗师

李树人——6——从八十载记忆中创出老川菜

张文海——12——老来多健忘　技艺恒在心

吕长海——22——国宝级大师说经典级豫菜

颜景祥——30——矮下去的菜板　厚起来的人生

张志德——40——八道菜品展演五十年绝技

王致福——52——四位老师傅　抢我当徒弟

陈进长——60——身背锅碗瓢勺案　跟着师父走百家

刘敬贤——70——五斤沙子练绝技　五款辽菜显真功

纪晓峰——78——葱姜抓够五十下　腰花入油六秒钟

周　锦——82——从满汉席到切葱花

史正良——90——创新三百道　授业两万人

靖三元——94——随身带着一把刀　调味只用七种料

李光远——108——找回中餐失落的标准

杜有岱——112——堂堂正正　不走偏锋

尹顺章——120——我有三个中国梦

胡忠英——124——做个随时被机会垂青的人

孙昌弼——136——四十九载心血　尽在一桌鮰鱼

孟　锦——142——花甲大师　坚守厨房第一线

梁力行——150——五香味　不是五种香味

罗干武——154——五根手指缠胶布　难忘学徒苦时光

潘小敏——158——三款经典苏帮菜　各有秘诀在其中

剧建国——164——每月给徒弟写七十二封信

杨和平——170——五道实用菜　大师讲明白

周妙林——178——学院大师讲名菜　原理术语倍儿明白

周元昌——182——海派菜品要面子

苏国渊——188——细说鲁菜三大关键词

郑树国——386——一门四代厨　传承锅包肉

张芳忠——376——细说五道宫廷菜

曹　靖——366——回锅肉汆散再炒　炼红油三种辣椒

李昌顺——354——鲁菜芳园又一枝——博山菜

李志刚——336——中餐有杆秤　藏在大厨心

张金春——330——用私家诀窍　烹龙江菜肴

原　伟——324——刷出来的肘子皮

高玉才——318——切肉馅问傻厨师长　揪树叶惊呆环卫工

武英杰——312——开分店连战连胜　造机器巧夺天工

江鸿杰——306——从厨三十六载　心系一只肥鸭

张恕玉——300——大师烹菜靠小招

段留长——294——烹坛老顽童的琥珀人生

刘华正——288——水煮鱼盖层烧椒酱　小牛蛙焕新辣子鸡

茅天尧——280——千回百转绍兴味　尽在糟香卤臭中

舒国重——270——清波煮后淋豆瓣　白菜夹馅成熊掌

张　清——262——烹羊宰牛活字典　蒙餐技法传灯人

孙立新——252——时尚大师　做个性大菜

王　强——244——宫保鸡丁的进化论

左　汀——238——六个关键点　成就葫芦鸡

沈逸鸣——228——上海炉灶大王　讲述经典本帮菜

仇上明——222——手上不断吃刀　技术才能长高

张英福——216——一款蟹粉狮子头　细听大师说从头

郭新军——208——用谭门绝技　做平民菜肴

张桂生——202——全能大师的三级跳

郑新民——196——炒鱿鱼　大师级

风箱前走出一代宗师

大师 崔义清

崔义清大师身材清瘦，精神矍铄，气质温文尔雅。一头白发在2013年也由白变黑了，返老还童，正是长寿吉兆。花白直长的寿眉下是一双炯炯有神的慧眼，慈祥中又透着威严。

崔老16岁从厨，至今已有70余年。由于勤奋，他对鲁菜烹调技艺的掌握和运用炉火纯青，已臻化境；由于睿智，他所编写的菜谱、出版的专著既有细致而全面的总结，又有对以往含混概念的澄清，成为鲁菜领域的集大成之作；由于无私，他培养和影响的一代又一代大厨，已成为继承和发扬鲁菜艺术的主力军团。

六年辛苦　一朝脱颖

崔老学厨之路非常坎坷，16岁即在“日本阁”学做日本菜，后来又去“银座”学习西餐，1946年才进入济南“聚丰德”学做鲁菜。刚进入聚丰德学徒时，崔义清负责拉风箱。旧时炒菜的炉具都是烧煤的，需要用风箱来吹旺炉火。就是做这样的工作，崔义清也是有心人，他每天提前上班，把前一天烧过的煤渣——拣过（俗称拣煤核），存放在院子的角落，时间长了竟有一人多高的一大堆。没多久，正赶上煤炭供应紧张时期，崔义清拣的煤核便派上了用场。股东们都夸他是个能干的有心人，而崔义清认为这是自己的本分，在什么岗位都应该干出个样子来，于是在这个岗位上一干就是6年。他每天看着师傅们煎炒烹炸，并把要点牢牢记在心里，其实他何尝不想成为炒菜师傅，只是没有机会。

六年后的一天，机会终于来了。当时师傅正在吃饭，堂倌端回一盘糖醋鲤鱼骨架，要砸个鱼汤。于是，崔义清赶紧上灶通火，将骨架放入锅内，加高汤，调入白糖、醋、胡椒粉、少许酱油，大火烧开，撒香菜末，做出一碗酸辣鱼汤，盛到碗里正好八分满，汤呈茶色，看上去非常有食欲。这时师傅突然过来了，他二话不说就把崔老挤到一边，正想自己动手时，发现了崔义清已经砸好的鱼汤，低头看了一眼，不禁面露喜色。因为鱼骨架砸汤有一个不成文的标准，就是汤入盛器只至八分满。为什么呢？首先，汤若盛得太满，服务员上菜不好端，容易洒出来；其次，汤上桌后服务员要配上勺子，如果已经盛满，勺子就放不进去了；另外，中国人信奉“盈则亏，满则溢”、“谦受益，满招损”。汤盛得欠一点，暗合于传统文化里的这种信条。第一次上灶的生手能观察到这个标准并准确砸出八分满的分量，着实不容易。再看汤色，上面飘着葱花、香菜末，花椒油花星星点点。师傅用手勺尝了一下，甜、咸、酸、辣、香、鲜，层次鲜明，回味丰富。师傅当即抬头，第一次正眼看了看这个刚过30的年轻人。崔义清六年辛苦，一朝脱颖，从此，他便跟着师傅上灶炒菜。每每说到这里，崔老总是感叹现在的学徒太急于求成了，对菜品一知半解就要上灶炒菜，然而基础打不牢，成才做大厨就很难。

大师“手感” 堪比秤杆

崔老在“聚丰德”担任主厨多年后，又被饮食公司派往济南名店“汇泉楼”“燕喜堂”任主厨。炉子出身的崔老，站灶掌勺的功底尤其深厚。不同于如今厨师的“前翻勺”，崔老擅长后翻勺，这样即使翻出汤汁也向外溅，不会弄脏自己的衣服。崔老站灶，飘逸潇洒，勺功做派，一招一式，大气到位。

不但炒菜动作有“范儿”，崔老的烹调技术更是出类拔萃。鸡汁虾仁、鸡汁干贝、鸡汁鱼肚等鸡汁菜操作难度极大，是特级厨师考核的指定菜式。在特级厨师培训班上，鸡汁菜就是崔老的拿手绝活。只要崔老和好的鸡料子，谁炒都能成功。几个蛋清、多少淀粉和多少鸡料子，崔老的手就是秤，这是大师才有的“手感”，练到如此境界，就鲁菜而言，没有20年以上的灶头功夫是无法达到的。

鸡汁虾仁

鸡汁菜是传统官府鲁菜之一，其特点是吃鸡不见鸡，选料精细（只用鸡牙子肉，即鸡里脊），技法讲究，味道清淡鲜美。炒好的鸡汁菜口感细嫩无渣，入盘后颤颤巍巍，装盘时什么样上桌就什么样，不塌陷、不淌油、不淌汁，洁白典雅。在鸡汁菜中，鸡肉既不是主料也不是辅料，而是佐助料，负责给菜品出鲜味。这么多食材为何只选鸡肉为佐助料呢？因为鸡肉鲜味浓、异味小。

以鸡汁虾仁为例，制作时要先调鸡料子。崔老调鸡料子的配方是这样的：3个蛋清入盆搅打至起泡，加入一两鸡肉泥（鸡牙子肉用刀背砸成泥）搅均匀，撒入适量淀粉、适量清汤、盐、味精、料酒、胡椒粉搅匀。搅好的鸡料子稀稠度如“厚糊”（全蛋糊）一般。其次是虾仁开背去沙线，加入盐、味精、胡椒粉、料酒、水淀粉腌制上浆，然后快速飞水至断生。操作时先将锅滑好，然后下入少许凉油、投入葱姜蒜末爆锅，放入搅好的鸡料子急火推炒至凝固，放入虾仁一起急火快炒至均匀，起锅装盘即成。

鸡汁虾仁

琉璃丸子

将丸子炸至吐面。

跟着选手学做菜

崔老尊重但不拘泥于传统，他不放过任何一个学习的机会。有一年山东省举办烹饪大赛，崔老是考评主任，鲁西来了兄弟两人参赛，自选菜制作的是“鸾凤下蛋”和“琉璃丸子”。“鸾凤下蛋”其实和济南的布袋鸡相似，只是整鸡去骨的手法有所不同。崔老觉得有新意，很仔细地询问了此菜的做法：原来济南厨师剔布袋鸡是从鸡嗉子处开口下刀，从上往下剔，仅去鸡骨架，而不剔去鸡肉，然后酿入八宝料。而这道来自鲁西的“鸾凤下蛋”是从鸡屁股处开刀向前剔，而且是贴着鸡皮，把骨头和肉都剔出来，再把骨肉分离，将鸡肉剁成泥，再做成丸子，酿在布袋鸡腹中。蒸熟之后，用筷子一摁，就出一个鸡丸子，故名“鸾凤下蛋”。

而“琉璃丸子”更加奇特，考生仅用面粉、鸡蛋黄和白糖就做出了空心溜圆的琉璃丸子。崔老没有做过此菜，他放下考评主任的架子，亲自来到操作间的灶台前，用兄弟俩剩下的面团试炸了好几个丸子，结果丸子不吐泡，是实心的。他反复调整操作方法，分三次炸，第一次炸得欠一点，不要把丸子外皮炸得太紧太硬，第二次小火慢炸至丸子吐面，然后捞出揪掉吐出的面团，第三次再入油锅炸至硬脆。直到真正掌握了空心琉璃丸子的炸制方法，崔老才罢手。像这样的例子还有很多，如胶东流派制作的“蒲酥全鱼”，里面用的糊叫“蒲酥”糊浆，即蛋泡糊。大致做法是鱼片挂蛋泡糊炸制以后再溜，这在济南菜中不多见，崔老多次试做，反复请教胶东厨师，终于成功。细化分量、完善流程后，他将此菜收在自己编写的《鲁菜》一书中。

浮油鸡片

浮油鸡片≠芙蓉鸡片

崔老不仅有神奇的刀功和飘逸的勺功，还有一支力透纸背的笔。鲁菜源远流长，但历史上少有人做条分缕析的归纳整理，很多概念、流程长期以来众说纷纭，崔老在编写烹饪实用专著《鲁菜》的过程中，从菜名到划分归属再到操作流程，对整个菜系中那些含混不清之处做了认真翔实的考证。后学者看到的是一个菜系完整的理论架构和一位大师严谨的治学精神。如“煎烧虾段”一菜，在崔老编写《鲁菜》之前，济南厨行都称之为“煎烹虾段”，但是崔老分析了此菜的制作方法以后，认为不应叫“煎烹”而应叫“煎烧”。因为行业内有“逢烹必炸”的说法，即“煎烹”应该是将原料挂糊炸制以后再烹，而济南名菜“煎烹虾段”中的主料却是先用油煎制以后又烹汁烧制而成，于是，崔老把它改为“煎烧虾段”，记在菜谱之中。

对于“浮油鸡片”与“芙蓉鸡片”两道菜辨识模糊问题，崔老也分析得有理有据。“浮油鸡片”=“芙蓉鸡片”吗？不对。浮油鸡片是先打鸡料子，然后用小勺舀入低温油（不到二成热）中，缓慢加热至凝固，成为一个个圆鼓、洁白的厚片，捞出过水冲掉油分之后，和冬笋片、香菇片溜炒而成。而“芙蓉鸡片”则是另一道菜：深盘内盛入一层蛋清液，上笼蒸成鸡蛋羹；鸡脯肉切片，腌制上浆，滑油后入锅溜炒，起锅盛在盘中蛋羹上。

1.舀起鸡料子入油锅。

2.低油温浸至凝固。

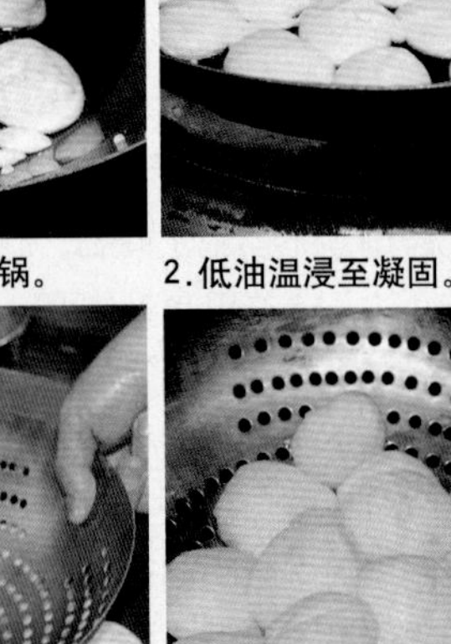

3.翻面后用漏勺压入油中均匀受热。

4.白白胖胖的鸡片做好啦！

切丁片

丁片与方丁

对于某些菜品制作方法中模糊不清的环节，崔老通过自己的分析给出了一个最佳方案。比如“丁菜”中“辣爆肉丁”、“油爆鸡丁”的改刀，崔老特别强调这里面所说的“丁”不是“方丁”而是“丁片”。崔老认为，将原料先切成长方条，再切成薄薄的丁片入菜，既易成熟又易入味，还更容易挂住芡汁，能充分体现济南菜“滚油爆炒”的烹饪灵魂。于是，济南老菜“油爆鸡丁”、“辣爆肉丁”等菜式的改刀，都趋向于“丁片”并逐渐演变成了行业规定。

做大菜　拘小节

俗话说“大丈夫不拘小节”，崔老做大菜，但同样拘小节。为了节省成本，给饭店创造更大利润，崔老惜料如金，比如鸡汁菜卖多了，就安排几个溜黄菜，把剩余的蛋黄处理掉，既节约了成本，又让客人尝到了新口味。年轻厨师可能对“溜黄菜”已经很陌生了，这是一道老胶东菜，其大致做法如下：鸡蛋黄加入淀粉、猪奶脯肉（即猪腹部离地面最近的那块肉，质地柔软）泥、青豆末、荸荠末、海米末、清汤等搅打均匀，下入盐调味。热锅凉油，下入原料大火推炒至状如豆腐脑时，出锅入盘即成。溜黄菜色泽浅黄，盛盘后颤颤巍巍，口感鲜嫩，颇受美食老饕们的喜爱。

还有一处小节，崔老坚守了70多年。那就是到现在仍然坚持每天晚上自己换洗衬衣，衣领、衣袖永远是洁白干净的。崔老说，厨师是最受人尊重的“进口”食品的制作者，讲究卫生是最基本的要求。个人仪表要干干净净，不要让食客觉得厨师都是满身油污、脏兮兮的；做菜各个环节要讲究卫生，这样客人吃得放心，厨师也对得起自己的良心。

技术、营销、厨德
一个也不能少

不同于很多老师傅只管做菜不管营销的做派，崔老在烹饪教学中，还特别注重对于厨师经营意识的培养。厨师把菜做好天经地义，没有什么值得夸耀的，但把做好的菜卖出去、卖个好价钱，那才是厨师的真本事。正因如此，在收徒方面，崔老的筛选极为严格，他要求本门弟子像京剧演员一样唱念做打样样精通，不仅要做好菜，更要会写、会说、会经营，因此崔氏一派到现在为止，只收了15个弟子。

在对弟子和学生的教育中，他特别强调“职业道德”，经常说“先做人，后做菜”。他教育学生做菜要下足成本，用到火候，不足成本对不起食客，不到火候绝不能出锅。俗话说“学高为师，德高为范”，对于烹饪职业的敬重和执著，已经深深融化在崔老的骨髓中，崔老已化身为这一行的道德、技术典范，成为鲁菜传统文化的一代宗师。

从八十载记忆中刨出老川菜

大师 李树人

李树人老先生是四川乃至全国餐饮界知名的美食大师，这位前四川省餐饮协会会长在古稀之年一手创办起四川省美食家协会，一生致力于四川美食的推广，人送雅号“美食活地图”。李老爱吃也会吃，虽没上过一天灶台，那张嘴却堪比功力深厚的老师傅，一道菜品的咸淡脆嫩，只要尝过一口，李老便能给出最中肯的意见以供厨师改进，从苍蝇馆子到高档酒楼，从小资餐厅到精致会所，无不以邀请到李老莅临品鉴为荣，而席间李老所讲述的各种美食典故，更是让后辈们受益匪浅，从中收获许多菜品创新的灵感。

“我并不敢称自己为美食家或大师，我只是一名长期奋斗在美食文化战线上的老兵。”

—— 李树人

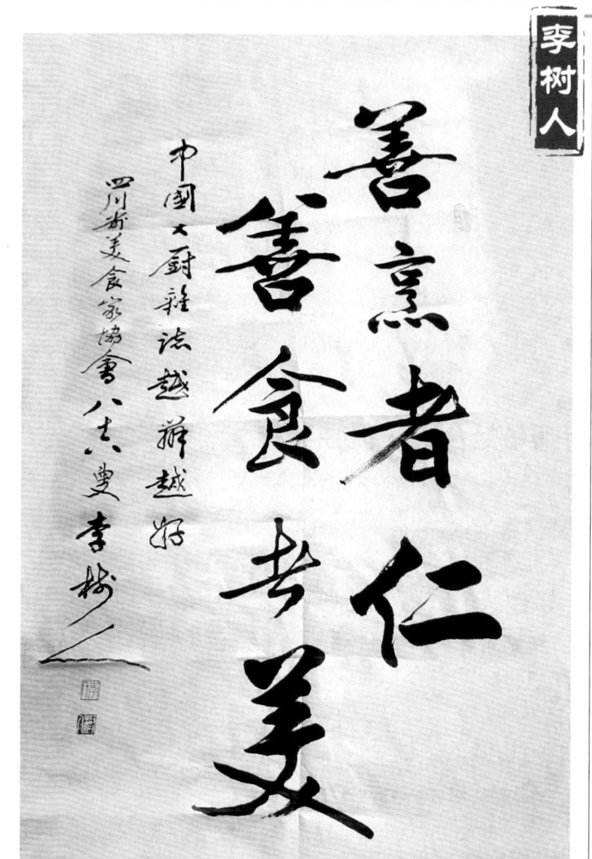

美其食，必先美其器

“什么是高端？现在很多人，以为多摆上几个高的矮的杯子就叫高端。罗祥止先生连做个泡菜，都要因食材不同而分坛，家中大大小小的200个坛子中埋放着用不同浓度的盐水、不同种的配料泡制的各种蔬菜，他专门聘请了两个师傅制作泡菜，寻找规律、发掘内涵，我认为，这才是真正的高端。”

幼时最难忘一餐饭：请的是齐白石、吃的是锅巴粥、用的是十样锦

李老与美食的缘分从孩提时代便开始，因家境殷实且为家中独子，生性豪爽的李老常与朋友相约出外寻觅美食，自此扎入美食文化的学堂一发不可收拾。80年走南闯北吃遍无数美食，但最让他难忘的，却是童年时的一餐早饭，而之所以难忘，并不因为在座的吃客是大师，而是那桌饭的内容和餐具给李老留下了不可磨灭的印象。

李树人：当时齐白石先生来到四川，就住在他的学生罗祥止家里，我与罗先生的女儿是同学，早晨约她上学时正好赶上早饭，罗先生便邀我一起入席。饭并没有多珍贵，就是那个年代四川人最常吃的锅巴稀饭，但使用的那套餐具却颇为惊艳，正是被民间称为“十样锦”的清宫遗品，10套餐具分别涵盖了粉白含羞的梅花、金黄怒放的菊花、艳红舒展的海棠等图形，锅巴稀饭装在其中，也能显得十分漂亮。

桌上的24小碟配菜里，荤菜只有川式香肠和腊肉两种，其余全为泡菜，我印象最深的是一个蓝花的景德镇瓷碟，白色的内胎中罗列着数条青笋，碧绿的颜色上面只微微淋了一点红油，那色彩太吸引人了。我一个小娃娃想要找肉吃，就看到桌子中间有片江西瓷烧成的荷叶，一根翠绿挺直的杆子竖立其中，杆上有朵含苞待放的淡粉色荷花，我想“那块好吃的肉肉”必定藏于其中，谁知伸头一看，荷花里装的却是一团最廉价的红油腐乳，这么美的餐具、这种出乎意料的反差，使得这餐饭让我毕生难忘。

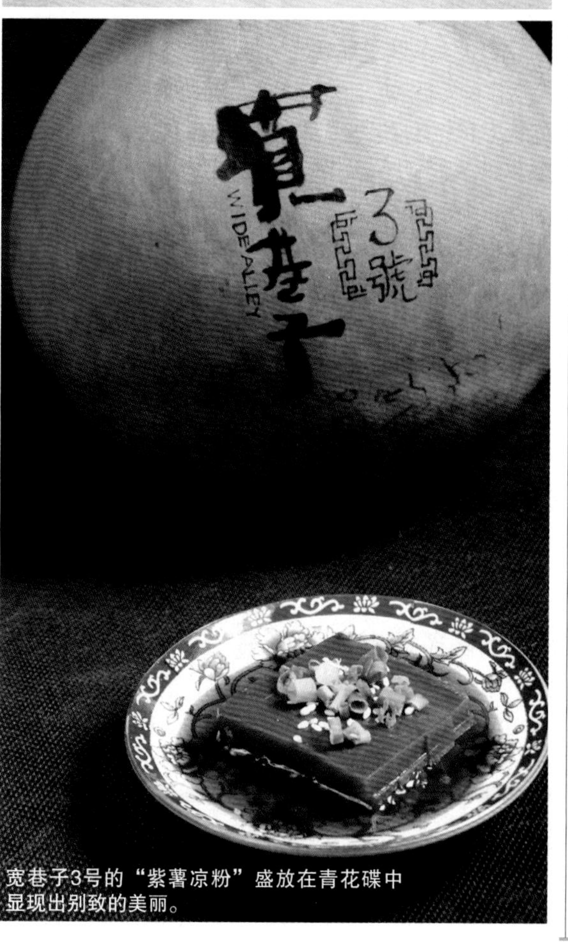

宽巷子3号的“紫薯凉粉”盛放在青花碟中显现出别致的美丽。

灶台前的这位孤独英雄，将自己毕生的时间奉献给了“麻婆豆腐”。

厨师是灶台上的孤独英雄

“我这一生对四门行业非常崇敬，救死扶伤的医生、教授知识的老师、传递喜悲的邮递员，再就是我们的厨师。厨师是世界上最伟大的职业之一，他们每天就在灶台前的方寸之地忍受着烟熏火燎，用尽心思地为人类奉献美食，可我们去餐厅品尝了一道美味，却不知这道菜是谁做的。厨师，是位孤独的艺术英雄。”

对厨师的崇敬
源于一碗麻婆豆腐

李老与厨师这一行业的结缘，要从高中时代的那一碗麻婆豆腐说起。

李树人：我在成都著名的搏击街读高中，那里的万福桥头有家陈麻婆豆腐店，每天中午，我跟两三个同学都会到那家店吃饭，麻婆豆腐是必点菜。当时制作麻婆豆腐的方法与现在略有不同，牛肉穿着绳子挂在窗口，客人进店吆喝“来半斤牛肉，烧一块豆腐”，做菜的师傅就现取下牛肉，称半斤剁成碎末再拿来烧豆腐。我在那里读了三年高中，就看着那位师傅默默地在灶台前烧了三年豆腐，他那把铲子已经被磨去了2/5，青葱岁月随着铲子的消磨而远走。麻婆豆腐如今扬名国际，提起四川，可能有人不知道，但说起麻婆豆腐，外国人都会竖起大拇指赞一声“wonderful”，可当初制作麻婆豆腐的那位师傅，却几乎没有人记住。经过几番周折，我托人打听到了当年那位厨师的坟冢所在，我准备组织一批厨师前往祭拜，像这样将自己毕生奉献给烹饪事业的艺术家，值得被尊重。

残留于记忆中的夹沙肉，如今已在人们的视线中渐渐远走。

厨师应该多读书、读好书

“以往的厨师大多没有什么学问，整天与锅灶打交道惹出一身臭汗，被称为‘下九流’。而如今随着时代变迁，厨师的地位在慢慢提高，大画家张大千就对某位厨师说‘你们在锅里作画，我在纸上炒菜’，作为艺术家，厨师不应再像以前那样只关注于锅灶，而应该多读书、读好书，特别是一些名著与烹饪古籍，从中体会多姿多彩的人文故事，寻找创作灵感。”

这些菜，已离我们远去

李树人：随着人们口味的变化，有些菜在历史进程中消失已成为必然趋势，比如“夹沙肉”，肥肉中夹着甜腻的馅料，现在端上桌子，女士们首先就摇头，太甜了；而将猪板油切条炸熟制成的传统名菜“炸羊尾”，也因为过于油腻已被摒弃在餐桌之外。

宽窄巷子中的“莲花坊”会所，谢师宴中必有道“桃李满园”。

在成都颇负盛名的宽庭“茶宴”，席上每道菜品都能让食客“品茶亦见茶”。

美食文化是一切文化之母

“我认为美食文化是一切文化之母。《礼记》中就曾明确记载，‘夫礼之初，始于饮食’。为了在宴席中确定众人的位次，比如皇帝该坐在哪里、主人该坐在哪里，周公以宴席之礼为延伸，制定出了一系列‘礼’用于治理国家，从而产生了多种多样的礼教文化。”

创新不如修旧

李树人：现在的年轻厨师，讲创新的多，讲修旧的少。我认为修补传统菜更容易成功，因为这些菜肴经过数十年甚至上百年的积淀，口味早已获得人们的认可，拥有十分雄厚的群众基础。我举一个例子，麻婆豆腐这道菜几乎家家在做，连在国外都拥有无数粉丝，可成都真正做得好的却没有几家：一碗好的麻婆豆腐，上桌时豆腐不能碎，周围汪着红油，碧绿的青蒜段要嵌在其中，豆腐要嫩、牛肉要酥，麻味不炝、辣味不燥，花椒和豆瓣的香味突出，还兼有鲜香微甜的复合香味，直到吃完，那股子麻辣鲜香的气味还持续不散。

而这道豆腐烧得不香，具体问题出在哪里，就需要厨师们反复研究：是郫县豆瓣下锅的时间错了吗？该用阳江豆豉还是永川豆豉？海椒用粗的好还是细的更合适？最后将芡汁调到什么浓度才能将豆腐挂匀？如能将所有的疑问都解决，那么这碗麻婆豆腐必将为酒楼带来源源不断的客流，就像成都红杏酒楼的毛血旺，虽研究了20多遍后才最终面世，但推出后很快便晋升为酒楼的当家菜品，热卖至今。

“筵”“席”如晚会　上菜有高潮

所谓筵（宴），是一种植物编成的地毯，而席，是另一种植物编成的坐垫。自从有了礼，人们改变了原来席地而坐的习惯，将“席”放到“筵”上来，并且规定，帝王要坐五重席，诸侯坐三重、士大夫坐两重，其他人则只能坐于筵上，李老说，这就是“筵席”（宴席）的由来。

李树人：我经常把一桌宴席比作一场精彩的晚会，上菜要有起伏跌宕，哪些时候该哪一流的明星出场，一定要有个先后顺序。一宴一台戏，开头的节目是凉菜，中间要有大菜引发的高潮，每上三四道菜就要出现一次，最震撼人心的菜肴应在凉菜上完后立即上桌，才能达到让人难忘的效果；而这一桌菜中的主角、配角，顺序一定不能颠倒。

一桌完美的宴席，除了美食，还有两样不可或缺的事物：美人、美景。我所说的美人，不仅是美女，还包括为了创造美食、奉献美食而兢兢业业工作的人，也就是我们的厨师和服务员，他们提供了最精湛的技术和最优质的服务，食客才能更好地感受美食；美景也可以叫作“美境”，不仅是用餐环境漂亮整洁，还要将宴席的整体氛围设计得当，《水浒传》就是要大碗喝酒、大口吃肉，《红楼梦》中的一餐饭，则吟诗、作对、行酒令样样都有，在谢师宴中一定要有应景的“桃枝”、“李树”，茶宴中则不仅要有一盏清茶、一阙筝曲相伴，每道菜品上桌时最好能看到茶叶的痕迹，让食客“品茶亦见茶”。

“夫妻肺片”要颜色红亮。

“水煮鱼”讲究鱼片白嫩、弹而不散。

优质餐厅的16张名片

作为美食文化战线上的一名老兵，李老根据这几十年的经验，总结了16个字奉献给诸位，消费者可将此作为鉴定餐厅优质与否的标准，老板们可用此要求厨师与服务员，而我们的厨师艺术家，也可据此进行自我检验与修正。

境 一个餐厅的环境要有自己鲜明的特点，根据政务宴请、商务宴请、家庭聚会等经营方向的不同来装修，无论典雅、生态还是古朴，这个环境总要与经营相挂钩。

名 这个名包括店名、菜名，或者是名店、名菜。成都有些店名取得就很好，“春风一醉楼”，多诗兴；大作家李劼人开的“不醉无归小酒家”，名字也很雅。

洁 这一内容就包括了三个方面，店堂是否清洁、碗盘是否干净、服务员的衣服上有无污渍，如果有一点不符合，这就不能被评为优质餐厅。

色 这是指菜品的颜色，只要拿眼睛一望，这道菜颜色对了，味道也差不到哪去，比如“夫妻肺片”中的牛肚白嫩、牛舌淡红、牛头皮透明微黄，再配以红油、花椒、芝麻、香油、味精、复合酱油等料调制，成菜应颜色红亮、麻辣鲜香；而宫保鸡丁的颜色要金红发亮，酱汁应全裹在鸡丁上，油从盘边泄出一指，葱节青白，辣椒段则呈现漂亮的棕红色。

香 如何让菜品的香味在上桌时得到最大程度的体现，这也很考验厨师的功底。就以麻婆豆腐来说，撒在表面的花椒不是整的而是碎的，上桌时热气一冲，香味才能扑鼻而来，引人食欲。

味 “盐是百味之王，味是百菜之魂”，一道菜品的色、香、味、形中，味道是核心。我们约人吃饭，只会因为“那家菜馆的味道很好”，而不会说“那家的菜长得很漂亮”。

形 形包括两种，一是菜品的形状，二是摆盘。麻婆豆腐出锅要成块，不能稀烂，否则就成了鸡哈豆腐；水煮鱼的鱼片要弹而不散，不然就是失败作品。摆盘时要注意高低错落，视觉才能不疲劳。

器 器就是餐具，每一样餐具都要有自己的特色，淘货时眼光不能只对准盛器市场，灯具市场、古玩市场都可以去逛一下，一个笔洗、一块石板，甚至农村的土碗或从街边随手捡来的小木框，经过巧手变装，都可以成为菜品独一无二的扮靓法宝。

“爆炒腰花”需脆中有嫩。

“开水白菜”的汤汁中无一丝油星。

质 这里包括两个方面：一是食材的质量，“民以食为天，食以安为先”，作为厨师，一定要严把食材关，坚持选用新鲜食材、优质调料；二是成菜的质量，“开水白菜”中不能有一丝油星，看着似水，入口却是汤汁的鲜美，“火爆腰花”要脆中有嫩，无一丝膻味，入口一下子就化渣了。

养 讲营养是社会发展趋势和行业发展要求，将来，只会炒菜的仅能叫厨工，既懂营养又会炒菜的才能叫厨师，而既懂营养又能将其作为营销卖点推出以吸引食客的，就可以叫总厨了。

温 四川有句俗语，“豆腐要烫、女人要胖”，按照科学的解释，就是某种分子在一定温度下才会释放出特定的香味。有些食物一定要热的才好吃，比如四川街边的小吃“麻辣烫”，最后的落点便是在“烫”，两三口下肚，微微的汗液便已渗出毛孔。但若是一味地烫也不行，鲁菜中有道“温拌海肠”，重点在于温，海肠如果烫得过头，就成“皮带”了；而粤菜中的白斩鸡，则是煮熟后要立即放入冰块浸没，“凉”着吃才有脆爽，只有把握住原料烹制时的最佳温度，出品才能令人叫好。

新 要想立于不败之地，总要不断推陈出新。我到一家馆子落座后，总会问问“最近出什么新菜了吗”？如果五次的回答都是“没有”，我绝不会去第六次。

特 这是指特点、特色，也是让食客记住这家店的标志，比如一提起石锅三角峰、开门红，首先想到的就是大蓉和；而说起茶宴，成都人脑海里的第一反应就是宽庭餐厅。这两家店，一家是将菜品做出了特色，一家是将整个餐厅经营成特色，无论哪一种，都让人印象深刻。

礼 我不敢说一次优质的服务能将后厨做的东西变为美味，却可以肯定一次糟糕的服务绝对能将美味佳肴变得一钱不值，服务员将买主得罪，什么胃口都倒了，还谈什么美食！

价 价格要合理，过度虚高的要价只会让食客敬而远之，一份回锅肉卖到88元，再好吃也不会有人点。

和 “和”是中国的传统文化，一桌宴席的菜品挑选、环境布置、前厅服务要形成一个和谐的整体，比如说给老人过寿宴，包厢内最好装点成充满喜气的金色、红色，菜品的名字也要改为诸如“福如东海”、“玉掌献寿”等，每上一道菜，服务员相应地报上一段吉祥话，最后一定有颗“寿桃”、一碗“寿面”，这便是用一餐饭来承载和传扬中国的“和”文化。

耄耋老人谈菜色变：

水火发乌参、料子有两种、扒菜六要点……

老来多健忘 技艺恒在心

大师 张文海

张文海大师于1929年出生于北京，1943年进入天津致美斋饭庄学徒，拜名厨王殿臣为师，后调入百年老店登瀛楼跟随鲁菜大师张廷彩学艺。1958年，张文海被调回北京，先后担任西郊宾馆主厨、东方饭店总厨以及总经理等职务，退休后仍然担任北京市政府宽沟招待所等多家单位的餐饮顾问。

张文海大师精通鲁菜，旁通南北菜系，博采众长，自成一格，其代表作有鸳鸯菜花、鸡蓉鲜蚕豆、油爆双脆、海米扒白菜等。

以前追着学，现在追着教。

2014年8月2日，首都京新发大酒店，84岁的张文海大师在徒弟的搀扶下落座，与小编展开交流。问及个人成就时，他摆摆手："老了，脑子不好使了，这些事前几年还记得明白，如今就像几片云彩一样，被风吹散了，乱跑了，记不起来了。"但当问到鲁菜烹调技法和拿手菜时，老人仿佛换了一个频道，连讲带比画，声情并茂，清晰详尽。

张大师说："我们学徒那会儿，必须得上赶着找师父学东西，你不往他跟前凑，难道还等他追着你教手艺吗？"

而在接下来指导徒弟做菜的过程中，张大师却不停喊："振林过来，你知道发大乌参前为什么要先放火上烧一下吗？""浩新你坐，今天这葱段颜色有点浅，应该要再深一点，炸到看上去有点糊时，香味最浓。"利用这次相聚，大师见缝插针、"上赶着"叫徒弟过来听课。

当徒弟时上赶着师父学艺，做师父后追着徒弟传道，这一"赶"一"追"中，60载从厨生涯白驹过隙，百千名徒子徒孙转眼成才。

大师现场授课三连拍。

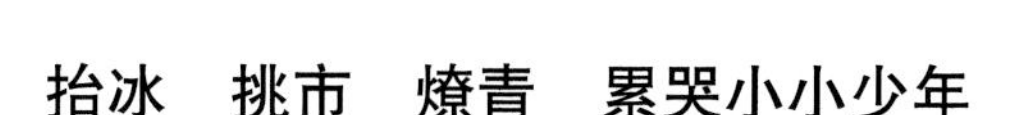

抬冰　挑市　燎青　累哭小小少年

回忆起年少时光，张文海大师打开了话匣子。那时候没有电冰箱，饭庄每天所用的冰块需要去市场购买，这种冰块每条几十斤，每天用三条。买冰要趁早，天不亮学徒工就得起床，拎着扁担伴着星星出门，步行十几里地到北海市场，买上冰之后两人抬一条，汗流浃背运回店里。不等喘口气，就得再用冰刀把它砍成大块，摆人木箱子内，然后把易变质的原料摆在上面保鲜。

抬完冰接着要去挑市。何谓挑市？即“采购员”在市场上买好蔬菜、肉类之后，需要学徒工去把它们装进竹筐，挑回店里。挑市归来，还得掏炉灰、“燎青”（即初加工）……晚上躺在宿舍的通铺上，15岁的张文海常常蒙着被子小声哭泣。他也想过撂下扁担走人，但是能去哪儿呢？家徒四壁，回去连饭也吃不上，只能咬牙忍下来。“当年家家都穷，找个进饭庄学徒的活儿很难，所以累死也不能跑回家。”

卧谈会上烫羊肚

忍下漫无边际的劳累，张文海萌生了“当大厨、成名角”的志向，而他的学艺之路是从“卧谈”开始的。那时候，小工和炒锅师傅睡在一间集体宿舍，躺到床上后，他便找个话题和那些师傅们聊天。一看师傅当晚心情不错，即使再累，张文海也立马来了精神，问东问西，直到师傅太困、先于自己睡着。他说：“你一个学徒工，师傅还没困你就已经呼呼睡着了，那怎么学东西？厨师是个勤行，就得多问多听多练。”

当年跟师傅们“卧谈”学到的技巧，到如今记忆犹新。那个年代，“芫爆散丹”所用的主料没有现成的，需要厨师自己加工。散丹前身“生羊肚”表面有一层“黑膜”，需要用热水烫软，然后轻轻剥掉。这个步骤中，水温非常关键，张文海一直不得要领。在“卧谈会”上，他巧妙地提出了这个问题，一名师傅回答说：“水太热羊肚就‘秃噜’了，太凉黑芽子又烫不下来，褪不干净。”依照这个点拨，张文海反复试验，最后发现，70℃的热水烫羊肚最为适宜。具体手法是：锅下宽水烧至70℃，停火后放人羊肚，加盖焖2–3分钟，开盖搅和均匀，捞出后用手一搓，羊肚外层的黑膜纷纷脱落，露出洁白的质地，即成散丹。张大师说：“虽然现在的羊肚都经过药水浸泡等方法褪掉了黑芽，颜色雪白漂亮，但是口味却不如以前我们用热水烫出来的自然鲜香，我觉得厨师掌握些笨办法，做出的菜更好吃。”

吊汤、调料子、发干货是鲁菜三大基础，张文海大师细说鸡料子、详解发乌参，并现场指导七名高徒演示他最擅长的扒菜与爆菜，呈上一席经典的鲁菜技法盛宴！

三把鸭子两把鸡

那时候学徒工得包揽宰鸡、宰鸭等粗活。张文海刚开始给家禽褪毛时，有的干净，有的却留有毛茬，经常挨师傅批评。有一次追着师傅"闲聊"时，他得到了一句口诀："三把鸭子两把鸡！"原来，不同品种、不同年龄的家禽褪毛时所用的热水温度是不同的，这"三把、两把"就是指水温。那个年代后厨没有温度计，试水温完全靠手，如果能把手连续放到热水里三次并可以承受，则说明此水温适合烫鸭子；如果只能连续放两次，再放第三次就会感觉疼痛难忍，则说明此热水适宜烫鸡；如果手可以插入热水四次，则说明只能烫小雏鸡。按照这个方法烫过的家禽毛褪得特别干净，且无毛茬，连爪子、嘴巴上的黄皮也能一起完整剥下。

糖稀加水1：7 鹅翎刷油增鸭香

张文海大师珍惜每一次学徒机会。除了在热菜厨房学徒，他还曾到烤鸭间里打杂，在此学到的脆皮水配比和增香小技巧也令他受益匪浅。

鸭坯吹起气、烫完皮之后，要用糖稀上色。黏稠的糖稀需提前用水稀释，比例是多少呢？张文海观察多次后发现——1：7，即1斤糖稀加7斤水，充分搅匀即可刷在鸭坯上，然后将其晾至干爽。张大师接着介绍："放到冰库冷冻（目的是增加鸭子皮下脂肪厚度）过后，还要再挂一次糖稀水，否则颜色就花了。"

除此之外，烤鸭还有一个增香秘籍——鸭子出炉之后，用鹅翎蘸香油刷到其表面，这样颜色红亮，口味也更香。

大师说扒菜——细分四种 六点留意

"扒"是鲁菜里的经典技法，其大致流程是：主料通过蒸煮煎炸等方式制熟，码好形状后入锅，添汤文火煨至酥烂，中途无须翻动，最后勾芡大翻勺、保持原形出锅入盘。"扒"可细分为"葱扒"（葱香四溢不见葱）、"红扒"（添加酱油调色，红亮浓香）、"白扒"（色白、汁亮、味鲜）、"黄扒"（即鸡油扒，汤汁金黄、鲜香味浓）等，其整体成菜特点是明汁亮芡，鲜软味浓，食后易于消化，保健养生。

制作"扒菜"有六个要点

1.原料要提前加工成形并制熟，以去掉其异味并加快扒制速度。

2.摆成形后再入锅，且应"正面"朝下，中途不要翻动，大翻勺后"正面"朝上，卖相美观。

3.火候要求严格，一定要旺火加热烧开，小火煨透原料，最后改旺火勾芡，如此菜品才能"吃芡"（即只有将原料充分煨透，芡汁才能均匀地弥漫到各个缝隙中）。

4.从制作方法上，扒菜还分为"勺内扒"和"勺外扒"两种。前者是将码好的原料放入锅中，然后加汤煨炖入味，通过大翻勺技巧将其扣入盘内，其特点是芡汁均匀，入味深透；后者则是把原料制熟之后直接码到盘里，锅内仅调汁，然后浇到食材上。"勺外扒"又叫"半扒"，适用于没有掌握大翻勺技巧的厨师或者食材散碎、极难翻勺的菜品。

5.扒菜要勾薄芡，但要比熘汁菜的芡略厚一些。若芡过浓，则大翻勺不容易成功，若芡太稀，则菜品色泽又不够明亮。

6.当菜品煨透勾芡之后，厨师要在锅边淋一圈鸡油润滑底部，然后干脆利落地"啪"一声翻勺，菜品沿着弧线落入盘中。

掌勺高徒

黄浩新（北京聚宝渔港行政总厨）

葱扒

葱扒大乌参

这是张文海大师的拿手菜，被誉为“京城第一参”。他说：“乌参是一种大个头参种，其特点是皮厚肉薄，所以发制方法不同于普通干参，需要用水火混合法。”

大师点拨

水火混合发乌参

详细流程：①买回的乌参一般蕴藏潮气，如果直接入水发制，易吸水不均匀，导致有的部分硬、有的部分软，质感不一。解决的办法是放到暖气片上烘干或者入低温烤箱烤干，最起码也得放在通风处充分晾干。②将制干的乌参放到小火上燎烧至外皮变煳，然后用小刀刮掉黑皮，如此操作，一方面可以彻底去净水汽，另一方面也可以去净角质，令发好的乌参口感软糯。③砂锅内加入清水（最好是纯净水），放入乌参烧开，停火放凉，换水，再次烧开、停火，如此反复循环。在加热、放凉过程中，乌参充分吸水。需注意的是，水要勤换，以去掉其腥味。反复数次至用手能掐动参体时，捞出开膛去掉内脏，洗净后再次放入砂锅中，添满清水，再次烧开、放凉即可捞出乌参，至此才算发透。如今厨师也会将发透的乌参放到冰水里保存，口感更有弹性。

一场小酒 套来煨参大法

关于乌参的煨制入味，张大师现场又为徒弟支了一招：“这个方法的由来我记得非常清楚。十来岁时，我陪师父吃饭，他边喝酒边讲了这个做法，我当时就记了下来，并沿用到退休。”

此法的主旨是要求厨师合理统筹烹调步骤，以达到节省原料、节约成本的目的。张大师的徒弟一边操作一边告诉笔者：“厨师界常用的方法和我师父传授的方法所耗成本能差一倍，也就是说，按现在的通用方法入味，假如一只乌参自身成本80元，煨完后成本能增加到150元，而按师父的方法，则每只乌参煨完后成本也只增加到85元左右。”

“高消耗”版本（即现今厨师常用做法）：发透的乌参放入吊好的顶汤中小火煨至入味，捞出乌参后，顶汤沾染了腥气，所以只能弃之。由此，顶汤的成本要合并到乌参中。

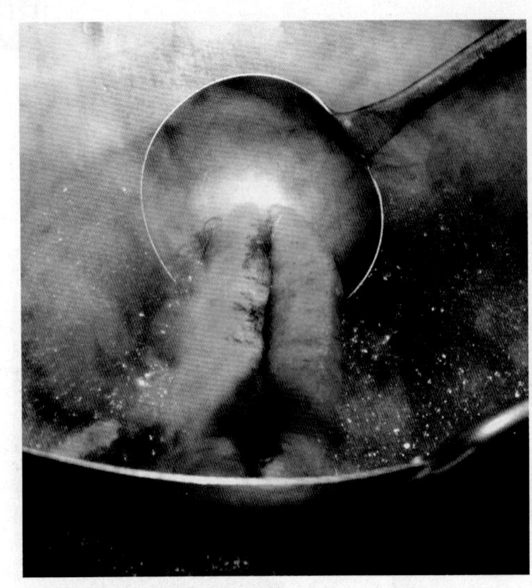

1.乌参加汤煨烧入味。

2.原汤打掉料渣，勾芡后淋在乌参上。

大师版本：①将吊顶汤的用料如精瘦肉、肘子、老鸡、棒骨分别处理干净、汆水后放人汤桶内。②瑶柱洗净泡软，包进纱布袋，放人汤桶里，添水后大火烧开，转中火吊40分钟至出香味时，放人乌参，小火煨人鲜味，捞出乌参备用；同时捞出吊汤用料：其中的肘子可以制作“虎皮肘子”、“扒肘子”等；老鸡可以制作“手撕鸡”等菜品；瑶柱撕成丝，可以配人“扒白菜”中；精瘦肉也可以制作其他热菜。如此一来，乌参人味的过程就不会产生太多的原料成本，提高了毛利。

是时候分餐了！

徒弟黄浩新将此菜按“大师版”做法呈上餐桌后，张文海点评道：“我学徒那会儿，乌参就是整条盛盘上桌，到如今仍然是这个卖相，我认为可以与时俱进，服务员拿上来展示后把它分成小块，然后盛到烫热的盘子里，旁边点缀一截煳葱、油菜心，分给客人，既好看又方便食用。”

制作流程：锅下色拉油150克烧热，加人大葱段80克炸至金黄色，捞出一半葱段、滗出一半葱油待用，然后在原锅内加人老汤600克，调人金兰酱油、冰糖各10克、蚝油6克、老抽5克及盐、味精、胡椒粉各适量，放人提前煨好的大乌参以及少许干贝，大火烧开后转中小火煨烧10分钟至人味并上色，大火收汁，捞出乌参放人盘中，原汤打掉料渣，继续收浓勾芡，淋人先前滗出的葱油，起锅浇在乌参上，点缀菜心、煳葱、干贝丝、鹌鹑蛋后即可上桌。

特点：葱香浓郁，乌参软糯人味。

制作关键：乌参最好包人纱布里再煨烧，这样能保持形状完整。

精彩问答

Q 扒菜、鸡蓉菜属于快绝迹了的传统名菜，此番张大师的讲解无疑是送给我们小辈厨师的一笔宝贵财富。以鸡蓉菜为例，这类菜品制作过程中不添加味精、鸡粉等提鲜调料，单靠鸡牙子肉和老师傅的手艺做出鲜美滑嫩的效果，这不正符合眼下食客追求的健康、养生潮流吗？三十年河东三十年河西，前些年被淘汰的菜品，很可能正在走人下一轮的美丽绽放。大师讲的“低消耗煨乌参法”也很吸引眼球。如今餐饮难做，一提“节约成本”，厨师就两眼放光。按大师的做法，煨完乌参的料可以继续做菜售卖，非常符合如今酒店“一料多用、控制成本”的要求。关于乌参，我还想请教两个问题：如何挑选原料？如何祛除其麻涩味？

A 好的乌参外观并非越黑越好，而是泛着一种黑灰参半的颜色，灰度比较均匀，表面比较平整，不会凹凸不平。至于第二个问题，则是在发制时，一要勤换水，二要添加适量葱根、姜片等，这样就可以祛除其大部分麻味，最后再用宽汤或按我介绍的方法煨一下，麻涩味自然就跑光啦。

掌勺高徒

潘学庆（北京京新发酒店总经理）

黄扒

海米扒白菜

此菜选料讲究，需用北京出产的一种"黄芽白"，又叫黄心菜，这种白菜从根到叶都是金黄色的，而且帮内无筋，味道清甜。

黄芽白

制作流程：①黄芽白一棵去掉外帮，选中间大小均匀的叶子，去掉一部分底部的菜帮，留剩下的叶片。②砂锅内入清汤烧开，调入适量盐、味精、鸡汁，放入白菜叶小火烫3分钟，捞出后挤干水分，码入盘中成形。③锅下鸡油烧热，加入泡透的大海米40克煸炒出香味，加入鸡汤300克，调入料酒、味精各5克，盐、葱姜水各4克，放入码好的白菜中火煨烧3分钟，然后一手顺锅边淋入水淀粉，另一只手不停晃动炒锅，勾匀芡汁，最后顺锅边淋一圈鸡油晃匀，大翻勺后扣入盘中即可上桌。

特点：白菜鲜软入味。

制作关键：①勾芡时要顺着锅边倒入芡汁，而且要淋到汤内冒泡的地方，同时不停晃锅，这样芡汁才能充分熟透，而且勾得均匀。②勾芡无须太厚，只要能挂到白菜上即可，否则成菜口感不够清爽。③大翻勺前要将锅边擦干净，否则入盘后汤内容易出现污点。

1.提前将猴头菇片煨、炸、蒸入味。

2.猴头菇重新蒸热，码到盘中。

3.原汁收浓勾芡，淋到猴头菇上，此为“勺外扒”。

红扒+勺外扒

红扒猴头

传统“扒猴头”是用整只猴头菇入菜，造型美观，但入味不足、食用不便。此菜沿用传统红扒技法，将猴头菇分成片，经过两煨一炸一蒸四个步骤，去掉干猴头菇的“柴”，激发山珍的“鲜”，赋予其香脆口感，是一道成功的改良红扒菜。

批量预制：①干猴头菇3斤入清水充分泡透，洗掉泥沙，挤干水分。②汤桶内加入汆水的排骨3斤，老鸡一只，葱、姜各适量，添入清水10斤，大火烧开之后放入猴头菇，小火煨2个小时至入鲜味。③捞出煨入味的猴头菇挤干水分，片成厚片儿，无须拍粉，入六成热油炸至浅黄色，捞出控油后纳入锅内，再次灌入鸡汤小火煨1小时，捞出后沥干水分。④取煨好的猴头菇片300克码入碗中，浇入少许原汤，调适量盐、味精、料酒后上蒸箱蒸10分钟。

走菜流程：①将码有猴头菇片的碗再次蒸透，取出后将原汤滗入锅中，把猴头菇扣到盘子里。②锅内原汤上火烧开，淋东古一品鲜酱油、冰糖老抽调色，勾芡后淋在猴头菇上即可。

特点：四道工序使得猴头菇充分释放本身鲜味，香脆可口。

制作关键：猴头菇一定要泡洗干净，否则残留的沙子会令人牙碜。

1.两种菜花撕成小朵。

2.用清汤烫入味后码成太极形。

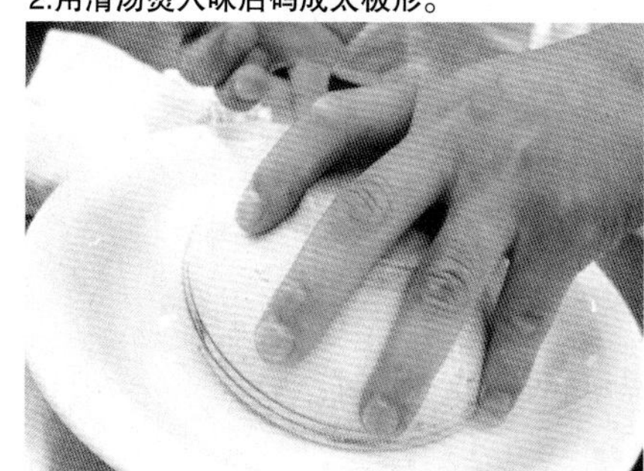

3.扣到盘中。

4.清汤勾芡，浇在上面。

勺外扒

鸳鸯菜花

此菜为张大师于20世纪80年代自创，当时西蓝花属于新颖素菜，大师将其与普通菜花结合，采用半扒技法，借鉴山东扣碗的形式，点缀干贝丝，成菜白绿相间，清脆适口，素而不寡。

制作流程：①西蓝花、菜花各200克改成小朵，快速汆水后投凉，下入烧开的清汤（调盐、白糖）烫制片刻，捞出后按“太极”形码入碗内，扣在盘中。②取烫菜花的原清汤100克入锅烧开，调入适量盐、白糖，勾玻璃芡，下蒸透的干贝丝30克搅匀，浇在菜花上即可。

制作关键：①两种菜花汆水时间不可太长，否则口感不够爽脆。②清汤烧开之后要关火，然后放入菜花烫制，千万不要开火煮制，否则菜花口感面而不脆。

掌勺高徒

李凤新（北京京门老爆三董事长）

掌勺高徒

曹长朋（北京京门老爆三大掌柜）

大师谈料子——
鸡料分两种　蛋清量不同

张文海大师年轻时做料子菜是一绝，他介绍，鲁菜常用的鸡料子分为两种，一种是制作鸡汁菜（如鸡汁虾仁、浮油鸡片）所用的料子，其蛋清用量较大，而且一定要先将其充分打发再加鸡泥调制。此处大师还有一个小绝招：在鸡泥里添加适量银鳕鱼或鮰鱼肉泥，做好的鸡汁菜更加洁白鲜嫩；另一种是制作鸡蓉菜（如鸡蓉三丝鱼翅）所用的料子，其蛋清含量小，而且无须打至起泡。（鸡汁系列菜的详细做法参见中国大厨系列丛书之《经典鲁菜100款》）

打好的鸡料子。

1.三丝以及鱼翅拌入鸡蓉中抓匀。2.放入热水中养熟。　3.养好的三丝鱼翅形似橄榄。

鸡蓉菜是以鸡料子为佐助料的一类菜品，其大致流程是将原料放入鸡蓉中拌匀，然后抓成团入热水养熟，再烹制而成。张大师的徒弟曹长朋说："这类菜看似传统，实则如果发挥得当，是一个非常好的创新路子。比如我曾经将香椿苗投入鸡料子中粘匀，然后抓成橄榄状养熟入菜，椿香+鸡鲜，效果很棒，在店里热卖多年。"

鸡蓉菜所用鸡料子的调制方法：①蛋清5个搅打至泄开，无须打发。②鸡牙子肉500克用刀拍碎，挑出筋膜，加猪肥膘肉100克入料理机打碎成泥，倒入盆中后添清汤1斤，打好的蛋清，葱姜水50克，盐、白糖各4克，小苏打3克朝同一个方向手打至均匀且微微上劲，然后加入玉米淀粉、色拉油各25克充分搅匀即成。

技术细节：①这款鸡料子千万不可打至上足劲，而只须用手轻搅至均匀且微微上劲即可，否则入菜后鸡蓉里面会出现蜂窝。②一定要加玉米淀粉，不可用普通生粉，否则鸡料子黏牙。

鸡蓉三丝鱼翅

这是鸡蓉系列里的一道经典菜式，将三种蔬菜丝与发好的鱼翅借助鸡料子黏合，放入水中养熟，白扒而成。橄榄形的鸡蓉里，丝丝鱼翅若隐若现，劲道鲜美，清淡养生，而且仅用少许鱼翅即可做出一道高档菜，毛利率极高。

制作流程：①胡萝卜100克、青椒100克、木耳50克分别切成细丝。②发好的鱼翅50克入调有底味的清汤内煨透。③将三丝与鱼翅一起放入打好的鸡料子中拌匀，然后抓成"橄榄形"，放入90℃的热水中养至色泽洁白并浮起，捞出控水。④锅下清汤150克烧开，调入适量盐、白糖、胡椒粉，勾玻璃芡，放入汆好的三丝鱼翅翻匀，淋葱油出锅即可。

制作关键：煨鱼翅时一定要用砂锅，不要用金属器皿，否则主料会氧化变黑。

1.猪肝上浆。

2.腰花提前烫一下，去掉多余水汽。

3.入热油快速冲一下。

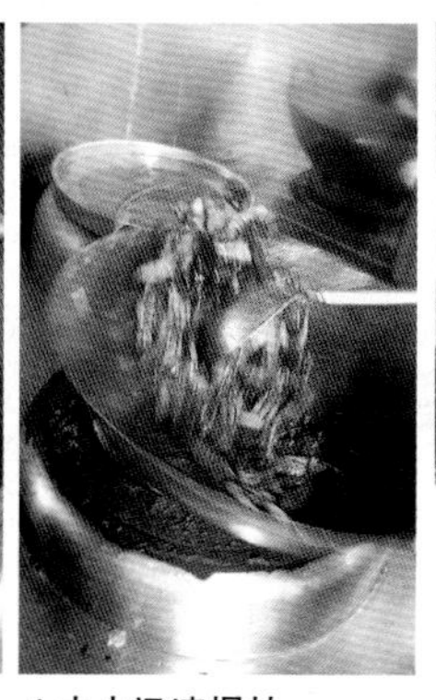

4.大火迅速爆炒。

5.出锅时无多余汁水。

大师讲油爆——
手法旺短紧　成菜脆嫩鲜

“爆”也是鲁菜的经典常用技法，可细分为油爆、酱爆、芫爆、葱爆、爆炒等不同分支。爆菜的特点是选料嫩、火候旺、用时短、芡汁紧，成菜脆、嫩、鲜、香。操作爆炒菜时需要注意，出锅前一定要烹醋，以增加爽脆感，最后淋入香油或料油的量要少，不要掩盖原料本身的鲜美。

掌勺高徒

庞国庆（北京龙虾宝宝餐饮连锁店总经理）

爆两样

爆两样、爆三样与熘腰片、炒肝尖做法极其相似，同出一支，只是细节上略有不同：爆菜汁稍稠，熘菜汁稍稀。爆两样原料为肝尖和猪腰，质地较为细嫩，所以滑油时间要短，左手下锅右手出勺，总共2-3秒即可；烹制时要多放葱、姜、蒜等料头，以祛除脏器臊味。除此之外，出锅前一定要烹醋，既可以令原料变得更脆，又能激发香味，使成菜爽而不腻。

制作流程：①猪肝尖100克切薄片，冲去血水后攥干，加入盐、味精、胡椒粉、料酒腌制入味，拌匀干淀粉上浆（猪肝易出水，所以要拌干淀粉），淋上一层色拉油封存。②鲜猪腰100克片开，去掉腰臊，打上麦穗花刀，改成长条，放在细流水下冲5分钟，然后入90℃热水快速烫一下，去掉一部分水汽。③锅入宽油烧至八成热，左手下浆好的肝尖、烫过的腰花快速滑散，右手持漏勺立即将其捞出控油。木耳、青红椒片、青蒜苗也一起入热油冲一下。④碗内兑汁：东古一品鲜酱油8克、白糖5克、盐4克及味精、胡椒粉各3克加入水淀粉15克、料酒10克调匀即成。⑤锅留底油，加入葱、姜、蒜片爆香，下肝尖、腰花、辅料，烹入碗汁，大火翻匀，烹醋10克、淋香油后即可出锅装盘。

大师 吕长海

吕长海大师出生于1938年，从1950年学徒开始，他已在餐饮界驰骋了60多年。“中华名厨、豫菜宗师、国家高级烹饪技师、中国烹饪大师”等众多荣誉称号，映衬出他在餐饮界不可动摇的泰斗级地位。

国宝级大师说经典级豫菜

吕长海大师60年来始终在进行烹调技术的研究和探索，曾手写了十几万字的烹饪笔记，推出创新豫菜100多种。他不但精通豫菜，而且熟练掌握了300多种欧式菜、200多种越南菜及川、苏、鲁、粤等数千种菜肴的制作方法。吕长海大师直接培养成才的徒弟有200多名，其中经考评合格获得国家高级烹饪技师的有14名，中级以上技术职称的有80多名，输送出国的徒弟有20余名。

与厚厚的简历形成鲜明对比的是，吕大师至今依然居住在20世纪80年代单位分配的旧楼房中。本应安享晚年的他，如今依然在徒弟主管的酒店和自己兼职的饭店中穿梭，每周都会亲自上灶一次，演示具有一定技术难度的菜品制作。这就是吕长海，一位到老也离不开灶台，一天不碰砧板心里就不踏实的老者。

入行四年才挣钱　一袋小米是工资

"很多人都疑惑，我为何至今依然住在旧房中，其实原因很简单，那跟我从厨的年代有关。

那时候厨师真的是一份'脏累差'集中在一起的差事。要说我从厨时有多么艰苦，可以给大家列一个数字：我成家后23年，都没有去过一次岳父家。客观原因是岳父家路途比较远，主观原因是我休假日子不够长。所以结婚后，一直是岳父母亲自登门看我，我却从没机会陪妻子回乡。

但是，这样的苦活在当时并没有对等的待遇。我入行四年后才领到工资，是一袋95斤的小米。一直到退休，我的工资也只有2000元左右，并没有攒下足够的钱。这跟现在的餐饮同行差别很大，如今的厨师职业虽然依然'脏累'，但待遇并不'差'，我的大部分徒弟，也都过上了有房有车的生活。

虽然职业生涯没有在物质上给我带来巨大享受，但在精神上让我很富足：翻看我的影集，第一张照片，是参加餐饮比赛时操作三套鸭的黑白照。此后的大小比赛、在厨房中的生活，我都留影纪念。可以说，相机不普及的那几年，我跟灶台的合影，比跟家人的合影还多。每次研发出新菜、菜品获得他人的喜爱和赞赏时，那份满足和自信是物质享受无法比拟的；如今我虽然生活清贫，但我带出的徒弟各个都有出息，桃李满天下的成就感，也是物质享受永远无法替代的。"

一提煎扒青鱼尾　七旬老翁流口水

"一提到煎扒青鱼头尾，像我这样70多岁的老人，仍会忍不住流口水：鱼肉呈现奇特的枣红色，肉质紧实却很滑嫩，取一块鱼头放在嘴里一吸，不但能吸出鱼脑，还能让鱼肉与头骨自动分离，真是让人垂涎万分。

这道菜到底有多好吃呢？相传民国初年康有为游学到开封，偶然尝到此菜就立马被'征服'了。他吃完了还特意取出纸扇写上'海内存知己，小弟康有为'，赠给烹制此菜的灶头黄润生，成就了一出文人与名厨相交的佳话。

可惜，如今却极少有人品尝过这样的美味。因为此菜对操作细节极为讲究，很多师傅图省事，会在步骤中偷工减料，这样做就能造成谬之千里的差距。久而久之，各种不入流的烹制方法占据了餐饮界的大半个江山，而真正精准的技法却失传了。"

煎扒青鱼头尾

煎扒青鱼头尾，从名字上看就知道此菜用到了"煎、扒"两种技法。青鱼肉质极嫩且很易变形，"入味了则外形碎、有形了则不入味。"这就是众多师傅做此菜时克服不了的技术难题。

其实要解决此难题，只需掌握好两点：一是煎青鱼时只煎皮不煎肉，避免鱼肉变老；二是扒鱼肉时用豫菜独有的烹饪技法——"箅扒"，入味充足又能保持外形。"箅扒"属于"扒"的一种，最大的特点是在原料下面垫了竹箅子防煳、上面扣了瓷盘防变形。

若原料需要长时间加热入味，而本身质地嫩、易变形时，都可用箅扒技法制熟，比如广肚、鱼翅、辽参、青鱼、鲶鱼等。

选料——
2.5斤为标准　黄河生长最是香

要让此菜滑嫩而成形，青鱼的种类很重要。首先要选择2.5斤重、1年以上生长期的青鱼。这么大的青鱼质地紧，按一下肉质能立即弹回原样，弹性很足。2.5斤以下的青鱼肉质过嫩，制熟后很容易碎成小块，出品不成形。

另外，最好选择在黄河里生长的青鱼。黄河弯道多，水流冲击力大，氧气和养分均很丰富，这使得黄河青鱼肉质肥美厚实，且无异味，鱼肉发白，鳞片发亮。

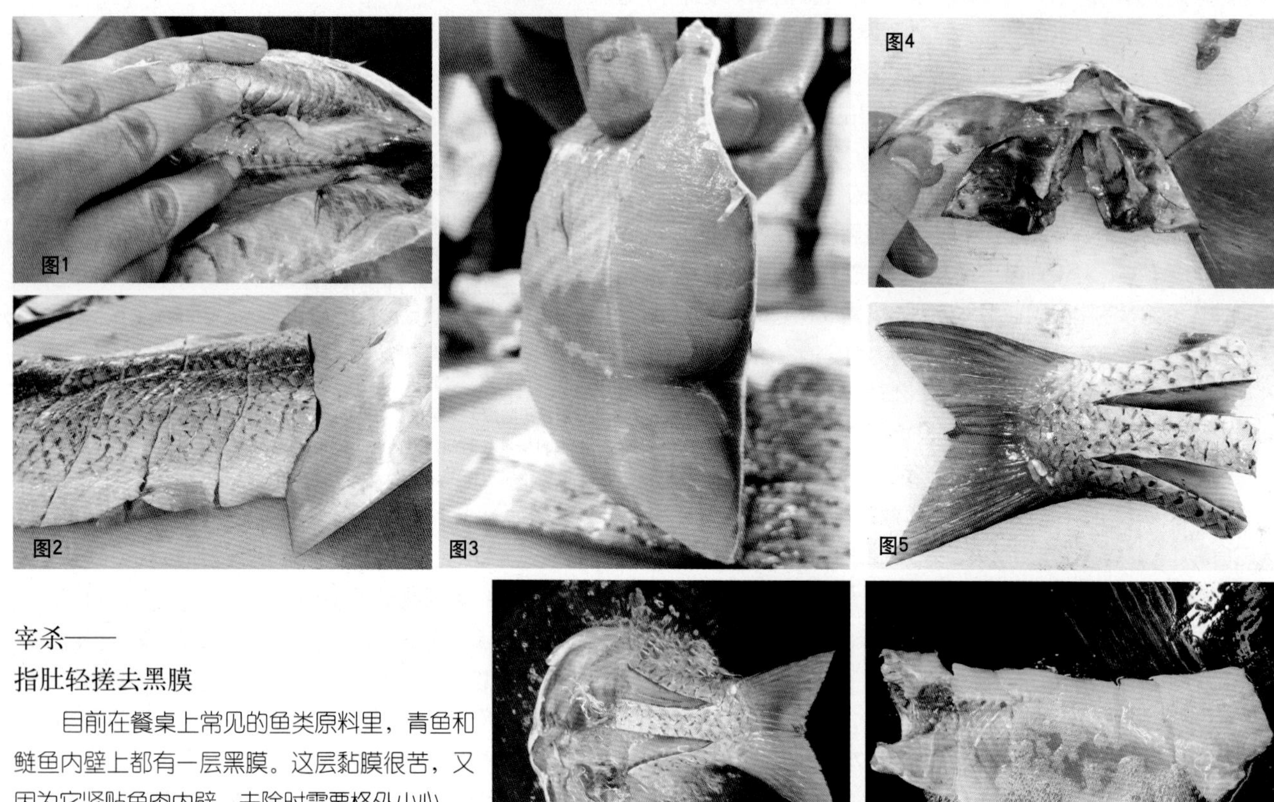

宰杀——
指肚轻搓去黑膜

目前在餐桌上常见的鱼类原料里，青鱼和鲢鱼内壁上都有一层黑膜。这层黏膜很苦，又因为它紧贴鱼肉内壁，去除时需要格外小心。

正确的处理方法如下：青鱼刮鳞，开膛去内脏，翻开鱼肚可以看到这层黑色黏膜，此时需要将青鱼放在流水下，一边冲洗一边用手指指肚前后摩擦黑膜，慢慢将黑膜搓掉（图1）。千万不能用刀刮或者用指甲抠，否则不仅破坏鱼肉平滑的卖相，还非常容易导致最后成菜碎成小块。

改刀——
鱼肉挖成块

青鱼斩去头尾，从脊骨处一劈为二，再将两片鱼肉并在一起，每隔2厘米下一刀，将整个鱼身切成12块。很多师傅改刀时，刀面垂直于砧板，我建议将刀面斜过来，与砧板呈45度角，斜着切下去（图2）。这种切法在豫菜中又被称作“挖”，此步又被叫作“挖鱼块”。

“挖”出的鱼块横切面大，露出的鱼肉多，更易入味。另外，在切面上能清晰地看到鱼肉纹理，卖相很好看（图3）。

斩下的鱼头展开平铺，从鱼鳃处向上开三刀，将鱼头分成四片，但鱼嘴相连（图4）。

鱼尾也劈两刀分成三片，尾巴底端相连（图5）。

煎制——
只煎皮 不煎肉

猪油和鱼肉一向是绝配，它可以为鱼肉增加动物香，令其口感更滋润。煎青鱼时也少不了猪油这个好搭档。将猪油烧至四成热时下入鱼头，将有鱼皮的一面朝下煎制。此种煎制方法能将鱼脑留在鱼头中，鱼脑是鱼身上鲜味最浓的部位，保住鱼脑，就能保住青鱼的鲜味。下鱼头的同时下入鱼尾，也只煎单面（图6）。待表面略微结壳、出香后捞出。

之后开始煎鱼块。鱼块洗净不需腌渍，一片片顺着入锅中，只煎带鱼皮的这一面（图7），保持四成热油温煎1分钟左右，鱼皮颜色金黄、变得坚挺不易碎，即可出锅。

煎青鱼的主要作用是让鱼肉成形，只煎鱼皮即可达到此效果。鱼肉则不需煎制，否则会失去鲜嫩的口感。

箅扒——
大火定型，小火入味

煎好的青鱼就要进入箅扒这一环节了。很多师傅都知道箅扒时需要“下垫箅子上扣盘，足足扒够20分”，但依然无法让青鱼达到最佳口感。因为箅扒能否成功，火候起到决定性作用，简单来说就是先大火煮定型，再小火入足味。

操作时，首先取3张竹箅子摆在锅底，将提前氽熟的冬笋100克、香菇片150克撒到竹箅子上（图8）。

再将煎好的鱼肉一片紧挨着一片摆在冬笋、香菇上面，鱼肉朝上、鱼皮朝下，其中鱼尾需要将煎制的一面朝下，在箅子上拼成完整的鱼形（图9）。扒制时冬笋、香菇会出香，将两者放到鱼肉底下，有助于鱼肉充分吸收它们的香味。

再在鱼身上撒入大葱段和姜片（图10），一定不要放蒜，蒜味会盖住鱼肉的鲜味。

另起锅入高汤300克烧沸，加入生抽20克、料酒20克、醋10克（随着料汁不断加热，醋会不断挥发，到最后出品时，只剩下一点柔和的气息，即是最佳状态）、白糖8克、盐5克、糖色5克、胡椒面2克、猪油100克调匀烧沸，浇到鱼肉上，保证能刚好没过鱼肉（图11）。

立即扣上一个瓷盘，以能刚好盖住整条鱼最佳（图12），再将锅移至火上。

首先开大火扒制。锅中的料汁会涌出大气泡，在盘边隐约可见翻滚的气泡，保持此状态大火扒3–5分钟，让鱼肉收缩定型。很多师傅做出的鱼肉一夹就碎，或者鱼肉外形软塌不挺，正是因为大火定型的时间不够。

图8 图9 图10 图11 图12 图13 图14 图15

定型后再改小火，此时掀开瓷盘，能看见料汁表面有小气泡不间断往外冒，扣上瓷盘后，盘边基本无波澜，保持此状态用小火扒20分钟。此步的主要目的是入味，并让鱼肉变为枣红色。扒足20分钟，才能保证鱼肉达到最佳口感。

掀开盘子，加入味精2克调匀，再用漏勺从底部插入竹箅子，将其整个托出来（图13），不要破坏鱼肉的外形，此时扒鱼的汤汁还留在锅中。

撤掉扒鱼时的盘子，取一个新盘子倒扣在鱼肉上（图14）。

用大翻锅的技巧，将鱼肉整个翻入盘中，再揭掉竹箅子，盘中的菜形不散不乱，保持了原有的美观形状（图15）。

浇汁——
料汁不勾芡 口感自然黏

现在还剩最后一步——浇汁。

有些师傅做出的青鱼肉质很嫩，但吃起来有糊嘴的感觉，是因为在汁水中勾芡了。

这道菜讲究“自来芡”，浓稠的汤汁完全是靠大火收汁得来的：将锅中扒鱼的原汁烧开，保持大火烧2–3分钟，烧时不断用炒勺舀起汁水，当舀起的汁水缓慢滴落，形成一条长长的线时，再淋入烧至六成热的色拉油25克调匀，最后浇到鱼肉上即成。

片一半猪皮
抹三遍香醋

“北京烤鸭的美名享誉中外，豫菜中有两款可与其媲美的‘烤鸭’，一款是汴京烤鸭，另一款是号称‘赛烤鸭’的紫酥肉。紫酥肉这道菜选择的其实是常见的猪五花肉，但成品却与烤鸭有三像：一是外形像，猪肉片成片上桌，表皮红亮似鸭皮，切面白嫩如鸭肉。二是形式像，肉片跟甜面酱、葱白段、荷叶饼上桌，与北京烤鸭一个风貌。最重要的就是口味极像，紫酥肉表皮酥脆，白肉细腻，口味似烤鸭却更胜烤鸭。

相传此菜在清末时曾呈献给经开封回舆北京的慈禧太后和光绪帝，其独特的口感和形象让他们半天没猜出是猪肉做的，并最终博得了二人的赞许。此菜经数代传承，跻身河南十大传统名菜之一。”

炸紫酥肉

一块猪肉怎么会做出烤鸭的神韵？这是我学徒时非常困惑的问题，很多师傅也因为没有掌握精髓而做不到位，肉片要么硬了、要么腻了。

后来我发现，这菜的技巧就是一层窗户纸——一捅即破，不过是靠“片皮、抹醋、一把竹签”三个要点。

初加工——
老汤煮猪肉　香味留锅中

此菜最好选择肥瘦厚度基本相等的猪五花肉，花色好看，吃起来有肥而不腻的效果，而且久煮不烂。

猪五花改成长方块，每块约一斤二两重，先放火上将表面的猪毛烧掉，再入骨头汤内煮制。煮猪肉时不用专门吊一锅高汤，每个酒店都会有一个吊高汤的汤锅，可以直接将猪肉放入这个汤锅中煮制。酒店汤锅中本来就有大量的鸡架子、猪骨头，猪肉放进去煮出血水，煮至定形。肉汤煮肉味更香，而且在此锅中煮猪肉，也可以让猪肉释放出的肉香留在汤锅中，一举多得。猪五花肉人汤锅，开大火，保持有大气泡翻滚状态煮20分钟，至肉块煮透，即可捞出。

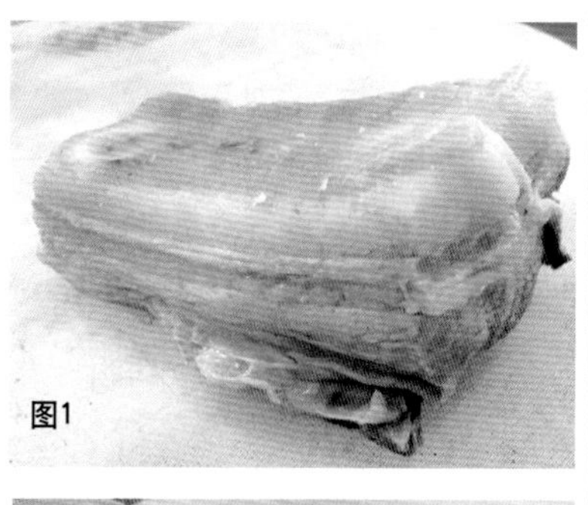
图1

图3

图2

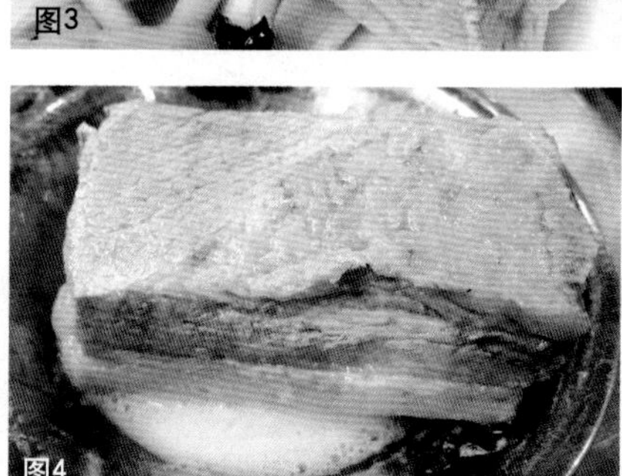
图4

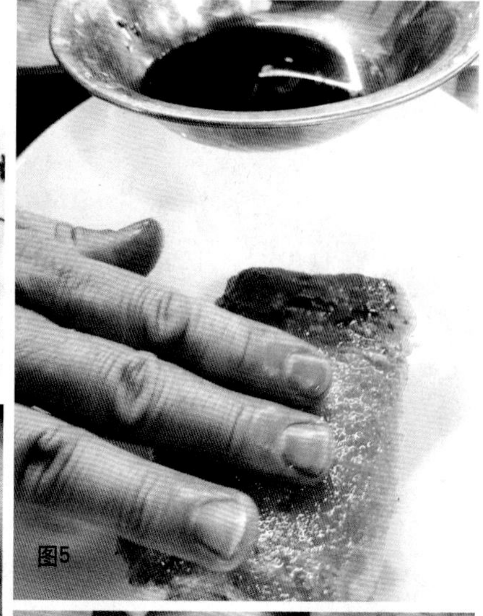
图5

图6

改刀——
猪皮片一半　变身薄鸭皮

煮好猪肉就该改刀了，先从中间一劈二，切成两个8厘米长、4厘米宽、5厘米厚的块（图1），之后，实施“让猪肉变烤鸭”的第一步——片猪皮。

很多师傅做出的紫酥肉皮厚肉紧，入口发韧，原因就是片猪皮这步“偷工”了。猪皮要片，但不全片，只片掉猪皮的二分之一，约留0.2厘米厚的猪皮在猪肉上（图2）。这步十分考验师傅的耐性和刀工。而只有这个厚度，炸制后才能呈现出焦酥的口感。

蒸制——
一把竹签　边扎边腌

改好刀的猪肉依然块大肉厚，但成菜中每一片却都滋味十足，这主要来自于腌制时使用的一把竹签。

先取盐、料酒、葱姜、丁香、花椒、八角拌匀，再均匀涂抹到猪肉块四周，涂抹时要拿一把竹签，不停地在猪肉表面扎孔（图3），然后腌制20分钟。

腌猪肉时加丁香可以提香，加花椒、八角可以去腥，其他香料都有杂味，会遮盖肉香，所以不用。腌好的肉块放入盘中，上笼干蒸20分钟，滗掉蒸出的肉汁备用。

入油炸——
抹三遍香醋　入四遍油锅

要想将猪肉块炸透，需要四下油锅，后三次下锅前，还需要在肉皮上涂抹一层香醋，这是让肉片形似烤鸭的第二步——上色、起脆。

取蛋清1个、淀粉25克调匀，均匀抹在肉块表面（图4）。

入六成热油中炸5分钟捞出，然后迅速取香醋抹在肉皮表面（只需要抹肉皮，图5）。

再入六成热油中炸5分钟，捞出后继续在表面抹香醋。肉皮共需要抹三遍醋，抹完即下入油锅，炸的次数少了，肉皮达不到焦酥效果；炸的次数多了，肉皮很易炸老变硬。炸时油温最好控制在六成热，此油温下肉块吸油最少，若高过六成热，猪皮就会膨胀，出现起泡现象。一旦表皮起泡，则肉里面的油分就出不来，导致入口油腻。这里还有一个细节，就是每次抹香醋的同时，用竹签再扎一遍猪皮（图6），可帮肉皮出油，同时也能扎破肉皮表面的泡泡，让困住的油分流出来。

炸好的猪肉改成3毫米厚的片，配葱丝、甜面酱、荷叶饼上桌，表皮入口有嚼劲，肉质入口即化，美味非常。

一条油浸鱼　融合八个味

“蒜香油浸鱼本是一款普通的蒜香味蒸鱼菜，而我这款蒸鱼却有八个味。首先鱼身上配有大量的蒜末和香菜，浇的料汁中又有五种味型，此菜本身已造就了七味融合。关键是最后一步，用芝麻香油炝蒜末和香菜，激出一股浓郁的鲜味，恰好能跟鱼鲜结合，让此菜鲜味十足。豫菜擅长做多味融合的奇味菜，这款蒸鱼就是一个代表。”

蒜香油浸鱼

选材——既要嫩又要大

“个头大的肉不嫩，个头小的不气派，综合考虑后，我找出了鲤鱼大小和口感的最佳平衡点：一年半生、1斤8两重的黄河鲤鱼。”

图1

图3

图2

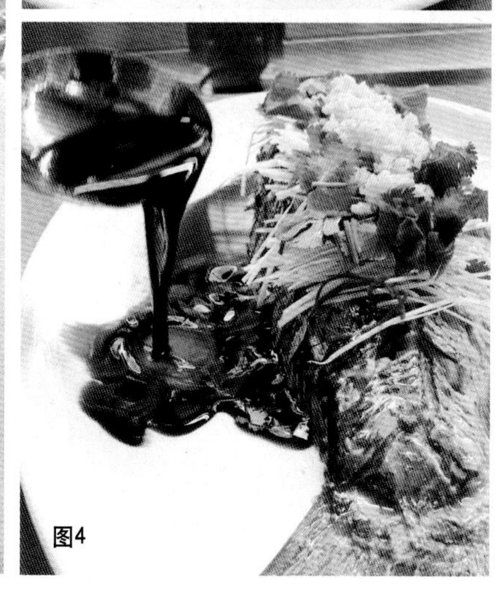
图4

熬汁——

味汁一次熬一桶

为了保证菜品口味稳定，浇鲤鱼的味汁通常一次熬一桶。取料酒250克、胡椒粉350克、陈醋700克、上海辣酱油700克（辣味淡，跟胡椒的辣味类似，同时有咸味）、白糖560克、生抽700克、味精50克、清水3斤倒入桶中，开大火边加热边搅拌，料汁沸腾后改小火，继续熬6分钟至料汁变黏稠时关火。此汁水中一定要用上海辣酱油，除了能为其增加独特的辣咸鲜复合味型外，加辣酱油熬制后汤汁质感光滑，颜色发亮，对此菜靓丽的卖相起到重要作用。

改刀——

开膛破肚偏一点

此菜上桌时，需将鱼身侧放入盘，如果杀鱼时依然按习惯从中间开膛破肚，则成菜无论怎么摆放，都会将刀口露在外面，十分不雅。

这个问题其实很好避免，只要在改刀时将刀口略微偏一下，从鱼腹部上方、两片胸鳍的一侧下刀即可（图1），成菜时，将没有刀口的一面朝上摆放，从外观看起来就是一条完整的鱼。

在看不见刀口的那面鱼身上开柳叶形花刀，即中间开一刀，左右各五刀，看起来就像柳叶上的叶脉，每一刀都深入鱼肉1厘米，但不要切透鱼肉（图2）。

蒸制——

鱼身下面垫根葱

取葱姜、盐、味精、胡椒粉在鱼身上抹匀，在10℃下腌制1小时后将鲤鱼摆在盘中，有刀口的一面鱼肉面积小，成熟较快，应将此面朝下。在鱼身下垫一根京葱让它翘起来（图3），使蒸汽顺畅穿过，上下同步成熟。上笼蒸8分钟，至鱼的眼珠突出即可取出。

激香——

三味融合　香气独特

鲤鱼蒸好后抽掉葱段，撒一层葱丝，再点缀红椒丝5克、香菜叶50克、蒜末50克，调好的味汁300克烧沸后，沿着盘边浇到鱼身下面（图4）。取芝麻香油100克烧到八成热，浇到蒜末和香菜上激出香味。

精彩问答

Q 芝麻油的香气遇热易挥发，至八成热时已挥发殆尽，选用这种油是否有些浪费？

A 芝麻油加热后香味会有部分挥发，但留存的香味已经足够此菜所用，可以在激出蒜末和香菜香味的同时加入一种浓郁的口感。

他生于老济南的泉池边，也曾在芙蓉街里体验似水流年，从小跟着父母学做菜，为了上灶，他围着菜墩转了将近10年。

一把菜刀、一把炒勺，在煎炒烹炸里熏染着鲁菜文化，他是中国第一位鲁菜文化大师，他的一道菜，曾经卖出了6400元。

从厨50余年，他传授弟子上千人，改良创新鲁菜200余种，年过古稀依旧致力于鲁菜的研究与发展，开公司、办网站、撰菜谱，一寸寸矮下去的是菜板，一点点厚起来的是人生。

他，就是鲁菜泰斗颜景祥。

矮下去的菜板 厚起来的人生

1959年，颜景祥（左）与恩师梁继祥（中）、师兄张凤元（右）合影。

作为目前中国声望最高的厨师之一，年逾古稀的颜景祥至今仍乐于泡在厨房，只要看到哪位厨师的操作不对了，必定亲自上前手把手地教一遍。笔者到颜老的大儿子颜卫星所开设的私家菜馆探访时，就目睹了这样一次现场教学。

1.厨工将海参直上直下地改刀是错误的。

2.颜大师亲自示范：先将海参斜刀切断。

3.再将刀面与海参呈30°侧着改刀成片。

葱油先蒸再炼　海参先煨再烧

葱烧海参作为鲁菜的代表作之一，在整个长江以北热卖了200年，2005年颜老以66岁高龄参加了在武汉举办的“中国厨师节”，就曾以一道“葱烧海参”拍出了6400元的天价。颜老说，制作这道菜，最好选用葱白接近1米的章丘大葱，其脆甜，还易出葱香味。将葱白改刀成5厘米长的段，500克葱加色拉油1000克上屉旺火蒸10-20分钟，留油滤去渣滓，再放入锅中炼制成葱油；从长岛捞来的刺参，选择发好后长度有16厘米的那种，为了去腥增香，发制时要先放入水中浸泡3天，一天上两次火，小火煮至开锅，关火后常温放置，海参便会自动吸收水分，之后再放入用鸡、鸭、肘、骨等材料炖好的汤中，点入少许酱油，加入葱、姜、药料煨10分钟，海参就变得非常饱满、爽滑。现在很多厨师制作“葱烧海参”是以整参烧制，卖相虽好，但海参不够入味。颜老现在店中售卖的葱烧海参则沿袭了传统做法，制作前需将海参改刀。

海参侧着切　截面大一倍

讲到这里，颜老带我们走到了存放海参的保鲜柜前，正巧有位厨工在给海参改刀，只见他手起刀落，直上直下地将海参切成大段，再一分为四，切好的海参刀口横平竖直，呈长方体立于碗中。颜老拿起海参看了看切口，心平气和地指出了小厨工的错误：“海参不能横着切，刀口过平，截面太窄，在制作时无法充分地吸收葱香，正确的方法是先将海参斜刀切断，再纵向一剖为二后，然后将刀面与海参呈30°侧着改刀成片，海参变薄，烧好后自然卷曲，卖相更美，且刀口面积比直切扩大了近一倍，更易吸入味道。”紧接着，颜老接过刀，现场演示了海参的片制过程，三下五除二，一只海参解体成片，加入大葱烧制成菜，油亮鲜美，香气四溢。

"想要在烹饪界成为一名大师，一点一滴锤炼基本功是必经过程。"颜老这样告诉我们。与如今白案2年、红案3年即可出徒上灶的"速成培训"不同，从学徒走向炒锅，他用了整整9年的时间才完成。

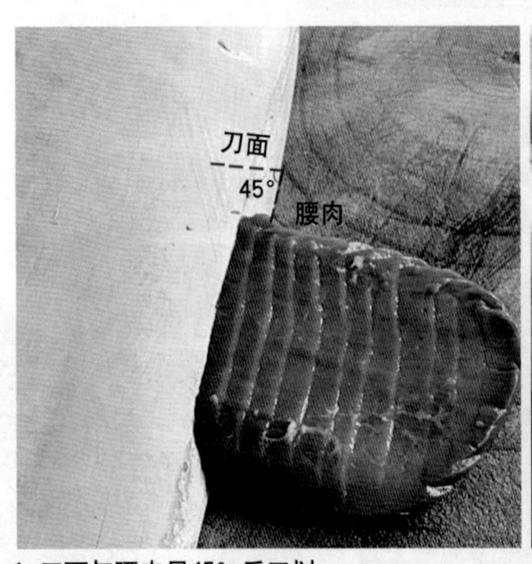

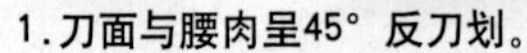
1.刀面与腰肉呈45° 反刀划。

2.刀面垂直于案板直刀剞。

9年磨炼　终上一线

回忆起当初的学徒时光，颜老感慨万千："在燕喜堂挑水、砸炭、择菜干了一年多，不要说炒锅，就连案子也没能挨上边，还是在拜了梁继祥先生为师后，我才真正进入厨房，开始在案子上做活。那会儿二十来岁的年纪，也有精力，中午老师休息了，我就自己干，为了练好腕力和刀工，还专门找了几筐竹笋，这东西非常硬，切的时候特别费劲，每天中午别人休息的时候，我就站在那里切上2个小时，先是改刀成块，再是切片，然后是丝、丁、末，仅仅三个月的时间，我用的那块案板就变成了当中高、两边洼的球面，边缘部分被切去了2厘米，我的手腕也因为过度活动得了腱鞘炎。虽然过程不是太好受，但技术确是突飞猛进，经过了竹笋的磨炼，再切别的东西就觉得非常省劲了。"

在师父的带领下，经过案板上5年的勤学苦练，颜景祥拥有了极为扎实的基本功，整扇猪肉去骨只需8分钟，整鸡去骨更是用不了90秒，在被调去凉菜档口工作3年后，1965年，他正式上灶当起了炒锅师傅。

双手托着肉丝　体验细微差别

1978年，颜景祥作为济南地区的唯一代表参加"山东省第一届烹饪大赛"。在炉灶上稳扎稳打地练了这些年，原本满怀信心的他看到参赛内容后却傻了眼：滑炒里脊丝、拔丝苹果、油爆双花、糖醋鱼四道菜，连切带做要在20分钟内全部完成，原料分量要求"一把准"，里脊丝四两、苹果五两、腰花和鱿鱼花各三两，每条鱼的重量介于一斤二两到一斤四两之间，全凭自己手抓称重，上下误差超过2钱便要扣分。

如何才能将这双手练成"秤杆子"呢？颜老说，还真没有任何捷径可寻，就像欧阳修笔下的那位卖油翁，"无它，但手熟尔"！

为了更好地练习刀工以及手量称重，颜景祥主动将四道菜的切配工作揽了下来，每天下午2点到4点开始练习：腰花要"反刀划、直刀剞"，刀面与腰肉呈45° 反刀划出斜痕，每两刀之间相距2毫米，再将刀与案板垂直，切至腰片的4/5处，然后将腰子改成宽2厘米的长片，汆出的花形最漂亮；切肉丝讲究推拉刀，墩子要平刀要利，直刀下，在刀刃挨到肉的瞬间往前一推，再握住刀柄往回一拉，肉块就变成了肉片，重复推拉的动作，将肉片切成肉丝，长度在10厘米，下锅滑熟后形状最美。

当数十斤肉丝全部切好后，颜景祥便就着盆中的原料，开始手抓称重。在"抓"之前，他先用店里的克秤将原料按分量称好，里脊丝是200克，放在手上反复掂量2分钟，等感觉找得差不多了，将这份重量准确的里脊丝放入码斗，趁着手中的余感开始抓肉，每抓出一份，在心里感觉一下，觉得差不多是200克就放到小秤上称量，一把下去可能是180克，就再将刚才那200克里脊丝放于另一只手，两手握着托举，体验两种分量的里脊丝在手里有什么细微差别，然后再抓再练，直到毫厘不差、绝不失手为止。

通过刻苦的练习，颜景祥最后以总分第一的成绩名列榜首，完成时间足足比第二名早了9分钟，颜老说："为了参加这次大赛，自76年开始从店、区、市层层选拔，每半年一次，那段时间各家名店的厨师铆足了劲练习，自下而上形成了一股学习风潮，下班之后，大家坐在一起交流做菜及练习心得，从而使我的技术得到很大提高。而通过努力，我最终得了第一，虽然很高兴，但美中不足的是，我做完这四道菜仍比规定时间超出30秒，这说明我还有上升空间，仍需继续努力。

蜈蚣花刀

千筐白菜帮　练就蜈蚣刀

1983年，颜景祥作为山东省选派的四名代表之一，前往首都人民大会堂参加“首届全国烹饪技术表演鉴定会”。为了向全国同行展示精湛的鲁菜绝技，颜景祥从师父交给他的珍贵菜谱中挑选了四道菜品：第一道菜是**荷花鱼翅**，展现的是料子菜的功夫，雪白、粉红两种颜色的荷花，是分别用鸡料子和鱼料子做的，被荷花瓣围在中央的鱼翅，则采用黄扒的手法制熟；第二道是**奶汤八宝布袋鸡**，需要有一手漂亮的“整鸡出骨”绝活，选用一年左右尚未生蛋的母鸡，在鸡嗉子处开口下刀划出6厘米长的口，将整鸡剔成“布袋”，两只鸡一个装素馅，一个装八宝馅；第三道**糖醋黄河鲤鱼**是一款炸熘菜，用到了干炸、浇汁两种技法，鱼身打牡丹花刀，挂糊后一手拎头、一手拎尾，弯成U字形下锅，待定型后再松手，鲤鱼要“翘头翘尾”立于盘中……

第四道菜**汆芙蓉黄管脊髓**却费了劲。黄管是连接猪心的大动脉，每只猪上仅得两条，即使去找肉联厂，每天也只能购进3斤，且质地韧、中心空，想要切断很容易，但要改成“中平、四翘、底无痕”的蜈蚣花刀却着实是个难事。怎么练习呢？颜景祥决定用质地脆爽、价格便宜的白菜帮子代替。

“白菜帮极脆，稍一用劲就会断到底，比黄管还难切，用来练习手提刀的准头和距离再合适不过。我足足切了上千筐白菜，才练就了这手绝活：先将白菜修理成等腰三角形，从三角形最短的一面入刀，斜刀30°均匀地剞上花刀，刀锋入菜帮2/3深，不能完全切断，再把菜帮旋转90°，垂直于刚才的刀纹，采用两刀一断近似合页刀的切法，直到把所有菜帮切完，泡入水中10分钟，捞起后白菜便卷曲呈蜈蚣状了，而斜刀剞的角度越小，水泡后蜈蚣花纹就越明显。”

	山东	河南	甘肃
花刀	牡丹花刀。	瓦楞花刀。	瓦楞花刀，鱼脖处肉厚，还要多打一刀以便尽快成熟。
挂糊	八成淀粉、两成面粉加清水调成糊，鱼身薄薄裹上一层，要能看到刀口。	最传统的做法是直接下锅炸，20世纪80年代开始在鱼身上拍干粉。	蛋清面粉糊。
炸制关键	右手拎鱼尾，左手掐鱼头，弯成U形下油锅，定型后再松手炸至金黄酥脆。	拎住鱼尾，鱼头先下锅，接着整只鱼身滑入锅中，炸至金黄定型。	双手抓住划开的鱼腹两侧，先将鱼脊下锅炸至定型，再松手让整个鱼身滑入锅中炸至金黄定型。
浇汁方式	糖醋汁熬到浓稠，将热油淋入锅内激成“活汁”，出锅浇在鱼身上。	糖醋汁熬开，放入炸好的鱼，小火边熘边用勺子将汤汁淋在鱼身，约10分钟，使鱼的两面完全吃透味，淋水淀粉、浇热油即可出锅。	糖醋汁熬到浓稠，将热油淋入锅内激成“活汁”，出锅浇在鱼身。
造型	翘头翘尾。	侧身平放入盘，鱼身上摆一层炸好的龙须面。	鱼腹朝下，鱼脊竖立在盘中。

三省糖醋鱼　各有各不同

眼光决定一切。走出去了，才知道江湖有多大，才清楚自己有多渺小。

在1983年的那次大会上，颜老不仅见识了南方菜的精致做法与美丽品相，为以后的鲁菜改良之路打下了坚实基础，还见识到了同一糖醋鱼由东西南北各位大厨演绎出的不同特色版本，虽然手法、细节各有不同，但都能做成美味而可口的菜品。

黄河鲤鱼焙面（河南）

糖醋黄河鲤鱼（山东）

鲁菜吊汤

清汤小火吊　奶汤大火冲

鲁菜的汤分为清汤和奶汤两类，原料一般选用鸡、鸭、肘、骨这四种，清汤需经过汆、煮、扫、吊四步才最终完成，而奶汤则只要汆、煮两步，最后打去渣滓即可完成。

老师傅吊汤的顺序一般是这样的：

汤桶内添入60斤清水烧沸，放入洗净的土鸡2只、老鸭2只、肘子8斤、猪骨14斤，大火烧开后打去血沫，避免汤汁浑浊，小火焯至原料断生后捞出清洗，将洗料的水再倒回桶中，与刚才焯原料的水“合二为一”，小火煮至90℃时血沫上浮，打去汤中的浮沫，倒入原料小火煮1小时。如果是吊清汤，此时可将原料全部打出，剔下肉用于调拌凉菜，骨头丢弃不用，然后将鸡腿肉蓉、鸡脯肉蓉各5斤先后放入桶中，使其在汤中大面积铺开“扫汤”，与水的接触面越大，析出的鲜味越充分，吸附杂质也越多，待肉蓉完全上浮于汤面时，将其捞出，放入纱布压成饼或球后再放入汤中，使肉蓉在吊制期间既能充分溢出鲜味，又不会散落影响汤汁澄澈，肉饼在汤中“吊”两三个小时，期间保持汤汁似开非开，关火捞出肉蓉，将汤汁过滤即可清澈见底；如果是煮奶汤，则只捞起鸡、鸭、肘子这三种原料，剔骨留肉，骨头重新放入汤锅中，大火冲两个小时，当汤汁约剩2/3时，过滤即得浓白的奶汤。

在制作时有几个点需要特别注意：

絮状浮沫及时去

不论是氽或煮，只要锅中产生絮状浮沫，就一定要及时打去，如果等这些浮沫散开，无论再怎么操作也无法吊出清澈见底的汤汁。

洗料清水入汤锅

氽烫好的原料需洗净再煮，有些厨师会将洗料的水直接丢弃，其实这样是不对的，因为在清洗原料的同时，这些水中会融入许多呈鲜物质，滤净渣滓后倒入汤桶，比清水炖汤更出味。

鸡鸭最上骨垫底

煮制前要注意原料的摆放顺序，不能一股脑地全扔进锅里：猪骨经得住长时间炖煮，垫在锅底；骨头上摆入肘子；而鸡、鸭这两样最容易熟烂，应该摆在最上面，以便汤汁熬好后打捞。

煮出黄油炼葱油

大约煮1小时后，汤面会浮出厚约1厘米的黄油，将这层黄油打出，入锅熬10–20分钟将水汽㸆干，再下入大葱段蒸制葱油，味道最香浓。

肉蓉下锅20℃

熬好的汤汁要经过“扫”这一步骤使其变得清澈。扫汤的肉蓉下锅时汤汁温度不能太高，20℃即可，否则还来不及散开就被烫紧、烫老，肉中的鲜美出不来，汤中的浑浊也吸附不去。肉蓉放入汤中，要用勺子顺着同一个方向缓缓搅动，同时小火加热，这里需要注意的是汤汁不能沸腾，最好维持在95℃左右，这样可使肉蓉最大限度地散出鲜美、吸去浑浊。

浓汤大　清汤小

清汤强调一个“吊”字，即一直用小火保持汤面似开非开，仅使原料中的小分子蛋白析出，得到清澈的汤汁；奶汤强调大火，桶中的水震荡激跃，使原料中的大分子蛋白和脂肪颗粒充分析出，让汤汁变成牛奶般的色泽。吊汤时只要牢记这两点，就不会出大错。

速成版“神仙奶汤”　5小时缩为4分钟

奶汤颜色雪白、浓似牛奶、味道鲜美，但吊制起来太浪费时间，有些厨师就想到了在高汤中加入三花蛋奶的方法使其变白，但这样一来，颜色虽然对了，可味道却完全走了样。颜老自制了一款神仙奶汤，熬制过程只需4分钟，用料只有清汤、面粉、猪油这三种，但却能达到5小时炖制的奶汤效果。

神仙奶汤制作（一份量）：猪油40克烧至五成热，放入葱末、姜末各5克小火熬干水汽，撒入面粉25克不停翻炒至出香，待看到面粉颜色开始显出微黄，倒入清汤750克大火烧开，此时汤汁不稀不稠、状似牛奶，撇去锅中的浮沫，用纱布过滤去渣滓，调入盐、味精，出锅前再淋入少许姜汁即可。

在制作时有以下几点需要注意：

1.葱末、姜末温油入锅，保持小火，爆出香味即可，千万不能炸黄，否则熬出的奶汤颜色不白。

2.40克猪油中最多加入面粉25克即可，如油少面多，面粉入锅即结成疙瘩，难以研开，无法熬出奶汤的颜色；且炒制时火不能大，否则面粉发黄，熬出的汤就不白。

3.面粉炒好后，宜用热汤冲入，再大火烧开，这样可有利于面粉的充分溶解。

4.出锅前加入的那勺姜汁非常重要，可帮助奶汤增鲜，同时减轻油腻感，增添香气。

鸡鸭在上猪骨垫底

罾蹦活鱼

1.割断两侧肋骨，去除大梁骨。

2.改刀后加盐、味精、葱姜丝等腌制15分钟。

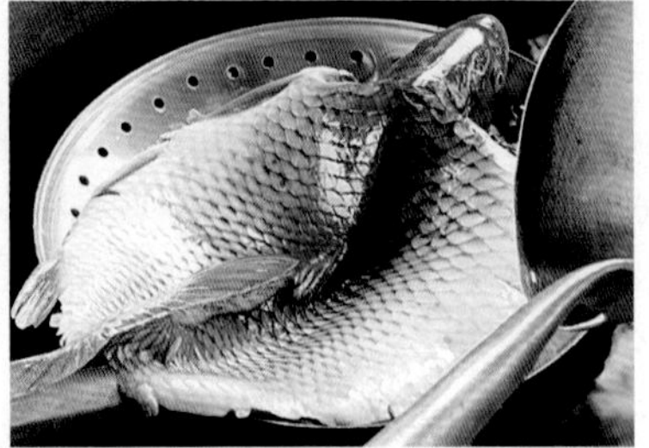

3.鱼腹敞开俯卧在漏勺中，用手勺扶稳下入油锅。

4.筷子夹住鱼尾，用手勺向上面淋油，保证鱼尾成熟且翘立不断。

5.芡汁淋热油，冒大泡后起锅。

罾蹦活鱼

“罾（zēng）蹦活鱼”是一味传统名肴，因其成菜后鱼形如同在罾网（一种用木棍或竹竿做支架的方形渔网）中挣扎跃蹦，故而得名。其特点为带鳞制作，鳞骨酥脆，肉质鲜嫩，上桌后要趁热浇以滚烫的糖醋味汁，热气蒸腾，香味四溢，热鱼吸热汁，发出“吱吱”的响声，给人带来视觉、听觉、嗅觉、味觉四重享受。用筷子轻轻一夹，能感受到鱼肉轻微的抵抗力，鱼鳞、鱼皮和鱼肉同时入口，会发出清脆的声响，酸中带甜的口味使人食欲大开。要想做出这道鳞酥肉嫩、酸甜可口的“罾蹦鲤鱼”，就要遵循其独特的烹制技法。

选料——

最佳选择：带鳞活鲤

要选用一斤二两到一斤半左右的活鲤鱼，最好不用死鱼，因为此菜为带鳞制作，活鱼的鱼鳞一遇热油就会翘立起来，口感酥脆，死鱼则没有这种效果。草鱼也可制作此菜，但不能选用鳜鱼，因为鳜鱼的鱼鳞太细。

改刀——

先去大梁骨　两侧剞三刀

活鲤鱼不去鳞、鳍，从腹部剖开，去除鱼鳃及内脏，将刀伸进鱼腹内，贴着大梁骨从头到尾顺划一刀，将一侧的各条肋骨从根部割断，翻面再割一刀，同样将这一面的肋骨悉数割断，然后用刀尖将鱼骨与鱼头相连处切断，用手慢慢拽出大梁骨，必要时用刀修整一下，注意保持皮肉的完整。

去除大梁骨后，还要用刀尖在鱼身两侧各剞三刀，之后将鱼身朝两侧扒开，在鱼肉上打十字花刀。因为鲤鱼要经历炸的过程，遇热后鱼肉会收缩，如果整鱼不改刀直接下人锅中，鱼身极易断裂；而在两侧各剞几下，可以使鱼肉松弛，在炸制过程中不会轻易断裂，且更易塑形；鱼肉上的十字花刀，则是帮助其在随后的腌制过程中充分人味。

腌制——

只腌肚子不腌鳞

将鱼腹向两侧敞开，手抓少许细盐，均匀地撒人鱼腹内部，再加人味精、料酒、葱丝、姜丝腌制15分钟。这段腌制时间既可让鱼肉人味，也是让其排酸的一个过程。注意只腌鱼身内部，不腌鱼鳞。

入油——

鲤鱼伏卧漏勺中　手勺扶稳下油锅

锅人宽油烧至五成热，将鱼腹向两侧敞开，脊背朝上伏卧在大漏勺中，然后用手勺扶稳下人油锅，将油温慢慢升至七成热，保持此油温炸至鲤鱼定型、腹部金黄，撤出漏勺，继续浸炸至鱼鳞翘立、表面金黄，捞出装盘。整个炸制过程为5–6分钟，在此期间要不间断地用手勺舀油浇淋鱼身，注意不要将鱼鳞炸焦。

调汁——

芡汁淋油冒大泡

在炸鲤鱼的同时，要另起油锅调制糖醋汁，二者同时操作，保证最后鱼、汁同时出锅，这样汁水浇到鱼身上才会发出“吱吱”的响声。锅人花生油50克，爆香葱姜蒜末，然后烹人洛口醋（产于济南，颜色类似于清酱油，气味清香，酸味柔美）60克，加清水300克，下人白糖175克，小火慢慢熬化，调人少许酱油提色，勾浓芡，淋炸鱼的热油20克出锅。这里有一点需要注意：勾好的芡汁要浓稠得当，其判断标准为淋人炸鱼的热油后，锅中会冒出大泡。如果芡汁过稠或是过稀，淋油后都不会起泡，这样的糖醋汁就熬制失败了，只有芡汁起泡，糖醋汁才算成功。将调好的糖醋汁装人小碗中，与炸好的鱼一同上桌，将汁浇在鱼身上即可食用，鱼鳞酥脆，鱼肉鲜嫩，酸甜可口。

1.鱼骨与鸡肉稠料放入码斗。

2.加蛋清、清汤调匀。

3.再倒入蛋清打成的雪丽糊中搅匀。

4.入锅推炒至凝固。

大师细说料子菜

“料子”即肉泥，四川称“糁”，北方称“茸”，南方称“泥”，南京称“缔子”，广州称“胶”，而“料子”，则是济南人给予这种肉泥独有的称呼。

制作“料子”，一般选用新鲜细嫩、受热易熟、蛋白质含量较高的鸡、鱼、虾、猪等肉类原料，经过捶、剁等方法挑去肉中的细筋，制成色白细嫩、滋味鲜香的各种肉泥，再依据不同的使用要求添加不同的辅料，搅打出不同的劲道而最终成形，既可独立成菜，也可作为其他菜肴的佐助料及黏合剂，能为菜肴增加鲜味、软化口感、改变造型。

料子菜自古有之，在物质匮乏的年代尤为兴盛，由于原料种类不足，大厨们无不挖空心思将现有的原料如鸡、鱼、肉做精做细，做得花样百出。而鲁菜中“吃鸡不见鸡”的鸡汁菜肴，便是将当年尚属易得的鸡肉做得异彩纷呈的典型代表之一，如果鸡汁菜都会做了，料子活也算全掌握了。

搅拌机不输手工捶

鸡汁菜要求颜色雪白、口感细嫩，入盘后颤颤巍巍，即使放置一段时间，亦能不塌陷、不淌油、不淌汁，且因去掉了骨头和筋腱，老人、小孩都能吃，所以产生后便迅速风靡了鲁地。

在鸡汁菜中，鸡肉既不是主料也不是辅料，而是佐助料，负责给菜品出鲜味。以前鸡料子全靠手工捶剁，耗时过长、步骤烦琐，细节稍有偏差这盆料子就变成了废品；后来有了搅拌机，劳动强度大大减轻，可调好的料子很难再现手工捶剁的那种效果，因此鸡汁菜虽然好吃，但因为大厨们的却步而开始逐渐退出餐桌。在颜老管理的酒店，鸡汁菜却仍是台柱子，虽然同样使用搅拌机，可颜大师就是能调出不输于手工捶剁的鸡料子。

在调制鸡料子前，必须先将鸡肉制成泥。颜老的配方是这样的：鸡牙子肉2000克改成大块，冲去血水后，捞出沥干水分放入搅拌机，倒入葱姜水1000克，调中速开始搅打，等到鸡肉变为小粒，再添入葱姜水1000克继续搅打，待鸡肉变为粗泥，第三次添入葱姜水1000克继续搅打至水与鸡肉充分融合，用一根竹签竖着插入搅拌机转一下，将缠绕到竹签上的筋膜全部挑出，倒入蛋清12个、盐10克、生粉20克，调成高速档搅拌2分钟，待鸡蓉呈黏稠的浆状后盛出，这就是稠料。

技术点：1.调制鸡料子，最好选用鸡牙子肉，也称作鸡小胸肉，它被鸡胸脯肉包裹在下面、紧贴胸骨，每只鸡只有两条，筋少肉嫩，最适合制成料子。

2.鸡肉放入搅拌机后，一定要分次加入葱姜水，否则鸡肉过干，在机器中一搅即成卷，无法制成细腻的肉泥。

精彩问答

Q

在调制稠料时已经加人这么多蛋清，为什么调制鸡汁料时又要加人蛋清呢？

A

这两种蛋清的作用不同，第一次加蛋清，主要是为了给打好的鸡蓉穿上一层保护衣，否则鸡蓉接触空气，放置时间稍长即会变干、发乌；第二次的蛋清是作为鸡汁菜的辅料加人，所用的量比第一次大得多，打成雪丽糊后加人鸡肉，二者充分融合，人锅炒制后才能得到嫩乎乎、颤巍巍的成品。

脆爽鲟鱼骨+雪白嫩鸡汁

将鸡肉稠料制好后，颜老以“鸡汁鱼骨”为例，现场演示了调制鸡料子以及炒制鸡汁菜的方法：

1.取初加工好的鲟鱼骨（海鲜市场有售，约40元一斤）60克切成碎粒，放人码斗，加人150克稠料，添人清汤50克解开，再放人蛋清3个搅匀。

2.蛋清4个人盆抽打成雪丽糊，倒人步骤1中搅打好的鸡肉泥，一边倒一边搅打，使二者充分融合，加人盐5克、味精2克、料酒4克，抓人湿淀粉8克拌匀。搅好的鸡料子如厚糊一般，舀起后能呈直线状流下。

3.炒锅滑透，下人凉油，倒人搅好的鸡料子，小火推炒至凝固，装盘撒青红椒碎各5克即可走菜。

在整道菜的制作过程中，颜老强调有以下四点需要格外注意：第一，稠料必须先用清汤解开再加人蛋清，因蛋清黏性大，如直接倒人稠料后鸡蓉不易搅散、搅匀，会出现许多细小颗粒；第二，蛋清打成雪丽糊后再倒人鸡蓉，只有经过打发，才能与鸡蓉充分融合，制成的料子才会雪白、黏稠、细腻；第三，炒制鸡料子需热锅、凉油、大火，油温过高，料子下锅后易变为黄色，如用小火，则容易煳边；第四，鱼骨需人高汤煮，干鲟鱼骨加温水洗净，泡3-4小时，放人清水中煮至涨发一倍，用纱布包起，人汤锅再小火煮5小时，此时鱼骨表面略微开花，色洁白无硬质，口感如同凉粉。

东南西北说料子

杨建华/河北　猪皮翻面砸肉泥

肉蓉是原料单一时的产物，在河北，除了做丸子时会用上，其他肉蓉菜基本已经退出餐桌。以前没有搅拌机时，厨师制作肉蓉，会先将肉放在墩子上，用刀剁碎，在剁的过程中，肉筋自然会卡在墩子里，这个时候将肉刮到码斗中，案板上放块猪皮，有肥膘的那一面朝上，将剁好的肉放在上面，用刀背砸成细泥。在猪皮上砸肉泥，可避免墩子上的木屑进人肉里使成品发黑，且在砸的过程中，肥膘自然融人肉泥里，使口感更爽滑油润。

陈伟/河南　肉泥拌匀熟猪油

济南的“料子”在我们河南被称作“糊”，一般选用鸡、虾、鱼这三种原料制作。在1983年人民大会堂的那次技术鉴定会中，河南代表队参赛的“清汤荷花莲蓬鸡”就是一道典型的糊菜。河南制糊的传统方法与河北类似，都是在肉皮上锤砸成泥，不同的是，河南手法在上浆时，除了蛋清、淀粉、盐、绍酒外，每200克的糊还要加上20克化开的熟猪油拌匀，使得成品口感更香、更嫩。

顾育/江苏　现宰活鱼需排酸

在我们这里，猪肉做的料子被称为“肉酱”，虾肉与鱼肉做成的料子被称为“糕”或“脂”。在制作虾脂、鱼糕的时候，不能用刚刚宰杀好的活鱼、活虾，这时的鱼肉、虾肉处于“僵直期”，肌肉的延展性很差，不易斩成泥状，同时吃水量少、黏性低，加热时容易散开，最好先经过排酸，在0℃-4℃的保鲜冰箱中静置1-2小时，待其进人“成熟期”，肉质软化后再进行制作。

田长国/四川　料子调好需冷藏

料子调好后，最好放在2℃-8℃的冷藏柜中静置1-2小时，以便肉中的可溶性蛋白充分溶出，进一步增加料子的持水性，使成品口感滑嫩。但要注意的是，制好的料子只能冷藏而不能冷冻，否则在解冻过程中料子会析出大量水分，影响口感与成形。

八道菜品 展演五十年绝技

大师 张志德

中国烹饪大师，鲁菜特级烹饪大师。1942年4月生于临沂。20世纪60年代，张志德从老家沂蒙山被选派到济南南郊宾馆学徒，师从鲁菜前辈赵树林老先生，此后，他在这里一干就是30多年，从一名不起眼的学徒升任至行政总厨。1994年，张志德调任济南东方大厦副总经理，后又担任山东医药大厦总经理，2000年退休，现任济南铭座饭店出品顾问。

倾听大师的经历，小编发现一个有趣的事情，年轻时张大师从厨师干到酒店总经理，但退休之后又一头扎入厨房，沉迷火光勺影，回归了厨师本色。这兜兜转转的职业生涯，令人看到了他对厨艺本行的热爱与执著。

与张志德大师两次接触，小编感受到的是满满的正能量。

准时。两次与大师相约，第一次，由于堵车，小编晚到了10分钟，大师已经等候多时。第二次，小编准点到达，而张大师已经在厨房里忙活了一个多小时！原来，70多岁的老人一大早已经坐公交车来到铭座饭店准备原料，这令小编非常惭愧也更加敬佩。

实在。退休后的张大师在家闲不住，经常去徒弟所在的酒店义务指导菜品。张老有一个习惯——不允许徒弟接送，“你要接我就不来，你要送我就不走”。他说：“坚决不给徒弟添麻烦，我自己走到车站坐公交也是一个很好的锻炼。”

开朗。交谈过程中，大师幽默自信、思维敏捷、声如洪钟，讲述典故、剖析菜品、传授经验过程中不时传出欢声笑语，极富感染力。谈起人员管理，他说：“你们这些经理、总厨首先要把员工生活搞好，让小伙子们吃得饱饱的，这叫‘皇上不使饥饿的兵’。”

“从沂蒙山出来我就不再回去！”

张志德于1942年出生于山东沂水县，这里地处沂蒙山区，当时的生活条件非常艰苦，没有粮食时，大人孩子全靠吃豆渣、豆饼度日，到了青黄不接的时候，连豆饼都吃不上。1960年，在沂水乡下当了两年“送信员”的张志德因表现良好，被地方政府推荐到省城就业。选择职业时，饿肚子的经历让他毫不犹豫地跳人厨师这个行当，来到南郊宾馆学徒。

那时候学徒工非常辛苦，早晨5点多到厨房掏炉灰、挑煤渣，中午打扫完卫生后，就趁这个空当练刀工，或者用沙子、抹布练翻勺。学徒前两年，张志德中午从没回宿舍休息过，一整天泡在厨房里。他说：“我从沂蒙山出来就没打算再回去，不是我不热爱家乡，只是那里当年的生活太苦了。所以我格外珍惜学徒的机会，在这儿努力干，就能吃饱饭！”

想学手艺？ 感动师父！

张志德没上过几天学，对于为人处世，他秉承的是沂蒙山人的淳朴思维。他说：“徒弟要想学手艺，必须先感动师父。师父对你有感情，才会倾囊传本领。”如何感动师父？张志德的做法是师父想什么，他就提前干什么。那时候，市面上只有大粒盐，用前需要擀碎，张志德每天早晨提前到厨房用擀面杖擀碎盐粒，整整齐齐盛到各位师傅的盐罐里；那个年代没有洗衣粉、肥皂，洗衣服需要用碱面，他每天帮师父洗围裙、手巾，十指被腐蚀得“皮脱肉烂”；中午、晚上开餐前，他还要提前给师父㸆大勺、炼花椒油。贴心的小学徒终于把师父感动了。有一天中午，张志德在厨房偷练“挂霜花生米”，可是熬好的糖液怎么也挂不上去。此时师父进来了，他往锅里看了一眼，只说了几句话：“得把糖里的水分熬干才行！等锅里冒起小米粒大的泡泡，用勺子搅一下，感觉发黏了，这就算干了！”这个技术关键令张志德顿悟！后来，他又在此基础上做了改进，给花生米挂上蛋清生粉糊后油炸，然后再挂糖霜，出品更加洁白酥香。

还有一次，张志德试做糖醋鲤鱼，最后熬汁时，用手勺勾人湿生粉，可锅里的芡却越来越稀，正在急得团团转时，师父及时出现，支了关键一招：“熬这个汁，要先勾芡再下糖，而且糖不能太多，这样才能打起汁来。如果你先下糖、醋熬汁，最后勾芡，只会越勾越稀。”这个技法张志德沿用了一辈子。

退休不退隐　定制钢板砸骨头

辛苦了一辈子，功成名就的张志德大师退休后却没有退隐江湖，他常常去各地旺店品尝新菜，尝到好菜就忍不住在家试做，然后推荐给徒弟。前几年，他在济南新闻大厦吃到一款“国宴油条”，酥香不油腻，短粗可爱。回家后，他反复调整用料比例，费了好几桶色拉油试炸，终于确定了精准配方，并传授给诸位徒弟。如今，在徒弟黄传正掌勺的铭座饭店中，那款持续热销的“冲浪鳜鱼”，辅料正是用这个配方炸出的油条。

有一次，张志德在接受理疗时听按摩师傅说了一个自己居家做菜的“独门秘方”：把排骨砸碎调馅汆丸子，有一种骨髓的鲜味。张大师觉得这个创意极好，回家后想试制。第一次，他砸碎脆骨，加人肉馅制成丸子，发现达不到按摩师傅所说的效果；第二次，他将排骨放在砧板上敲，但木制砧板太软，砸不碎。后来，他干脆找铁匠定做了一块48斤重的钢板，然后把带肉精排放到上面，用铁锤砸碎、捶黏，搅打上劲汆丸子，取名骨头丸子，成菜特别鲜美、好吃。“定制钢板试新菜”的执著曾令学生顾广凯震惊——这个细节也是时济南任舜泉楼酒店总经理的顾广凯爆料给小编的，他说：“时至今日，这面钢板仍然保留在大师家的阳台上。”

语录贴上墙　传递正能量

张大师一生桃李满天下，他将自己带出来的晚辈分为两类：一类是学生，跟随自己学管理的孩子；一类是徒弟，跟随自己学手艺的孩子。无论是带学生还是带徒弟，张志德除了传授知识技艺，还从心态、思想上引导他们往更高的境界发展，做一个积极阳光、心境纯粹的人。

带徒多年，张大师有很多脍炙人口的“名言”，文字浅显生动，道理却很深刻：

为了提起年轻人的精神头，大师会送给刚入行的学徒几句话：“积极的心态像太阳，照到哪里哪里亮。消极的心态像月亮，初一十五不一样。”

在强调徒弟责任心方面，大师也有四句语录：“时时有事干，事事有人干。没事找事干，凡事认真干。”

除此之外，大师的经典言论还有：“人无压力轻飘飘，没有批评不提高。没有竞争不发展，管理不严不挣钱。”“要想吃好饭，就要流大汗。要想多挣钱，就得拼命干。”

鲁菜须前行　脚步不能停

张大师不但身体硬朗，而且思想活跃。交流中，他说：“鲁菜经典，但不能停滞，要一直走创新发展的路子。举个简单的例子，如今公款吃喝被叫停，饭店不注重研究鱼翅、燕窝了，把着力点放在了鸡、鸭、鱼、肉、有机蔬菜，所以我们设计菜品也要紧跟潮流。最近，我在铭座饭店设计的十道特色菜都是沿用鲁菜手法，但选料、搭配又各有发展创新之处，符合眼下食客的消费喜好。”

上桌后服务员现场切开丸子，并配上祝福词。

大师拿手菜

吉星高照

这道菜是张老选用经典鲁菜清汤，发挥自己的料子菜功夫，在淮扬狮子头基础上整合发展而来的。张老介绍："1972年，我在北京进修时学习了淮扬狮子头的做法。他们用的肉馅中加了马蹄、海米，而我在肉馅中添加了香芋泥、牛奶、鸡蛋，经过加工、成形、冷冻、汆蒸四个步骤，耗时约48小时做出1.6斤重的超大丸子。上菜后，由服务员现场切开，并附上这样的祝词——这道菜叫吉星高照，祝愿各位贵宾吉祥美满、鸿运当头。下面我为大家'开丸子'。一开官运，祝各位贵宾步步高升；二开财运，祝各位贵宾财源滚滚；三开好运，祝各位天天有喜事。这个菜的特点滑、嫩、鲜、香、美，是我们店的看家菜。吃过的都说好，没吃过的听说都往这儿跑，请大家慢用！"

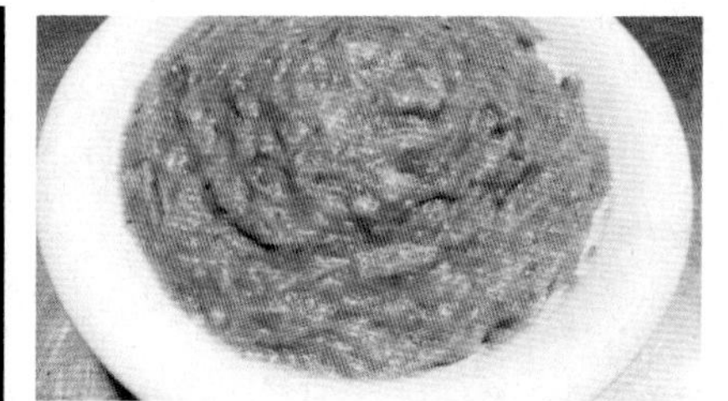
1.肉馅加香芋泥、牛奶、鸡蛋搅打均匀。

2.抹入托盘冻硬。

3.再次切碎后团成丸子，小火浸煮2小时。

4.移入托盘内，加汤后缠紧保鲜膜。

5.送入蒸箱蒸20分钟。

大师点拨——

肉馅冻不硬　丸子不成形

这道菜曾引得诸多年轻人前来学习，但是回去之后却很难做出来。原因就是他们没有看到成形的关键环节——冷冻：打好的肉泥比较稀，只能挤成小丸子，无法直接团成大丸子，必须将其放入冰箱冷冻至硬，然后再切碎、捏细、打上劲，这样才能一层层团成1.6斤重的大丸子，且无裂缝、不破碎。

低了就瘫　高了就散

下丸子时，一定要将盆内清水烧至90℃，不能冷水下锅，否则丸子就"瘫"了；也不能烧至滚沸，否则丸子就"飞"了。

先煮再蒸　全面受热

做好的丸子要先入清水浸煮2个小时，再入蒸箱蒸20分钟。这是为什么？因为丸子太大，只煮受热不够均匀，再蒸方能全面熟透，这样丸子口感才细软。

制作流程：①荔浦香芋2个去皮，入蒸箱旺火蒸透，取出碾碎成泥。②精肉馅500克纳入盆中，加入盐20克、葱姜末10克、味精5克搅打均匀，然后加入芋头泥250克、蛋清2个、牛奶半袋，朝同一个方向搅打上劲。③将打好的肉泥盛入托盘中抹平，入0℃以下的冰箱冷冻一晚。④第二天上班时取出冻好的肉泥，重新切碎，然后戴上皮手套将其捏碎，重新搅打上劲，之后团成重1.6斤的大丸子。⑤盆内加入清水烧至90℃，下大丸子（水要没过丸子），覆上保鲜膜（抠几个洞，便于蒸汽发散），小火煮2小时。⑥将煮好的丸子连同原汤移入托盘，覆膜后放入蒸箱，旺火蒸20分钟。

走菜流程：①锅下鲁式清汤1.5千克烧开，调入适量盐、鸡汁，倒入玻璃器皿中，放入一个蒸好的大丸子，撒香菜末，点少许香油，盖上盖子、点火即可上桌。②服务员用餐刀切三下成六瓣，并配上祝词，即可舀入客人碗中食用。

1.炸好的焦皮肉。

2.焦皮肉切成大片，定碗后浇入料汁。

3.盖上煨好的豆角。

4.覆保鲜膜，入蒸箱蒸40分钟。

焦皮肉

传统鲁菜中有一款“焦皮肘子”，是将肘子皮炸成焦黑色之后烧扒而成。张大师说：“如今客人不缺油，所以大块头肘子就显得有点‘笨重’了。我把肘子换成五花肉，底下垫上吸油的干豆角，菜品仍然属于‘焦皮’系列，但口味大有变化，也更适合社会酒楼。”

大师点拨——
蒸煮均匀过火　四十分钟最佳

提前熬好的浓稠糖色。

清水煮肉块时，加热40分钟即可，不要煮过了，否则肉块就不硬挺，无法造型了。

只蒸40分钟　保持脆肉感

市面上大部分烧肉、蒸肉追求的是“软烂”口感，需要长时间加热，而大师则反其道而行之：“蒸40分钟即可，此时肉带一丝丝脆感，很有咬头，若蒸过了则口感会变得过分软塌。”

熬制稠糖色　方能起焦皮

煮好的肉块要趁热挂匀糖色，若肉块变凉则无法上色。此外，厨师常说的糖色是炒好糖液添热水稀释后的一种水状天然调料，但若挂这种糖色，肉块无法出现焦黑色。此菜所用糖色是黏稠的，需要这般熬制：锅滑透，下白糖小火熬至融化并慢慢变成黑红色（此时提起勺子，能看到勺壁变得黑红），添少许热水，继续开小火㸆至浓稠，起锅倒入盆中，这样的糖色凉后不会凝固，而且质地变得黏稠，有一股甜香气。将其刷到肉皮上，油炸后即可出现理想的焦黑色。

炸肉块时用九成热油，而且一定要拿锅盖挡一下，否则操作者容易被溅出的油烫伤。

制作流程：①带皮五花肉修成12厘米见方的块，入清水（加适量葱、姜、料酒）煮40分钟至断血，捞出控水后趁热在皮上刷匀糖色，然后入九成热油炸至皮起小泡泡、焦黑略泛红色时，捞出控油。②干豆角泡发后切段，入高汤加适量盐、鸡汁煨至入味。③将炸好的焦皮肉切成薄片，摆入码斗，之后在每份肉上撒少许盐、葱段、姜片、一个八角，浇上20克酱油汁（锅下高汤，加老抽、盐、味精、鸡粉搅匀熬开），再填上干豆角，覆上保鲜膜，入蒸箱旺火蒸40分钟，取出后扣入盘中即可上桌。

奶汤核桃肉

这是一道传统鲁菜，如今在市面上已很难见到。此菜巧选猪元宝肉，经过腌制、上浆、滑汆，最后浇入鲁菜经典奶汤，洁白的汤面漂着玫红色的肉块，浓香滑嫩鲜美。张大师在传统做法基础上，也有创新之处——巧妙融入现代烹饪用具高压锅：把上浆的元宝肉汆水后入高压锅压一下，肉块变得绵密鲜滑，口感更棒。

大师点拨——

选料元宝肉　细嫩无筋络

此菜选料为元宝肉，即猪后肘肉，大小如巴掌，外形似元宝，不含筋络，口感细嫩，而且全是瘦肉，吃起来香而不腻。

鲁菜奶汤分两种　此菜须用临时工

鲁菜有两种奶汤：一种是用母鸡、棒骨、老鸭等熬煮出来、名副其实的奶汤；另一种是将热汤冲入炒面粉后熬出来的“临时”奶汤，又被称为“神仙奶汤”。它本是正牌奶汤用完后恰遇顾客加菜而临时熬的一种汤。此菜正是用神仙奶汤制作而成，方便快捷，效果也不错。需要注意的是，炒面时油要略多一些，否则容易炒煳，火要小一点，否则会把面炒黄，冲出的奶汤就不够洁白了。面炒好之后一定要冲沸汤，不要加凉汤，否则奶汤会泄，不够浓香。

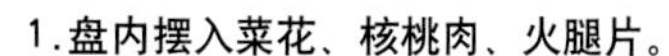

1.盘内摆入菜花、核桃肉、火腿片。

2.冲入奶汤即可。

制作流程：①将元宝肉改成1厘米厚的片，然后在上面划浅浅的一字刀便于入味，之后改成2厘米见方的小块，纳入盆中，每500克肉块加入盐7克、味精5克、小苏打2克抓匀入味，然后加蛋清1个、生粉30克抓匀上浆。②上浆的肉块入90℃热水中汆至断生，捞出放入高压锅中，重新加入热水，上汽后压2分钟。菜花200克汆水入盘垫底。③锅放花生油60克，加入面粉50克小火慢炒出香，冲入热高汤1千克，调入适量盐、味精、鸡汁，放入核桃肉200克、菜心80克、火腿片30克煮开，捞出后放入盛器，原汤再次煮开，倒入盘内即可上桌。

1.精肉、海米、海带打馅氽成丸子。

2.氽好的海带丸子入盛器，浇入汤汁。

3.撒上蛋皮丝、葱丝、香菜，点香油即成。

山东丸子

此菜原形是招远蒸丸，其做法是肉馅内添加木耳、海米等团成丸子，蒸熟后加酸辣汤上桌。张大师把这道蒸丸也进行了延伸创新：肉馅内加入大量海带末、海米末，团成丸子后下水氽熟而非蒸熟，如此一来，丸子口感松软，满口海带鲜味，而且水氽的丸子比蒸熟的丸子外形更圆。

制作流程：①猪精肉绞碎成泥；鲜海带氽水煮透后切成末；海米泡透后沥干水分，切成末。②精肉馅与海带末、海米末按5：3：2的比例混合均匀，然后加入适量葱姜水、盐、味精、胡椒粉搅打均匀。③锅下清水，将打好的海带肉馅团成直径为4厘米的丸子，下入水中小火氽熟。④取250克丸子放入盛器。⑤锅下清汤1千克烧开，依次调入盐5克、味精4克、胡椒粉10克、米醋40克搅匀，起锅冲入丸子内，点缀上眉毛葱、香菜段、蛋皮丝各15克，点香油8克即可上桌。

特点：咸鲜酸辣，丸子松软鲜美。

时蔬八仙鸭子

此菜从孔府"八仙鸭子"创新而来，原做法是将鸭子脱骨，酿入蹄筋、干贝等八种馅料，蒸熟而成。如今，脱骨酿料类菜品因技术难度大、操作费时而渐渐淡出人们的视线，此菜借鉴原思路，取鸭子配上多种有机蔬菜同蒸，操作简单，汤内融入了鸭鲜和蔬香，清澈纯净，健康养生！

制作流程：①北京填鸭一只杀洗治净，汆水（加适量葱段、姜片、料酒）去腥。②有机豆芽100克汆水；口蘑50克切成薄片，汆水；山药80克修成长方片，飞水备用；有机娃娃菜叶80克洗净备用；鲜莲子100克剥掉外皮，去掉莲心，入沸水焯透备用；银耳20克泡发后撕成小朵；发好的蹄筋、鱼肚各50克飞水后放入高汤内，调入适量盐、鸡汁小火煨5分钟至入味。③盆内放入鸭子，灌入清汤1.5千克，调入适量盐、味精、鸡汁，覆膜后上蒸箱旺火蒸1小时，取出待用。④取一个青花瓷罐，垫入八种辅料，放入鸭子，灌入原汤，依口味再补适量盐、鸡汁，封上锡纸，继续入蒸箱蒸40分钟，取出后撒葱末即可上桌。

1.豆芽、山药片等辅料焯水断生，垫入盛器底部。

2.放入蒸过的鸭子。

3.浇入原汤。

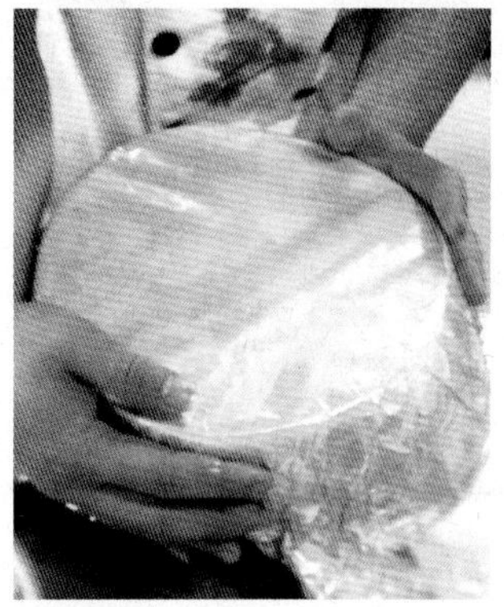

4.封好锡纸，入蒸箱蒸制40分钟。

冲浪鳜鱼

这道菜体现了深厚的鲁菜功底，沿用鲁菜经典的醋椒汤，配上生鱼片、国宴油条以及蔬菜，上桌后烧开汤汁冲入鱼片、油条内，现场气氛热烈，搭配新颖。

制作流程：①鳜鱼一条宰杀治净，砍掉头尾，取下鱼肉，片成薄透似纸的鱼片，漂净血水后搌干。②鱼头、鱼尾加入少许料酒、盐腌制去腥，然后拍上生粉，入油炸至金黄。③自炸油条250克切成寸段，再次入油炸脆。④取一个玻璃明炉垫上锡纸，摆上油条段，放上香菜段、葱丝各40克以及搌干的鱼片，两端摆上鱼头、鱼尾。⑤锅下清汤1千克烧开，依次调入盐8克、味精5克、胡椒粉20克、白米醋50克，冲入汤壶中，跟鱼片一起上桌。⑥服务员将汤壶放到卡式炉上烧开，冲入鱼片中，烫熟后立即分给客人食用。

制作关键：①鱼肉一定要片得薄似纸，若厚了，沸汤难以将其浸熟，此菜就做砸了。②此菜所用油条要按下面的配方制作，其特点是香酥无油。而普通油条孔隙较大，积油较多，不够香酥。③上桌冲汤后要在3分钟内将其分给客人食用，此时油条还有一股劲道口感，香浓适口。

1.鱼肉片成薄片，入冰水凉透。

2.鱼头、鱼尾拍生粉，入热油浸炸。

3.炸酥的油条段垫底，摆上鱼头、鱼尾以及蔬菜。

4.擦干鱼片水分。

5.摆到明炉中即可上桌。

6.将醋椒汤冲入鳜鱼、油条中。

7.趁热分给客人食用，此时油条仍很劲道。

相关链接——

自炸国宴油条

配方：普通面粉500克，小苏打5克，泡打粉6.5克，盐5克，臭粉（是做点心常用的一种食品添加剂，作用是使面团膨胀）1克，清水350克。

制作流程：①小苏打、泡打粉、盐、臭粉放人清水内化开。②面粉过筛人盛器，加人化开的苏打水和成面团，抹一层色拉油，覆保鲜膜常温下饧40分钟，然后揉匀、饧40分钟，重复三次，冷藏保存。③将饧好的面团按照炸油条的方法切成生坯，拉抻后人180℃的油中炸至金黄即成。

祯祥豆腐

"祯祥豆腐"是孔府菜里的一道传统作品，沿用经典的鲁菜锅烧技法——先将豆腐蒸透，然后挂雪丽糊或者面粉炸成金黄色，再跟蘸碟上桌。将传统豆腐改为自蒸的鸡蛋豆腐，挂上脆炸粉，炸后摆到热铁板上，带两种蘸碟上桌，清口解腻，外脆里软。

批量预制：豆浆4斤纳入盆中，加25个全蛋充分搅匀，覆膜后入蒸箱小火蒸20分钟，取出放凉后改成麻将块。

走菜流程：豆腐块拍上脆炸粉，入五成热油炸至金黄色，摆入热铁板上，带两碟料汁即可上桌。这两碟料汁分别是酱油葱花碟、甜酱香菜碟，前者是用生抽加香葱花调制而成，后者是将甜面酱加纯净水稀释，蒸15分钟至熟，然后撒香菜末而成。

1.鸡蛋、豆浆搅匀蒸成豆腐，改刀成块。

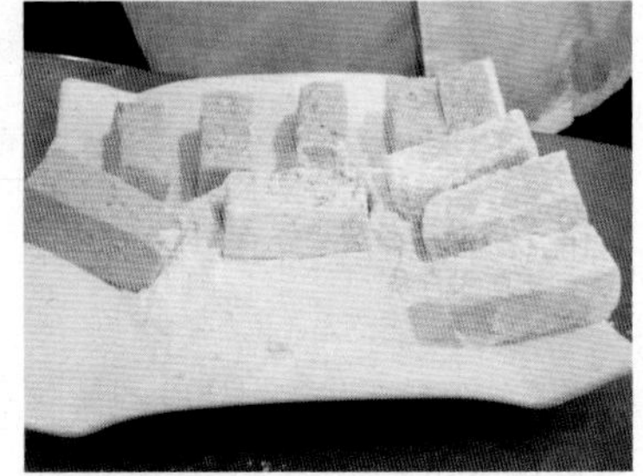
2.拍上脆炸粉。

3.入热油炸至金黄色。

1.此菜所用的鲥鱼和荷叶。

2.批量酥好的鲥鱼。

荷香酥鲥鱼

此菜运用经典的博山酥锅技法，选择长江鲥鱼搭配大明湖荷叶，精心酥制而成。鲥鱼肉内的乱刺较多，食用不便，它的另一个特点是：鱼鳞下藏有脂肪粒，因此一般多带鳞入菜。而这两个特点入酥锅之后都变成了优点：鱼鳞酥香油润，鱼刺软化可食，成菜酸鲜浓郁。

制作流程：

①冰鲜鲥鱼开膛去掉内脏，洗净血水之后从中间剖开，入六成热油炸至外皮起脆并呈浅黄色，捞出控油。②干荷叶泡透洗净，每片荷叶包入半扇鲥鱼，并捆扎紧实。③取10个荷叶包（即5条鲥鱼）放入汤桶，加入白糖、陈醋各1千克，香料包（八角、花椒、白芷、桂皮、大茴香、小茴香各少许）、盐、味精各适量，加入清水没过主料10厘米，淋香油、色拉油各1斤，中火烧开转慢火酥4个小时即可停火。

走菜流程：取一个荷叶包剪开，摆入盘中。服务员用餐刀将鲥鱼划成数块，即可食用。

制作关键：汤桶内要淋入一斤香油、一斤色拉油，一方面可以起密封作用，有助于鲥鱼骨酥肉烂，另一方面可以为鱼增香。

四位老师傅抢我当徒弟

大师 王致福

生于1943年，1959年进入上海大厦学艺，先后师从淮扬菜大家邵正福（原为李济深的家厨）、王寿山（原为中国京剧大师梅兰芳先生府上的掌勺大师傅，后任上海大厦总厨师长），迄今已在烹饪行业辛勤耕耘了50余年，获得了国家高级烹饪技师、餐饮业国家级评委、中国烹饪大师、国宝级淮扬菜泰斗、中国京剧大师梅兰芳家宴（也称为梅府佳宴）第二代传人等多项称号，在行业内享有极高的声誉。

从小耳濡目染　如愿跨入厨行

王致福的少儿时代是在老上海的弄堂里度过的，父母在弄堂口开了一家小饭馆，经营早餐和几道家常小菜，每日的耳濡目染，使王致福对烹饪产生了浓厚的兴趣。初中毕业后，他如愿到上海大厦学厨。

那时候，上海大厦的学徒少、师傅多，学徒工第一年的主要工作就是给大师傅们打杂，一年以后，才由领导安排跟着一位师傅正式学艺。因此，有些学徒这一年并不卖力，为了图轻快，他们只守在一位大师傅身边打下手，但王致福不挑师傅，他同时穿梭在四位大厨之间，递盘子、补调料，顺手还把大师傅的案子给打扫了，很有“眼力见儿”。正因如此，到了领导给学徒安排师傅时，四人均点名要收王致福为徒。最终，王致福幸运地拜在邵正福门下，学习制作淮扬菜和上海本帮菜。

争分夺秒学技术　一周只回一趟家

当时的学徒工多为本地人，大部分每天都回家睡觉。王致福离家最近，走路只要10分钟，但是他一周才回家一次。这是为什么呢？

那时候，上海大厦的厨房早晚各有一位值班大师傅。值早班的师傅每天6点钟准时上演“整猪剔骨、分档取料”的

大戏；值晚班的师傅一般负责吊清汤，这些都是那个年代的厨师必须掌握的技术。

为了尽快学会这两项技术，他下班后悄悄留在厨房，给值夜班的大师傅打杂；第二天一早，值班师傅还没到呢，他就已经收拾好操作台，在那里候着了。师傅拆骨割肉时，他就紧贴在师傅身边，观摩下刀方位和走刀方向。

一年以后，当别的学徒开始正式学艺时，王致福已经掌握了整猪剔骨、分档取料和吊汤的工艺。

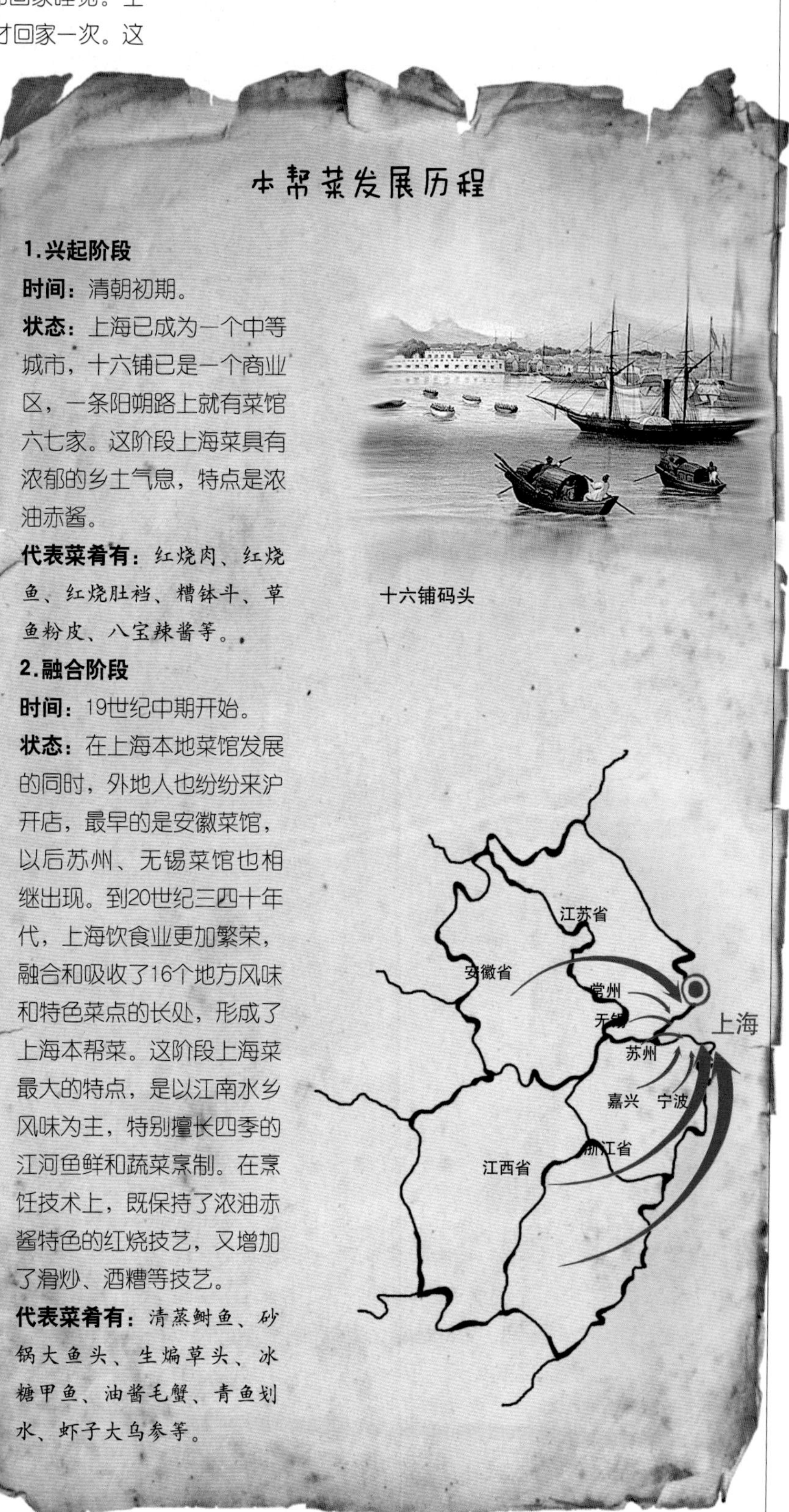

本帮菜发展历程

1.兴起阶段

时间：清朝初期。

状态：上海已成为一个中等城市，十六铺已是一个商业区，一条阳朔路上就有菜馆六七家。这阶段上海菜具有浓郁的乡土气息，特点是浓油赤酱。

代表菜肴有：红烧肉、红烧鱼、红烧肚裆、糟钵斗、草鱼粉皮、八宝辣酱等。

十六铺码头

2.融合阶段

时间：19世纪中期开始。

状态：在上海本地菜馆发展的同时，外地人也纷纷来沪开店，最早的是安徽菜馆，以后苏州、无锡菜馆也相继出现。到20世纪三四十年代，上海饮食业更加繁荣，融合和吸收了16个地方风味和特色菜点的长处，形成了上海本帮菜。这阶段上海菜最大的特点，是以江南水乡风味为主，特别擅长四季的江河鱼鲜和蔬菜烹制。在烹饪技术上，既保持了浓油赤酱特色的红烧技艺，又增加了滑炒、酒糟等技艺。

代表菜肴有：清蒸鲥鱼、砂锅大鱼头、生煸草头、冰糖甲鱼、油酱毛蟹、青鱼划水、虾子大乌参等。

很多人给上海菜贴上了“浓油赤酱”的标签，认为它的特色就是“汁浓、味厚、油多、糖重、色艳”，其实这句话用来形容上海本帮菜中的红烧类菜式更加确切一些。比如红烧肉和红烧鮰鱼，加入大量酱油、大把冰糖，经过几十分钟的焖烧，不用勾芡，汤汁自然浓稠如芡，成品红润光亮，堪称浓油赤酱类的代表。

本帮红烧肉

苏帮红烧肉走焖的路子，香甜软糯、入口即化，本帮红烧肉在此基础上又增加了一道“小火炒肉”的工序，因此本帮红烧肉的原名叫作“炒肉”。连皮在内肥瘦夹花一共七层的五花肉一经炒过，瘦肉层紧而不僵、丝缕清楚，有火腿香，肥肉层将融未融，润而不腻，肉皮黏糯、微韧，口感层次比焖出来的苏帮红烧肉更加丰富。

选料

最好选用连皮在内肥瘦夹花七层的五花肉，至少也要五层，否则就不值得拿来做红烧肉了。烧一次至少要用两斤五花肉，用量太少则成菜不香，如果一次吃不掉，上海人喜欢在第二顿时加进煮鸡蛋、百叶结、水笋等回锅，一滴酱汁都不浪费，还翻新了口味。

初加工

带皮五花肉1500克洗净，切成2.5厘米见方的块，入冷水中浸没，倒入半杯料酒，浸泡15分钟，泡出毛细血管中的血水，捞出洗净。注意，肉不要切得太小，否则在烧制过程中易缩易碎；另外，泡肉时间不宜过长，否则鲜味易流失，一般浸15分钟左右即可。

炒肉

1.炒肉时一定要少油，最好是无油干炒，炒时要不停翻动肉块，达到肥肉出油、瘦肉收紧、初步上色三重目的。现在有些师傅为了加快出品速度，习惯将肉炸一遍，成菜口感油腻，这是不可取的。

2.不同版本的红烧肉上色方式不同。湖南的毛式红烧肉借助红曲米上色，北方使用糖色，而本帮红烧肉及苏帮红烧肉则依赖老抽上色，而且是在炒肉时下老抽，这个时候上色最稳定，如果煮肉时再下，只有外层能被染上色，上色、入味不均匀。老抽色深、质稠、咸味淡，上色红亮，而酱油的颜色发黑，出品不漂亮。

具体流程：锅烧热不放油，直接下入肉块，用锅铲不断煸炒5分钟，待肥肉层自然析出油分，肉面干燥泛黄、肉质微微收缩，烹入老抽75克炒至上色。

烧肉

烧肉时水要一次性加足，后期不要补水，否则会冲淡肉的原香味。此外，水中要加料酒去腥，还要淋香醋，以松化肉质，使其更容易烧至酥烂。

具体流程：肉炒好后，倒入热水3000克，加葱姜，烹入绍酒15克、香醋20克，旺火煮约5分钟至水沸，继续保持旺火煮5分钟，此时水面上开始浮现一层黑红色的浮沫，取勺子撇出浮沫。

中小火焖

肉块上色入味以后，要下入最关键的一味调料——糖，一是赋予红烧肉“香甜”味，二是将汤汁收成光亮的琥珀色。正宗的本帮红烧肉应该放冰糖，因为它的甜度和透明度均很高，烧出来的肉块甜而不腻，汤汁透明光亮、没有杂质。还要强调一点，冰糖的用量要大，每500克肉一般要放50克冰糖。

具体流程：浮沫撇净后加盖，下入笋条，改中小火焖约40分钟，至用筷子能轻松戳透肉皮，开盖下冰糖块150克，轻轻翻动肉块（如果担心将肉块翻碎，可以用勺子舀出汤汁，淋在肉块上），焖至冰糖融化，继续烧5分钟至汤汁收到半干，变得浓稠、光亮即成。

垫底的笋条与五花肉块一同使用中小火焖熟即成。

Tips

“撇浮沫”是一项细活，做这项工作要有耐心：事先准备一碗清水，接下来就一直守在锅边，用勺子将水面上不断泛出的浮沫以及锅壁上的血污撇出来。每撇一次，就把勺子放入水里洗干净，然后继续撇。这项工作大约持续30分钟，直至水面不再泛出浮沫为止。

老上海熏鲳鱼

这是一道上海名吃，简单地说就是“炸酥鱼片、泡入味汁”，工艺流程为：活鱼宰杀→改刀→爆鱼→挂汁→糖熏，鱼肉口感酥松，甜中带咸，香鲜味浓。现在上海各大酒楼里常见的是老上海爆鱼，省去了“糖熏”工序，无论是色泽还是口味，都少了原版的烟熏范儿。

初加工

选活鲳鱼宰杀去鳞、内脏和头尾，斜刀将鱼肉连骨剁成片。活鲳鱼肉质紧密但不僵硬，现杀能够确保成品肉质酥松不柴。此外，杀鱼时以及杀好后都不能泡在水里，否则会冲淡鱼肉的鲜味。鱼片要厚薄适中，太厚炸不透、吸不进汁水，太薄则一炸即干，硬得咬不动。一般来说，鱼片的厚度以0.3厘米为准。鱼切好之后晾约15分钟，让鱼肉渗出水分，然后吸干，这样更容易炸透。

调汁

高汤5000克烧开，下糖2500克小火烧至融化，再下酱油2000克、香醋400克、盐400克、蜂蜜200克小火边熬边搅，待汤面沸腾时关火，倒入黄酒200克、花椒100克，利用余温激发酒香和花椒的香味，自然晾凉即可。酱油不宜太多，否则出品色泽太深。还是那句老话，“不够咸则加盐”；由于加了糖和蜂蜜，要不断地搅动，以防黏底；关火后再下黄酒和花椒，因为花椒不能久煮，时间长了会麻舌头，也容易发苦。

爆鱼

很多师傅晾好鱼片后要先用酱油、料酒和糖腌渍去腥，之后再走油，我不赞成这种做法。因为用酱油腌渍，成品容易变黑，而本帮熏鱼讲究“红而不暗”，依然看得到鱼肉纤维那才是上品。鲳鱼油炸以后一点也不腥，根本用不到料酒；而加白糖腌渍就更没道理了，因为在油炸过程中，白糖遇油会变成焦糖色，使得鲳鱼出品颜色更黑，而且还易发苦。

具体流程：宽油烧至六成热，下人鱼片小火浸炸3分钟，至鱼片浮在油面上、呈浅黄色，捞出控油。炸制时油温不能太低，否则鱼片口感不够酥松，而且不能翻动鱼片，以免碎裂。

挂汁

鱼片趁热迅速浸人调好的味汁中，浸约5分钟至吸足味汁，捞出沥干汁水，自然晾干。

糖熏

糖熏是烟熏的一种，在熏料中加入红糖，加热产生的烟雾把原料的表层熏染成焦糖色，并散发出香甜略带焦香的气味。

具体流程：锅内下红糖、茶叶、小米各150克，加入少许小茴香末（小茴香子打碎而成）、甘草末混合拌匀，摆上铁丝网，然后摆上鱼片5000克，盖上锅盖，小火加热至熏料焦化生烟，然后关火，熏约10分钟，鱼片即可着色。

蟹粉豆腐

蟹粉为蟹肉、蟹膏、蟹黄的合称，鲜味浓郁，是一款百搭原料。每一家本帮菜馆的菜谱上必定有十数款蟹粉菜，但最经典的还属这款蟹粉豆腐，资深老饕、寻常百姓都爱它。

要做好这道菜，必须掌握三个度：一是豆腐的温度，二是蟹粉的鲜度，三是蟹油的亮度。

1.俗话说“一烫抵三鲜”，这句话用在豆腐身上就更加贴切了。此菜必须现点现做迅速上桌，而且要带火走菜，确保豆腐的温度达到“烫口”的标准，这样也能把热量传递给蟹粉，避免蟹粉变凉发腥。

2.新鲜的蟹粉要求当天现拆，拆好后不能放入冰箱。判断蟹粉是否新鲜，就看它的颜色，如果呈橙黄色，多半就是新鲜的手拆蟹粉，如果没有橙亮的色泽，只有暗黄色，说明这蟹粉是拆自死蟹，或者是进过冰箱，鲜味已经大打折扣。

3.拆出蟹粉后，蟹壳可以拿来熬蟹油。讲究的厨师一般只用蟹盖熬蟹油，因为蟹盖里残留了少量蟹黄、蟹膏，熬出的蟹油橙红、油亮，鲜香味醇，而其他部位的蟹壳含有骨渣等杂质，熬好的蟹油容易出现小黑点，导致色泽不纯。

选料

广东人喜欢拆海蟹的蟹粉，江南一带则流行拆河蟹和湖蟹的蟹粉，而本帮厨师则独爱大闸蟹，三两以下的大闸蟹个头小，卖不上价，酒店通常大批量购进，买来后蒸熟，手工拆出蟹粉；质地细嫩的绢豆腐豆味清新，不会抢了蟹粉的鲜味，是此菜首选原料。

熬蟹油

锅人色拉油3000克烧至八成热，下姜末90克炸至焦黄无水汽时捞出，改小火，将油温降至三成热，下人蟹盖1500克，轻轻搅动防止黏锅煳底，烹人绍酒15克，继续熬10分钟至蟹盖水汽全无即成。

初加工

绢豆腐250克切1.5厘米见方的小块，人盐水中略烫一下，捞出浸人冷水过凉。通过“冰火洗礼”，豆腐不易碎，能用筷子夹起来。

炒蟹粉

蟹粉有腥味，炒制时要下姜末、白胡椒粉，烹绍酒和香醋去腥。四种调料的用量及人菜顺序很关键，用对了，能有效去腥提鲜，若是错了，去腥的同时鲜味也挥发了。**正确的入菜方法是**先下姜末和白胡椒粉，姜末的用量要多、白胡椒粉要少，防止蟹粉产生煳辣味，然后依次烹人绍酒和香醋。绍酒要选江浙一带出产的，酒精度在7°左右，香醋要沿着锅边淋下去，不要直接淋在原料上，否则蟹粉会变酸。

具体流程：锅人底油，下姜末20克爆香，下蟹粉100克、白胡椒粉1克炒散，烹绍酒3克，沿锅边淋人香醋2克炒匀。

成菜

豆腐质地很嫩，含水量大，煨制过程中容易出水，所以要用芡汁包裹，帮助豆腐锁水。通常，豆腐类菜肴要勾两三次芡，因为第一遍勾芡后豆腐在继续加热中还会微微吐水，此时再勾第二遍、第三遍芡汁，就能牢牢地锁住豆腐的水分。

具体流程：蟹粉炒好后，倒人高汤350克，旺火烧开，下人豆腐块，改小火煨5分钟，下盐5克调味，改大火，沿锅边淋人薄芡，同时轻轻晃锅，烧约30秒钟，让豆腐裹匀芡汁，然后二次勾薄芡，再烧30秒钟，起锅淋一层烧热的蟹油（大约15克）即成。

红烧鮰鱼

此菜的出品标准很特别：汤汁浓稠红亮，如胶似漆；鱼皮完整无破损，口感Q弹黏糯，类似裙边；而鱼肉已经烧透，口感如豆腐般细腻，一夹即碎，必须拿勺子舀着吃。要把鮰鱼烧到位，需掌握两个名词，一是“自来芡”，二是“两笃三焖”。

自来芡

是指原料经过长时间的焖烧，随着水分逐渐消耗、原料中的胶原蛋白自动释放，汤汁变得浓稠，能包裹住原料，达到勾芡的效果。此菜就是使用这一技法，释放鮰鱼皮里的胶质，使汤汁达到如胶似漆的出品标准。

两笃三焖

讲的是火功，“两笃”指“两次大火烧”，“三焖”指“三次小火焖”，这个名词的意思是：烧菜时大部分时间用小火焖，但是中途需改两次旺火，每次持续两三分钟，将“小火焖”隔成三次。就拿这道菜来说，鮰鱼皮富含胶质，全程要用小火焖，否则鱼皮容易黏锅煳底，中途改两次大火是为了打明油，并使明油被汤汁快速吸收，如果保持小火状态，汤汁会“吐油”。

还有一点需要注意，“大火笃”实际上是中大火，行话叫“六分火”，就是把灶台的控火阀门开到六成，不能开满，否则容易将鱼皮烧裂。

红烧鮰鱼

具体流程：

选料：过去制作此菜，要选产自长江上游的野生鮰鱼，肉质鲜、没有土腥味，现在的酒店大多使用养殖的鮰鱼，土腥味比较重，因此制作时一定要搭配白果，去除部分土腥味。

初加工：鮰鱼宰杀治净，去头尾，鱼身净重约500克，切成小方块，飞水备用。

成菜：①锅入宽油烧至三成热，下入鱼块，快速拉油定型，捞出控油。②锅入底油，下蒜子、葱姜末爆香，下鱼块、老抽10克、生抽5克、白糖8克炒至均匀上色，下清汤300克、白果仁5颗烧开，改小火焖约10分钟至鱼肉成熟，改大火，打入明油（葱油、香油均可），烧两三分钟，然后改小火继续焖10分钟，再次改大火，打入明油，烧两三分钟，改小火继续焖5分钟，起锅前再改成大火，调入白胡椒粉、味精，打最后一次明油即成。

精彩问答

Q **为什么白果可以为鮰鱼去土腥味？**

A 白果独有的清凉微涩滋味会在烧制时融入汤汁中，消除荤料的油腻感。有一道知名的孔府菜叫“白果炖鸡”，就是在鸡基本熟透之后放入白果仁略烧，除油去腥，香糯可口。

Q **鱼烧的时间略长，不会将鱼肉烧老、烧散吗？**

A 野生鮰鱼一定要烧够30分钟，鱼皮形整不烂、鱼肉碎而不散，才能保证入口即化。如果是养殖的鮰鱼，烧20分钟即可，否则鱼肉容易散碎。

Q **此菜为何要强调三次淋入明油？**

A 鱼在烧制过程中，汤汁会变得浓稠，很容易黏锅，所以期间要多次打明油，润滑锅底，并让菜肴表面沾上油脂，增香、提亮。

身背锅碗瓢勺案 跟着师父走百家

大师 陈进长

大师的厨艺生涯

第一阶段：开封“又一新”。1960年，陈进长进入当时河南第一“牛”店——开封市“又一新饭店”，老师是三位响当当的豫菜名师——苏永秀、黄润生、陈景和。陈进长在该店工作20年，打下扎实基础，练就精湛技艺，曾在1978年举办的全省厨师大比武中，以55秒的成绩完成了杀鸡、去毛、清理内脏、切成鸡丁四道工序，赢得了“天下第一快手”的美誉。

第二阶段：北京人民大会堂、钓鱼台国宾馆。1980年至1984年，陈进长在这里跟随“国宝级烹饪大师”侯瑞轩学做国宴菜，几年间他的豫菜技艺提升到了国家级水平。

第三阶段：创立“陈家菜”。1984年以后，他先后在河南国际饭店、丽晶大厦任厨师长，开始自立门户，广收学徒。他制作的豫菜以“干净朗利，好看好吃，不花不虚”的特点被业界称为“陈家菜”。

指导儿子发广肚。

早就听闻，如今仍在下厨、年龄最大、厨龄最长的豫菜大师是陈进长。

小编去厨房遛了一大圈，终于在洗菜间发现了陈大师。只见他穿着厨装，戴老花镜，坐在小马扎上，正低头认真地择韭菜呢。小编叫了一声“陈大师早”，他旋即起身，解释道：“洗菜间的大妹子回老家了，我来帮帮忙。”经过热菜间时，陈进长指着灶台说：“这里有四条炒锅线，但有5个灶，其中一个是留给我的。”

陈大师年近古稀，依然坚守在厨房一线，择菜、切鱼、上灶颠勺，样样不含糊。他常说：“我只是一个厨师，厨房是我的阵地，离开了厨房，我什么都不是。师父陈景和在灶台前站到70多岁，我也要站一辈子。”

趴在地上吸口凉气　每天站足16小时

过去厨房的条件差，到了夏天像蒸笼，很多学徒时不时就跑出去凉快凉快，陈进长热得实在受不了也未曾离开厨房，就趴在地上吸几口凉气，站起来继续干活，除了吃饭睡觉，他每天在厨房一站就是16个小时，从来不曾脱岗。

通宵炸广肚　三夜没合眼

“白扒广肚”是一道经典豫菜，此菜的七分功夫要花在发广肚上，剩下的三分功夫才是“箅扒”技法。

老师傅们通常使用油发工艺涨发广肚，而当年的煤球炉火慢且不稳，油温难以控制，再加上锅小油少，所以要将广肚少量、多次、分批入油浸炸，通常一次只下两三块，小火浸炸40分钟，发好后再下两三块。如果一次下人太多，油温降幅较大，很难立即升上来，会导致广肚里面炸不透，影响出成率，所以发制时，人不能离锅，必须时刻盯着油面，确保油温保持在175℃。陈进长一般要连续熬三个通宵，才能发好半斤鱼肚。“哪像现在呀！这燃气灶的火力又大又匀，还有大号的不锈钢桶，一次就能发3斤，方便得很。”陈大师一脸羡慕。

流动“落作” 两年收获百道精品

20世纪60年代，大饭庄纷纷改成食堂，转营大众饭菜，豫菜中的很多名品停止供应，山珍海味积压库房，老厨师不再做这些高档菜，小厨师连见都没机会见，好些菜眼看要失传，师父陈景和决定恢复传统服务项目——“落作”（即携带炊具上门做菜），并在饭店内部招募20名学徒，组建“落作”小组。

结果，有些学生觉得背着炊具和原料“上山下乡”太辛苦，拒绝加入，而陈进长认为这是一次学习名门豫菜的绝佳机会，压根没考虑苦和累，主动背起炊具，跟随师父走街串巷。

当年红白喜事设宴动辄十几桌或几十桌，“落作”时必须用砖、坯、泥垒成特大号的灶台，炉高1米左右，底部有三条腿支撑，顶上能支三口锅，炉膛直径70厘米，一次性塞进几十斤煤，火苗始终保持旺盛，才能迅速批量出菜。陈进长就负责看火，见火不旺了，就用双手举起25斤重、1人高的火通条，伸入灶膛勾火。他通的火，焰高三尺，隔老远就能听到“腾腾”的响声。

回忆起这段经历，陈进长感慨万千：“‘落作’两年，我跟着师父到过200多个家庭和单位，学会了白扒鱼翅、炸广肚、爆双脆、炒红薯泥、炸酥肉等上百道名品豫菜。”

豫菜中的吊汤手法

豫菜中的汤分为原汁汤（就是我们常说的头汤）、奶汤和清汤三类，头汤只用老母鸡、猪前肘、猪骨三种原料，吊好的汤分成三份，一份用来制作红扒、红烧菜，剩余两份分别用于扫清汤、冲奶汤。

清汤　　奶汤

头汤

吊制流程：

8只老母鸡宰杀治净，与8个猪前肘、40斤猪骨头分别冲净血水，然后分别入沸水汆透，撇净浮沫，确保逼出所有血水。不锈钢桶底部垫上竹篦子，倒入清水100斤，依次下入猪骨头、猪前肘和老母鸡，早上9点钟放在火上，大火烧开，不断撇净浮沫，不撇浮油，改小火将汤面烧至似开非开的状态，吊到下午6点钟（中间历时9小时），关火后撇净浮油，捞出汤料，原汤滤渣后得头汤50斤。

原料两洗两下锅

吊汤的原料要保证新鲜无腥味，而且必须去净血水，否则吊好的汤容易有腥臭味。此处有一个口诀，就是两洗两下锅，即所有汤料先冲净血水，这是“一洗”，之后冷水下锅，旺火煮出浮沫，这是“一下锅”，然后用凉水进行“二洗”，之后捞出“二次”下锅，正式吊汤。原料经过两洗两下锅，血水基本就去净了。

冷水下锅　一次加足

正式吊汤时，汤料要冷水下锅，而且要一次性把水加足。如果在水沸之后下入，汤料表面会因骤然遇到高温而紧缩，表层的蛋白质瞬间凝固，阻碍汤料内部的蛋白质溢出，导致汤不够香浓。

浮沫有三种　只需撇两回

汤烧开5分钟后，原料中的血红蛋白率先释放，出现在第一批浮沫中，呈淡褐色，数量多且含杂质多，必须及时地撇掉；汤面继续沸腾约3分钟，第二批浮沫出现，这是胶原蛋白和弹性蛋白溶解后的剩余物，呈白色，数量不多，也要及时撇掉；很快，捞净浮沫后1分钟，最后一批是脂肪分解后的淡黄色物质，就是俗称的“油”，这层油在吊汤过程中不要撇掉，它能够封存热量，减少水蒸气的散发，抑制原料营养成分的散失，待汤吊好后方可撇掉。

清汤

0℃冷藏　隔夜扫汤

不少厨师担心汤不清，要用鸡蓉扫好几遍，陈进长觉得没必要，他坚持只扫一次，汤色就能清澈见底，这全归功于一项独家准备工作——0℃冷藏，隔夜扫汤。

头汤已经撇净了表面的浮油，但是这次清理很难将汤中的油脂彻底清除，因为汤中还均匀散布着脂肪分解物，没来得及浮上汤面，所以要将汤静置凉透，并放人0℃冰箱保鲜一夜。由于脂肪密度小于水的密度，经过冷藏静置，脂肪会逐渐与水分层，浮在表面，这样就可以彻底将“浮油”一网打尽，大大提高了扫汤的成功率。

具体流程：①头汤晾凉，封上保鲜膜，人0℃冰箱保鲜一夜，第二日一早取出，撇掉浮油。②取鸡脯肉4000克，用刀剁成鸡蓉，盛人容器，加人凉水6000克澥开，并加人少许料酒、白胡椒面、姜末搅匀。③头汤桶旺火烧至滚沸，关火待温度降至40℃，再开小火加温，同时倒人澥开的鸡蓉水（沉在底部的鸡蓉暂不倒人），用手勺顺着一个方向搅动，使鸡蓉在汤面上均匀地铺开。随着汤温升高，鸡蓉逐渐聚拢，待汤面冒菊花泡(指汤面均匀冒出波浪状的小水泡，中央呈发散的菊花心状)时，鸡蓉开始贴近锅的边沿处，汤色渐渐清澈，此时停止搅动，轻轻撇出浮沫。④汤面保持冒菊花泡的状态，再把余下的鸡蓉倒人汤锅中，继续吊1小时，期间轻轻撇去汤面上的浮沫（不可撇去鸡蓉），最后用大漏勺把全部鸡蓉捞出，压实成饼，再慢慢放人清汤中（此时头汤已变清澈，可以称为清汤），保持小火“吊”3小时，关火捞出鸡脯肉饼，待汤凉透后过滤一遍即成。

奶汤

分为冲、追、炒

奶汤有三种制法，冲、追、炒。冲奶汤最简单，就是将头汤用大火烧沸，改中火煮2小时即成；追奶汤是在头汤里追加猪口条、猪肚等含有胶原蛋白的原料，大火煮至汤白、质稠即成；炒是把锅烧热，用猪油擦一遍，留少许猪油烧化，倒人面粉小火炒至泛起小泡（如果冒起大泡，说明面粉即将变色发黄，此时要撤锅降温，否则容易煳底，影响汤的洁白度），迅速冲人适量烧沸的头汤，旺火加热，汤色乳白似牛奶，汤味纯鲜。

篦扒

豫菜的扒，以“篦扒”独树一帜，是将原料铺在竹篦子上，然后在锅内下入汤，将篦子和上面的原料一同摆在锅内，上面盖上盘子，先用旺火烧，再改小火让原料充分入味，达到“扒菜不勾芡，汤汁自来黏”的程度。加竹篦子是避免原料煳底，盖盘子则是为了保持造型。待汤汁快收干时，一手持漏勺托起篦子，一手摁住盘子，来个大翻掌，篦子上的食材稳稳地扣入盘中，原汤已经收浓收黏，不必再勾芡，直接浇入盘中即成。

篦扒又分红扒、白扒、煎扒、葱扒四种，分别对应四大豫菜名品。红扒是将原料炸至上色后再用头汤扒，比如“红扒肘子”；白扒是指原料不经上色，用奶汤直接扒，代表菜如“白扒广肚”；煎扒指的是先煎后扒，代表菜如“煎扒青鱼头尾”；葱扒是指用葱油扒，使原料融入浓郁的葱香味，代表菜如“葱扒羊肉”。

红扒肘子流程图

1.肘子定碗、蒸透。

2.带皮一面摆在竹篦子上。

3.盖上盘子。

4.漏勺按篦子，手按盘子，大翻掌。

5.肘子肉挪到新盘子里，浇原汁。

红扒肘子

传统“红扒肘子”选肉少油多的猪后肘，经汤煮、油炸、篦扒三道工序制成，属于大油大腻的菜品，而如今人们反感油腻，所以陈进长顺应潮流，换成了肉紧油少的猪前肘，并增加了“汆水、清洗、汽蒸”三个步骤，成菜色泽红亮，口感丰腴不腻。

具体流程：

初加工：选猪前肘，每个重约750克，一剖二，剔掉大骨，烧掉皮上的杂毛，刮掉糊斑并洗净，然后入沸水，中火煮出浮沫，撇掉后捞出猪肘，用清水冲洗10分钟，下入高汤锅内，旺火煮5分钟，捞出晾凉后抹匀糖色，静置10分钟。

炸皮：锅入油烧至十成热，用漏勺托住猪前肘，使其皮朝下入锅，中火浸炸1分钟，捞出控油、晾凉。只炸皮的目的一是为了逼出肉皮上的油脂，二是使猪皮均匀上色。

定碗：肘子肉改刀成核桃块，将带皮一面朝下摆在码斗里。原汤100克加酱油20克、盐3克拌匀，浇入码斗中，摆上葱段10克、姜片10克、花椒6克，覆膜入蒸箱蒸约90分钟至皮酥肉烂。

篦扒：取出蒸好的肘肉，拣去葱姜，摆到篦子上（带皮一面朝下）。炒锅上火，下头汤200克，加酱油10克、绍酒10克、盐5克搅匀，放入篦子，盖上盘子，中火扒约3分钟，待肉烂汁浓，用漏勺托起篦子，手摁住盘子，来个大翻掌，把肘子肉扣在盘中，再挪到新的盛器里，余汁浇入肘子上，用飞过水的黄瓜围边即成。

白扒广肚

白扒广肚是传统高档筵席"肚席"的头菜，是将质地绵软白亮的广肚片成片，氽水后铺在竹篦上，用奶汤小火扒制而成，出品要求白亮光润，汤料一体，难以辨认。

原汤浇在广肚上

制作方法：

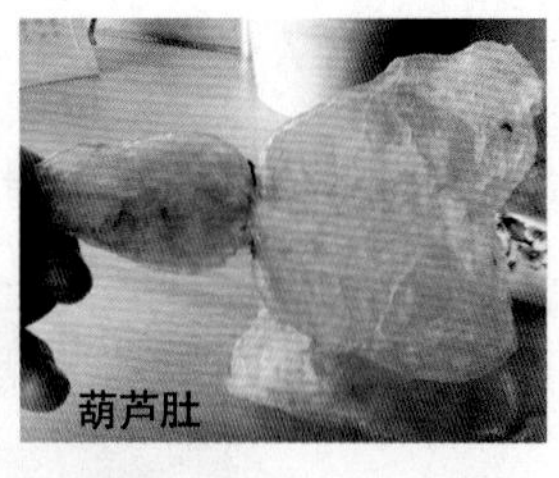

葫芦肚

①油发葫芦肚（鱼鳔在晒制过程中会收缩成各种形状，比如粗细均匀的筒状、两头尖中间粗的梭子状等，一头窄一头宽的葫芦状也是其中一种，质地略厚，价格中档，出成率高，1斤约能发6斤）300克片成片，挤干水分，一片挨着一片码在篦子上。②锅烧热，用猪油擦一下锅，留猪油70克烧化，下面粉50克炒散，待面粉泛起小泡时，迅速冲入头汤1000克，下鸡粉8克、盐5克旺火烧沸，摆入篦子，盖上瓷盘，中火扒3分钟（时间不宜太长，否则汤汁容易浑浊），此时鱼肚已经吸足汤汁，关火后右手持漏勺托起篦子，左手摁住盘子，来个大翻掌，将篦子中的广肚扣在盘中，挪到新的盛器中，用飞水的油菜围边，浇入原汤即可。

1.猪油炒匀面粉，倒入头汤。

2.广肚摆在篦子上，放入锅中。

3.盖上盘子，扒3分钟。

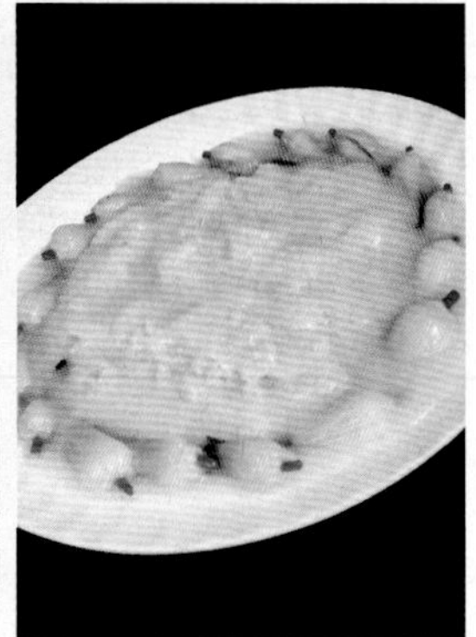

白扒广肚成菜图

葱扒羊肉

由于一锅一次只能扒一份菜，不适合现代酒楼批量运作，有些经典的“篦扒”菜已经改成了“蒸扒”，比如葱扒羊肉，传统方法是将羊肋条肉氽水，然后煮至八成熟、切片，摆在篦子上，加原汤扒10分钟，改成“蒸扒”以后，羊肉提前蒸熟，走菜时滗掉汤汁直接扣入盘中，浇原汤即成，一餐一次性能做5托盘，合40斤羊肉。

1.一次性蒸5托盘羊肉。

2.原汤加老抽调味。

初加工：脱骨、去皮羊肋条肉20斤洗去血污，沸水下锅氽出血沫并撇去，捞出羊肉。另起锅下冷水50斤，水中加葱姜、花椒、八角、白芷、当归、盐、鸡精、花雕酒，下入羊肉，旺火煮至水沸，改小火炖1小时至羊肉八成熟，捞出改刀成10厘米长的宽条，原汤滤渣后得40斤，平分成A、B两份，A份加生抽200克调味，B份用于蒸羊肉。

定碗、蒸制：取一根用葱油炸黄的葱白段垫入码斗底部，再摆上羊肉条，中间塞入1个八角，浇入B份原汤，入蒸箱蒸20分钟。

走菜：取出一碗蒸好的羊肉，拣去八角，滗掉原汤，羊肉倒扣入盘中，浇A份原汤50克，淋葱油即可。

陈进长讲完蒸扒版本的葱扒羊肉，为了让大家对传统篦扒的操作手法有更直观的理解，他现场向笔者演示了篦扒版葱扒羊肉。

流程演示：①取篦子一个，摆上一截炸好的大葱，再整齐地摆上煮至八成熟的羊肉条。②锅入葱油烧热，下生姜炒出香味，倒入煮羊肉的原汤600克，下老抽10克，放入篦子，用小火扒至羊肉酥烂、汤汁黏口，用漏勺托起篦子，另一手摁住盘子，来个大翻掌，将羊肉扣在盘中，锅内余汁浇在羊肉上即成。

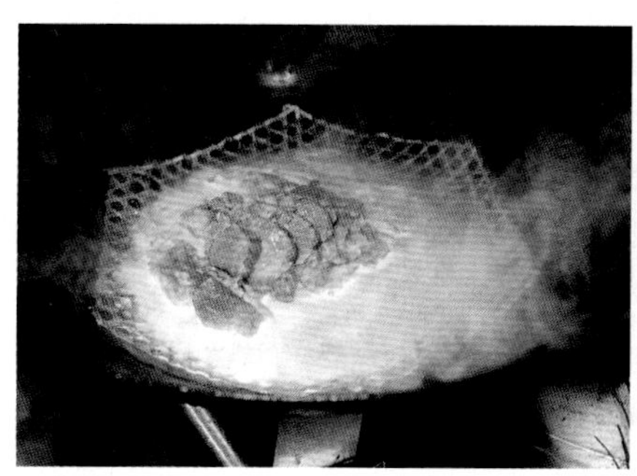
1.羊肉摆在篦子上，放入汤锅里。

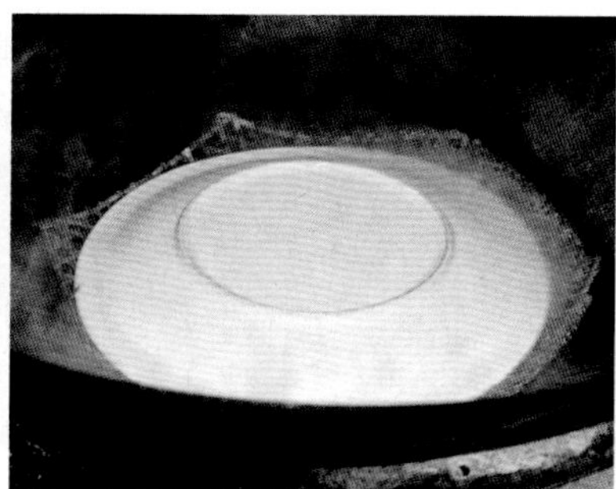
2.盖上盘子。

3.扣出羊肉，淋入原汤。

陈氏红烧黄河大鲤鱼

一道红烧鲤鱼
带动一个产业

2005年，陈进长推出了一款红烧黄河鲤鱼，创造了单日销售200条的纪录，一时间，郑州的各大豫菜馆闻风而动，纷纷推出了红烧鲤鱼，而且家家都热卖。这道菜“火”了，与它一起火起来的还有养鱼的、卖鱼的，毫不夸张地说，陈氏红烧鲤鱼带动了一个产业的发展。很多人跟他开玩笑说：“老陈呀，你看都是你的错，现在我们都吃不起鲤鱼了呢！”陈大师说，每次听到这句玩笑话，他都打心眼儿里高兴，这是大家对他厨艺的肯定。

瓦楞花刀演示图：

1.斜75°下刀，拉刀划透鱼肉。

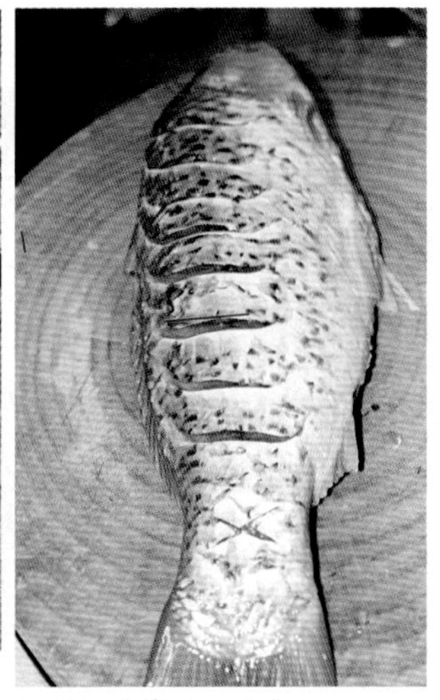

3.改刀路线近似“L”形。

2.刀面压低，与鱼肉呈15°，向内划约1厘米。

4.捏住尾巴提起鱼身抖几下，花刀朝下散开，瓦楞花刀形状明显。

批量红烧鲤鱼。

初加工：

选活的黄河鲤鱼，毛重在2.7–2.8斤之间，去内脏和鱼鳃，然后在鱼身两面各打8–10个瓦楞花刀（改刀路线：斜75°下刀，轻轻拉刀，将鱼肉划透，然后将刀面压低，与鱼肉呈15°，近似横刀，往内侧划1厘米，剞出一个瓦楞形状的片，改刀路线近似“L”形），每个刀口间隔以2厘米为宜，尾部打十字花刀，两指掐住尾部的花刀处，提起鲤鱼，顺势抖几下，让花刀朝下翻开。

技术点：

①鲤鱼不要太小，否则上席不体面，也不能太大，背部太厚，不易烧透、入味。②2.7斤重的鲤鱼必须切够8刀，刀口间隔2厘米，如果图省事只打五六刀，刀口太大，不易烧透。③鲤鱼不要腌制，否则水分提前流失，肉质会变紧，口感、入味效果会大打折扣。

油炸：

早年间做红烧鱼是用蛋黄糊，包裹住改好刀的活鱼，然后油炸，鱼身上裹了厚厚的一层“棉衣”，难以烧入味。如今，陈进长大师给鲤鱼脱去了“厚棉衣”，将挂蛋黄糊改成了拍粉，然后浸炸，一则吸油少，很省油，二则烧出的鲤鱼出品更显清亮，肉质鲜嫩入味。**具体流程：**锅入宽油烧至八成热，提着鱼尾沿锅边滑入油中，中火炸4–5分钟至定型，捞出控油备用。

红烧：

一般的“红烧鲤鱼”只烧5分钟，而“陈氏版本”则要烧够30分钟，目的是将肉最厚的鱼背烧透、离骨。他烧的鱼骨酥、肉烂、不腥，用筷子顺着鱼身往后一拨，鱼肉尽落，只留下一副鱼骨架，而且鱼骨架上不见一丁点血丝。

制作流程（10份量）：

①此菜每天上午11点预制，首先在锅底摆上葱段，再铺上竹篦子10张，摆入炸好的鲤鱼10条。②另起锅入头汤20斤，下入嫩糖色2000克、酱油1500克、红醋（有助于鲤鱼骨酥、肉烂）1500克、葱段、姜片、白糖、盐、料酒搅匀、烧开，倒入步骤1的锅中，旺火烧开，改小火烧30分钟，中间不要翻动，烧好后烹白醋遮腥、提鲜，关火加盖。③走菜时直接取出一条鱼装盘，原汁取500克回锅烧热，不必勾芡，直接浇在鱼上即成。

五斤沙子练绝技 五款辽菜显真功

刘敬贤

出生于1944年5月，祖籍山东招远，现居沈阳，1983首届全国烹饪大赛冠军，国宝级中国烹饪大师，辽菜泰斗，餐饮业国家级评委，全国五一劳动奖章获得者，曾任职沈阳鹿鸣春饭店总经理几十年，为发扬光大老字号餐饮做出了巨大贡献。

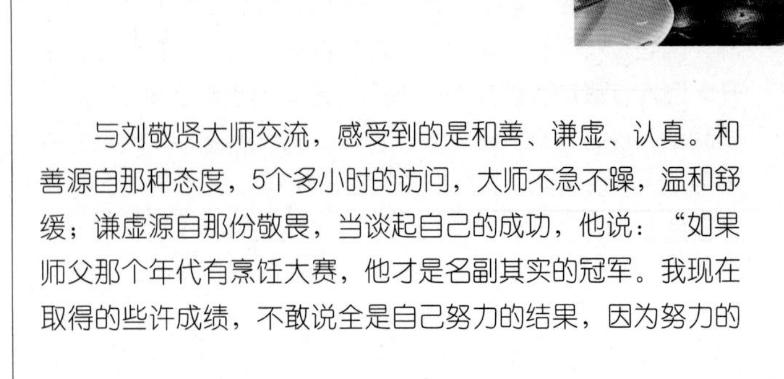

与刘敬贤大师交流，感受到的是和善、谦虚、认真。和善源自那种态度，5个多小时的访问，大师不急不躁，温和舒缓；谦虚源自那份敬畏，当谈起自己的成功，他说：“如果师父那个年代有烹饪大赛，他才是名副其实的冠军。我现在取得的些许成绩，不敢说全是自己努力的结果，因为努力的厨师有千千万，我感谢时代和上苍，是他们给了我机遇和荣光”；认真源自那丝苛求：积酸菜到底多长时间算“透”？多长时间后亚硝酸盐下降至安全值？大师拿不准，当场拨通电话询问母亲和酸菜厂家，将最精准的答案呈现在读者面前……

刘敬贤大师演示大翻勺绝技

从左往右谓之横翻，即“凤凰单展翅”。

从前往后谓之竖翻，即“顺手牵羊”。

命运捉弄　高材生名落孙山

高中时代的刘敬贤是学校里的风云人物，不但成绩优异，而且担任学生会主席和文体部长。1963年参加高考时，目标是清华、北大的他踌躇满志、发挥良好，分数远远超过了录取线，但由于特殊的时代背景，阴差阳错之下，刘敬贤与大学生涯“失之交臂”，再怎么慨叹命运的不公，也已经于事无补。刘敬贤说：“当年的悲伤与遗憾如今已经云淡风轻，后来，我成为清华大学的客座教授，一样踏进了向往的校园，圆了多年的梦想。”

御厨门下　5斤沙子练翻勺

重新振作起来的刘敬贤在大街上看到一则厨师培训班的招生启事，其中一行字吸引了他的目光：“表现良好者可以出国工作”，于是立刻报名，并以超高分数和优良的综合素质被顺利录取。从厨师培训班毕业后，他进入沈阳香雪饭店学徒，并拜在烹饪大师刘国栋门下。后来，他又相继拜了沈阳故宫走出来的御膳大师唐克明、一代宗师王甫亭为师，疯狂地学习烹饪技术。

跟唐克明老师傅学到的大翻勺令刘敬贤受益终生。唐老师傅以前是宫廷厨师，不但讲结果，还得讲过程：菜要美，炒菜的姿势也要美。御厨们平时工作量小，闲暇时间就各自钻研烹饪绝活。唐老师傅练就的大翻勺技术精湛，动作潇洒，令刘敬贤特别仰慕。再加上当时有很多走红的菜品（如扒白菜）需要大翻勺才能保持完美形状，所以他下定决心练习这门技术。刘敬贤在铁锅内装入5斤沙子，单手掂不动，就用双手握把练习前后翻和左右翻，由于动作不熟练，沙子飞起来溅到眼睛里是家常便饭。慢慢地动作熟练了，他就改用单手翻勺，练得胳膊生疼，吃饭时端着碗不停哆嗦，汤都喝不进嘴里。功夫不负有心人，刘敬贤终于练就了“凤凰单展翅”（即横翻，左手握勺把，从左往右翻）和“顺手牵羊”（即竖翻，左手握勺把，从前往后翻）的绝活。其中，横翻更需体力，竖翻则可巧妙运用食材的惯性，相对容易。时至今日，刘敬贤也没有放松对“大翻勺”的练习，技艺日臻完美。2006年，他应邀到云南昆明一个厨艺沙龙表演，活动开始前他让主办方采购3条鱼，共“三斤六两”即可，但按照当地的习惯叫法，“斤”即等同于“公斤”，所以对方准备了“七斤二两”鱼。临上场时刘敬贤才发现原料重了一倍，鱼入锅后尾巴都翘在外面，但表演马上就要开始，他没有解释也没有推辞，还是靠多年的功力完美翻勺，赢得了经久不息的掌声。

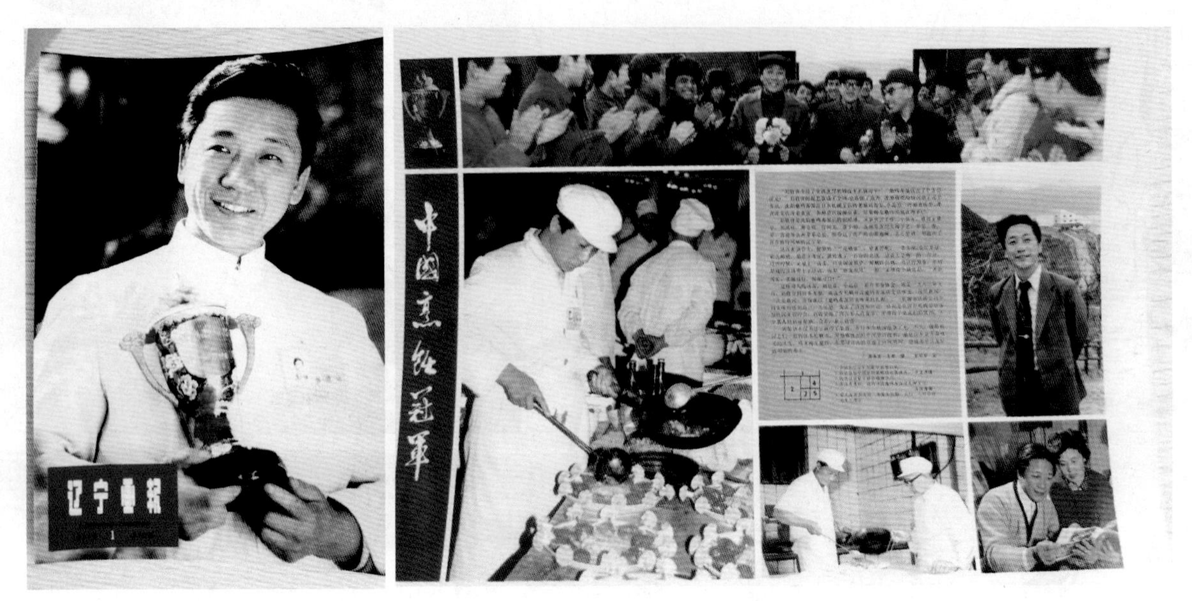

39岁的刘敬贤夺得首届全国烹饪大赛冠军。　大赛之后，刘敬贤在京参加全国烹饪名师技术表演赛。

教学相长　火大为何肉发柴？

学徒的岁月里，刘敬贤发现那个年代的老师傅虽然技术精湛，但文化水平略低，会做不会说。比如，炒糖色可以为菜品提色增香，但是若徒弟问为什么，他们却说不明白。目睹这一现状，刘敬贤暗下决心：我要当一名“会做会说”的厨师，将学到的技术讲解出来、流传下去。10年后他等到一个机会：沈阳市厨师进修学校需要一名烹饪老师，刘敬贤因技术扎实、学历较高而被调至该校担任青年教师。

登上讲台的他，不但传道授业，还把上课作为一个互相学习的好机会。有位学生问：“老师，什么是肉？”一下子令刘敬贤语塞。下课后他立即翻阅书籍，在一本《烹饪原料学》中找到了答案：“组成动物有机体所有组织的总和统称为肉，它的主要成分是水，占52%，蛋白质占16.9%，脂肪占29.2%……”这就为火候与肉质口感的辩证关系找到了最基础的理论支持。火大了肉内水分蒸发得多，口感就发柴、不嫩，火小了肉内水分蒸发得少，含水量偏大，口感就嫩。悟到这个原理后，他在课堂上讲解给学生，令众多学员恍然大悟，而关于这句“肉”的定义，刘敬贤一直记到现在。还有一位学员问：“老师，炝拌芹菜时，我们都知道要把原料放人开水中焯一下再冰激，这样老芹菜也会变脆，原因是什么呢？”刘敬贤翻阅资料，找到了原因：“芹菜纤维在一热一冷、一胀一缩的骤然交替中都崩断了，所以口感就脆了。”10多年的教学经历，大大丰富了刘敬贤的烹饪理论储备，为他在烹饪大赛中一战成名打下了坚实的基础。

一战成名　冠军积累20年

1983年，第一届全国烹饪大赛在北京举行，这可是有史以来全国厨行首次聚齐、现场“论剑”，各省都派出了代表队参赛。辽宁代表队以刘敬贤为首，共4名队员、1名助手。到了北京，主办方在给他们登记菜系名称时却大伤脑筋，因为辽宁的菜品源于鲁菜，但却无法代表鲁菜，否则把山东代表队置于何地？刘敬贤想到此次带来的参赛作品虽大部分来源于鲁菜，但在实际操作中却结合了沈阳宫廷菜、东北市井妈妈菜的技法和口味，因此现场起了一个名字：“辽菜”，就这样，一个新菜系在那一刻诞生了。

刘敬贤做的第一道菜是“兰花熊掌”，下午三点半端进裁判室后，他继续在厨房制作自己的第二、三、四道菜：“红梅鱼肚”、“凤腿鲜鲍”、“游龙戏凤”。正当他全神贯注、烹汁颠勺时，周围忽然来了很多记者，从各种角度朝他一阵狂拍，“刚开始没人搭理我们啊，怎么这会都来拍我了？”正当一头雾水之时，有记者说：“这就是满分菜品的制作者，目前正在制作第二道菜，赶紧抓拍好登报。”这时，刘敬贤才知道，“兰花熊掌”的成绩出来了，满分！

原来，末代皇帝溥仪的弟弟溥杰是本届大赛的评委，“兰花熊掌”上桌后，他第一个点评打分：“我在皇宫内吃过很多熊掌，但滋味都没有这一道做得好，我给满分！”一见吃遍山珍海味的御弟都赞不绝口、点为第一，其他评委也纷纷给出了满分。接着，刘敬贤制作的其他菜品也都超过了90分，一举夺得全国冠军。接下来，便是无数掌声无数花，无数记者围着他。那一年，刘敬贤39岁。

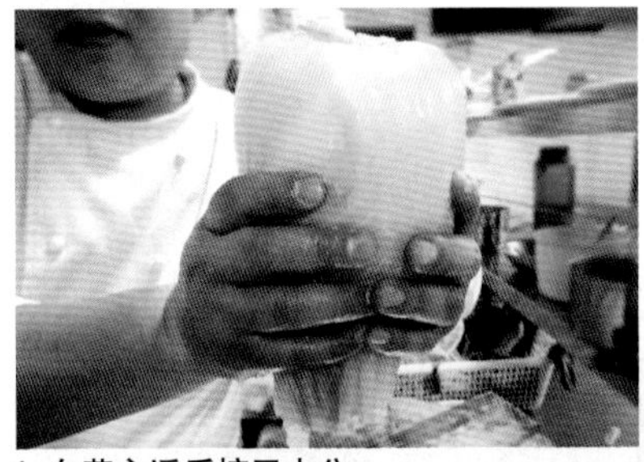

1.白菜氽透后挤干水分。

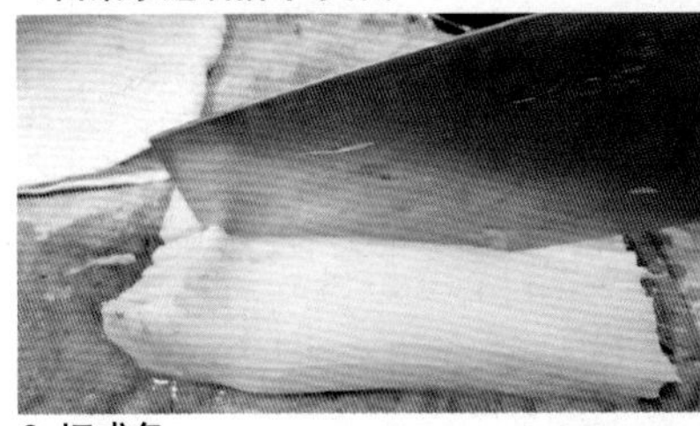

2.切成条。

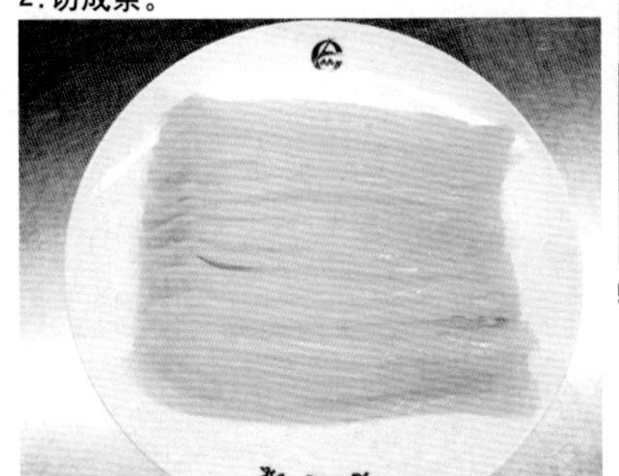

3.入盘码放成形。

4.扒入味后淋少许牛奶增白。

5.勾芡时要不停晃动，使芡汁充分挂到白菜上。

6.大翻勺后装盘。

包汁紧芡辽宁菜

刘敬贤介绍：“辽菜‘出于鲁而异于鲁’，它的源头是鲁菜，但在发展中受到了宫廷菜、官府菜、市井菜的影响。辽菜特点是一菜多味、咸甜分明、酥烂香嫩、色鲜味浓、明油亮芡、讲究造型、干净利落。其代表菜有辽派干烧鲳鱼、生熥大虾、南煎丸子、扒白菜、扒三白等。”

辽派扒白菜

这是一道经典辽菜，也是素料荤做的典范，用上等奶汤配大白菜，香味浓郁，洁白典雅，低成本、高毛利、实用性强。

制作流程：①大白菜切掉多余的根（菜帮不能散），剥掉外面的老帮，拦腰切掉叶片部分，去掉里层的心，只留15厘米长的嫩白菜帮，入沸水煮透，捞出后挤干水分，顺长切成筷子头宽的条，照原貌码入盘中。②锅下底油烧热，加葱姜片炒出香味，添奶汤150克，调入盐、味精，推入码好的白菜小火扒制3–5分钟至入味，撇去多余的汤汁，淋牛奶15克、勾芡并晃匀，待芡汁全部挂到白菜上，淋鸡油，大翻勺（用“凤凰单展翅”或“顺手牵羊”的方法均可）后滑入盘中即可上桌。

大师点拨——

保持油亮

白菜氽透后要挤干水分，扒制时方可迅速吸入汤汁。此菜出品标准为：鸡香、肉鲜、菜美，一条白菜一层芡，一层芡上一层油，油包芡芡包菜，没有余汁，所以勾芡前要撇出多余的汤汁；勾芡时，要一边淋水淀粉，一边快速晃锅，让芡汁均匀地挂在白菜上，这样上桌后才不脱芡。

保持原形

扒好的白菜一定要保持原形，所以需要厨师掌握大翻勺的技能。如果暂时不熟练，也可以改用“蒸扒”的方法：白菜码入盘中，灌入调好味的奶汤，覆膜蒸透，取出后将原汁沥入锅内，熬浓勾芡，盖在白菜上。这样操作也能保持白菜原形，缺点是水汽太重。

保持洁白

制作此菜一定要勺净、油净，最后加牛奶也是为了让菜品洁白典雅，显得更“白净”。

保持清香

制作素菜时谨记：咸口不可过重，味不可过浓，否则就吃不出素菜的“清气”了。

辽派干烧大鲳鱼

此菜是刘敬贤根据川式“干烧鱼”改变而来的。川厨在制作这道菜时要加大量干辣椒和花椒，麻辣味重，刘敬贤将其改成“小辣无麻”的味型，选取辽宁沿海的大鲳鱼或者偏口鱼作为主料，鲜辣开胃，成为鹿鸣春饭店的当家旺菜。20世纪80年代，刘大师曾经远渡日本开设鹿鸣春分号，这道菜在那里也极受欢迎。

在制作上，它类似鲁菜中的“干烧鲳鱼”又有诸多不同：鲁菜干烧技法必须要炒糖色，而此菜则不需要，只用少许郫县豆瓣酱提升红亮色泽，成菜辣度略强；在操作技法上，鲁菜干烧鲳鱼需要大翻勺，此菜则借助筷子、勺子扶着鱼身，翻过来即可。

1.鲳鱼打上花刀。

2.入热油快速“闯”一下。

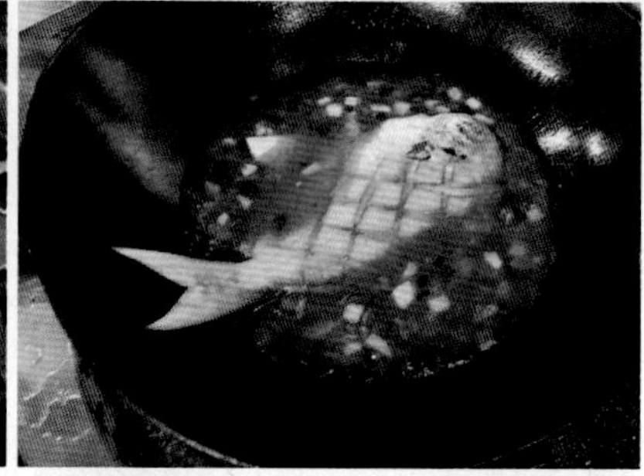

3.入锅烧制。

制作流程：①新鲜大鲳鱼一条约450克宰杀治净，一面打上直刀一面打上菱形花刀（注意刀刃不要直上直下，切入鱼肉时应保持一定斜度），入热油“闯”（即快速冲炸）一下至金黄色，捞出控油。②锅留底油烧热，加入牛肉粒30克翻炒至变色，加入郫县豆瓣酱8克、干红椒段5克煸香，下榨菜粒15克、冬笋粒15克、蒜粒10克、葱姜粒10克翻炒均匀，烹入少许黄酒、米醋，下骨汤或鸡汤400克，调白糖10克、盐3克，放入鲳鱼，盖上锅盖，中火烧开转小火烧4分钟，开盖后将鲳鱼翻过来，继续小火烧4分钟，待鲳鱼入味、汤汁浓稠时捞出，沥尽汁水，放入盘中。③原汁继续用大火炒至黏稠似勾浓芡状，淋明油后浇在鱼身上即可。

大师点拨——

刀深至骨　入味均匀

鲳鱼打花刀时一定要披刀片至鱼骨但不切断骨头，这样炸后鱼肉翻起、非常美观，而且烧制时入味均匀。炸鱼时间不要太长，“闯”一下封住皮即可，否则水分蒸发太多，肉就不嫩不鲜了。

沥尽水汁盖油汁

装盘时要先捞出鲳鱼，放入漏勺中沥尽汤汁（也可以用勺子轻轻挤压一下）再入盘，然后将原汁继续收浓，淋在鱼身上。鱼身上吸附的汤汁称为“水汁”，收浓后淋明油的汤汁称为“油汁”，若不把水汁沥干，则装盘后水油汁混合会变稀脱芡，口味也不够浓鲜。

“一线明油”是标准

此菜特点是色红油润、鲜辣微甜，盘内渗出的红油仅一条棉线那么宽，即“一线明油”。这“一条线”来自于底油、郫县豆瓣酱里的红油、炸鲳鱼所带的余油以及最后淋的明油。油若太宽表明此菜过腻、掩盖鱼鲜，油若太窄则说明菜烧得不够滋润。

生熗大虾

“熗”是辽菜常用的一种技法，“熗”出的菜品咸鲜中带甜口，而“油焖大虾”等做法则只调咸鲜口。

制作流程：①选渤海大对虾5只（约500克）去掉沙袋、须、脚，从背部开刀挑出沙线。②锅下底油烧热，加入葱圈、姜丁、蒜子炒香，下大虾两面煎透，沥出多余的油分，烹入料酒、绍酒、醋，下高汤300克、白糖60克、盐4克，小火熗7分钟至入味，捞出大虾控净汤汁，码入盘中。③原汁用中火炒至黏稠，淋明油，浇在大虾上即可。

特点：金红明亮，鲜香味美。金红的颜色来自虾脑。

大师点拨——

刀口深一点　大虾更诱人

开背去沙线时刀口要深一点，烧制后虾肉向两边翻开，卖相更加生动诱人。

汤汁量要准　断生又入味

此菜熗制时间不要太长，否则大虾会缩水变老；所加汤汁既要为大虾入味又能在虾熟之时即将收尽，因此用汤量要精准。一般一斤二两大虾需要加一手勺汤、半汤匙醋。

虾肉喜糖　但不吃糖

大虾是一种喜糖但不吃糖的原料，即使糖调得略多，虾肉也不会变甜，仍然是鲜美的。所以，看到此菜的白糖用量大家不要害怕，它不会影响虾的鲜味，只会令最后的汤汁更亮、更香、更浓。

宁轻勿重“元帅口”

此菜盐量不可过重，否则会掩盖虾的鲜香。在烹饪中，咸口又被称为“元帅口”，这就说明了“咸”是百味之本，调得是否精准直接影响整道菜的口味。此菜要求厨师调出既有滋味又不过重的“元帅口”，每份虾大约需要放4克盐。如果拿不准，宁愿把盐味调轻一点，否则鲜味大减。如果不小心调过了，可以加点白糖和醋中和一下，说不定还能“挽回大局”。除此之外，此菜装盘时同样要先沥干水汁，再浇油汁。

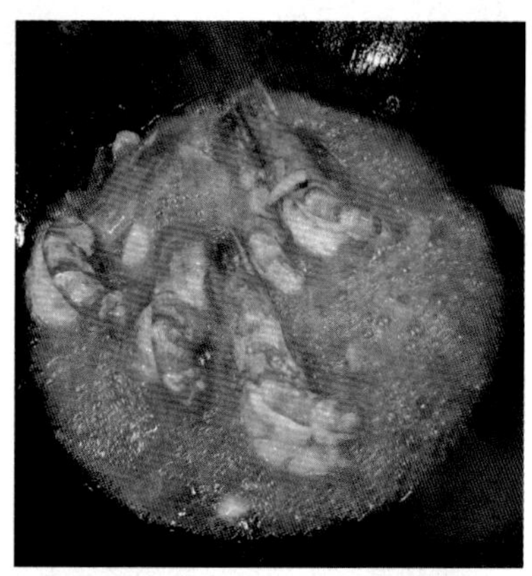

熗虾时要加大量白糖，汤汁才红亮黏稠。

酸菜汆锅

说到东北菜，不可不提汆锅，其中最著名的是酸菜汆白肉和海鲜汆锅，两种菜品也可以混搭，做成海鲜味的酸菜汆白肉，极受客人欢迎。酸菜是东北的地标性食材，它源自满族的饮食习俗。白山黑水之间，冬季寒冷漫长，无法种植新鲜蔬菜，为了对抗这种“困境”，他们将秋天收获的大白菜腌成酸菜，然后搭配狩猎所得的肉类，边加热边食用，热烈开胃。

腌酸菜：大白菜一剖为二，入开水快速烫一下，捞出后无须挤水，直接摆入缸内，排满一层之后撒上薄薄一层大粒盐（约80克），再继续摆菜、撒盐，直至排满大缸，最上面压一块干净的石头，盖上缸盖，一个月后待酸菜积透即可食用。

大师点拨——

烫好的白菜带水入缸

促使白菜发酵的是乳酸菌，这是一类对人体有益的菌群。乳酸菌是厌氧菌，它需要在无氧的环境下繁殖，而霉菌等其他有害杂菌则是需氧菌。白菜入开水烫蔫之后捞出，千万不要挤水，水淋淋地直接放入缸内，这样白菜码缸、撒盐之后，水分很快渗出，浸没白菜，赶出空隙里的氧气，有助于乳酸菌的繁殖。除此之外，白菜带着汆烫的热度入缸，有助于快速发酵生菌。

酸菜腌不透　食用有隐患

酸菜腌制过程中产生的大量亚硝酸盐是一种有害物质，食后极易中毒，但等酸菜腌透了，亚硝酸盐含量就降下来了，可以放心食用，因此没有腌透的酸菜是绝对不能吃的。判断酸菜是否腌透，一看时间，要腌一个月以上；二要取出白菜观察其状态，若切开后发现已无硬帮、菜心全部腌“倒”了（即蔫了），酸味浓郁，那就是腌透了，若颜色不均匀或菜帮仍然较硬，则要放回缸中继续腌制。

酸菜切丝后过水。

制作流程：①酸菜漂洗干净，挤干水分，取菜帮片薄，切成细丝，菜叶直接切丝，然后一起入锅汆透。螃蟹蒸熟，一切为二；大虾煮熟；海蛎子、蚬子蒸熟取肉。②取一口砂锅，码入酸菜丝350克、泡透的粉丝150克，然后依次摆放白肉片200克、蟹块100克、血肠片100克、大虾100克、海蛎子50克、蚬子肉50克。③高汤1.5千克入锅烧开，调盐、味精，灌入砂锅，烧热后即可上桌。

大师点拨——

粉丝勿发透　否则不吸汁

粉丝不要泡得过火，要略微欠一点，否则遇高汤后不能充分吸汁。因上桌后汤汁持续受热蒸发，所以高汤内无须调太多盐，否则口味就重了。此菜还可以带韭花、蒜泥、腐乳等味碟蘸食。

清汁版锅包肉

东北锅包肉

锅包肉是著名的东北菜，除了讲究“色、香、味、形”之外，还强调一个“声”字，即入口会发出类似爆米花的脆响，这是肉块被炸至酥脆的标志。这道菜的创始人是生于100多年前的哈尔滨名厨郑兴文，当时他为了接待俄罗斯客人，将咸鲜味的“焦烧肉块”改为酸甜口，大受欢迎，从此一代代流传下来。

肉片挂糊之后要拎起平放入锅。

厚汁版锅包肉

制作流程：①猪精肉（可选外脊、梅肉、底板肉等）250克切成稍厚的片。②玉米淀粉加盐、清水、色拉油调成厚糊，放入肉片抓匀。③锅下宽油烧至五成热，拎起肉片逐次下入锅中，尽量使其舒展平整，中火炸至浅黄色，捞出后升高油温至八成热，放入肉片快速“闯”一下至外焦里嫩。④生抽、糖、醋、黄酒、清汤调成清汁。⑤锅下底油烧热，淋入清汁、葱姜丝快速炒至沸腾，大火收至黏稠，放入肉片、香菜段快速翻炒两下，起锅装盘即可。

特点：酸甜咸鲜，外焦里嫩，肉片酥香。

大师点拨——

汤也别多　糖也别多

以半斤肉片为例，兑汁时需加30克高汤、25克料酒、20克白糖、15克醋，并加少许生抽调色。糖的作用是出小甜口和香气，无须太多，否则就成了“琉璃”或“糖熘”菜；汤的作用是融化白糖、混匀各料，因此量不要太大，否则熬制时浓度迟迟上不来，费时费火。

“雨过天晴”　才是正宗

很多厨师不知道，有一个跟锅包肉相关的术语是“雨过天晴”，这是对清汁（即炸烹汁）的形象叫法，它质地较稀，不同于“焦熘”、“糖熘”的浓汁。最传统的锅包肉裹的就是这种汁，在肉片表面若隐若现，上桌10分钟后盘内会积下薄薄一层清汁，食材表面则不变色、不黏稠，干净清爽，这就是“雨过天晴”。如今很多厨师加大量的糖(一份菜约70克白糖)，熬出的汁特别黏稠，挂上去厚厚一层，类似“琉璃肉”的质感，这其实偏离了锅包肉的传统面貌，但如此操作相对简单，客人也能接受，算是一个衍生的“厚汁版本”。

纪大师烹饪有口诀

葱姜抓够五十下 腰花入油六秒钟

大师 纪晓峰

生于1944年10月的纪晓峰大师在业内成就斐然，中国烹饪大师、中国餐饮文化大师、鲁菜大师等头衔佐证了他50多年的辛勤耕耘。

纪晓峰是名厨、大师，同时又是资深油画家，他是两个行当的双料达人：拿起炒勺，做菜很棒，拿起画笔，作画很棒。未能从事美术工作是他毕生憾事，因此他在从厨的几十年间一直没有扔下画笔，现在的他是青岛作家协会会员、青岛油画家学会艺术顾问。

大厨著书　将军作序

艺术总是相通的，当一个人在两个领域均达到精熟的程度时，往往会在二者的交集上产生重要突破、取得杰出成就，纪晓峰的成果就印证了这一点，他运用美术理论诠释烹饪艺术，出版了餐饮界内的第一本《烹饪美学》专著，军中才子、《长征组歌》的作者肖华将军"跨界"为其作序，成为烹饪界的一桩美谈。

"原生态"才是良心菜

纪大师说，自己在烹饪中的最大特点是"原生态"："我做菜调料很简单，一般就是葱、姜、香菜、盐、花生油等，增鲜的化学调料一律不用，因为这些调料闻着鲜美，但一加热弊端就暴露了，香味不自然。"他现场演示的菜品里，处处体现了这种"原生态"的理念和手法。例如，用抓浓的葱姜水为鱼丸去腥；用不撇浮沫的鸡汤给鲍鱼增香……这些菜没用到一种复合调料，在自家厨房里就能操作，既符合餐饮潮流也对得起自己的良心，"这样做出的菜，自己老婆孩子也能放心吃"。

鲅鱼去骨刮肉。

崂山鲅鱼丸

这是一道热卖的经典胶东菜，出品标准为鱼丸鲜嫩，筋道弹牙，汤汁咸鲜酸辣香，五味俱全。纪晓峰大师有一个绝密的方子，现在拿出来与大家分享。

此菜主料是新鲜鲅鱼，先去骨取肉，再从皮上刮下鱼肉，刀剁成泥，再用刀背砸至紧密，俗称"砸死"。盛入盆中后徐徐加入葱姜水，边加边朝同一方向搅动，如果感觉没劲了，就加点盐，上劲之后再加葱姜水，照此流程大概每500克鱼肉加入450–550克葱姜水、12克盐之后再加入全蛋5个、猪肥肉末200克搅匀。

锅下冷水。把鱼馅挤成直径为2厘米的丸子，下入锅中。全部挤好之后开中火加热，调入适量盐。同时在碗内放入木耳丝、蛋皮丝等辅料，加入适量白醋或米醋、胡椒粉、香油备用。待锅中鲅鱼丸子烧开之后起锅，倒入碗中即可上桌。

肥肉不可剁到鱼泥中

此菜制作步骤中有七点需要注意。第一，剁好鱼泥之后要再用刀背砸紧实，这样鱼肉便能在下一步骤中最大限度地吃水，丸子口感细嫩不柴。第二，葱姜水的用量是不确定的，在450–550克之间。这是因为鲅鱼的吸水量与其新鲜度有关。新鲜的鲅鱼肉紧，吃水就多，不新鲜的鲅鱼肉松，吃水较少。第三，葱姜水要徐徐加入，打至没劲了就加盐，上劲了就加葱姜水解劲，直至鱼蓉呈浓稀饭状时方可，如果吃水少了丸子跟塑料块似的，口感发硬。第四，肥肉的用法大有讲究。加肥肉作用是为鱼肉祛腥增香，但怎么加才能做到既祛腥味又不油腻呢？如果把肥肉剁到鱼肉里就会油腻，而单独将肥肉切成火柴头大小的粒，拌人鱼泥中，则做好的鲅鱼丸子非常爽口，吃不出肥肉的油腻感。这是很多年轻厨师不知道的。第五，很多厨师做鲅鱼丸子加的是蛋清，而纪大师加的是全蛋。大家都知道蛋黄熟后搓开是粉状的，因此它有“起酥”的作用，所以加人全蛋丸子不发柴，而且由于5个蛋黄分量不算大，也不会把丸子染黄。第六，做好的丸子要冷水下锅，全部下完之后再开火加热，否则丸子的成熟度不一致。最后，碗内要加白醋或者米醋，不要加陈醋，陈醋发甜，会导致汤汁口味不清爽。

抓50下才是葱姜水

关于葱姜水的调制，纪大师讲了一件事：“曾经有一家店的经理给我打电话，说鲅鱼丸子不好吃了，让我过去看看出了什么问题。我到厨房看了全部流程，发现他们的问题出在葱姜水上。厨师在一碗水中加人几片姜、几段葱泡一下就OK，这样的葱姜水怎么会起作用？”

正确的做法应该是将带皮姜（刮皮会去掉大半姜辣味）拍碎、大葱拍破，放人盆中，加人清水，用手不停地抓至少50下，把水抓成淡黄色、浓稠的液体，才能够起到提鲜祛腥的作用。

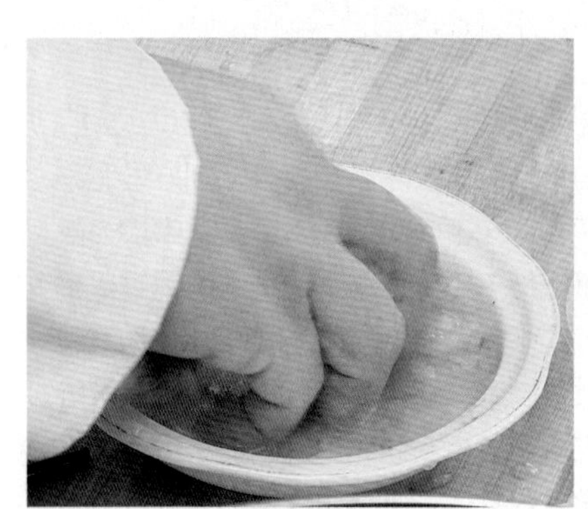

葱姜放入清水中后要不停抓攥。

清炸腰花

这是一道快要失传的老鲁菜，与“爆炒腰花”同属一个系列。

此菜选不注水的猪腰子片成两大片，片去腰臊，然后剞上麦穗花刀，注意直刀要深于斜刀，这样腰花才会翻卷。

打好的猪腰用花椒水浸泡片刻，捞出挤干水分后蘸上干面粉，细细搓开，把每个花刀都均匀地搓上面粉。需注意的是要现炸现搓，因为搓面后若放置太久，腰子中渗出的水会把这层“面膜”冲塌，也就炸不出“花花分明”的效果了。还需要注意的是，打好的腰花用花椒水浸泡一下即可，不要加盐腌制，否则搓面后更易出水。

两口诀HOLD住炸腰花

此菜出品标准为外焦香里脆嫩，炸制过程的关键点可以用两个口诀来快速掌握：“8、1、2、3、4”和“9、1、2”。即将锅中色拉油烧至“八”成热，下人搓匀面粉的腰花快速搅动，心中默数“1、2、3、4”四秒之后立即捞出。锅中油继续烧至“九”成热，下人腰花复炸“1、2”两秒之后捞出控油即可装盘，带椒盐上桌蘸食。

1.腰花打直刀。

2.再打斜刀。

3.直刀深于斜刀才能翻卷成花。

1.汤汁滤到锅中压鲍鱼。

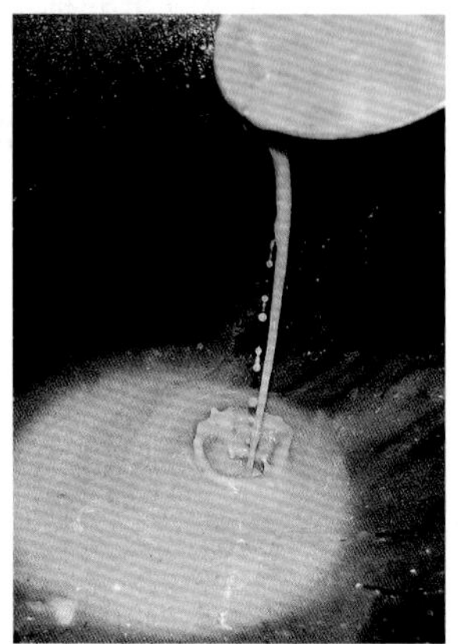

2.急火收汤至黏稠鲜香。

活鸡炖活鲍

这是山东二十大名菜之一，曾被评为金牌创新鲁菜。选料为当年散养的小公鸡和胶东活鲍鱼，调料则只有花生油、葱、姜、香菜和盐。

初加工时要将小公鸡（净重一斤半左右）宰杀治净，剁成块，然后用清水冲洗两遍，把剁出来的骨渣洗掉。鲍鱼去壳、内脏，刷掉黑膜成淡黄色。之后起锅下少量花生油，加葱姜片等料头爆香，下人鸡块、鲍鱼急火快炒，炒至鸡肉发干、变清爽，下人1200克矿泉水，急火烧开，转慢火炖10分钟至汤浓时停火，取一部分汤放人高压锅中，加入鲍鱼，汤要没过鲍鱼，上汽后小火压10分钟，然后一起倒回鸡块锅中，再次开小火炖10分钟，急火收汤，待汤汁变得像小米稀饭一样稠时，下人盐、酱油搅匀，撒香葱末，出锅装盘即可。成菜中的鲍鱼软糯、鸡块鲜美，汤汁浓郁挂口，菜品色泽红亮。

终极秘诀：

不焯水、不打沫

此菜调料简单，因此对于原料和烹饪手法要求较高，其中有几点秘诀是成败关键。首先，此菜不能选老鸡、母鸡。母鸡肉质松软，适合炖汤。该如何辨别鸡的老嫩呢？方法是提起鸡，摸一下鸡胸骨末端的两块软骨，如果质地是柔软的则是一年嫩鸡，如果已经变硬了，则就是老鸡。其次，调味时只需要下普通酱油，最好不要用鲜味酱油，否则加热后会有一股不自然的鲜味。再次，最关键的秘诀在于：鸡块不焯水！烧开后不打浮沫！其实，焯水一般针对不新鲜的原料，甚至还得加点葱、姜、花椒等祛除异味，而新鲜的原料则不需要焯水，否则会流失鲜味和香味。烧开之后汤面上会有浮沫，此时不要打掉，而应继续炖制，一会儿之后浮沫就消失了，变成了油脂，被汤汁慢慢吸收，这样炖好的汤才浓稠似小米汤。好多厨师烧的菜总是清汤寡水，就是因为他们打浮沫打得太认真。最后，一定要急火收汤，否则汤不浓不亮。

御厨传人细说“烹的标准”“调的套路”

大师 周锦

周锦大师1962年从厨，如今他已经在后厨这方天地耕耘了50多个年头。半个多世纪的光阴在大师身上留下的是平和、宽厚、渊博。周锦17岁从厨时跟随的第一位老师是清宫御膳房的名厨——杨怀。不同于如今很多厨师动不动就标榜自己“御厨”的身份，杨怀老先生早年供职于御膳房内的荤局（御膳房还设有素局、挂炉局、点心局、饭局等），到1921年才离开紫禁城，是货真价实的御厨。杨怀出宫后一直在安化寺附近一家涉外高级餐厅工作，周锦跟随杨老先生练刀工、盯火候，为日后的发展打下了坚实基础。在杨怀的引领下，周锦进入了满汉席、宫廷菜这个神秘领域，杨大师尽心尽力倾囊相授，周锦也没有辜负师父的期望，将满汉席这项非物质文化遗产传承下来，成为首席嫡系传人。

周锦大师近年来通过潜心研究，还原了宫廷六大宴席：登基宴、千叟宴、万寿宴、千秋宴、亲藩宴、鹿鸣宴，在大师策划的会所里陆续推出，均有不俗的反响。

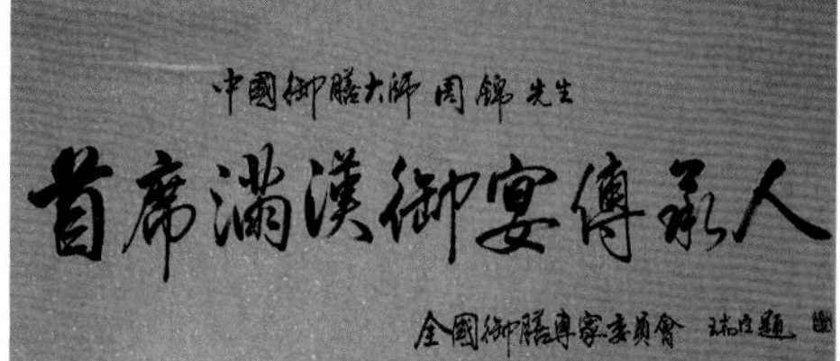

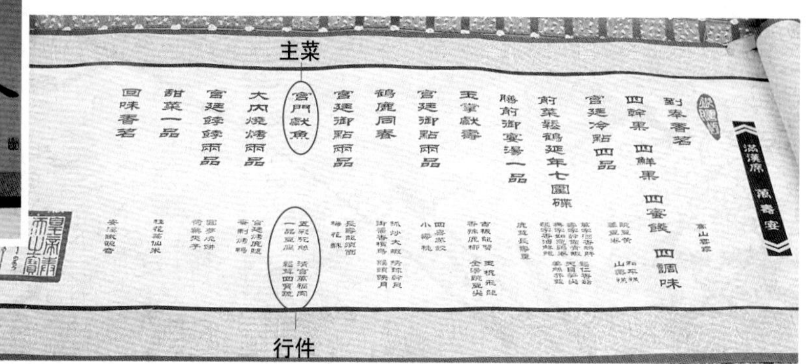

以万寿宴为例，菜单上面一排为主菜，每道主菜下面配4道行件，菜式虽然多样，但是分量适中，保证客人吃饱但又不会太撑，而且不油不腻，不过甜不过咸，就餐完毕非常舒服。

麻辣点评厨界现状

“如今一些厨师没有经过老师正规、精心的传授，对于烹饪知识了解甚少，但是要起工资来却毫不含糊。我曾经问年轻厨师一个问题，什么是佐料？他们人人都答不上来。我还经历过一件可笑的事情，有次做评委，一个厨师制作的是酸辣乌鱼蛋汤，上桌后我发现里面有干墨鱼、鸡蛋花，感到很惊讶，询问小伙子这菜为何如此搭配，他说‘菜名不是乌鱼蛋吗，所以我这里既有乌鱼，又有鸡蛋，非常贴合主题’，我听后哭笑不得。”

经典不能随意改

“我们从厨那会儿，光学基础知识就得3–5年。上灶炒菜要严格按照流程，如果操作时天马行空，随意增删，上桌后客人就不买账。我年轻时有一次做滑溜里脊，里面原本该配玉兰片，但是当天的玉兰没有发好，所以我就切了几片黄瓜代替，谁知道上桌后客人不吃，原封退回，师父把我训了一顿，并告诉我每个菜都有投料标准、工艺流程，这些经典方法不能随意破坏。如今很多厨师对着经典菜‘动手动脚’，虽说是一种大胆创新，但是却容易将年轻厨师导入一个标准不明的方向。”

“经典菜的搭配和口味都是历代名厨的经验积累与整合，因此，我认为餐饮界不应把创新作为最重要的指标，沿袭经典、传承经验也很重要，烹有烹的标准，调有调的套路。以调味为例，很多厨师以为调味就是舀起盐、味精、鸡精、鸡粉等下人锅中，各色调料都来一些，其实这是一个误区。**调味有四步：去异味、减重味、进滋味、增美味**，严格按照这四步来烹调一道菜品，口味才有保证。其实，去异味和减重味是并列关系，有的食材需要去异味，如鱼、羊肉、内脏等。有的食材则需要减重味，如火腿烟熏味较浓，人菜前应适当去掉一部分；另如一些盐渍食材，人菜前应该漂去过重的咸味。”

调味有四步 谨遵出美味

以葱爆羊肉为例，有的厨师先起锅煸葱丝，然后下羊肉爆炒，这样膻味都积在肉里了，异味没有散发出来，滋味自然进不去，更别提美味了。

正确的做法应该是：首先热锅下油烧热，下人羊肉片煸炒至发白，烹人料酒、花椒水，这是去异味的过程；然后下人姜片、酱油、盐翻炒均匀，此乃进滋味的过程；最后放人滚刀葱，炒至似倒未倒的状态（即刚刚断生），下人少许蒜末，淋香醋、香油，这是增美味的过程，之后起锅人盘。这样制作出来的葱爆羊肉鲜香浓郁，且毫无膻味。

1.煸炒羊肉并烹入花椒水去异味。

2.下入滚刀葱爆炒。

选料：

罐焖鹿肉要选鹿腩肉（鹿腹部的肉，这块肉熟后软香而不柴）。鹿肉毕竟是野味，血腥味重，所以要先将其切成筛子块（约1厘米见方，即跟筛子眼差不多大的小块），然后放入冷水锅中，加入葱、姜、黄酒、花椒等汆透，去掉异味，煮至六成熟。

㸆制：

锅入黄油75克烧化，下面粉50克小火炒至熟透、金黄，加入高汤2.5千克，下入番茄酱150克、香叶5克、鹿肉块1千克（可出10位菜），调入适量盐、白糖，小火㸆40分钟，标准是鹿肉酥烂而不失其形。看到这里可能有厨师会问：黄油炒面是西餐的调味方法，为何会出现在清朝的宫廷菜里呢？其实，在清朝末年，朝廷和西方国家多有往来，宫廷里渐有西方厨师的身影，聪明的御厨们在100多年前就开始借鉴这些洋厨子的手法，进行“中西融合”了，黄油炒面加汤㸆鹿肉可谓当时非常前卫的一道融合菜。㸆制时加番茄酱也有讲究，番茄酱为菜品定香味、增颜色，而且㸆后不会发酸。

罐焖鹿肉

罐焖鹿肉是满汉席上的一道经典宫廷菜。满族人擅长狩猎，打来的梅花鹿非常多，鹿肉入菜由来已久。如今，养殖鹿肉原料充盈、价格不高，因此罐焖鹿肉这道宫廷菜仍有较大的市场份额。

罐焖：

洋葱头、胡萝卜块、土豆块等辅料油炸出香，放入位上紫砂罐垫底，摆入鹿肉块，浇入㸆鹿肉的原汤，调底味，最后在上面放一点点芝士粉，盖上盖子小火烤制，烤至紫砂罐中冒气泡时即可上桌。放芝士粉同烤可以为菜品增加浓香味儿，是增美味的过程。成菜刚一开盖，扑面浓香中透着淡淡的黄油香气，鹿肉酥烂而不失其形，典雅大气，口感醇厚。

万福肉

万福肉是皇帝万寿宴上的一道必备菜，肉块打万字花刀，雍容大气，成品肥而不腻、软糯浓醇。如今很多店也在推这道菜，但有的厨师将肉冲冲血水就直接卤上了，殊不知此菜一共有六道工序，少了其中一道，做出的万福肉便达不到完美效果。这六道工序分别为：烤、刮、煮、炸、㸆、蒸。

烤　是指将精选带皮五花肉放在旺火上燎烤肉皮一面，烤至肉皮焦黄、肥肉中的油脂滴出时啪啦啪啦作响。

刮　烤过的五花肉要入食用碱水（浓度为5%）中浸泡30分钟，把黄皮、杂质刮洗干净，这是第二道工序。

煮　是指将刷洗干净的五花肉冷水下锅，加入适量葱、姜、黄酒中火煮至六成熟，标准是用铁筷子刚能轻易插透整块肉。此步骤即是调味中去异味的过程。可能有厨师会问，铁筷子去哪里寻？其实在以前的厨房里，铁筷子就如同锅、铲一般是必备的工具，查看食材成熟度时都要用到它，用木筷子试出来的成熟度是不准确的。

炸　接下来的过程是“炸”。煮好的肉放凉，并晾干表面水分，在皮上刷一层饴糖后入八成热油炸至金黄色。炸的过程中，猪肉再次溢出一部分油脂。将炸好的五花肉改刀成40克/个的方块，旋转切成万字刀，每一层肉片厚薄要均匀。

㸆　炒锅下底油烧热，下入葱、姜共20克、甜面酱30克炒香，下入腐乳50克、酱油20克、冰糖50克，加入黄酒3斤、清水1斤，放入打万字刀的肉块1千克，调入适量盐，盖上盖子小火㸆40分钟至入味，此为进滋味的过程。

蒸　将㸆入滋味的肉块皮朝下落碗，在上面放适量泡好的大枣、栗子、莲子，淋入少许原汁，上笼旺火蒸30分钟，这是增美味的过程，成菜除了有一股肉香，还有枣香、栗香，气息非常诱人。将蒸好的万福肉分装入位盅内即可上桌。

大件须用小火蒸

此处讲一个小知识，很多厨师认为蒸菜多用旺火，其实不然。体积小或需要快速成熟才能保持鲜嫩口感的原料要用旺火蒸，如鱼、蟹、虾等，而体积大的食材宜用小火蒸制，如鸡、鸭等，小火蒸比大火蒸反而要熟得快一些。

厨师在制作万福肉时可以根据当地客人的口味适当调整味型，如在长沙地区，㸆制过程中可以加入少许干辣椒；在山东地区，可以去掉冰糖，因为当地客人不喜欢吃太甜的菜品。

大师点拨——

我在招聘厨师试菜时，曾见一位师傅做了一道半汤菜，但起的名字却是“X爆XX”。我告诉他，“爆”这个技法不是随便叫的，它的出品要求是汁全部包在原料上，吃完菜后盘内无余汁，只有一个油底。我们以“油爆双脆”为例来看一看什么是油爆菜。

油爆双脆

爆菜以腰、肚、胗、鱿鱼等质感脆嫩者为主要原料，锲（qiè）花成形时要注意刀距均匀、深而不透，这有助于在“沸汤冒”或“热油氽”时迅速翻花成形并保持脆度。

油爆双脆选料为鸡胗、猪肚头。鸡胗打上十字花刀，深度约2/3，猪肚头也打十字花刀，深度也是2/3，之后加入少许盐、料酒腌制片刻。

初加工过程也是去异味的过程：锅下清水烧开，用漏勺托着鸡胗、猪肚头，入开水中一蘸立即捞出，千万不要放在里面煮起来了，那样原料就老了。入沸水中蘸一下立即捞起的手法叫作“冒”或“烫”，鸡胗、猪肚头这样的脆性原料只需一冒，刀口翻花成形之际，异味就散发了，而且质地接近成熟，缩短了后期烹制时间，有助于保持脆度。“冒”的过程讲求旺火沸汤，它与下一步中的旺火烈油一同构成了爆菜手法的关键词。

初加工完毕，厨师起油锅（以往厨房里油锅、水锅是分

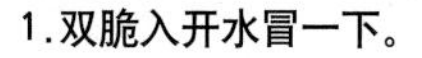

1.双脆入开水冒一下。

2.再入烈油快速冲一下。

开的），下入约200克油烧烈（烧烈的油有一个专用名词叫“烈油”，指快要烧着了的油），倒入冒过的原料，锅中发出“噗”一声响后颠翻两下，接着起锅倒入漏勺中控油。原锅再次上火，依次快速下入双脆、碗芡，大火爆炒两下，裹匀芡汁即可出锅装盘，上桌时要带一碟卤虾油蘸食，这是增美味的一步。碗芡是用豆瓣葱、豆瓣姜（指切成黄豆瓣大小的葱姜）、蒜米、黄酒、盐、高汤、葱姜水、淀粉调制而成的，芡汁既不能太厚也不能太稀，这样勾出来的芡既不会太硬也不会太软。

油爆双脆成菜光亮滋润，略带浅茶色，这是黄酒显现出来的色泽。此菜要求厨师在操作时旺火速成，动作麻利，而且要用滑透的油勺，这样才不黏。如今厨师做菜全用一口锅，一会儿汆水一会儿油爆，锅往往滑不透。

烹饪知识快问快答

精彩问答

Q 冒、汆、焯的区别？

A 三者都是指将原料入沸水加热的过程。其中，“冒”的时间最短，原料入水中一蘸接着出锅。“汆”一般针对腌制好的原料，将原料下入沸水，时间不能太长，只比“冒”略长一点，要保持食材的嫩度。“焯”则用于体积较大或较难成熟的原料，如土豆、萝卜块等，将原料放入开水中煮至断生，因此“焯”的时间是最长的。

Q 葱分几种，分别适合什么菜？

A 一棵葱可以切成葱米、葱末、葱丝、豆瓣葱、葱段、葱花、大娥眉、小娥眉、马蹄葱、滚刀葱等。

Q 什么口感对应什么火候？

A 三类不同的口感对应三种不同的火候，要吃软嫩口感，滑油或者炒制需要热锅温油或者凉油下锅，滑油时用铁筷子搅散，边滑边升温，油温不能超过100℃；要吃脆感的食材过油或者炒制都需要烈油下锅，时间要短；要求外酥里嫩的，在炸制食材时就不能保持同一个火候，需要先用旺火炸定型，然后用微火浸炸一下，最后再上旺火冲一下，把油吐出来，这样才能外酥里嫩，如果只保持一个火候，则原料里外就成了一个口感了。

小娥眉

刀法与“大峨眉”一样，只是比大娥眉葱切得短一些。小峨眉葱多用于氽汤，如做醋椒海参汤，最后要放适量小娥眉葱丝点缀再上桌。

大娥眉

大葱白剖开，去掉葱芯，展开，斜切丝，这样葱丝上有一条条斜纹，似眉毛。葱油鱼用的就是大娥眉葱。

豆瓣葱

指和黄豆瓣差不多大小的葱片，油爆双脆用到的就是豆瓣葱。

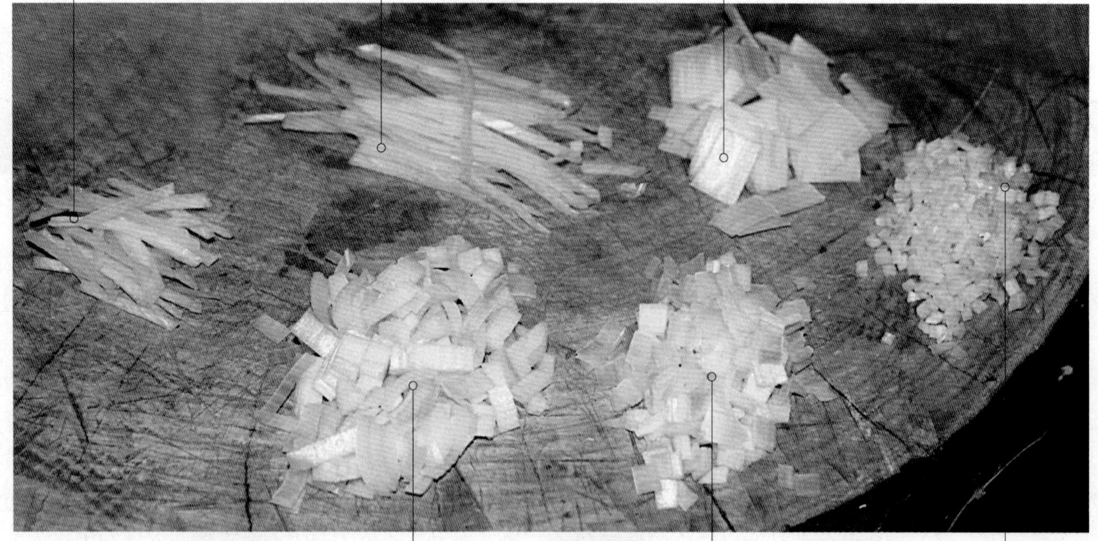

葱花

大葱顶刀切圈，然后一片葱切成四瓣，即为葱花。葱花用途很广，大部分菜品爆锅都需要用葱花，如宫保鸡丁等。

葱末

比葱米稍微大一点，扬州炒饭就需要用葱末。

葱米

个头最小，跟米粒差不多，溜黄菜就需要用葱米，若用大颗粒的葱则成菜有颗粒感。

葱段

俗话说“七八不过寸”，意思是烹饪中所有的“段”都不应超过一寸，最多七八分。这是因为只有牛、羊等反刍类动物才吃一寸长的草，让客人吃“一寸长”既不雅观也难以下口。所以葱段是指将葱白切成长七八分的段。

滚刀葱

大葱滚着切条即出滚刀葱。滚刀葱适合制作葱爆羊肉等菜品。

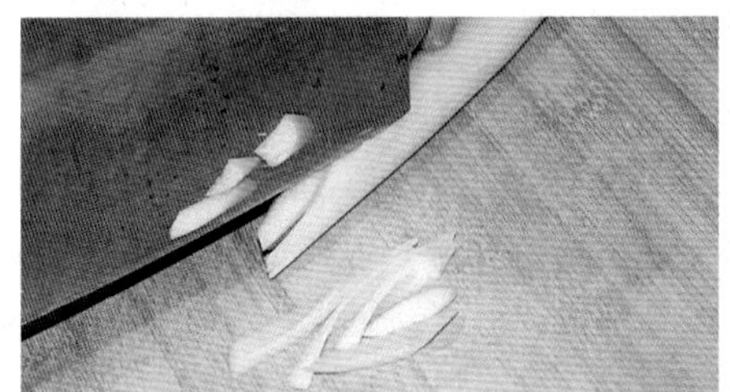

1.旋转切出滚刀葱。

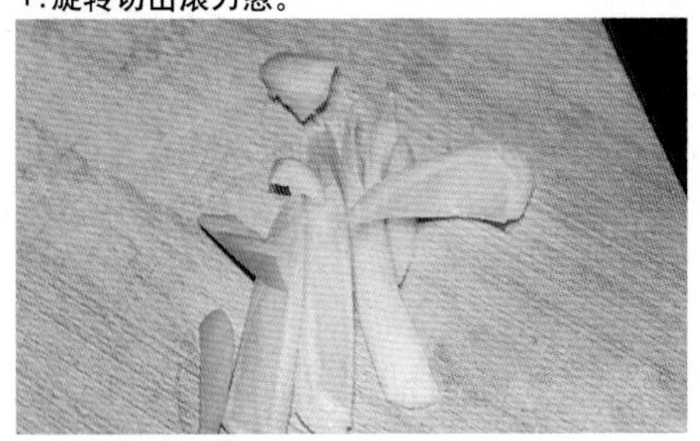

2.切好的滚刀葱。

马蹄葱

是指将葱从中间切一刀，不要切透，之后顶刀切片，形似马蹄，多用于葱烧、干烧菜。

1.大葱剖一刀，但不要切透。

2.顶刀切出马蹄葱。

精彩问答

Q **何时放醋？**

A 制作酸辣汤等菜品时，醋用不好会毁汤。厨师可以将菜品加热过程分为三个阶段：前、中、后。前段时间放醋所起的作用是去腥、解腻，烹调中段放醋则会出浓郁的醋香，烹调后阶段放醋则主要会出酸味。这样厨师可以根据菜品口味特点选择放醋时机。

调味四部曲 令我醍醐灌顶

李建辉（百年李记牛汤饸饹餐厅总经理）：周大师讲了很多烹调技法精髓，读后令我收获甚多。首先，大师所说的厨界现状，我深有体会。

一个月前，筹备新店招聘厨师时我曾经提问过一个问题：“银芽鸡丝一菜中，滑鸡丝需要几成油温？”

应聘厨师回答：“四五成。”

“你确定？”

“师傅教过啊，滑鸡丝需要40℃–50℃的油温，不就是四五成吗？”

你想，他连几成油温的概念都没弄清楚，更别提知道什么叫“烈油”了。

周大师讲的调味四部曲更是令我醍醐灌顶，别看只有12个字，有些人做一辈子菜也悟不出来。此前，我只知道“有味使之出，无味使之人”，而这四部曲则更连贯、更透彻、更准确。理解了这四步，对于厨师创新菜品有根本性指导意义。

在油爆双脆一菜中，鸡胗的异味多于猪肚，因此我认为鸡胗打完花刀后可以放人葱姜水或花椒水中浸泡一下，也可以放人浓度为2%的食用碱水中浸泡片刻，前者可以去掉异味，后者则既可以去异味还能增加爽脆口感。如今很多厨师一提用碱水便觉得犯了“天条”。其实，食用碱在烹调中的使用由来已久，加碱水揉面蒸馒头就跟用卤水点豆腐一样，是流传千百年的方法，适量使用没有问题。周大师在讲解万福肉的制作中也提到了“碱水泡肉”，恰到好处地使用碱水，效果尤佳。

万福肉一菜也给了我很多灵感，大师在经典做法之上又有创新，加入栗子、莲子、红枣增香，改成位菜上桌，我读后立即决定依此法制作万福肉，并在旁边配上一只海参或者鲍鱼，这马上就成了一道古典与现代融合的高档位上菜，上宴会一定大有卖点。

大师 史正良

他生于四川绵阳一座名为“梓潼”的小镇，年少时迫于生计，告别了心爱的画笔，走进了锅灶天地，游走于厨界四方。

从厨50余年，他出版专著20部、撰写文章80余篇、改良创新川菜300余道、传授弟子2万余人，获得奖牌无数，退休后依旧热衷于烹饪美味，包揽了家中的三餐制作。

他，就是国家级烹饪大师，川菜泰斗史正良。

创新三百道　授业两万人

在绵阳近郊的新老茶树庄园中，小编见到了这位传说中的川菜泰斗。眼前侃侃而谈的史大师更像一个发色花白的顽童，穿着时下年轻人最爱的格布衬衫、牛仔裤，谈起心爱的菜肴会忍不住手足并舞，而那一头亮白的银丝，就随着动作在脑后顽皮地翩翩起舞。

正式投入菜品拍摄，史大师又变成了雷厉风行、一丝不苟的专业长者，从调汁到制作，从装盘到拍摄，如何能使菜品呈现出最佳的口感与姿态，他边做边讲，丝丝入扣。“这个汁浓得成浆糊了，赶快加水重烧，调成稀粥状，薄薄地挂在茄夹上才漂亮。”“你这条鱼躺在盘子里都快要睡着了，客人看着也没精神，拿块澄面把鱼尾固定住，让鱼头高高地立在盘中。”

大师观点——

鲁菜是官府菜，苏菜是文人菜，粤菜是大亨菜，而川菜是草根菜。

我学厨的那个年代讲究“七匹半围腰”，“七匹”是指生墩、熟墩、炉子、白案、翻锅、煮面、堂倌这七个工种，“半”是指打杂这“半”个工种，全部学会、成为“多面手”，才算真正出徒。

调味品适量为佳，不宜过多。就像美人，清水出芙蓉，要是在脸上涂得五颜六色，反而不美了。

时代进步了，厨师只会炒菜可不行：要通美学，才会为菜肴搭配颜色；要了解营养学，才能在配菜上不出错；要精通管理，才能让后厨顺利运行；要懂营销，才能让客人甘心为菜品埋单。

提起川菜，外地人首先想到的就是麻辣，但其实川菜中有很多优秀的菜肴是不辣的。说到兴起，史大师现场为我们演绎了两道不辣的美味川菜。

烧汁迷你肉

史正良大师在全国各地频繁“走学”，在与同行的不断交流中，他将各地菜式中的精华与川菜结合，创出了320余款新式川菜。获得赞誉无数的招牌菜“烧汁迷你肉”，就是史大师在青岛名菜“烧汁肉”的基础上，将烧汁与川式调料巧妙结合而成，研发后被绵阳、成都的多家酒店引进，在绵阳金海酒楼的销量更是高居榜首。

腌料12种　添味又提色

想要做好这道菜，肉片的腌制很关键，史大师经过反复研究，最终确定了12种腌料的比例：葱姜汁38克、红腐乳10克、花生酱和芝麻酱各6克、南乳汁和幼滑虾酱各2克、白糖和玫瑰露酒各1克、味精和鸡粉各0.5克一同放入碗中搅匀，下入五花肉片500克抓匀，再放入面粉10克、生粉25克拌匀。这些腌料中，红腐乳能够帮助肉片上色，而南乳汁是取其独特的发酵香气，虾酱、花生酱、芝麻酱的作用则是让肉片的口味更复合；最后放入的粉有两种，只用面粉太软，只用生粉太硬，所以二者缺一不可。

烧汁金丝糖　成就琉璃衣

将腌好的肉片下入油中炸至全熟，起锅沥油；另起一锅入底油，下入烧汁65克、金丝糖30克、蜂蜜55克、黑胡椒碎2克小火搅匀烧沸，下入炸好的肉片裹匀，再撒入适量辣椒面，起锅装盘，撒葱白丝、熟芝麻各10克，在盘边摆上酸甜可口的腌萝卜皮即成。

在熬汁时最好使用糖艺中常见的金丝糖，拔丝效果比普通白糖好，且熬出的糖浆更晶莹澄澈，挂在肉片上，好像披上了一层漂亮的“琉璃”。

酱烧湖鸭

1.鸭子泡入糖稀中。

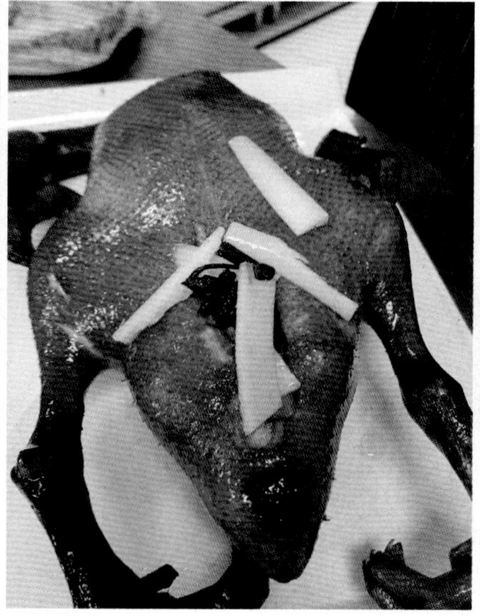

2.炸好后鸭腹填入葱姜、八角。

3.鸭子裹上纱布，入锅加汤炖熟。

酱烧湖鸭

“酱烧湖鸭”调味时并未使用豆瓣酱或泡辣椒，成菜那种通红透亮的颜色究竟从何而来？其实，只要能够在制作时注意以下四点，仅用甜面酱和糖稀，一样能烧出红润油亮的鸭子。

炸前整鸭浸糖稀

鸭子1只（净重约1500克）宰杀治净，加入葱、姜、料酒腌制去腥，取出吸干水分，浸入加清水稀释的糖稀腌制7–8分钟，下入六成热油炸至表皮金黄时捞出。

这一步骤有三点需要注意：首先，鸭子要泡入糖稀上色，比往鸭身涂抹的方法着色更均匀；其次，在炸制时要大锅、宽油、高温，鸭脯朝上、鸭背朝下放入漏勺，这样可以防止黏锅。油温在六成以上，如油温太低，会把鸭子表面的那层糖稀“涮”下来。

甜酱吐油即添汤

鸭子炸好后就要开始炒酱。锅内先下色拉油60克烧至五成热，下入甜面酱50克小火炒至吐油，就可以添汤了。

酱呈“吐油”状态时水分并未完全炒干，而是“七成干”，酱内还留有三成水分，以稠粥状态出现在锅中，此时添汤效果最好，如果再继续炒制，酱会与油完全分离，呈块状散落锅中，还会出现焦煳。另外需要注意，添入锅内的汤不能过多，没过鸭子二指即可。

包入纱布再烧制

鸭子在入锅前需要包上纱布，以保持卖相。包好的鸭子放入汤汁，中火烧制30分钟至熟，将鸭子取出盛入盘中，锅内留下的原汤约200克，准备勾芡调汁。

一次撇油　两次勾芡

勾芡要分三步走：首先，勾芡之前要撇掉汤面上的鸭油，否则汤汁很难吃上芡，且容易浑浊；其次，要像制作麻婆豆腐那样勾两次芡，才能将汤汁收浓。

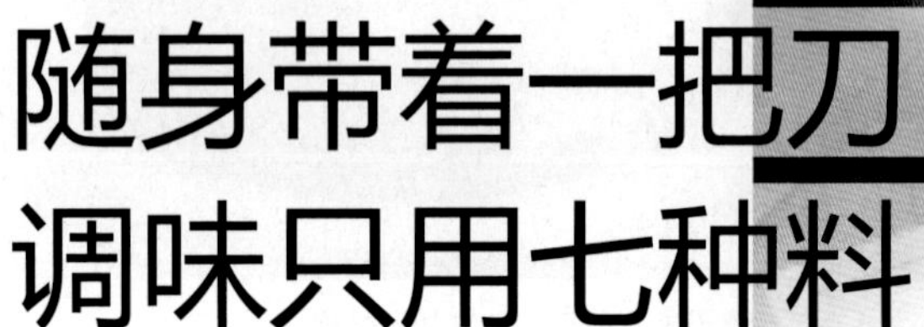

随身带着一把刀 调味只用七种料

大师 靖三元

出生于1947年，祖籍山东章丘，1961年开始从事烹饪工作，至今已50多年。

1984年，靖三元带领烹调技术小组赴日本大阪皇家饭店献艺，由他主理的中餐征服了各国元首和日本贵宾。赴日16年，为国家创外汇1.5亿日元（相当于900多万人民币），给河北餐饮的发展画上了浓墨重彩的一笔。2000年被授予中国烹饪大师，现任唐山鸿宴饭庄技术总顾问。

认真敬业。他随身带一把刀和一块磨刀石，无论在厨房指导工作还是去大赛担任评委，只要看到哪位厨师的刀法不对，他一定会拿出自己的刀亲自示范，现场纠正。

功夫深厚。他的操作台上只有7个调料盒，分别装着盐、味精、白糖、酱油、醋、料酒、胡椒粉，没有鸡汁、番茄酱等现代复合调味料。靖大师只将这七种调料巧妙组合，就能给熘腰花精准定味于“咸中带酸”，使炸烹元鱼“闻之酸辣，食之咸甜”。

拿自己的饼练刀工

靖三元所在的食堂供应馒头、烩饼、炒饼等面食，压根没有菜，13岁的他以为这就是“烹饪”的全部内容，直到1962年，唐山市将烹饪技术比武和“特一级厨师”甄选合并开展，靖三元到现场观摩学习，见识了厨师潇洒自如的大翻勺和纤毫无爽的刀工，才知道烹饪中确有高深的功夫，厨师里真有大师级的名家。

当年令靖三元记忆最深刻的是王青山独创的“铺盖卷”刀法。在比试“切肉丝”时，几乎所有厨师都是按部就班地先将猪肉片片，然后摞在一起顶刀切丝，但是王青山的改刀方法很特别，只见他左手按住整块猪肉、右手持刀，先从底部片一刀，左手随即翻开上面的猪肉，刀继续向里推进，直至肉块变成一张平整的长片（这个过程就像翻开铺盖卷似的），最后顶刀切丝，根根四棱四角、细如火柴棍，而且毫不连刀，在场的所有人拍案叫绝。后来，行业内就把该刀法命名为“铺盖卷”，而且流行至今。

观摩结束后，靖三元一下开了窍，明确了努力的方向，回到食堂后每天抽出时间练习翻勺和刀工。有一阵子，他就像着了魔，看到什么都往锅里放，白菜帮子、报纸、沙子……他都颠过；见到什么切什么，葱头、肉片、腰片……一切就是两簸箩，有时候连自己吃的饼也不放过，先切丝、后切丁，实在没法切了才吃掉。

强迫症造就勤学徒

靖三元小学毕业后考人烹饪技校，一年后分配到饮食公司旗下的食堂做学徒工。回忆起那段时光，靖三元感慨道：“烹饪是‘勤行’，没有现在‘朝九晚五’和‘双休’的概念，我们那会儿是‘朝6晚12’，早上6点睁开眼先去挖菜窖，到上班的点儿就去和面、炒饼、烙馍，客人走后打扫卫生、掏炉灰，下午重复这一套流程，晚上用排子车拉走炉灰，回宿舍躺上床时，已经半夜12点了。”

靖大师说：“我眼里容不下脏东西，院子里有一片叶子我都会捡起来，扫院子非得扫到一点土都没有。衣服蹭上一点儿灰就要洗。而且我见不得物品歪七扭八，比如在食堂上班时，学徒工每天要剁很多白菜，大部分人下班后随手就把菜刀扔里边了，由于白菜容易出水，菜刀长期‘浸泡’在白菜水里极易生锈，很多刀都锈得磨不出来，而我肯定要把刀拣出来放好，所以我的菜刀从来不生锈。按现在的话讲，这叫‘洁癖’和‘强迫症’，正是因为得了这俩‘病’，我在学徒时从来不躲活儿，而是主动‘抢活’，因为只有把炉灰掏干净、将刀摆正……我心里才舒服，所以并不觉得辛苦。”

“铺盖卷”刀法分解图

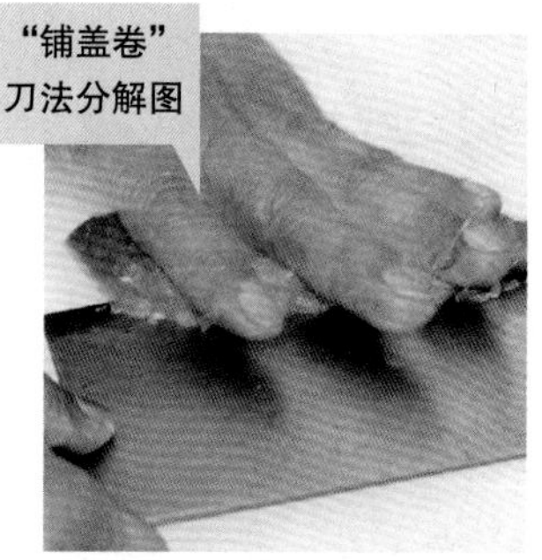

1.左手按住猪肉，右手持刀从底部片入。

3.直至猪肉成一张薄片。

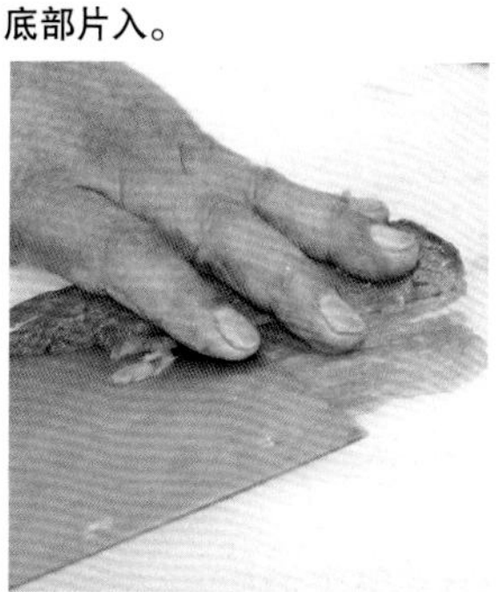

2.左手顺势翻开猪肉，右手持刀继续向肉块底部推进。

4.顶刀切肉丝即可。

鱿鱼熘肉丝

1.肉丝上浆。

3.辅料分别改刀备用。

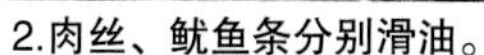

2.肉丝、鱿鱼条分别滑油。

4.高汤、酱油、水淀粉等兑成稠汁。

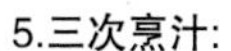

5.三次烹汁:

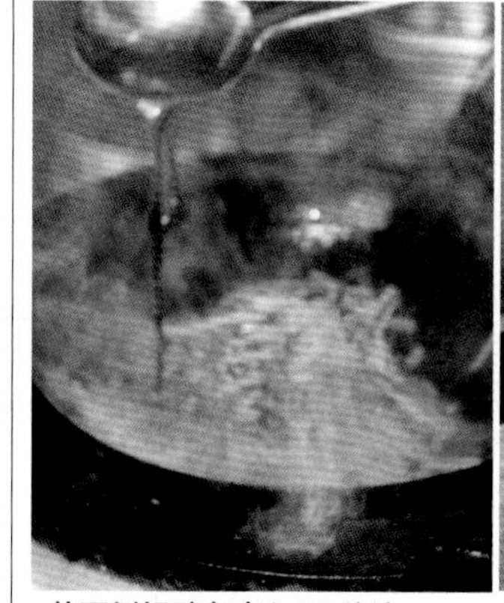

a.从两侧锅壁各烹入1/3兑汁。

b.小翻勺，朝锅底烹入剩余兑汁。

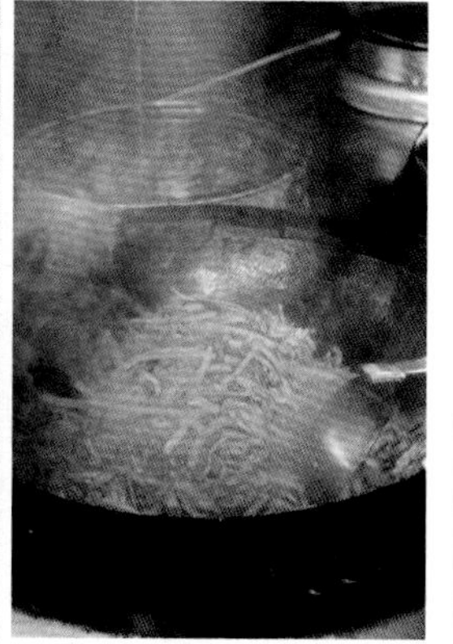

c.炒匀出锅即成。

鱿鱼熘肉丝

初加工：①猪上脑肉按“铺盖卷”的改刀方法切成丝，取200克肉丝加盐、味精、酱油、全蛋液、水淀粉抓匀上浆。锅入宽油烧至八成热，倒入肉丝，旺火滑油，用不锈钢筷子滑散，防止肉丝彼此粘连，待肉丝刚一变色，迅速捞出控油。②发好的鱿鱼切成比肉丝略粗的条，取200克直接入八成热油旺火滑5秒钟，用不锈钢筷子快速搅散，捞出控油备用。③冬笋丝100克、冬菇丝75克焯水，捞出备用。

兑汁：高汤100克、酱油10克、料酒8克、味精6克、盐5克、胡椒粉3克、白糖3克、水淀粉适量调匀即成。

走菜流程：锅入底油烧热，下葱姜丝、辣椒丝各20克爆锅，投入主辅料大火翻炒，分三次烹入兑汁，同时配合小翻勺，撒入香菜梗小翻勺炒匀，出锅即成。

攥住炒锅不撒手

1971年，唐山市开了一家规模最大的饭店，靖三元被调往该店担任切配工。进入厨房试工的时候，他看见郭占武、王志宽等多位一流厨师正在热火朝天地熘腰花、熘肝尖、熘全蟹……围着面案子转了近10年的靖三元从来没见过这么多正儿八经的菜，内心激动不已，默默地为自己加油打气："一定要留下。"

厨师长称了一斤猪肉，要求靖三元切成丝。靖三元心中暗喜："在食堂练了10年的刀工就要派上用场了！"他旋即接过肉块，运用"铺盖卷"刀法火速片开、顶刀切丝，切完一斤肉丝仅用4.5秒，连厨师长都看傻眼了。做了一年切配后，靖三元被安排上灶炒菜，原来只在食堂炒过"八宝豆"的他终于能摸着锅了，兴奋得一夜没睡觉，翌日一上班就攥住炒锅不舍得撒手。一天下来，靖三元炒的菜比人家三天炒的还要多。这是为啥?

那时候，一碗鸡蛋汤5分钱，一碗面1.2角，一份炒菜最贵才5.6角，而该店每天的营业额达到3000多元，生意有多火爆可想而知，厨房每天都忙得不可开交，有些厨师累极了就气急败坏地把料推走，说："炒不了了，给别人吧。"靖三元总是乐呵呵地把料揽到自己的操作台上，边炒边哼小曲儿，心里美滋滋的，压根不觉得累。

背着铺盖卷　游学整一年

1978年，靖三元听说辽宁和成都两地分别开设"辽菜""川菜"烹调班，坐镇传授技术的都是享誉全国的权威烹饪大师，比如"扒菜大王"王甫亭、清朝"御厨"唐克明……学习热情一下被激发出来，他果断地辞掉厨师长一职，准备前往辽、川学习。

然而烹调班只招收本地生源，求学之旅眼见无法成行，靖三元找到商业部饮食服务司，打听到招生部门的地址后，回家背上被褥就赶往北京，对着负责人一阵软磨硬泡。人家见天已黑透，靖三元还背着行李，一副不达目的不罢休的架势，只好开了证明信，成全了他。

在辽宁，靖三元跟随刘国栋学习扒菜的制作技巧，他最拿手的"蟹黄鸡蓉扒白菜"正是刘国栋的看家菜；在四川，靖三元终于见识到"鱼香肉丝"、"回锅肉"、"盐煎肉"的真面目，还掌握了川菜熬荤素油的方法，多年后靖三元去日本事厨，还用吊汤时的浮油炼荤素油炒菜，非常实用。除了学做菜，靖三元还留心观察"大师风范"，比如唐克明有个习惯动作——用手勺从料缸里舀出调料，在下锅之前，会用抹布擦一下勺底。一开始靖三元不明白这有什么玄机，于是向同学询问，结果大家伙儿都没注意到这个动作。难道是自己想多了？当唐大师面对靖三元的当众提问时，先是略感惊讶，继而微笑着解释道："只用勺内的调料味道就足够了，所以要擦掉勺底沾上的，如果直接搅在锅里，这道菜的味道或许不会过分到哪里去，但是肯定不准了。"唐大师边说边微笑，这笑容是对细心学员的嘉许，而听了这席话，靖三元也愈发佩服这位严谨的御厨名师。

手紧持家过日子 每月节省400万

1983年，靖三元代表唐山市“出征”第一届全国烹饪名师技术表演鉴定会，获得优秀厨师第四名的好成绩，因此被公派到日本大阪皇家饭店主理中餐。他第一次前往日本是在1984年8月3日，工作3年后回国，又于1992年2月5日再次东渡，一直到2006年4月10日回国，在大阪皇家饭店天坛王府中餐馆服务16年。

日本大阪皇家饭店要求各间餐厅的成本率不得高于35%，但是在靖三元接手的16年间，平均成本率只有24.6%，比上级要求的低了10个点，每月节约400万日元，该成绩全得益于靖三元在国内工作时养成的“抠门”习惯。比如，当地厨师制作辣白菜只用菜帮，菜叶子直接扔掉，靖三元则全部留下来，切丝炝炒，或者切末包饺子；当地人吃烤鸭只吃皮，烤鸭肉直接不上桌，靖三元把鸭架子剔出来吊汤，鸭肉则切丁炒米饭或者做面条的卤子；吊汤的浮油有股腥味，就连国内的师傅也会打去不用，但靖三元从来不扔，而是撇出来，再按照从川菜烹调班学到的方法炼荤素油，用来炒菜时先煸八角，再放主料，相当于炝了两遍锅，成菜味道特别香。

荤素油大致做法：①撇出吊汤时的浮油，覆保鲜膜入蒸箱蒸10分钟（油色更清亮）。②锅入色拉油、蒸好的荤油（二者比例为1：1）烧热，下八角、花椒粒炸香，下葱段、姜片小火熬约10分钟，关火捞出渣子即成。

1.用刀面拍松鸡胸肉。

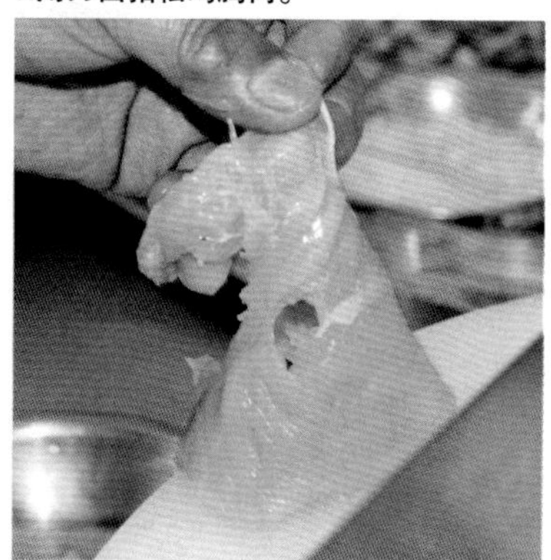
2.剔出肉中的白色筋膜。

3.加入蛋清、湿淀粉拌匀。

4.倒入搅拌机打匀。

5.倒入网筛中过滤杂质。

6.得到洁白细腻的鸡糊。

蟹黄鸡蓉菜心

靖三元：这是我在辽宁省烹调技术班学的第一道菜，此菜是由传统鲁菜“扒白菜”衍生而来，扒白菜不用老帮和嫩心，只用中间几层嫩白菜帮制成，剥下的老帮剁碎可以包饺子，嫩黄色的菜心裹上洁白细腻的鸡蓉氽熟，然后点缀红亮的蟹黄，摇身一变即成这道高档的宴席菜。

鸡蓉过箩　筛成鸡糊

鸡胸肉洗净，先用刀背拍几下至松软，再用刀面抹成鸡蓉状，然后剔出肉中的白色筋膜。每1斤鸡肉加蛋清10个，水淀粉1两，盐、味精、白糖各少许，倒入搅拌机打匀，取出倒入细箩中过滤掉较粗的颗粒即得细腻的鸡糊。

1.白菜心烫软、过凉。

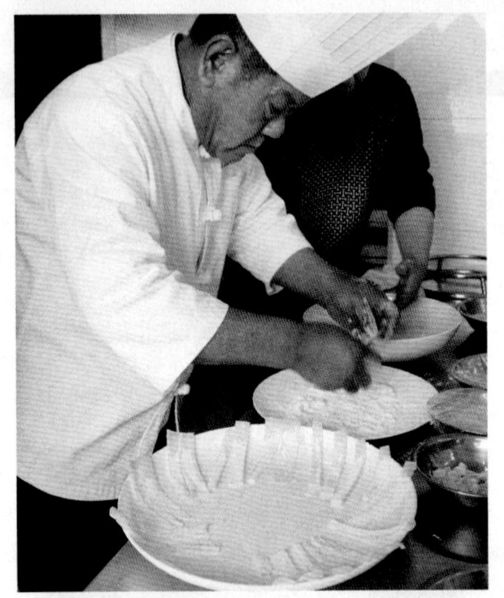

2.取出吸干水分，拍匀淀粉。

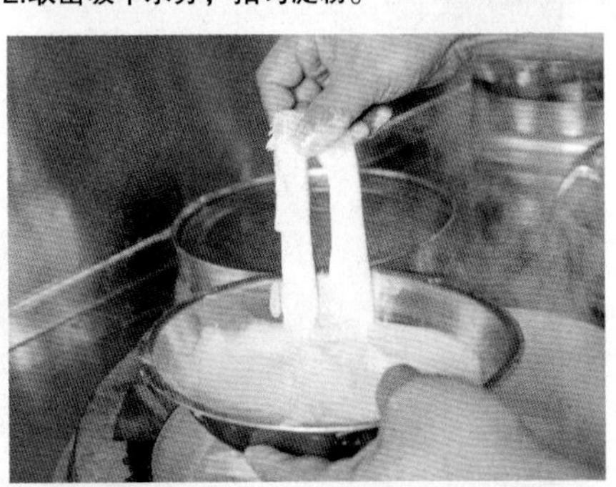

3.挂匀鸡糊。

4.入虾眼水汆烫，舀出热水轻轻冲淋。

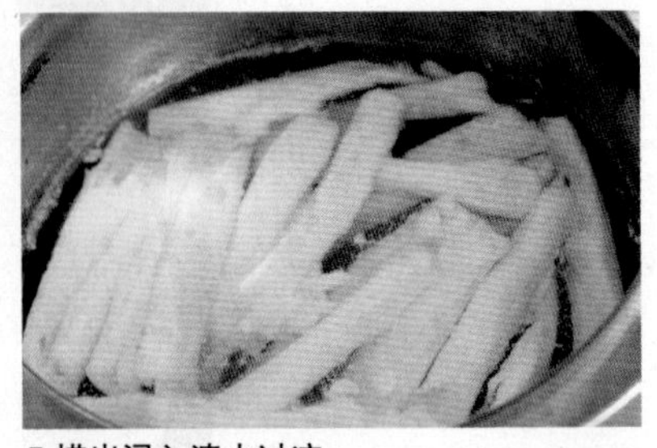

5.捞出浸入清水过凉。

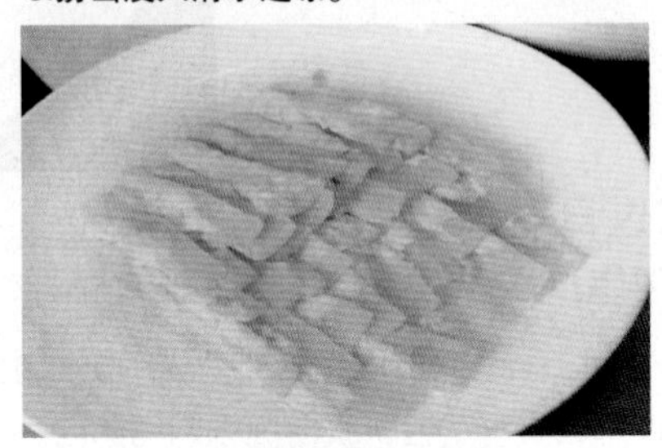

6.一层一层码入盘中。

7.揭开蟹壳，入蒸箱蒸透。

8.手拆蟹肉、蟹黄装盘。

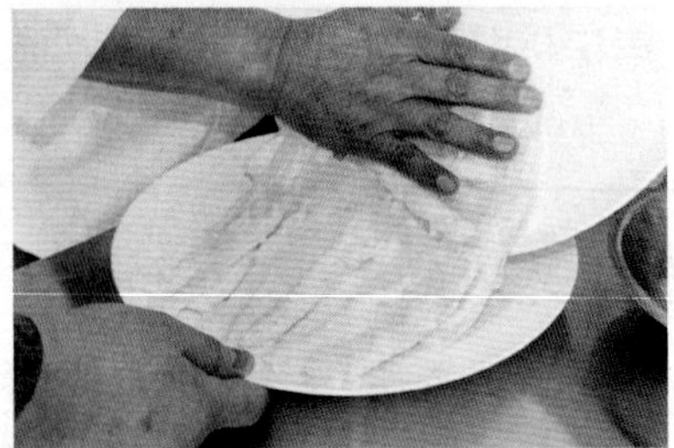

9.将鸡蓉菜心推入蟹黄之上。

1.哪里冒泡哪里勾芡。

2.轻轻晃勺，让芡汁均匀铺开。

一棵大白菜　只用四层心

大白菜中间的4层嫩心（也可以用嫩油菜心、菠菜心代替）沸水下锅，小火煮约3分钟至回软，待白菜心呈现透明质感，捞出放入凉水里浸泡，然后捞出用毛巾轻轻吸干水分，将每片菜心修成15厘米长、1.5厘米宽的长条，两面均拍薄薄一层淀粉备用；海蟹4只去壳、蒸熟，取出手拆蟹黄和蟹肉备用。

80℃水下锅　虾眼水余熟

已拍粉的菜心蘸上鸡糊后热水（水温为80℃，不能凉水下锅，否则鸡糊会脱落）下锅，小火加热，待菜心挂好鸡糊全部下入锅中时，水面恰好冒起虾眼泡，保持这个状态余4分钟，期间用勺子不断舀水轻轻冲淋菜心，然后捞出浸入凉水中（防止鸡糊变色），再次捞出层层叠放码入盘中。另取一个干净的瓷盘，摆上蟹黄和蟹肉，然后将菜心推入蟹肉上备用。

对着泡泡勾芡

做烧、扒、烩菜时，最佳的勾芡时机是原料已经熟透且汤面沸腾冒泡时，此时温度最高，次第涌出的小泡泡类似"泉眼"，能够快速吸收芡汁，加速淀粉糊化，增加菜品的爽滑度。如果在原料还没有熟透时就勾芡，淀粉的加热时间被过度延长，容易烧焦发苦，也会影响成菜色泽。而爆、炒类菜肴则要在食材九成熟时勾芡，如果等原料全熟后淋芡汁，淀粉还需要加热一会儿才能糊化，则原料的加热时间被过度延长，会由脆嫩变得老韧。

具体操作：锅入料油15克烧热，炝入花椒水8克、料酒5克，加清汤200克（汤内加盐、糖、味精调味），推入盘中的鸡蓉菜心，开大火煮3分钟，待食材熟透、汤面沸腾时，向泡泡上淋芡，同时晃勺，让芡汁在锅中完全铺开并糊化，接着淋鸡油（提前加葱姜蒸去腥味）5克，大翻勺出锅即成。经过这么一翻，原来垫底的蟹黄、蟹肉来了个大翻身，星星点点散落于白菜鸡蓉上，煞是好看。

1.甲鱼肉、裙边上厚浆。

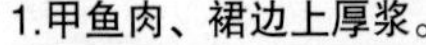

2.炸三次。

3.兑清汁。

4.朝两侧锅壁上烹清汁。

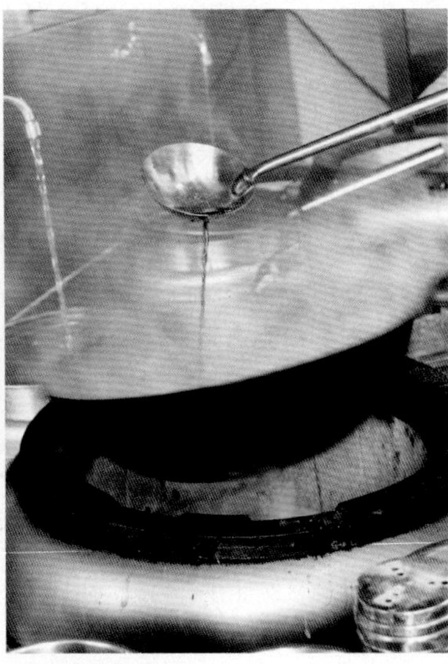

5.朝锅底烹汁。

炸烹元鱼

这是靖三元大师的独创菜，采用鲁菜的炸烹技法制成：甲鱼上厚浆炸三次，质地外酥里嫩，炒制时烹三次清汁入味。菜品尚未出锅，小编隔老远就闻到了浓郁的酸辣味，未等装盘便迫不及待夹了一块肉，只觉咸、甜、酸、辣四味在口中交织、混合，好吃极了！

初加工——

甲鱼去壳，剔下裙边切成长片，肉改刀成大块，取净料（裙边+甲鱼肉）1000克加盐、味精抓匀，下水淀粉抓匀上厚浆备用；葱切象眼块，姜、蒜切末，干辣椒切末。

浸炸——

甲鱼炸三次　回回有讲究

甲鱼要炸三次，油温由低至高，用时依次减少。第一次是将甲鱼炸热，油温五成即可，中火炸约1分钟，捞出放人漏勺搁一会，待热气向里渗透后，投人六成热油中浸炸1分钟，这一次目的是炸透，捞出再放一会，让热气继续向里渗透，再下人八成热油浸炸30秒，目的是炸干表皮，让元鱼达到外酥里嫩的状态。

烹汁——

捅破三层窗户纸

炸烹菜的第二个阶段是“烹汁”。烹什么？往哪儿烹？怎么烹？

烹什么？炸烹菜一般要烹清汁（如果烹稠汁，就变成“熘”菜了）。未加水淀粉的味汁清亮通透，称为清汁，烹人锅中能迅速升腾散发香气。此菜的清汁是取花椒水50克、陈醋20克、酱油15克、料酒10克、白糖10克、味精5克，加汤150克搅匀而成。

往哪儿烹？往最热的地方烹。炉灶开火后，炒锅有三处地方最热——锅底和两个通风口对着的锅壁，朝这三个地方烹汁后，水分能快速汽化，形成雾气，将食材包裹得密不透风，确保呈味物质全部黏附于原料表面。

怎么烹？清汁要分三次烹人，应先在一侧锅壁上烹少许，接着小翻勺，再从另一侧锅壁上烹人部分清汁，继续小翻勺。接着再来一次小翻勺，让锅中食材“飞”起来，此时厨师瞄准锅底烹人剩余的清汁，如此才能让原料从各个角度迅速吸收滋味，达到人味均匀、出香彻底的效果，行话叫“抱汁”。

具体流程：锅留底油，下葱块、姜、蒜、干辣椒末炝锅，出香味后倒人炸好的甲鱼，中火炒匀，分三次烹人清汁，小翻勺出锅即成。

在操作现场，**靖三元的徒弟郭孝仓问道：**“元鱼进价40元/斤，一份‘炸烹元鱼’消耗2斤，仅成本就要80元，饭店不好推啊？”**靖三元大师答道：**“那就换成鸡肉啊，才6元钱一斤，肉质比元鱼还嫩，去骨、切块，挂上硬糊炸两遍，再烹清汁入味，比甲鱼还好吃呢。要注意一点，鸡肉质地较嫩，‘着衣’应比元鱼厚，最好挂硬糊，投入温油旺火炸两遍即可，如果也像甲鱼那样炸第三遍，鸡肉容易脱水变干。”

知识延伸

硬糊=水淀粉+水

硬糊也叫水粉糊，是最传统、最原始、最常见的一款糊，过去的炸、熘或烹汁菜都要挂此糊过油，出品外焦里嫩、干香脆酥，调配方法为：玉米淀粉（绿豆淀粉也可以）与水按照1:2的比例搅匀，静置一会，待淀粉沉淀，撇掉上层的清水，取沉淀物再次按照1:1的比例加水调匀即为硬糊。

为什么要用沉淀的湿粉调硬糊？靖三元大师解释道：“直接用干淀粉加水调成的硬糊质地粗糙，挂这种糊炸出的原料表面疙疙瘩瘩的，而且口感硬得扎嘴，而重新沉淀的湿粉已经充分浸润，加水稀释成的糊细腻滑爽，原料挂此糊过油炸后出品表面光滑、口感外脆里嫩，且不易回软。”

红烧肉

这也是靖三元大师的独创菜，肉块色红形整，口感酥烂不腻。最有特色的是，肉块中汁水丰盈，轻轻推一下盘子，就像凉粉一样有节奏地抖动。

初加工：①带皮硬五花肉（即肋骨上的五花肉，与肚腩处肥多瘦少、略显松弛的软五花相比，该部位肥瘦各半，不易烧散、烧烂）1000克切成3.5厘米见方的大块，下料酒10克、盐3克、酱油3克抓揉5分钟，将调料揉进肉中，然后静置腌渍30分钟。②锅人宽油烧至八成热，分三批下人肉块，中火冲炸2分钟至皮上冒出密集的小泡泡，待色泽浅红时捞出，将油温升至九成热，下人所有肉块，再次冲炸1分钟至色泽深红，捞出倒入开水锅里，开中火焯至水沸，撇浮油和杂质，捞出控水备用。

糖收汁　下三次

白糖熬化后可以增加汤汁的浓度，达到收汁的目的，行话也叫“糖收汁”，适用于红烧菜。采用这种技法收汁要掌握加糖的时机和用量，比如此菜，要分三次下糖：

第一次下糖30克熬糖色，量多点没关系，因为糖色只定色不出甜味。

操作流程：锅人底油烧热，放人八角2颗炸至出香，倒人白糖小火炒至银红色，下葱姜块炒至边缘起焦变红，放人保定面酱、腐乳汁各15克炒出香味，倒人肉块旺火炒至上色均匀，朝锅壁上烹料酒8克，来个小翻勺，接着翻炒几下。

注意：要把糖炒至银红色，不能欠也不能过，色太浅上色效果不好，色太重肉块容易变焦发黑。如果不小心把糖色炒过了，可以将锅底往冷水灶上“墩”一下，迅速降温，防止糖色进一步焦化。

第二次下糖5克，目的是定味。

操作流程：往锅内倒人高汤（内加花椒水8克、白糖和盐各5克）没过肉块，大火烧开，倒人高压锅，加盖上汽压12分钟，关火自然放汽3分钟，然后拿掉高压阀加快放汽速度。

注意：红烧肉压好后不能立即取下高压阀放汽，应先自然放汽3分钟，让锅内温度缓慢降低后再手动放汽，如果骤然拿掉高压阀，蒸汽瞬间冒出，锅内温度急剧下降，肉块容易收缩变硬。

将高压锅中的五花肉拣出来，然后捞去料渣、撇掉原汤中的浮油（条件允许的话，可以在漏勺中铺一层吸油纸，然后倒入压肉的原汤，就可以一次性彻底地隔离浮油和料渣），防止肉块口感肥腻，也避免收汁时黏锅煳底。

第三次下糖5克，目的是收汁。

操作流程：净锅人压好的五花肉，滤渣、撇油后的原汤倒人，大火收至汤汁半干时撒白糖5克，改成小火，不停地晃勺（防止肉块黏锅煳底）直至将余汁收浓变亮即可出锅。

红烧肉制作流程图：

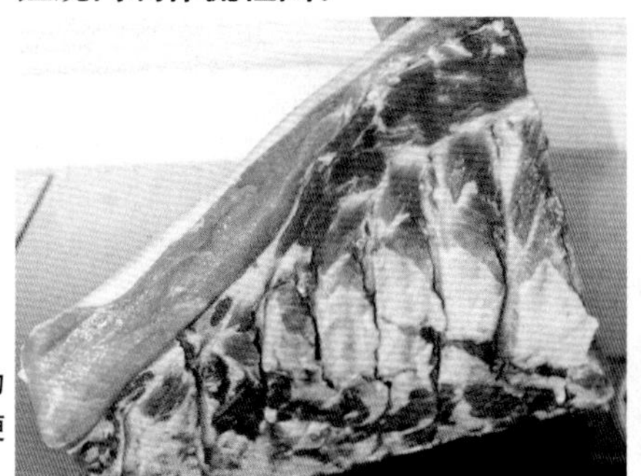

1.选取肋骨上的硬五花肉。

2.五花肉切块，加料酒、酱油抓揉入味。

3.分三次炸至皮上冒泡。

4.入水焯去多余的油分。

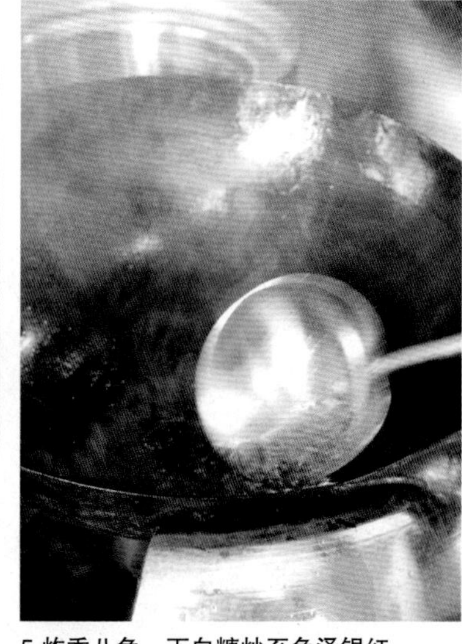

5.炸香八角，下白糖炒至色泽银红。

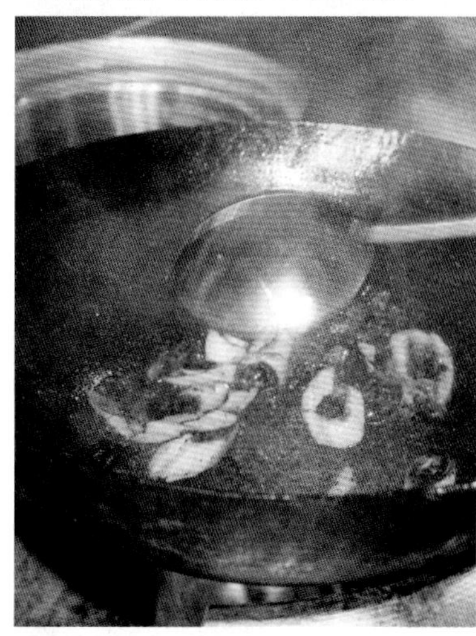

6.下葱姜块、保定面酱、腐乳炒散。

7.下肉块炒至上色，倒汤烧开。

8.倒入高压锅，加盖上汽压12分钟。

9.拣出肉块，撇净浮油，过滤渣子。

10.上火收汁。

11.不断晃勺，将汁收干。

熘腰花

熘炒也是鲁菜的传统技法，菜式很多，比如熘腰花、熘肝尖、熘肥肠，成菜讲究口感滑嫩，明油亮芡，非常考验厨师的刀工、火功，以及淋芡、打油的技巧。

1.一片腰子直切+斜刀切够32刀。

2.一片腰子截四块。

3.上硬糊抓匀。

4.拉油至花刀散开、定型。

刀工：打够32刀　截成4片

腰片上的刀纹要密集，才能受热均匀、入味深透。靖大师要求：**一个腰片连直刀带斜刀至少打够32刀，每条腰丝呈火柴棍般粗细。**还有句行话叫“烧三熘四”，意思是“烧腰花”时一个腰片要截成3块，而“熘腰花”要截成4块，块头小巧，可以缩短加热时间，确保腰片快速成熟，保持嫩度。如果做熘肝尖，肝片的厚度应与刀背类似。

具体操作：猪腰撕掉筋膜，从中间一剖二，片掉腰臊。片腰臊时建议从猪腰两头往中间拢一下，让腰臊凸出来再片，这样片得更干净。腰片上先剞直刀，深度达4/5，再剞斜刀，深度为2/3，然后沿直刀纹划成4片，取350克加盐、味精、料酒轻轻抓两下，加硬糊拌匀备用。

兑汁：清水150克、醋30克、酱油15克、料酒7克、盐6克、白糖5克（作用是增加成菜的黏稠度，而非调味，所以用量不必太多）和胡椒粉2克混合，淋入硬糊30克搅匀而成。

具体操作：①锅入宽油烧至五成热，下腰片滑油，待腰片翻花定型捞出控油备用。蒜薹段100克、泡好的木耳20克滑油。②锅留底油，开大火爆香葱末，投入腰花、蒜薹、木耳翻炒两下，分三次烹入兑汁，每烹一次配合一次小翻勺，最后打入明油并晃勺，出锅时小翻勺装盘即成。

大师点拨——
烹芡打油小翻勺

靖大师家里有个设备齐全的小厨房，隔三差五就有徒弟带着原料找上门来，请他演示一两道菜。有一次，一个小徒孙上门讨教：为啥自己做的熘腰花暗淡无光，一点儿也不清亮？靖大师让他上灶操作了一遍，发现了问题所在：小徒孙总担心腰花炒老，所以频繁小翻勺，烹芡汁、打明油时也在翻，如此频繁的震颤和翻动让本来已经糊化的芡汁失去了黏性。芡澥了，油就无法“网”住汁，最终导致油芡分离，出不来明油亮芡的效果。**所以靖大师特别交代：烹芡汁、打明油只需要翻两三下勺，让芡汁和清油在锅中铺开即可，切忌频繁颠翻。**

知识延伸之翻勺

小翻勺：简单来讲就是翻勺时炒锅不离灶，一直保持受火状态，一般适用于淋芡、调味同时进行的菜肴，比如烹汁菜、熘炒菜，通过小翻勺，让锅内食材均匀挂上芡汁、吸收味道。

悬翻勺：即将炒锅拉离灶台完成翻勺，爆、炒、熘菜出锅装盘时多采用这种翻勺方法。具体方法是在菜肴翻起尚未落下时，用手勺接住一部分下落的菜肴盛入盘中，另一部分落回锅内，反复悬翻勺，直至装完所有食材。

晃勺：将炒锅朝一个方向晃动，期间锅不离灶，一直保持受火状态，一般在勾芡或淋油时使用，可以使芡汁、油脂在锅中铺开，让食材均匀吸收。

大翻勺：是将勺内原料一次性做180°翻转。扒菜出锅时一般使用大翻勺技法，连料带芡稳稳落入盘中，形状不散不乱。

知识延伸之明油亮芡

菜肴烹入芡汁后再淋入明油，其中一小部分油脂在高温的作用下乳化，与芡汁融合在一起，提升了芡汁的透明度，还有一大部分明油吸附在芡汁的表面，形成一层薄薄的油膜，犹如“镜面”一般，把照射在菜肴表面的光线反射出来，使得成菜光亮剔透，这就是俗称的“明油亮芡”。

知识延伸之熘爆有别

熘：先投料后烹芡　爆：先爆汁后投料

熘炒要求食材口感滑嫩，操作顺序是“底油爆香小料→投入滑油的主料→烹芡汁→淋明油”，而爆炒菜的口感层次为“先脆后嫩”，操作口诀为“旺油爆汁，大火速成”，即在提前调好的芡汁中加入葱、蒜末等小料，底油烧热后，直接烹入其中，连料头带汁一并爆出香气，然后投主料，来几下小翻勺即可出锅。由此可见，采用爆炒技法烹调，食材在锅中停留的时间更短，一般不超过30秒钟。

李光远

精于西餐，擅烹鲁菜、官府菜，从厨50余年，嗜好读书，尤其是应用物理学，家中藏书达4吨。如今虽已年届古稀，仍然每天保持10小时阅读量，是餐饮业为数不多的能从应用物理学角度解析烹饪技术的大师，在行业内享有极高声望。

找回中餐失落的标准

李光远自幼家境贫寒，少年辍学，替人倒垃圾扫马路，1964年拜在北京友谊宾馆西餐大师王文斌门下。与其他师父脾气大、爱骂人不同，王文斌先生温和宽容，最常说的两句话是“教比骂有用”、“勤行就得起早贪黑”，李光远铭记在心，并将之视为自己带徒的两点准则。

识别错的　示范对的

“所谓‘教比骂有用’，我的理解是‘识别错的，示范对的’，只批评徒弟而不帮他们改正的师父，不是合格的师父。”

刚入行当学徒时，李光远只扫地不拖地，同事纷纷指责他懒惰。李光远非常委屈，因为他家境贫寒，压根没见过墩布，更别说使用了，可他自尊心强，不好意思说自己不会用，所以才总是抢着扫地。师父将这一切看在眼里，找时间把他单独留在厨房，拿起拖把向他示范了一遍洗、涮、拧干、擦地，然后又手把手地教他操作，直至他完全学会。

勤行就得起早贪黑

“师父告诉我，厨师是‘勤行（háng）’，吃的就是起早贪黑的辛苦饭，怕脏怕累就别干这行。现在很多人只把厨师当成高薪职业，手勤、眼勤的职业道德早就抛到脑后了。”

做学徒时，李光远的一天开始得很早，冬天时凌晨四五点就起床了，先杀猪宰羊并按部位分割，然后用嘴给鸭子吹气，将鸭坯吹得饱满圆润，完成这些工作以后，天才刚亮；晚上，哪怕只剩一人就餐，后厨全部人员都不能走，因为客人说不准就会点到谁的菜。“哪像现在，客人还没走，后厨的人先下班了，只留一两个值班人员，客人点了鲍鱼，值班的上杂厨师代他制作，那能专业吗？”

谁说中餐没标准

“有一次我出国考察，见到一位欧洲厨师煎牛扒。我看到他的正前方有一个煤气表，从这位厨师打火开始，煤气表显示煤气用量，关火时停止。原来，煎熟牛扒需要3.5分钟，如果实际煎制时间超出了3.5分钟，多出来的煤气由厨师埋单。当时有位同行说，这样严格、科学的标准化需要设备支持，中餐可做不了。我说，不！标准化跟设备没关系，即使没有设备，中餐也有标准，但是这些标准有的遗失了，有的被现代厨师改得面目全非了。”

腌肉要抓　腌鱼要拍

有一次李光远看一档美食节目，一位厨师点评道：“用葱姜水、盐、料酒抓匀整条秋刀鱼，这就是最传统最正确的腌鱼方法……”看到这里，李光远非常生气，这不是在误导电视观众嘛！这哪是腌鱼呢，这其实是腌肉的方法。

与禽类、牛羊类比较，鱼的质地嫩，因此腌制体积不大的整条鱼时要用盐、胡椒粉、料酒等轻轻擦在鱼身上，然后顺着鱼肉的纹理，自鱼头至鱼尾轻轻斜拍，力度就像拍小孩的屁股一样，不能打疼喽。通过拍击让鱼肉松弛，帮助调料顺着鱼肉的肌理渗入到肉里面。如果像腌肉那样操作，不就抓烂了吗！

吊鸡汤——
要用快下蛋的母鸡

很多人吊鸡汤用老母鸡。你问他这鸡得多老呢？大多回答“越老越好”。这肯定不对，母鸡越老，钙质流失得越多，骨骼越疏松，没有什么营养物质了。另外，老母鸡的臊味也重，除了鸡爪、鸡嘴等部位聚集腥味，最关键的是鸡油也有一股油臊味，所以用老母鸡吊汤是一大误区。

老师傅吊鸡汤时精选进入生殖期（快下蛋或者刚下蛋）的母鸡，骨骼钙质含量丰富，鸡油香滑不臊，吊好的鸡汤才会鲜香无异味。

干炸的标准流程——
炸、墩、淋

“干炸小丸子”、“干炸虾仁”、“干炸里脊”这类干炸菜须现炸上桌，要求原料起锅时的温度是最高的，油量是最少的，口感是最酥的。

长期以来，厨师更注重炸制油温和火候的控制，而忽略了干炸的手法。传统干炸技法分三步——炸、墩、淋，随着油温逐步上升，依次完成制熟、上色、起脆三道工序。

大部分现代厨师没听过“墩”和“淋”。墩分出油、入油两个步骤：原料炸熟后用漏勺捞起，颠两三下，将原料颠出缝隙，变得松软，这才便于散热、出油，颠原料的同时升高油温，原料重新入油，确保均匀上色。原料墩好之后，再次捞出，还要升高油温，舀出少许热油淋在原料表面，使之起脆。

芫爆散丹

一个多余动作都没有

“散丹即羊肚，指羊的胃部，‘芫爆’是典型的鲁菜技法，芫爆散丹也是一道传统鲁菜。我在指导厨师制作此菜时，发现他们多余动作太多，比如拿着手勺在锅里搅来搅去，照这个炒法，散丹早就老了。其实这道菜很简单，从下料到出锅不能超过30秒，统共就下料、翻锅、调味、颠锅、推炒、起锅六个动作，一气呵成，一个多余动作都不该有。”

散丹带皮顶刀切丝，形状像梳子。

芫爆散丹大致做法：①将羊散丹洗净，连皮纵向切成梳子似的细丝。沸水内下几粒花椒，兑人小半碗凉水，然后下人散丹烫至七成熟，捞出控水，加蒜片、香菜段、盐和胡椒粉抓匀。②料酒、醋、盐放人一个小碗内，拌匀成调味汁。③锅人底油烧至七八成热，下人散丹，翻一下锅，再调人提前拌好的味汁，然后颠锅炒几下，最后用手勺推炒数下，起锅装盘即成。

制作关键：烫散丹有两点要求。第一，水不能沸，散丹人水、出水要迅速，否则容易变老，导致炒好后卖相软塌。第二，散丹的熟度要达到七成，不能太生，否则炒制时易出水。

油焖大虾

给腥味找一个“出口”

“油焖大虾也是一道经典鲁菜，它的技术难点是如何给大虾去腥，从而达到甜口压咸口，同时突出鲜的呈味标准。腥味呈弱碱性，所以去腥要使用酸性的醋和料酒。在锅最热时下醋和料酒，会升腾起大量烟雾，扩大了调味料与原料的接触面积，这样更容易在汽化过程中实现酸碱中和，并把腥味彻底带走。”

壮火定型

对虾剪去须、爪，除去头部沙包和脊背沙线，洗净，人六成热油大火半煎半炸2分钟至虾肉脱壳、呈金红色。煎炸期间用手勺敲虾头，砸出虾油。

文火入味

锅留底油，放葱姜丝煸锅，下人对虾，加热至炒锅中心温度最高时，将虾拨到温度略低的锅壁，把料酒和醋（提前兑好放人小碗内）倒人炒锅最热的部位，大量烟雾腾起后，将虾拨回原处、“钻”人烟雾，然后再来一个大翻锅，让虾压住烟雾，接着用手勺从中间划出一个缝，让烟雾散发出去，随着烟雾一同消失的还有虾的腥味，之后再撒盐、白糖，倒人少许高汤，小火㸆3分钟至汤汁收干即成。

挂霜丸子

丸子先散热
才能挂糖霜

“挂霜是山东菜的传统烹调技法，挂霜丸子也是一道厨师考级菜，考点在于原料如何均匀挂上似粉似霜的白糖。”

老师傅制作此菜的流程是这样的：先把丸子炸好，捞出控油倒入铝盘子里，然后起锅将糖炒至返沙，最后将丸子重新倒入锅内挂匀糖浆；现在不少年轻厨师的制作流程也是一样的，唯一的区别是将炸好的丸子盛入漏勺，摆在油斗上。但就是这一点差别，导致丸子挂不上糖。

这道菜并没有多高深的技术，但就有很多人做不出那个样儿来。究其原因，要用物理学的概念——凝结点来解释。

热丸子放到冷的铝盘子里可以迅速散热，温度降至糖浆的凝结点之下，当炒好的糖浆遇到温度较低的丸子，就能迅速凝结成固体，呈现很好的挂霜效果。而油斗里盛的是炸丸子的热油，架在其上的丸子一直被热油燎（tēng）着，热量散发不出去，甚至比炒好的糖浆还要热，自然就无法使接触到的糖浆凝结。

挂霜丸子大致做法：

1.丸子制作：肥、瘦肉按1:1比例混合，500克肉馅内加入葱姜水50克、盐5克、鸡蛋1个、馒头碎(提前泡软、攥干、捏碎)50克顺时针搅拌上劲，然后团成丸子，挂匀蛋清糊，入五成热油炸熟备用。

糖炒至返沙，下入丸子离火挂霜。

技术点——

调肉馅时加馒头碎有三个作用：一是增加麦香味；二是能够吸收动物脂肪和蛋白质，使得这些营养物质不会在炸制过程中流失；三是加入馒头碎，丸子的内部变得蓬松，口感更暄软，即使丸子放凉了也不会缩小。

2.锅入白糖200克（实耗50克），倒入姜汁水125克，小火炒至白糖溶化，继续加热至糖液咕嘟咕嘟冒大泡时，倒入炸好的丸子，离火迅速搅拌，待丸子外面均匀黏上一层白色的糖霜时即可出锅。

技术点——

①传统用清水炒糖，这里在水中掺入了少许姜汁，目的是用姜香味稍微压住甜味，避免丸子过甜。②糖液炒至冒大泡时表示姜汁水在挥发，此时下入丸子，离火搅拌，糖液开始降温，又还原成粉状的颗粒，这就是“返沙”，是原料挂霜的最佳时刻；如果继续加热，糖液由大泡变成小泡，这说明姜汁水的水分已经蒸发完毕，开始消耗白糖里的水分，此时下入原料，是拔丝的最佳时刻。

鲁菜味道

堂堂正正 不走偏锋

大师 杜有岱

中国烹饪大师杜有岱1948年出生于北京，1964年被分配至外交部厨师培训班。那个年代的职业观是“干一行爱一行”，个人服从国家分配，没有自主选择的余地，然而杜有岱是幸运的，因为所分配的工作也正是他的兴趣所在。1978年，北京餐饮老字号鸿兴楼饭庄恢复营业，杜有岱又被调至此处，获得蔡启厚、金永泉、张文海等大师手把手的指导。自此，他潜心钻研京派鲁菜，并与其结下了一世情缘。1993年之后，杜大师两次出国从厨，将京派鲁菜的风采挥洒到日本、澳大利亚的餐桌上，也更加丰富了自己的厨艺人生。

谈起当年的学厨时光，杜大师颇多感慨：“都说老师傅保守，但我发现其实是他们的荣誉感特别强，生怕徒弟学个半瓶子醋就出去打着他的旗号吹嘘，从而砸了自己的招牌。因此，他们对那些资质平庸、粗疏懒惰的徒弟非常保守，而一旦认准了聪明肯学的年轻人，他们便会倾囊相授，很幸运，我就属于后者。再加上那时‘文革’刚刚结束，师傅们受压抑太久，恢复工作之后，他们重获舞台，最害怕的是一身本领后继无人，所以传授起技术更是毫无保留。那几年，我上完白班上晚班，整天泡在厨房里，跟随各位老师傅疯狂地汲取知识，受益匪浅。入行没多久，我就上灶炒菜了。”

鲁菜逆袭　即将到来

作为四大菜系之首、北方菜之本，鲁菜的地位几百年来不容撼动，但前些年，鲁菜一度低迷。作为一名“过来人”，杜大师把近几十年鲁菜的发展沿革看得清楚透彻，走向低迷的各种原因也如明镜一般映在他的心头。对于鲁菜，他是有信心的：“低迷是市场快速发展下，经营者急功近利选择的结果，不是最终结局。鲁菜，还是要回升的。”

鲁菜低迷有这么几个原因。一是鲁菜技法众多且技术含量高，常用的就有煎、炒、烹、炸、爆、焖、炖、熬，而且各个技法的刀工、火候均有不同，如果选择学鲁菜，多数人三年出不了徒。这一客观情况削弱了鲁菜的厨师力量。二是鲁菜里费工费火的㸆菜较多，过去一个厨师看1个主火、4个子火，煎炒焖炖各不耽误，“我当年经常看着黄焖鸡、干㸆鱼、九转大肠，还能做个芫爆散丹。”现在的厨师多不具备这样扎实的功底，只能一个个菜挨着做，于是，这些功夫菜慢慢被“淘汰”掉了，这对鲁菜的影响是非常大的。三是山东半岛水产虽好，但是产量小、价格高，也限制了鲁菜，尤其是胶东菜的发展壮大。

其实，鲁菜的特点并非人们惯常认为的“大汁大芡、黑乎乎、油乎乎、黏糊糊、咸乎乎”，她也是百菜百味。除了传统酱香味，还有糖醋、煳辣、咸鲜、香甜等多种味型。这几年，随着怀旧味道、养生保健的流行，客人开始重新重视口味“堂堂正正、不走偏锋”的鲁菜。目前，京城的鲁菜老字号生意均有回升，北京餐饮市场对鲁菜厨师的需求量也逐年增大。鲁菜逆袭，已经开始并即将大规模到来！

龙骨吊清汤　棒骨吊奶汤

鲁菜讲究“无汤不成菜”，因此清汤、奶汤、毛汤是它的调味之本。吊汤选料有“无鸡不鲜、无骨不香、无肘不浓”三句口诀，还有一个关键：棒骨煮汤虽出香，但是容易浑汤，龙骨（即猪脊骨）才是既出鲜又不浑汤的吊清汤理想原料。

先煮后吊出清汤

清汤的制作：

1.猪肘子1个、老母鸡2只、猪龙骨数块、鸭子半只（共约20斤）飞水洗净，放入汤桶中，加入清水35斤大火烧开，撇掉浮沫，改小火保持菊花泡状态煮4小时，撇掉浮油，打掉料渣。这一阶段称为煮汤。需注意的是，鸭子要去掉外皮和油脂，否则加热时出油太多，需要边煮边撇，比较麻烦。

2.生鸡腿肉、生鸡胸肉各3斤分别剁成茸，加入凉清汤稀释成糊。

3.下面的过程才称为“吊汤”：先将调好的鸡腿肉糊倒入烧开的汤内，边倒边搅，同时大火再次烧开。此时肉蓉“潜入”汤底，“抓”住杂质纷纷浮上来，变成一层浮沫，将其撇净，捞出剩余的鸡肉末，用手勺压成一个饼，再次放入汤内“墩”一下（即小火短时间煮一会儿），充分释放鲜味后将其捞出。之后再把鸡胸肉糊以同样的方法倒入汤内搅匀烧开并捞出，压成饼后入汤 “墩”一下释放鲜味。

为何要用两种原料来扫汤？

因为鸡腿肉粗糙、含血量大（血液的吸附能力极强），可以最大限度地吸附大颗粒杂质；鸡胸肉洁白、含血量少，可以吸附小颗粒杂质。这种两次“清扫”后获得的汤呈现透明的浅茶色，鲜味也极浓，成就了众多名菜，如烩乌鱼蛋、山东海参、汆鲍鱼等。

鸡肉蓉沉入汤底，抓住杂质浮出水面，汤慢慢变得清澈。

滚煮不撇油　冲出奶白汤

奶汤的制作：选料与清汤基本相同，不同的是要选肉多一点的猪骨，以出香味，或者直接选用猪棒骨。在前文中我们提到棒骨不能用于吊清汤，因为它释放的胶质、油脂和大分子蛋白易使汤色变“浑浊”，这种“浑浊”指的不是发黄发乌发暗，而正是奶汤所需要的“浓白、黏稠”的质感，因此棒骨不宜清汤宜奶汤。将所有原料焯水后洗净，加清水上火煮开，保持大火煮3小时，无须撇油，使原料的胶质、油脂充分融入汤中，这样所得的汤才会浓白、黏稠，之后滤掉料渣即成奶汤。也可以用吊清汤剩下的原料添一些新料来煮奶汤。

毛汤的选料比较随意，以猪骨、鸡架为主，添加适量清水煮开，转小火慢煮，随用随取即可，多用于中低档菜品。

金汤是在奶汤基础上演变而来的，不同的是下料时多加一点黄油老鸡，通过大火沸水震荡、加热，使鸡油充分渗入水中，从而熬出金黄、浓香的汤。

越传统　越陌生

杨建华（河北宾馆贵宾楼行政总厨）：杜大师讲得非常准确，我读后受益匪浅。我想补充两点，希望不是狗尾续貂。煮奶汤时，猪骨髓可令汤变浓白，胶质可令汤变浓稠，因此建议将棒骨敲断再用，这样里面的骨髓能最大限度地发挥作用，还可以加一个猪蹄，增加胶质。

顾广凯（舜泉楼养生私家菜经理）：鸡腿肉富含血液，有吸附杂质的作用，这一点大师讲得极是。除此之外，鸡脯肉和鸡腿肉内均含有大量蛋白质，而该物质也有极强的吸附作用，所以用这两种臊子扫出的汤格外清澈。调鸡肉糊时，我建议加适量葱、姜、花椒、料酒，这样扫出的清汤有一股清香气息。

李建辉：杜大师讲的内容非常实用，如今，越传统的东西厨师越不会了，比如鲁菜中的吊汤。大师讲的是三种常用汤的独立吊法，简洁却准确。目前店内的通行办法是“一锅出三汤”，即先出清汤，加水再冲出奶汤，最后加水煮出毛汤，如此操作简便且节省成本。

京菜作为首都的独有菜系，与鲁菜是什么关系呢？杜大师介绍，京菜是以鲁菜为基础，由宫廷菜、官府菜、清真菜、寺院菜融合而来。京菜的至尊代表当属北京烤鸭，其技法脱胎于鲁菜的“烤”，以京郊一带饲养的填鸭为原料，成就了名满天下的“北京烤鸭”，与南京的金陵烤鸭形成南北割据之势。除了烤鸭，芫爆散丹、清汤燕窝、酱爆鸡丁桃仁、酱汁活鱼等都是京派鲁菜中的典型代表。

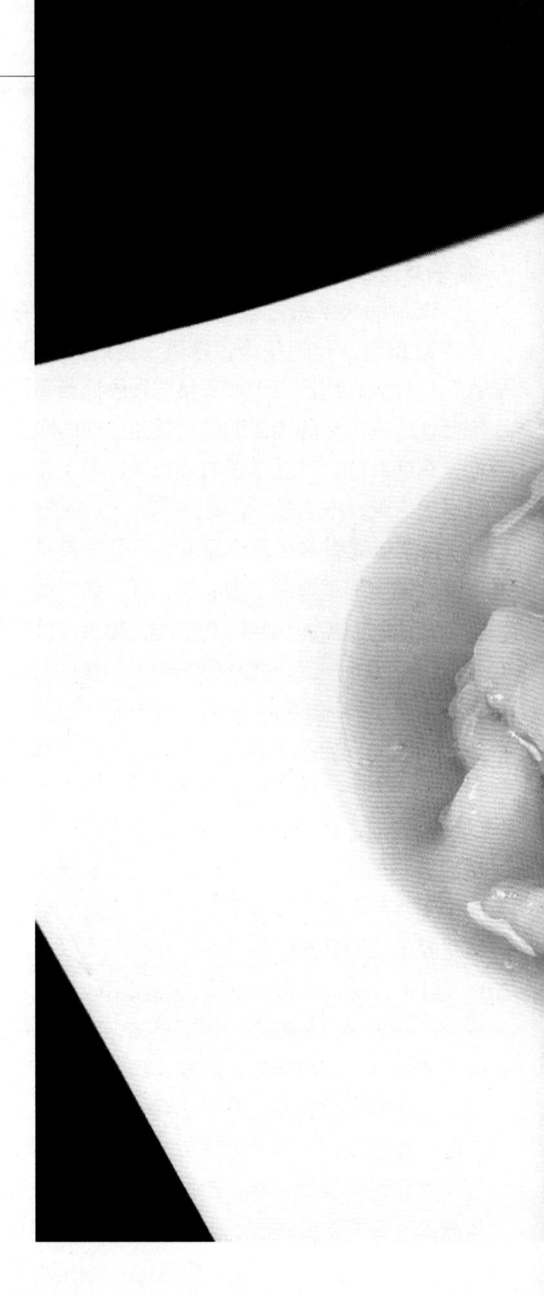

糟熘鱼片

“糟熘”是鲁菜中的代表技法，也是鲁菜里比较清新的一个味型，成菜咸甜酒香，汤呈米黄色，醋似琥珀，鱼片滑嫩洁白。

糟熘鱼片的主料可以选比目鱼，其肉香；也可以选黄鱼，其肉鲜；还可以选桂鱼，其肉质细嫩。家常菜酒楼则可以选用草鱼，档次低一些，成本便宜。

以草鱼为例，先沿脊骨片下鱼肉，再片掉上面的大刺，然后去皮，片成5厘米长、3厘米宽的大片（若选黄鱼，则要带皮片片儿，因为黄鱼是蒜瓣肉，去皮则肉会散碎）。

草鱼片上浆

鱼片上浆：草鱼片300克加料酒、盐入底味，然后加入蛋清、淀粉抓匀，上一层薄浆。锅下宽油烧至五成热，下鱼片滑至变白成熟，捞出控油，并用清水冲掉多余油分。

泡发的木耳50克汆水，入盘垫底。锅下香糟酒100克、毛汤80克、白糖25克及姜汁、盐各少许烧开，放入鱼片稍微煨一下，勾芡，淋明油出锅装盘即可。

首先此菜中的鱼片是洁白舒展的，不能翻卷，所以滑油时温度不要太高。其次，此菜不是半汤菜，而是一道熘汁菜，盘中要有一层糟汁但又不能太多，色泽浅黄透亮。最后，此菜加热时间不可太长，否则糟香味容易挥发。

糟熘菜中所用的香糟酒也大有讲究。**吊糟流程**：绍兴黄酒5斤加入酒糟300克、白糖250克、盐50克、糖桂花酱50克充分拌匀，密封静置7小时后搅动一次，第二天用纱布过滤，所得的清汁即香糟酒。

吊好的香糟酒

倒勾芡　更简便

顾广凯：我认为此菜最好用黑鱼制作，草鱼肉太松，容易破碎、夹不起来。如今很多酒店把主料换成龙利鱼肉，色白无刺，进价便宜，但鲜香度可能差了一点。我们在制作此菜时，先勾芡再下鱼片，若反过来操作，很多厨师掌握不好芡汁的稀稠度。另外，出锅前可以淋一点胡萝卜油，成菜颜色更黄亮。

九转大肠

这是鲁菜之典型代表，由济南九华楼店主首创。当时的名字叫红烧大肠，因为烹制过程复杂、下料狠、入味深透，所以被文人雅士们赋予了这个颇具深意的名字，意为此菜跟九炼金丹一样精工细作。

此菜选猪大肠前端，首先将其翻过来刮掉油脂，加盐、醋或面粉搓洗干净，然后取略细的大肠塞入稍粗的肠内，捋直，两端用牙签固定（这样大肠变厚而且粗细均匀），入沸水焯透去掉杂质并定型。锅下清水、葱、姜、料酒、盐，下入大肠煮熟放凉，然后切成段备用。需要注意的是，不要为图省事而使用高压锅，否则大肠会被压糟，便没有韧性和嚼头了。

锅下底油烧热，加入白糖50克炒成糖色，下大肠段煸炒至定型上色，然后烹入40克米醋，下酱油5克“找色”，加入250克高汤、4克盐、少许味精、适量胡椒粉小火㸆至黏稠，改中火自然收汁，点香油，取出大肠摆入盘中，原汁收浓淋在菜上，撒少许香菜末。成菜枣红，咸、甜、酸、微辣。加胡椒粉是为了进一步去掉大肠的脏器味，点香油则是为了解腻。

以上是最原始的烹法，也即人们还能接受脏器味时的传统做法。如今的客人口味偏淡，所以九转大肠的做法也有些许变革：烧制时撒入少许砂仁面和山柰面，或者烹入少许香料水（砂仁、山柰煮出的味水），以去脏器味并有一股淡淡的苦香，成菜酸甜苦辣咸五味俱全，味道更加迷人。

制作此菜需要特别注意的是：大肠要洗净异味；煮得软硬适宜，不可煮糟，也不能太硬；糖色炒得稍微老一点，以突出枣红的色泽，但不要炒出苦味；最后一步要用小火㸆制，若用急火会使汤汁变浑浊，而且不亮不红。另外，制作此菜时需要提前把大肠煮透晾凉，如果煮完马上烧的话，大肠太软，成菜塌陷不成形。

套好的大肠

肉桂or沙姜　原理是一样

中国烹饪大师张恕玉：加砂仁和山柰面应该是北京版九转大肠的做法，济南版加的是砂仁和肉桂。虽然香料不尽相同，但万变不离其宗，原理都是一样的，主要是遮盖大肠的腥味。

杨建华：肉桂是煮猪肉的绝配，所以我认为此菜加肉桂粉比山柰粉更合适。最后装盘时，我们还会在大肠段上撒一点苦杏仁碎，尝着苦嚼着香，与菜品的味道相得益彰。

顾广凯：大肠改刀成段是有标准的——3.3厘米，煮前一定要别上牙签固定肠头，这样烧后不会分层、脱落。在烧制时，大师用的是“挂色”的方法，即锅内炒好糖色，下大肠段快速翻炒几下，此时大肠迅速变成枣红色，非常漂亮，而且糖色还可以给大肠去腥增香，这个方法非常好，值得我们借鉴。

酱爆鸡丁桃仁

这是一道经典的京鲁家常菜，酱香微甜，鸡肉软嫩、桃仁酥脆。

此菜主料是鸡腿肉丁200克、去皮核桃仁150克，调料是加工好的北京黄酱。

制作时，先将核桃仁入低温油炸至浅金黄色。桃仁后熟现象严重（即出锅后继续成熟），所以加热时要欠一点。鸡腿肉切丁，上浆后滑至八成熟。锅下底油烧热，下入北京黄酱40克、白糖25克翻炒均匀，烹入葱姜水、料酒小火炒至浓稠，下入鸡丁、桃仁大火翻裹均匀，即可出锅入盘。

很多厨师炒出的鸡丁桃仁刚出锅时挺好，但一会儿就"原形毕露"，所以检验此菜成功的标准是鸡丁、桃仁外面裹的酱料是否会往下流淌。要想成功，必须注意以下几个方面：首先，黄酱和白糖的配比要适宜，一般来说，一份菜用40克黄酱、25克白糖。糖若多了，酱汁会变稀，而且口味过甜。其次，炒酱火候也关乎成败。一定要把酱料炒得跟勾过芡一样黏稠、黑亮，否则也容易流淌。当然，调料与主料的配比也要适宜，料少酱多，上桌后自然也会出现往下流淌的情况。

1.二次加工后的北京黄酱。

2.入沸水快速汆掉腥味。

3.入锅小火㸆制。

酱汁活鱼

酱汁活鱼之于京菜相当于糖醋鲤鱼之于鲁菜。它是北京八大楼以及丰泽园历代厨师的拿手菜。这道菜从鲁菜的酱烧技法演变而来，不炸、不煎、不放味精，通过精湛的火工炒出黄酱的香气，然后加汤㸆鱼，入味深透、酱香浓郁、不偏不倚、中正平和，是一道几近失传的好菜。

买回黄酱再加工

此菜选料非常简单，主料是新鲜的草鱼、鲤鱼或者加吉鱼。调料不能用普通的甜面酱，而要选北京黄酱。黄酱由黄豆蒸熟、磨碎发酵而成。如今，有些黄酱发酵时间短，香气不足，所以买回后要继续加工：黄酱过箩，滤掉粗渣，密封后放在常温下继续发酵一星期至香味浓郁，然后上蒸箱旺火蒸15分钟至熟。

水汆+汤烧

将活鱼宰杀，去鳞去内脏，治净，在肉上打一字花刀，加入适量葱、姜、料酒、盐腌制10分钟（刚杀的鱼肉质非常僵硬，直接加热会“龇牙咧嘴”、皮崩肉裂，多腌一会儿有助于其肉质“放松”）。锅下清水烧开，放腌好的鱼汆去腥味。锅上火，下少许底油，放入70克发酵好的黄酱小火炒香，烹入适量料酒、葱姜水，加入高汤（约两手勺，没过鱼的一半即可）、白糖60克，放入汆好的鱼小火㸆10分钟，翻面后继续㸆5分钟，取出鱼装盘，原汤自然收浓，浇在鱼上，撒姜末即可上桌。

制作时需要注意：①㸆鱼时要用小火，否则鱼肉夹生而且表皮会煳。②这是一道少油健康菜，活鱼无须提前油炸，否则鱼皮收缩，烧后会崩裂，卖相不好，而且外层口感发焦。“水汆+汤烧”的方法则能最大限度地保持鱼肉的细嫩。③这道菜不加盐和味精，有黄酱的咸、香就够了。④烧制过程中，鱼要轻轻翻动一次，无须大翻勺，否则鱼肉会碎。

大师 尹顺章

中国烹饪大师尹顺章1948年出生于名厨世家，其父亲是青岛名厨、中国烹饪大师尹品三，父子皆是中国烹饪大师、餐饮业国家级评委，这在全国并不多见。

打造“满汉全席”、改善厨师工作环境、科学烹调拒绝添加剂

我有三个中国梦

虽然一开始从厨就跟随父亲，但尹顺章的成功绝不是依靠父亲的光环。15岁时，他看到做厨师可以顿顿吃饱饭，于是要求进入厨房。也许是遗传基因在发挥作用，尹顺章入行之后很快显露出天才的烹饪禀赋。他乐于动脑，而且极其勤奋，那时工作的招待所供应早餐，学徒工每天早晨5点到岗，晚上收餐、打扫厨房后11点才能回家。尹顺章说，工作之余年轻人还要上夜校学习文化，老师让大家用“起早贪黑”造句，他写的是“做厨师起早贪黑真难受”，让老师哭笑不得。由于早出晚归，孩子两岁了还不认识他。

尹顺章在青岛有“比赛专业户”之称，但凡有他参加的比赛，别人就休想得第一名。有一年比赛，最后一关由尹顺章和另一位烹饪大师争夺冠军。当时的考题是“清汤燕菜”。那位大师用的是金色盛器，尹顺章用的是普通瓷盅，但最后尹顺章还是以0.78分的微弱优势胜出，获得第一名。那次的成功来自选料和扫清汤的工艺。当时刚开始流行洋鸡（即养殖肉鸡），而尹顺章没有赶潮流，仍然用家鸡，吊出的清汤上有一层黄油，非常鲜美。其次，燕菜所需的清汤要多扫几遍，一定要把汤汁扫成啤酒色，既清澈又有一定黏稠度。尹顺章说：“逢比赛得第一是因为我基本功扎实，而且比赛前我会反复演练，邀请服务员、同行、师父给提意见，是有备而来，绝不抱着碰碰运气的心态。”

烹饪是昙花一现的艺术

尹大师说：“我也有三个中国梦，其中两个已经实现了，还有第三个梦我仍在努力。”第一个梦想是为中国厨师开辟一块展示自己的舞台。1980年，尹顺章参加了在日本举行的国际厨艺大赛，比赛中他明显感觉到中国同行普遍“上不了台面”。尹顺章深知，这是因为中国厨师缺乏锻炼的舞台，而且社会地位较低、交流平台有限。回国后，他与高炳义等同道中人策划了“满汉全席擂台赛”，给厨师一个展示自己的华美舞台，由此，厨师开阔眼界，塑造形象，努力展示自我，社会地位大大提高。第二个梦想与厨师的工作环境有关。尹顺章曾在国外工作多年，那里的厨房多配备电磁炉，厨师在金领的工作环境下拿着白领的工资，心情自然明媚，而中国的厨师仍然要忍受着烟熏火燎。所以，近几年他致力于推广电磁炉，安全快捷、成本降低一半，让厨师工作得更舒服、健康。在第三个梦想中，尹大师致力于倡导厨师科学地使用原料，拒绝添加剂。他对年轻厨师说：“做菜是一门艺术，而且是一门昙花一现的艺术。即菜品当时好看好吃就行了，千万不能想着长时间保鲜、保色，否则就只能借助添加剂了。我们要做的是按照自然时序和规律绽放、盛开、凋谢的真花，而不是靠添加剂支撑的永不凋零的假花。”

尹大师做菜的原则是回归原汁原味，不加任何添加剂。他说，好的原料就要保持本来的面目。比如新鲜大螃蟹，有的师傅在烹调时加入蚝油、酱油、鸡粉、味精、辣椒粉等，这样不是遮丑，而是遮俊。再比如煲汤，有的厨师要煲10多个小时，我认为完全没有必要，那样香味都流失了。“谁跟你说煲十几个小时，谁就是在故弄玄虚。”

1.倾斜45° 下刀，片成抹刀片。

2.入鸡汤煨掉多余水分，海参呈现乌灰色。

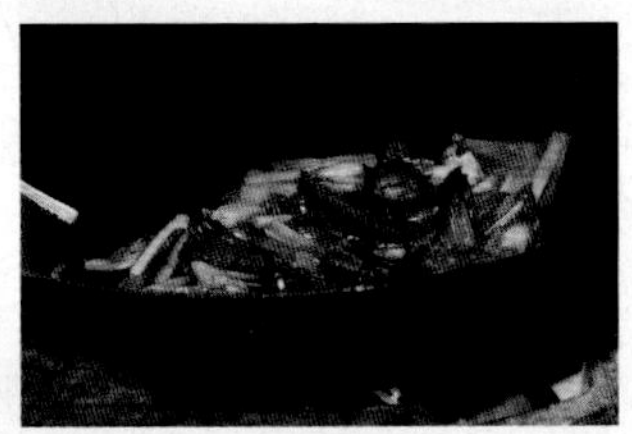

3.锅下葱油煸香葱段，下少许清汤烧制。

尹式葱烧海参

这道菜是尹品三、尹顺章大师流传最广的代表作。葱烧海参的制作方法如今也是形形色色，占主流的当属整只、位上的版本。其实，传统葱烧海参是一道例份菜，将海参切片后烧制而成，入味深透。

海参乌灰色　含水正适宜

此菜要选用发至八成的海参，若吃水量达到十成或者更多，海参的口感就发黏。将发好的海参从腹部竖着剖开，铺成大片，再将刀倾斜45° 改成抹刀片，必须刀刀带刺，这样才能向客人证明此菜的确是用刺参制作而成的。45° 斜刀可以片断海参的筋络，这样再加热也不会收缩卷曲，而如果横刀切则一加热就会打卷儿。

炸葱姜油：将葱白切成一寸长的段。锅下花生油1斤，下人大葱段1斤、姜片二两小火炸至葱段变黄、出香，打出料渣留油。

煨制海参片：锅下鸡汤，调人盐烧开，下人海参煨3-5分钟，将其充分煨透，并再次吐出多余水分，捞出的海参略微蒸发一下水汽后，表面是干爽的，呈现发乌的灰色，这就说明海参体内含水量已经恰到好处，再次烧制时能充分吸味。如果海参黑得发亮，则说明含水量太大，烧后不但出水还不人味。

葱烧时间短　不超一分钟

烧制：锅下炼好的葱姜油80克，下人新鲜大葱段50克小火煸黄，增加香度，放人海参片400克，烹人料酒20克、冰糖老抽40克翻匀，调人少量白糖，添高汤或鸡汤100克，大火收浓，勾芡，淋明油即可。此过程中，冰糖老抽作调色之用，但在烹调菜品时有一个规律，色够味就够，意思是用酱油或老抽调色时，只要颜色达到要求了，咸度自然也就恰好了，不需要另外加盐。除此之外，这道菜烧制时间不可太长，1分钟之内就要收汁勾芡，因此加人的高汤或者鸡汤无须太多。汤汁若太多，就需要延长烧制时间，菜品就不亮了。

很多厨师以为葱烧海参是一道很复杂的菜品，调料繁多，其实不然，这道菜调料比较单一，主要突出葱香味。

辣炒花蛤

辣炒花蛤是一道很常见的家常小海鲜，几乎每个厨师都会做，加什么调料的都有，有加糖的、加味精的，甚至还有加酱油的。其实，这些林林总总的做法反而破坏了花蛤的原味，也歪曲了这道菜的本质。

一份合格的辣炒花蛤应该如此操作：蛤蜊提前吐沙，清洗干净。锅下底油，放葱姜片爆锅，然后放几个干辣椒爆香，倒入蛤蜊，不停颠翻十几下，此时锅中温度再高花蛤也不开口，这个步骤只是将油、葱姜、辣椒的香气拌到蛤蜊壳上，之后应该盖上锅盖，使锅中产生蒸汽，听见里面“刷刷”的声音之后开盖，此时蛤蜊俱已张口，注意的是千万别翻动，也不要加任何调料，直接移到盘中即可上桌。

开口若翻动　污染蛤蜊肉

如此操作，葱姜、辣椒的香气附着在壳上，客人食用时舌头先接触到蛤蜊壳，品尝到香辣气，然后将洁白鲜美的蛤肉吸入口中，内外两重香气，吃起来格外鲜美。蛤蜊开口后为何不能再颠锅？因为此时若颠锅，汤汁会进入壳内、污染蛤肉，颜色就不白了，而且鲜味也会受到影响。

大师 胡忠英

擅长杭帮菜、迷宗菜的烹制。1984年起出任杭州酒家经理并任职至今，曾担任捷克斯洛伐克首都布拉格市杭州饭店中方经理，筹建杭州菜特色餐厅杭州南方大酒家。至今已荣获“中华名厨”、“国家中式烹调师高级技师”、“国际烹饪艺术大师”、“中国十佳烹饪大师”、“中国烹饪大师”、“浙江烹饪大师”、“杭州烹饪大师”多项称号，并在多个国际烹饪大赛上获得金牌。

做个随时被机会垂青的人

胡忠英在餐饮界驰骋40余年，既有深厚的理论功底又有丰富的实践操作经验，他在传统菜的基础上大胆创新，借鉴各系菜肴的独到手法，相互参照、印证，结合各方优点，创立了杭帮迷宗菜，对杭帮菜走出杭州、走向全国起到了极大的推动作用。

妙用AA制　练出真本事

现在年轻人学厨时可以参考的工具很多：菜谱、光盘、网络、电视上的美食节目……而在胡忠英学厨的年代，这些都是无从想象的。他入行是在1967年，那时候物资匮乏，很多食材都得凭票购买，肉票、鱼票、糖票……没有票，有钱也白搭，所以酒店供应的菜品就那么几道，一两年也不换个花样。学不到新菜，胡忠英感到很苦闷。

在店里没有练习新菜的机会，脑筋灵活的胡忠英无师自通地想到了"AA制"。那时候他周边的朋友有二十几人，每人的月工资有二三十块钱，他跟大家说："咱们每月来次聚餐，就叫作'小乐胃月宴'，每人出一元钱，饭菜、酒水我全搞定。"每个月只要定下了聚餐的日期，他就开始跟师父软磨硬泡："师父我们又要聚餐了，你再给我攒几个菜吧？"每次总要凑五六道新菜来练手。这几个菜不是一天问下来的，师父想起一个讲一个，胡忠英一边干活一边听，用料、刀工、要领、口味、卖相问得清清楚楚。到聚餐前一天，胡忠英攥着二十几元钱精打细算地列菜单，先配齐新菜的用料，再搭配青菜、米饭、酒水，要保证二十口人都能吃饱，然后采购原料，带到朋友家做。他做的菜都是在饭店里见不到的，朋友们吃得高兴，有了去单位吹牛的资本；他也有了练手艺的舞台。只要菜做出来，他就能判断成功与否，哪些还不到位，第二天把操作流程跟师父一讲，师父立刻就能判断出是哪个环节出了问题，到下次聚餐时再试一遍，就八九不离十了。这个小型聚餐会一直持续了四年，胡忠英靠这种方式，学会了二三百道"绝版菜"。到改革开放后，饭店里的食材花样多了起来，他立刻就能用上这些新食材，复活那些绝版菜，自己也摇身一变，成了带徒弟的大师傅。

拔丝菜：店大店小　做法不同

多年的实际操练中，胡忠英印象最深的是一道拔丝番薯。有一次，师父提到了"拔丝"的技法，胡忠英觉得很神奇，问了一遍又一遍，把师父问烦了，可他还是感觉没搞清楚，就去请教大师兄，已经多年没做过这道菜的大师兄告诉他："先放水，再放糖，小火熬化以后下原料。"在当月聚餐时，胡忠英做了道"拔丝香蕉"。糖熬好后把香蕉一倒一翻，"挂霜"了，糖浆变成了细糖粒子黏在了香蕉上，根本拉不出丝。当时胡忠英就急了，顾不上已是夜里10点，马上去店里骑了三轮车到师父家，把老人家拉到聚会地点，请他现场演示一遍拔丝菜。师父一看"挂霜香蕉"，就问："这谁教你的？"他弱弱回答："我问了师兄。""错了！拔丝的糖浆不是水煮是油炒。"香蕉是可按一份买的，做毁了就没了，师父问："番薯有吗？"他这才知道，原来天天吃的番薯也能做成这么高档的菜！师父让他把番薯蒸熟，做成小丸子下油炸脆，然后亲自熬糖。这是他唯一一次看师父现场演示这道菜，精神高度集中，只看一遍，就把技术要领牢牢印在了脑海里：

1. 熬糖时锅内的油不能太多，滑过锅后只倒一点就行，油多了很难拉出丝。

2. 油温不能太高，否则成菜发苦。

3. 下糖后要小火慢慢熬，使颗粒全部融化，表面看去像水一样，然后下入原料，快速裹匀。

4. 原料出锅后要稍微冷却三四十秒，这样才能拉出丝。

胡忠英在杭州酒家从厨期间，这家店的拔丝菜是全杭州做得最好的。"一道菜要能做好，就要真正领会它的技术要领，靠的是悟而不是简单复制。"有一次他跟一位香港同行交流时，聊到"店面的大小不同，拔丝菜的做法也不同"，同行很惊奇，胡忠英却说道理很简单：店面过大，传菜的时间就长，拔丝菜上桌时就已经过了最佳拔丝时间。因此要在操作手法上做相应变通：厨师面前同时起两个锅，一锅熬糖，一锅炸原料，将原料炸得热一点，捞出沥油后直接倒入糖中，原料温度够高，可以起到给糖浆保温的作用。

药店借克秤　练出神手感

清汤鱼圆是杭帮菜中一大名菜，以前的老师傅都会在这道菜上“留一手”——杀鱼、剁肉、搅拌、挤鱼圆都让做，到了加水加盐时就把小徒弟支开。胡忠英说：“我师父从来不保留，所以我后来做了师父也从没有‘留一手’的概念。”要把鱼圆做成功，鱼肉、水和盐的比例最关键。鱼肉可以用盘秤称，水可以用碗量，盐的用量太少，当时又没有电子秤，很难称准。为了训练徒弟们抓盐的手感，胡忠英的师父可没少费心思，每天一下班，师父就派人去隔壁中药店借来克秤，把盐分别称出20克、25克、50克、80克不等的小堆，然后让大家用手来抓，体验不同克数的盐握到自己手里是个什么感觉，等感觉找得差不多了，就开始自我测验，默念一下：“这次我要抓50克。”一把下去可能是45克，那就再抓再练，直练到毫厘不差、绝不失手，才敢帮人去做喜宴——那个年代，很多人家办喜酒都是请个厨师到家里做。清汤鱼圆是宴席必上菜，而鱼是凭了鱼票、托了关系才买到的，做坏了就没了。

要做出又白又细又嫩又光滑的鱼圆，有三个关键环节。第一，比例；第二，挤鱼圆的熟练程度。手法越熟练，挤出的形状越圆、“尾巴”越小；第三，火候和水温。必须冷水下锅，全部下完后再上火，如果温水下锅，鱼圆的煮制时间不同，成熟度也不一致。这三点中，比例最关键，1斤鱼肉应加2斤水，如果加1斤半，鱼圆口感就硬了，而要把2斤水全部打入，对技术的要求就比较高，必须分两次加入，第一次加入后要先顺同一方向搅打至上劲后再加第二次；加盐的比例也很关键，盐加得少了，胶质出不来，鱼蓉不上劲，根本无法挤成鱼圆，盐加得太多，鱼蓉是够稠了，可放到水里一加热就散架，行话讲是“逃”掉了。做鱼圆的详细配比见下文。

胡忠英说，左手按的力度很重要，太重了会挤出来，太轻了又会滑下来，他苦练了两年时间，才把力度拿捏得恰到好处。另外，刀速一定要快，要一气呵成，肉片还来不及滑出就切下去了。

切肉丝，我比别人快1倍

1976年，杭州市政府组织了一次各行业的技术比武。布店比量布，每个选手发两匹布，看谁量得又快又准；肉店比的是“一刀准”，一刀下去，要四两就不能切成半斤；糖果店比的是“一把抓”，一把下去，说一斤就是一斤，一块糖不多，一块糖不少；中药店比的是蒙眼抓药，选手蒙上眼睛，面前摆着100多种药材，靠“摸”和“闻”报出药材名……餐饮业比的是刀工，比切肉丝，不但要比谁切得快，还要比出成率（一斤肉要出九两半肉丝），比肉丝细不细、匀不匀。比赛时每人身后一只大锅，将切好的肉丝放到热水锅中现场烫好，端到评委面前去打分。以前胡忠英只知道自己在本店刀工最好，但从来没跟其他店的师傅比试过，这次一比，领导、师父包括他自己都吃了一惊——他的速度至少比外面的师傅快一倍！而且切的肉丝又细、又长、又匀。其他店里刀工比较好的师傅，切1斤肉片用1分钟，1斤肉丝用4分钟，而胡忠英切肉片只用25秒，切肉丝只用1分钟。速度快除了跟苦练有关——左手五个指头全被切伤过，还另有窍门：切丝要先切片，然后叠起来切丝，他把肉片摞得厚，而别人摞得薄，这样一来，速度相同的情况下，他就能比别人快一倍，何况他本身刀速就快。肉片叠得厚了，很容易会打滑或者倒塌，不滑不塌，技巧何在？

几次比赛过后，胡忠英的切肉丝绝技出了名，跟各个行业的技术能手到全省去巡回表演，表演毛巾上切肉丝。毛巾不“吃力”，下手太重，毛巾就切破了，切得太轻，肉丝又切不断，难度更大。在“巡演”过程中，他还长了一次见识。那次表演安排在一个体育场，主办方突发奇想，让屠宰场的技术能手现场表演杀猪，然后捆在长凳上剥皮、开膛，从后腿上斩下一块肉让胡忠英切肉丝。这种安排本来不错，很能调动现场气氛，但胡忠英一刀下去，冷汗出来了：切不动。原来活猪刚宰杀，还没经过僵死、排酸过程，肌肉组织很紧，跟店里用的猪肉完全不同，他以前从没切过，完全没有经验，这次只好将就着切完。

煤球控火候　一人看仨灶

20世纪60年代末期，杭州的餐厅烧的全是“石煤”，这种煤烧之前像石块，烧过之后还是石块，点着后只是发红，没有火苗，而且硫黄味儿很浓，很多厨师的咽炎都是被它熏出来的。每天下班后，厨师就要蹬着三轮车去拉煤，拉回来后再用榔头敲成小块，烧完后掏出来，再一筐筐运到远处。烧这种煤怎么控制火候呢？平时就是小火，想要大火就用鼓风机吹。

后来，条件好点了，厨房用上了煤球，烧煤球就比较容易控制火候了：每个炒锅人管三个炉口，分别为大、中、小火。这怎么控制呢？厨房的炒灶炉膛很大，煤球不能整个放进去烧，否则火太旺，根本没法炒菜，需要先将煤球敲碎，再加水和成烂泥状，然后填到炉膛里，中间留出炉芯（类似现在用的煤气灶的灶眼），通过改变炉芯的大小来调整火候，炉芯越大火越旺。所有的调料都离大火灶最近，这是因为爆炒菜肯定要用大火，而炖菜在转到小火上之前，也要在大火上添料调味，因此调料放在大火灶附近可以提高操作效率。

西湖醋鱼

“西湖醋鱼”是杭州的传统名菜，口感很独特：入口先觉酸，之后尝到甜，然后品到咸，最后可以感到如同蟹肉般的鲜香，四味相容，酸不倒牙、甜不腻口、咸不齁人、鲜不发腥。

除却独特的口感，西湖醋鱼还有两个突出的亮点：一是鱼身表面浇的糖醋汁平滑光亮，可用筷子夹起，仿若一层透明的水晶衣包裹鱼肉，这取决于娴熟的勾芡技法。二是上桌时鱼身完整，胸鳍直立，两只鱼眼微微暴出，让人真切感受到几分钟前这条湖鱼的鲜活，这取决于“七刀半”的改刀技法。

只选饥饿鱼：活鱼饿两天　肉质变紧实

选择活西湖草鱼作原料，一斤半重的最佳，此重量的草鱼肉质细嫩，个头再大的肉质会变粗糙。打捞上来的草鱼不宜立即入菜，需要先在鱼笼中饿养1–2天，使鱼肠内的杂物排泄干净，草鱼饿了两天后肉质变得更紧实，而且可以除去鱼肉的土腥味。

只改七刀半：鱼片分雌雄

1个整刀，将鱼身劈成两片：草鱼开膛，鱼身劈成两片，片的时候将鱼肚朝向自己，其中连脊骨和尾巴的一片称雄片，另一边为雌片。

2个半刀，用来敲牙：用菜刀后跟部敲碎两片鱼的牙床，斩去牙齿。牙齿腥味较重，去掉更卫生。

5个牡丹花刀：从雄片的鱼鳃后4–5厘米处，每隔4.5厘米斜切一刀。运刀时刀面先垂直鱼身切一个小口，再将刀刃与脊骨呈45度角斜向头部切去。其中第三刀位于腹鳍后、背鳍前，此刀要将鱼片斩断，分成两部分。之后在雄片后半部继续切两个牡丹花刀。除了第3刀，其余每刀的刀口均约4厘米深，收刀时几乎能触及到鱼的脊骨，但不能切断鱼身。

鱼肉制熟时，这5刀可以让鱼肉、鱼皮均匀收缩，切口开裂、变大并向外翻，使得鱼鳍翘起来，上菜时呈现活灵活现的动感。

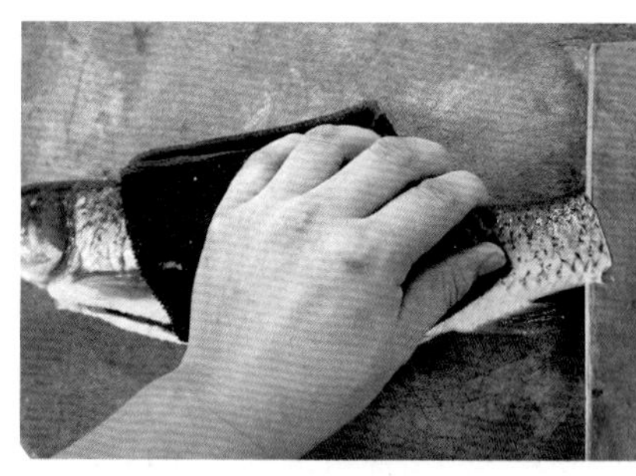
1.从尾部下刀，片成雌雄两片。

2.雄片（上）和雌片（下）。

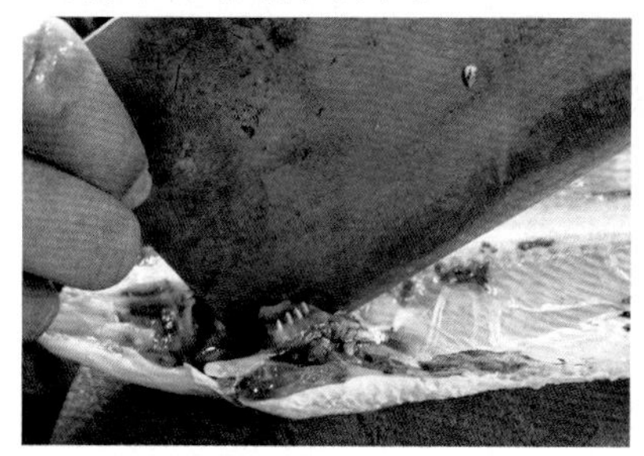
3.敲掉鱼片上的牙床。

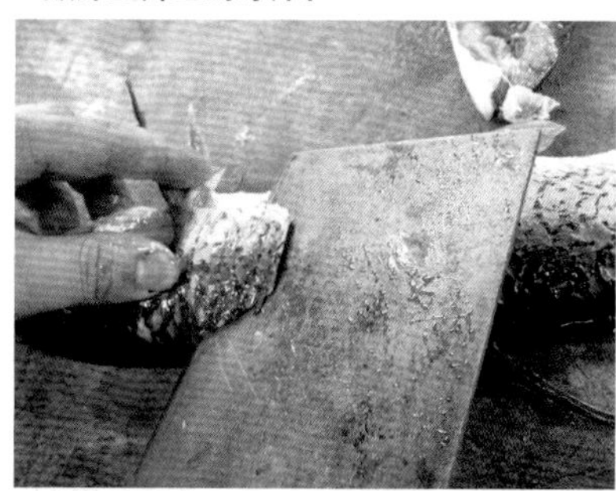
4.在雄片的鱼鳃后4–5厘米处下刀，切第一个牡丹花刀。

5.雄片腹鳍后、背鳍前切第三个牡丹花刀，切断鱼身。

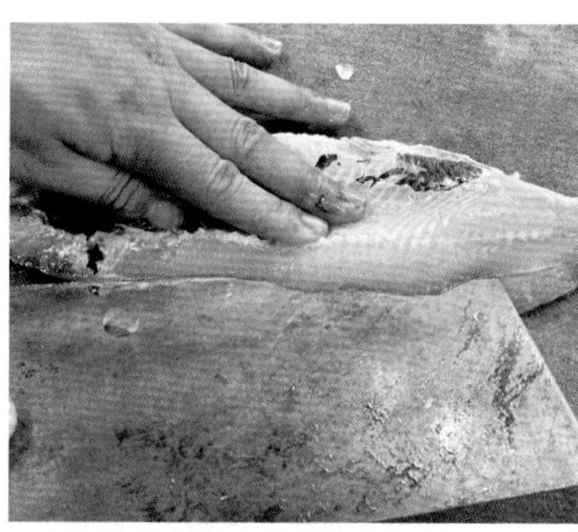
6.用刀尖在雌片上划一个弧形。

7.雌片上片好的月牙状半刀。

知识点：

半刀，是指切割时不用刀刃的全部，只用刀刃的一部分，如刀尖或刀跟。

牡丹花刀：片肉时，刀刃倾斜与砧板呈45度角，另一只手按着刀面上方的肉，让肉紧贴刀面，然后缓缓切下去。

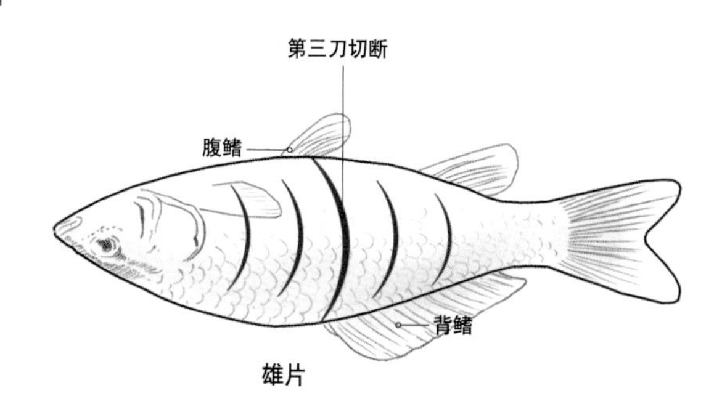

1个半刀，呈现月牙弧：将雌片鱼肉朝上、鱼皮朝下，从鱼尾处下刀，挑鱼片边缘肉较厚的地方，插入刀尖，刀刃与砧板呈45度角，沿着鱼片边缘从鱼尾部向头部划一个弧线，呈月牙状。此刀一气呵成，刀口深约2厘米，不要切断也不要损伤到下面的鱼皮。这一刀的主要作用是加快肉质成熟。

草鱼入沸水，水不要没过鱼头下方的鱼鳍。

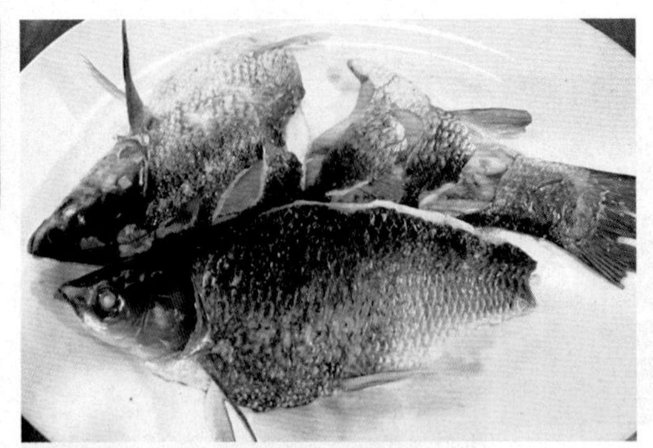

煮好的草鱼。

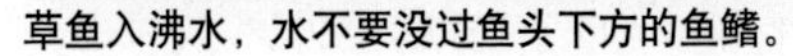

只煮3分钟：
锅内摆造型　染色再装盘

草鱼人沸水煮比上笼蒸更能保证肉质的滑嫩，去腥也更彻底。鱼肉煮制时间不可超过3分钟，只要煮断生即可，切不可煮老，以保持草鱼外形不碎、肉质不烂。**煮制时有三点关键**：第一，在锅内摆好造型。锅放清水烧至沸腾，先下人两片雄片，人锅时要保证鱼皮朝上，下锅后两片鱼肉需在水中拼接成原形，不要相互叠加以免压住花刀；然后下人雌片，雌片需从雄片的左侧下人，与雄片并排，鱼头对齐、背脊拼连，不要叠压，摆成出菜时的造型。第二，煮鱼的水不宜太多，以沸腾时不淹没胸鳍为佳，否则鱼鳍会向下塌缩，出菜时不够挺翘。下人鱼肉后应盖上锅盖开小火煮制，待锅盖周边冒出大汽时，开盖撇去表面浮沫，补人少许清水，转动炒锅，锅子转动时要保持鱼肉雌雄片的相对位置不变。第三，出锅前上“底色”。煮至快到3分钟时，用筷子扎一下雄片的鱼鳃下部，此处为鱼身肉质最厚的地方，若能轻松扎人，则其他部位肯定已成熟。此时滗掉一部分煮鱼的原汤，只留下约250克，再取料酒50克、酱油50克浇到鱼身上，目的是给鱼身上点“底色”，之后立即将鱼保持锅内的造型用漏勺捞起滑人盘中。锅内原汤用于烹制糖醋汁。

糖醋汁：
酱汁不加油　最后撒姜末

西湖醋鱼的酱汁能否达到细腻透亮的标准，主要取决于芡汁调得是否均匀。这款酱汁中不能加油，否则成菜口感不够鲜嫩清爽。西湖醋鱼的湖蟹味儿来自酱汁中加人的醋和姜末。

制作糖醋汁：锅底留350克原汁，再倒人清水200克烧沸，下人白糖60克、米醋70克、酱油100克调味，用手勺不停搅拌至均匀，再改小火淋人湿淀粉50克勾芡（勾芡时一定要调小火），否则生粉会结块，继续搅拌让生粉融人酱汁中，酱汁变得浓稠而细腻，当酱汁翻滚起泡时立即起锅。用马勺从芡汁中间舀出600克徐徐浇在鱼身上（不要把黏在锅底的芡汁舀出来），再撒一层姜末即成，上桌时跟一个胡椒粉味碟。

西湖醋鱼所浇的糖醋汁必须勾厚芡，否则色泽发乌不好看，而且芡汁无法挂在鱼肉上，斑斑驳驳的表面会给人一种鱼肉散架的感觉，吃起来也寡淡无味。

根据不同的原料和不同的出品要求，勾芡的时机和手法各有不同。这里再用表格的方式给大家补充一个知识点。

勾芡方法	工艺流程	菜例
烹拌	该方法包括两个连续性动作：烹和拌。菜肴即将成熟时，将芡汁快速烹入锅内，大力翻拌原料，待芡汁包住原料时出锅。此法一般用于烹、炒、爆类菜肴。	各类小炒
淋推	该方法也包括两个连续性动作：淋和推。菜肴即将成熟时，将芡汁缓缓淋入锅中，边淋边晃动炒锅。淋完芡汁再轻轻推动食材至芡汁分布均匀，操作时幅度要小，芡汁糊化后即可出锅。这类菜中的食材质地较嫩、易散烂，此法一般用于烧、扒、烩类菜肴。	麻婆豆腐、宋嫂鱼羹、芙蓉鱼片
浇裹	与上面的勾芡方法不同，“浇”与“裹”其实是两种不同的动作：“浇”多用于制作大件食材，如西湖醋鱼、糖醋鲤鱼等，将原料炸好盛入盘中，再将汁水熬到红亮，勾芡后大勺浇在原料上即可上桌；“裹”则多用于小件原料，如糖醋里脊、咕咾肉等，原料炸至金黄后捞出，另起净锅调汁勾芡，待汁水熬好后，将事先炸过的原料重新投入锅中，颠翻两下，使汁水牢牢地裹在原料上，出锅装盘即可。	西湖醋鱼、松鼠鳜鱼、糖醋里脊

清汤鱼圆

清汤鱼圆的吃法很讲究，内行品尝时先观其貌——色白而形圆，再用筷子捅其身——质嫩而有弹性，之后才将这白玉圆子含入口中——滑润而味鲜。要让这鱼肉洁白如玉，鱼圆既嫩又弹，有4个很实用的技巧。

鱼蓉刮下来　垫着猪皮切

做鱼蓉要分3步，先是将活鱼宰杀后一片二，人冰箱在0℃–4℃条件下冷藏12小时，取出将鱼皮朝下放到砧板上，鱼尾用钉子（或刀跟）固定，再另取刀从鱼尾部一层层向前刮，刀口要放平，刀刃与砧板呈60度夹角，每一次只刮下很薄的一层鱼肉泥，这样可以去净藏在鱼肉中的细碎鱼刺。最后取一张新鲜的猪肉皮铺到砧板上，将刮下的鱼泥放在肉皮上，用刀背剁至鱼泥变黏。剁的力度很讲究，轻轻剁散即可，不能将下面的猪皮剁穿，以免肉皮碎混人鱼蓉中。铺猪肉皮的目的是将鱼蓉与砧板隔开，以免剁鱼蓉时有细木屑等杂质混人。做鱼圆的鱼蓉一定要剁得很细腻，鱼蓉要产生黏性，能在刀面上附着最佳。

加水比例不固定

鱼圆要做到弹性十足，加水添盐的比例很关键。鱼肉的品种、生长年限不同，加水的比例也就不同，这主要取决于鱼肉的胀性。鱼肉胀性越大，吸水能力越强，加的水就越多。海鱼中鳗鱼的胀性最大，一斤鳗鱼肉可加人两斤半的水，河鱼中的白鲢胀性较大，每斤肉可打两斤水。

即使是同一种鱼类，生长年限不同、吸水量也会不同。同一品种的鱼，通常体积大、生长时间长的鱼胀性偏大，吃水量也较大。

鱼种	水	盐
白鲢鱼蓉（1斤）	1.8–2斤	25克
花鲢鱼蓉（1斤）	1.6–1.8斤	25克
草鱼蓉（1斤）	1.6–1.8斤	25克
白鱼蓉（1斤）	1.5–1.6斤	20克

1.鲢鱼一片二。

2.鱼尾钉在砧板上。

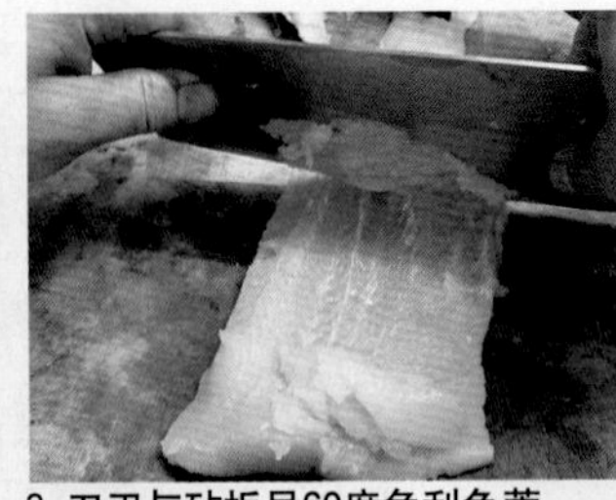

3.刀刃与砧板呈60度角刮鱼蓉。

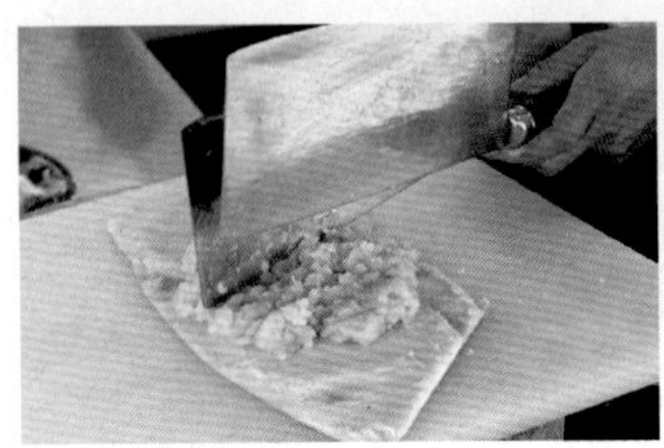

4.鱼蓉放猪皮上用刀背剁细。

5.剁好的鱼蓉。

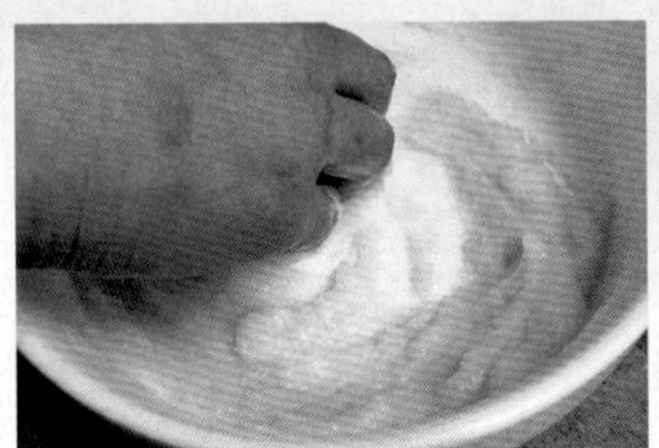

6.加水搅打，尽可能多地打入空气。

7.挤好的丸子下入冷水中。

打鱼蓉：

空气进鱼蓉　入水浮起来

好的鱼圆入口滑嫩有弹性，这跟搅打鱼蓉、下水煮制的手法有很大的关系。这里以白鲢鱼蓉为例，讲一下鱼蓉搅打、鱼圆成形的过程：

取白鲢鱼蓉500克放入盛器，加清水500克、盐25克顺同一方向用力搅打，尽可能多地将空气打进鱼蓉中。空气进入鱼蓉可增加其胶性，提高弹性和黏合力，鱼圆成熟后会更白皙。

当取少许鱼蓉放入清水，鱼蓉漂浮不沉时，则证明鱼蓉已“吃足”空气。此时鱼蓉表面光滑，类似白奶油般黏结，且会在其中产生很多细小的气泡。

之后再倒入清水500克、姜汁水20克，按一个方向搅匀，最后加入味精5克拌匀。打好的鱼蓉在10℃室温下静置20-30分钟，可增强鱼蓉的黏性，做出的鱼圆更加光滑。

煮鱼圆：

小火慢煮不沸腾　透明鱼蓉变奶白

净锅入冷水1500克，将打好的鱼蓉挤成乒乓球似的鱼圆，每个鱼圆直径约3-4厘米。也可以用手挤到球状的勺子里，鱼圆外形更圆润。鱼圆下入冷水，大火慢慢升温，水面要始终保持平静不能沸腾，若水面产生浮沫，则要及时撇去浮沫并补入凉水，靠加入凉水调节水温。

大火烧至水温达70℃，鱼圆周围一圈略微变白后将鱼圆翻身，可使鱼圆上下成熟一致。继续煮至水温升高到90℃-95℃，保持此温度煮5分钟，鱼圆从最初的透明、肉色变为奶白色，用手指按一下能慢慢弹起，此时鱼圆已成熟，可以捞出摆入碗中。

煮鱼圆的原汤撇去浮沫烧沸，下入菜心、香菇，调入盐、味精煮断生备用。蒸熟的金华火腿切片摆到鱼圆表面，再摆入煮好的菜心、香菇，最后浇入原汤，淋上热鸡油即可上桌。

切好的“五层肉”肉块。

东坡肉

东坡肉始创于徐州，扬名于杭州，慢火、少水、多酒，是制作这道菜的诀窍所在。它的出品类似红烧肉，却没有那么腻，是因为多了蒸制这一工序，让东坡肉滑嫩软糯、香浓不腻。此外，东坡肉在选料上非常讲究，选到一块好肉，此菜就成功了一半。

三步选出最佳食材

在历史记载中，做东坡肉的最佳原料是金华“两头乌”，这种猪的头尾为黑色，中间肚皮为白色，成年后体重在130斤左右，肉质肥瘦相间。但因为“两头乌”比较稀有，价格太高，如今大部分酒店的东坡肉是选用普通猪肋条肉的“五层肉”制成的。

“五层肉”中的“五层”分别指猪皮、肥膘、精肉、薄层肥肉、薄层精肉。猪肋条肉中间靠头位置的肉层次分明，最符合这一标准。选择猪肉有三个要求：第一是猪皮薄，表面毛孔细腻；第二是猪皮下的第一层肥膘肉厚度在1.5-2厘米，不能再厚了，否则做出的东坡肉油腻腻的让人没有食欲；第三，五层肉的总厚度不超过6厘米，大小适中，可以避免东坡肉制熟后各层出现分离。

4厘米见方　100克重

东坡肉改刀时要把握**两个标准**：第一是肉块的大小，控制在4-4.5厘米见方最佳；第二是每块肉的重量约为100-125克。如果按这一尺寸改刀后肉块重量超过125克，则将肉块打薄，去掉最下面的一层，以缩小其高度，但不能减少肉块的长和宽，保持4-4.5厘米见方是最重要的。烧好后东坡肉的长和宽会缩小四分之一，如果生肉块过小，则当肉块被烧烂时，还没出现最浓郁的香味，卖相和口感都不好。

肉皮翻动防粘连　小火焖烧3小时

很多人埋怨自己做出的东坡肉卖相不好，颜色过黑或不够光亮，这是因为没有掌握东坡肉的上色诀窍。煮东坡肉时有**两点需要注意**：第一是煮制中途要翻面，第二是小火焖烧3小时。

首先在锅底铺一张竹篦子，再放入小葱100克和生姜50克，取肉块1500克，皮朝下放入锅中码整齐，浇入料酒250克、酱油150克、白糖100克和清水2斤，此时汤汁没过肉块，加盖大火烧沸后改小火，保持水面中心始终有气泡向上冒的状态，加盖烧1个半小时，至锅中汤汁还剩一半时将肉块翻过来，皮朝上，仍保持小火加盖继续煮1.5小时，至此汤汁只能没过肉块的三分之一，非常浓稠，这时便可以出锅了。烧肉全程都要扣紧锅盖，把汤汁和原料析出的香味留住。

煮东坡肉时切忌加香料，此菜关键是要吃猪肉的原汁原味，融入少许葱姜解腻去腥即可。很多师傅做出的东坡肉发苦，就是加香料的原因。

小火煮制东坡肉。

罐子封上桃花纸

东坡肉烧八成熟后取出，肉皮朝上摆入罐中，原汤撇去浮油，浇入罐中盖上盖。之后需要在盖子上包一张桃花纸（用来做风筝的纸）密封，这样可以防止水蒸气进入罐中，稀释东坡肉的香气。最后将罐子入蒸箱蒸1小时，蒸好的标准是：用手碰一下猪皮，感觉类似嫩豆腐，且肉块会自然抖两下。蒸制可以减少猪肉的油腻感，肉皮表面出现油光色后即达到最佳效果。

钱江肉丝

钱江肉丝属于新派杭州菜，是杭州菜与北方菜融和的典范，与鲁菜中的滑炒里脊丝有异曲同工之妙，胡忠英大师烹制的钱江肉丝以“细长不断”闻名，曾在第二届全国烹饪大赛中获得金奖，艳冠群芳的原因可以概括为以下三点。

1.片出的里脊片非常薄，隐约透亮。

2.里脊片叠加平铺，顺着肌肉纤维方向切丝。

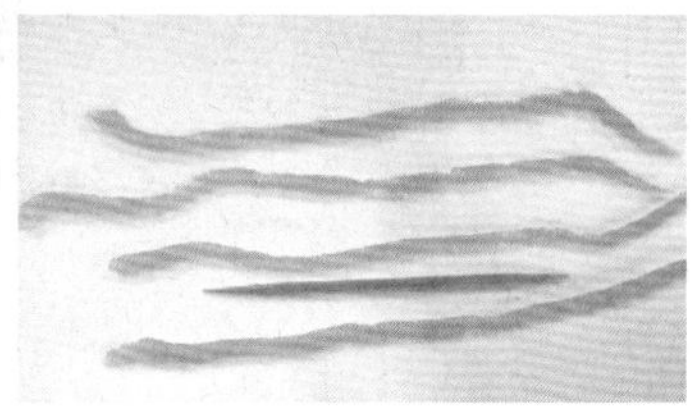

3.切好的里脊丝如牙签粗细。

顺丝切肉增弹性
上下抓匀防断裂

这道菜中的里脊丝如牙签般粗细，成菜后根根分明、既不黏也不断。首先是因为切法讲究：里脊肉先改成薄片，再顺着肌肉纤维的方向切成细丝，这样里脊丝的伸缩性比较大，有一定弹力、抗拉扯。里脊丝每根长约16厘米，若里脊丝太短，因肉丝烧熟后会缩短三分之一，成菜卖相不好；太长的话翻拌时容易断。

里脊丝加入淀粉、蛋清上浆时不能像搅肉馅那样顺着一个方向搅拌，否则里脊丝极易结成团或断掉。正确的手法是将手指插入里脊丝底部，用前后、左右晃动手指的方法轻轻抓匀。

低温滑油易脱浆
高温滑油易干硬

里脊丝滑油前需要先加入色拉油抓匀，肉丝黏匀油分，滑油时就能迅速分离而不粘连。滑油时如果油温太低容易使肉丝脱浆，让原料流失水分，出品后肉质很柴；而油温太高则肉丝不容易滑散，多数肉丝是几条抱在一起分不开，而少数滑散的肉丝则会变硬变老，失去鲜嫩口感。

滑肉丝时找到最佳油温很重要，这个温度并不是固定不变的，要视肉丝用量而定。肉丝少油温可以低些，肉丝多油温则要高些，因为大量原料入锅会让油温迅速降低，很容易出现脱浆现象。

肉丝在500克以内，约用油600−800克，油温要控制在120℃，此时油面平静，手放到油面上方可以感到热量；肉丝在1250克左右时，约用油1500克，油温应控制在130℃−140℃，此时油面出现一点波纹，不是很平静；若锅面开始冒烟，用带水的勺碰一下会发出“嗞嗞”的响声，则说明油温达到200℃，已经不适合滑肉丝了。

炒香酱料下肉丝
翻锅两次即出锅

钱江肉丝采用先炒酱汁再下原料的方式调味，以避免肉丝变老；用大翻锅代替用炒勺翻拌，以避免肉丝断裂。以一份菜为例，锅滑透入黄豆酱10克、甜面酱20克炒香，再放入糖10克、酱油10克、料酒5克、清水50克调匀翻炒，待酱汁变黏稠、将要沸腾时下入里脊丝400克，用大翻锅方式翻两下让里脊丝裹匀酱汁，边翻锅边淋入湿淀粉，最后淋入红油5克，为此菜增加少许辣味。小葱切丝垫在盘底，将炒好的肉丝放到小葱丝上，再在表面撒上生姜丝即成。肉丝饱满、坚挺，入口软嫩有弹性。

四十九载心血 尽在一桌鮰鱼

大师 孙昌弼

中国烹饪大师，鄂菜大师，第四代鮰鱼大王，生于1949年2月，早年师承第三代鮰鱼大王汪显山和烹饪大师曹启炎，尽得两位前辈的真传，他设计制作的“鮰鱼全席”一举摘取了“第十四届中国厨师节”最高奖项——“中国名宴”奖。如今孙昌弼大师虽然已经退休，但仍心系厨房，他与徒弟们组建了昌弼厨艺工作室，将从厨半个世纪积累的宝贵经验与大家一起分享。

红烧鮰鱼

鮰鱼最传统的做法就是红烧和做汤，我年轻时从师父那儿学到的做法与现在的方法有所不同。那时物资相对匮乏，大师傅们为了节省原料，将这两道菜"一锅烧"，把处理好的鱼肉煎至金黄后冲入开水，大火烧至汤汁浓白，锅里只留一份的量继续红烧，将汤盛出作为鮰鱼的底汤。做法看似简单，但鮰鱼从选料、刀工到烧制的火候上都有严格的要求。

四到六斤最宜红烧

选料：4–6斤重的鮰鱼肉质紧实，最适合用来红烧，烧入味后鱼肉不易散，口感富有弹性。

最佳下刀位置：鱼嘴下方5–6厘米处。

放血：无鳞鱼的血腥味重，放血时要彻底，因此一定要找准大血管的位置。

流程：①先用刀背敲击鱼脑将其砸晕，用食指和拇指分别捏住两侧的鱼眼，将其拎起。②在鱼嘴正下方5–6厘米处横着下刀，将鱼"颈部"切断一半，再转刀竖着向下切，切到鱼腹部第一个鱼鳍处为止。鮰鱼全身最大的血管位于这里，将此处切断放血既快又干净，去除腥味最彻底。③把鮰鱼放入细流水中冲泡20分钟，将血水放净。

流程：入混合油→小火煎→大火烧→小火焖→换汤→小火焖→淋猪油→大火收汁→调味→淋葱油

1.鱼嘴下5厘米处下刀。

2.鱼头切断1/2再转刀向下切。

切成方块入味均 皮肉相连烧不散

改刀：一般给鱼改刀时都是从腹部剖开，但给鮰鱼改刀却不能这样，因为腹部是全身肉质最细嫩的部位，如果将其纵向剖开，烧出的鱼肉会发散。另外，鱼肉在切块时一定要保证每一块肉上都有一面是鱼皮，这样烧出的鱼块胶质不流失、口感不发柴、鱼肉不松散。

流程：1.沿着放血时的刀口继续向下，至肛门处切断，保证鱼腹的完整，去除内脏后砍下头尾，用清水洗净。2.将鱼肉切成3厘米见方的块，用清水冲洗2分钟，去除血水。

3.鱼块煎至金黄色。

4.鸡汤打去浮油淋入锅中。

三小两大勤换火 中间换汤鱼肉鲜

烧鱼三要点：①用“猪、菜混合油”煎鱼，肉更鲜香、汤更浓郁。②烧制过程要经历三次小火、两次大火、三次淋油、一次换汤，总体算下来烧一条鮰鱼最少要15分钟，是一道比较费时的菜。但只有不折不扣地按照这个流程操作，出品时才能达到肉质鲜嫩、味透而不老、汤汁金黄油亮不浑浊、无芡自稠的效果。③调味只在出锅前。无鳞鱼含水量多，若过早调味，盐会将鱼肉中的水分“杀”出来，令口感变老。

流程：①锅入混合油100克（猪油、菜籽油1：1混合均匀）烧至五成热，下入姜片、葱结、蒜瓣煸香，下入鮰鱼，小火煎至表面刚刚变色，立刻冲入热水大火烧开，继续加热3分钟，将鱼汤烧白，再转小火继续加热5分钟，至鱼块七成熟，此时鱼块表面已经成熟变色，用铲子按压鱼块，感到内部依然紧实有弹性，将鱼块盛出，汤汁滤渣待用。②锅留鱼块600克（一份菜的量）、烧鱼原汤100克，冲入清鸡汤200克，淋生抽20克、老抽8克、猪油5克，保持汤汁冒“鱼眼泡”的状态，小火烧至鱼肉松软，再改大火，加盐5克、味精3克、胡椒粉3克，烧至鱼肉完全入味成熟、汤汁浓稠黄亮，淋少许葱油即可出锅。

烧鮰鱼不可用鸡油

大厨们烧鱼时常喜欢用荤油提香并增加肉质的润滑度，但要注意不能用鸡油，因为它香味过于浓重，会掩盖鱼肉的鲜味。所以在鸡汤冲入前一定要先将其表面的鸡油打干净，保证鸡汤的清澈，这样才能既提鲜又不抢味。

鮰鱼汤

这道菜也是当年我师父的拿手菜之一，制作鮰鱼汤同样要选用4-6斤重的活鮰鱼，肉质紧实久煮不散，熬出的鱼汤鲜香味浓、丝毫不腥。秘诀有两点：一是煎鱼时要中途换油，因为第一次煎鱼的油腥味较浓，用它冲出的鱼汤难免会有残余的腥味，所以要换混合油重新煎制；二是鱼煎好后冲入混合汤。通常厨师们将鱼煎好后向锅内冲清水，但这样做出的鱼汤不浓、不鲜、不香。我的做法是将清鸡汤和烧鱼的原汤按照1：1的比例混合冲入锅中大火烧沸，这样"滚"出的汤汁"表面金黄、内部浓白"，格外爽滑鲜香。如今，我在原方法的基础上又进行了细微的改良，不再用生粉勾芡，而在汤中加入了山药片和山药泥，煮出的汤汁无芡自稠，更加细滑。

鮰鱼煮汤须剖腹

改刀：煮汤与红烧的改刀方法不同，放血后将鱼腹剖开，再剁成厚约2厘米的段，每段鱼从中间主骨处剁开，使每块鱼肉中都有刺骨和一半主骨，这样才能使得每块鱼腹上的肉都保持"舒展"状态，让其中浓厚的胶质充分融人鱼汤中。另外，将主骨剁开，也便于里面的骨髓融人汤中，使汤汁更加浓白。

制作流程：①净锅滑透，留少许色拉油，下姜片煸香，下鱼块600克，大火煎至两面金黄盛出。②另起锅，滑透后下猪油10克、菜籽油10克，下鱼块，烹人广东米酒10克，煎至鱼块表面略带焦色，冲人混合汤1000克，加黄贡椒酱10克、红泡椒酱5克大火烧开，下山药片20克继续大火烧3分钟，转小火，加青椒块20克、山药泥10克、盐8克、味精5克、鸡粉5克、白胡椒粉3克烧约30秒，待用勺子舀起汤汁向锅中慢慢倒下能自然形成一条细线，关火盛人砂煲内即可。

山药泥预制：铁棍山药带皮人蒸箱中蒸熟，趁热撕去表皮，将山药放在砧板上，用刀背剁成细细的泥，晾凉后装保鲜盒，人冰箱冷藏待用。

制作关键：下人山药泥后汤会变得很浓稠，这时大火加热极易煳锅，所以要转中小火并不停地晃锅防止汤汁煳底。

砂锅焗鮰鱼

肚腩是鮰鱼身上胶质最丰富、口感最细腻的部位，这道菜的特点在于抓住食材的特性，用粤菜中生焗的手法充分释放鱼肉中的胶质，以黑胡椒碎和西式卡真粉调味，两者搭配不但去腥效果极佳，而且成菜中还带有一股复合、浓郁的胡椒香。

制作流程：

1.鱼肚腩500克切成2厘米见方的块，冲去血水，用干净的抹布吸干水分，加鸡粉5克、味精3克、盐3克抓拌均匀，加生抽10克、料酒5克抓匀，再加老抽5克抓匀，最后加黑胡椒碎8克拌匀，加适量生粉抓匀腌制3分钟。

2.砂锅烧至温热，下入色拉油烧至五成热，下适量的蒜瓣、干葱头、姜块大火炒约1分钟，使其充分出香，下小米辣段10克和鲜花椒一簇煸香后下入鮰鱼块，使鱼肉的一面向下，淋辣鲜露10克、广东米酒8克，加盖儿焖3分钟。

3.开盖儿后用筷子翻炒均匀，加卡真粉8克和适量小葱段、芹菜段、彩椒片翻匀出香，即可上桌。

制作关键：

1.腌制鱼肉时放调料有先后顺序。先放盐，抓匀后鱼肉会有轻微上劲的效果，肉质变硬、有黏液渗出，此时鱼肉中的鲜味和腥味也随之析出，再放生抽和老抽，生抽可以补充流失的水分和鲜味，老抽可以上色，最后加黑胡椒碎，以压制黏液中的腥味。

2.入锅时要使鱼肉一面向下，原因有两点：一是便于炒熟入味，鱼皮质地细密，会阻挡热量和味道的吸收；二是若将鱼皮向下摆放，会因为骤然遇热而收缩，影响出品的美观度。

卡真粉：选用多种胡椒、香料与辣椒研磨而成，微辣、夹杂着多种胡椒的复合香味，非常适合作为腌料给鱼类、肉类去腥。

1.腌入味的鱼块加黑胡椒碎去腥。

3.鱼块鱼皮向上摆入锅中后淋辣鲜露。

2.砂锅烧热下小料炒香。

4.出锅前下葱段、芹菜段炒香。

鮰鱼捞饭

这道菜是将湖北特产的阴米与鮰鱼结合进行堂烹。用鱼汤煮阴米，再用米汤烫鱼肉，临上桌前加入炸酥的阴米，口感丰富，味道香浓。此菜中鮰鱼的选料也很有讲究，要选用鱼头下方到第一个鱼鳍之间的肉，这个部位肉质滑嫩，但脂肪含量不像肚腩那样高，入口润滑不腻，容易成熟，非常适合堂烹。

操作者：孙昌弼大师的爱徒冯超

1.锅入阴米炒香后冲入鱼汤。

2.汤汁烧沸后下入鱼肉。

3.出锅前再下入阴米。

阴米制作：

1.将糯米10斤用清水浸泡8小时，沥干水分，入蒸箱隔水蒸约50分钟，蒸熟后冷却，置于阴凉处晾干表面水分，再揉搓成粒，置于通风朝阳处晾晒2小时，至米粒干硬。

2.锅入宽油烧至四成热，每次只下半斤米，炸至浅黄酥脆后捞起，控干油分，再放在吸油纸上吸净残油，装保鲜盒即可。

制作流程：砂锅烧热，下入阴米100克小火炒香，冲入鮰鱼原汤750克（鮰鱼原汤与清水1：1混合，加少许葱段姜片烧沸，捞出料头，转小火加入盐8克、味精5克、鸡精5克调匀即可），大火烧沸，撇去浮沫，倒入鱼肉，待其变色后下入泡发的香菇丁10克煮约10秒钟，倒入蒜薹丁10克煮约10秒钟后倒入青菜碎、芹菜丁和葱花各10克，撇去浮沫，再下阴米100克，烧开后关火去掉浮沫即可上桌。

制作关键：阴米要分两次下入，先下的阴米口感软糯，后下的阴米嚼起来还带有酥脆的感觉，口感富有层次。

花甲大师
坚守厨房第一线

大师 孟锦

1968年，刚刚高中毕业的孟锦加入成都市饮食公司，从此踏入餐饮行当，一干就是40余年，从最初的大锅菜师傅一步步成长为今天的中国烹饪大师，先后在北京长城饭店、上海希尔顿酒店、北京首都宾馆、成都皇冠假日酒店、成都喜来登酒店担任行政总厨，而今已年逾花甲，却仍坚守厨房第一线，在成都罗曼大酒店维也纳餐厅任行政总厨，每天上班处理完手头的事情，便站在厨房中看着徒弟们炒菜，徒弟如有操作不当，孟大师每每亲自下手操作，现场教学。

各地芙蓉分四种：
川摊鲁熘 冀蒸杭滑

“所谓‘芙蓉’，并非指菜肴中加入了芙蓉花（荷花），而是通过一系列操作，将蛋清、肉类等原料制成味道鲜美、口感细腻的菜肴，使之色白如芙蓉而得名。虽统称‘芙蓉’，但各地技法却大有不同：川式为摊，将蛋清混入调好的鸡蓉（或肉蓉）中搅匀，入净锅摊成片，改刀后再加辅料烩制而成；鲁菜为熘，鸡脯肉切片、腌制上浆，滑油后入锅熘炒，起锅盛在蒸好的蛋清上；冀菜的‘芙蓉串珍珠’是蒸，将调好的鸡蓉抹在加工过的鲜鱼刀口处，入笼屉蒸熟；而杭帮菜的‘芙蓉鱼片’则是滑，鲜活的白鲢鱼取肉剁成泥，加蛋清等料搅至发黏，用小勺舀入三成热油中，缓慢加热至凝固成圆鼓、洁白的厚片，捞起沥油再与香菇、火腿片、豌豆苗一起入炒锅，加调味品烹制即成。”

1.鸡蓉调水后细腻、无颗粒。

2.蛋清打出泡再倒入鸡蓉。

3.鸡肉糊入锅摊成鸡片。

4.鸡片出锅要边吹边掀。

芙蓉鸡片

凡以“芙蓉”命名的菜品，定是颜色洁白、口感鲜嫩，一般选用无骨、无皮的动物性原料与蛋清搭配，采用烩、摊、蒸等方法制成。就像这道芙蓉鸡片，别看原料简单，只有蛋清、鸡脯肉两种，但想要将这块完整的鸡肉磨砺成不破碎、不起泡、厚薄均匀的薄饼，使成菜既有鸡肉的细嫩又有蛋清的滑爽，却真的要下一番工夫。

鸡蓉讲究先捶后剁

制作此菜，最好选用约1斤半左右的仔鸡，这种鸡的胸脯肉筋膜少、口感嫩。在操作之前，最少要放入细流水下冲洗1小时，充分去除血水，使成菜色泽洁白。

有些厨师在制作鸡蓉时只用刀背捶一次，有些人则直接用刀刃剁鸡蓉，这两种操作都是不正确的：只捶一次，鸡蓉不够细，无法将肉中的筋膜完全去除；直接用刀刃剁鸡蓉，不仅耗费的时间长，且剁好的鸡蓉不易成形。

鸡肉成蓉需分两步走：首先，用刀背将鸡脯肉捶成细蓉，挑去筋膜；其次，在起墩前，应将刀翻转，用刀刃再细细地剁上5、6分钟，刀在案板上一抹，鸡蓉自然黏在刀背上，而细筋则塞在案板里。挑去细筋，将鸡蓉盛入碗中，此时的鸡蓉应该洁白细腻无颗粒，略微有些黏手。

三两鸡蓉六两水　五个蛋清打成糊

每3两鸡蓉中要加入6两水才能充分打透。在加水之前，首先在鸡蓉中放入3克盐，顺同一方向搅打上劲，再加5克泡过葱姜的料酒拌匀，然后分三次加入6两清水继续搅拌，如果一次性全部倒入，鸡蓉与水不易融为一体，且搅好的鸡蓉中会出现小颗粒。待水被鸡蓉吃尽，最后加一勺黏稠的湿淀粉糊搅拌，放在一旁待用。

取5个蛋清，先用筷子打至起泡，再分次倒入刚才拌好的鸡蓉中，只有经过打发，蛋清才能与鸡蓉充分融合，制成的鸡片才够白嫩。当鸡蓉与蛋清融为一体时，在其中淋入少许湿淀粉继续搅拌，直到鸡蓉洁白黏稠、用小勺舀起后刚好能呈直线流下，就可以进行下一步操作。

热锅无油摊鸡片　出锅泡入汤中鲜

炒锅滑透，不要留油，舀入一勺鸡肉糊，同时顺时针转动锅柄，使鸡肉糊均匀地摊在锅底。制作这一步时有三个要点需要注意：首先，炒锅一定要炙透，否则摊成片后极易黏在锅底；其次，下入鸡肉糊前，锅的温度一定要够，用手放在上方能明显感觉到热气升腾；第三，因为最后要将鸡肉糊摊到能透光的薄片，所以一开始最好离火操作，不停晃动使鸡肉糊呈圆形贴在锅底，再将锅重置火上，边晃动边加热，使鸡片完全定型。

待鸡片做好，将锅重新端离火口，用两只手捏住鸡片的一端，一边吹气一边掀。鸡片改刀成菱形片后泡入高汤，使其吸入汤的鲜味，同时洗去鸡片上的油腻。因鸡片薄到透明，非常娇嫩，最后成菜时，要先炒豆尖、番茄片等配料，倒入鸡汤烧开后再放入鸡片，勾薄芡、淋鸡油即可起锅。

鱼香肉丝

川菜的24种味型中，最令中外食家大感奇妙神秘却又困惑不解的，恐怕当属鱼香味。明明菜品中没有一丝与鱼有关的原料，却因为咸、辣、酸、甜四种味道的融合与葱、姜、蒜三种小料的互相渗透，而使整道菜凸显出一种鱼肉的鲜美。要烹出地道正宗的鱼香味，除了各种调味料优质正宗外，无论热鱼香与凉鱼香，都还需讲个“烹”道。

一锅成菜　香气更浓

“现在有一些川菜师傅制作小炒菜时，学着鲁菜、粤菜的炒法，提前将肉丝等原料滑油，换锅下小料炒香后再投入原料。这样操作后虽然卖相清爽，但原料在滑油的过程中却有一部分鲜味流失，非常可惜。正宗的川式小炒讲究‘卧油炒’，也就是俗称的一锅炒，要求急火短炒、集中调味，不换锅、不换料，这样可以把原料的鲜味全部留在菜里。”

选料：里脊肉与二刀肉皆可

有些厨师认为“做鱼香肉丝必须要选里脊肉”，这样的说法太绝对了。鱼香菜本就源于乡野市井、百姓人家，因此在原料的选择上并不十分苛刻，里脊肉与二刀肉皆可。这一份鱼香肉丝如果出现在高档酒楼，售价三四十元，那么就挑选里脊肉精细化操作；如果是在街边小馆售卖，挑选肥三瘦七的二刀肉，既降低了成本，炒制后那一丝丝肥肉也会让整道菜更有风味。曾有位小厨师问我，“做鱼香肉丝能不能选用腰柳肉？”

答案当然是不行的，腰柳肉就是后腿挨着猪腰的2根拇指粗细的肉，太嫩了，切丝炒制后不成型，整道菜糊成一团；这个部分的肉比较适合剁碎制成丸子汤，鲜美无比。

与原料相比，调料的选择就要相对苛刻：泡红辣椒一定要选鲜嫩如初、质地脆韧的，颜色发乌或形状扁塌者皆不可用；郫县豆瓣一定选用鹃城牌，当然如果有自酿的老豆瓣更好；蒜最好选四川彭州产的，蒜形饱满香味足；葱要用南方常见的火葱，小指粗细，葱头只有短短的一段白色，其余部分颜色翠绿，葱香味很浓；而姜最好是用四川仁寿的小黄姜，颜色黄亮、姜味更浓。葱切成葱花，而剩余的所有调料皆要剁碎成蓉，便于香味在炒制时充分溢出。

切成二粗丝　不加葱姜腌

像鱼香肉丝这类的爆炒菜肴，猪肉改刀时要切成二粗丝，也就是2-3根火柴棍粗细，炒制后才能保证肉丝不断，裹上汁水也不显得过分肥厚。

如果选用里脊肉制作此菜，则要先片去白色筋膜，我会片得厚一点，去掉的筋膜改刀成片，加盐、味精、淀粉等料调味后加汤煮，这道菜就叫作“汆汤猪板筋”，味道很鲜美。

许多厨师在腌制肉丝时会加入姜、葱，其实这有点画蛇添足，一般膻味很重的原料，如猪腰、猪肝，或需将原料炸制时才加葱姜腌制，而猪肉丝的膻味很淡，且炒制时的料汁味道浓厚，完全可以将膻味盖住。我在腌肉丝时只加盐、水淀粉、料酒三种调料，每150克肉丝加入2克盐、5克料酒、10克水淀粉拌匀，就可以等待下一步操作了。

小贴士：

川菜中有粗丝、二粗丝、细丝三种。粗丝约有筷子头粗细，多用于“拌白肉丝”之类的荤料凉拌菜中；细丝约有银丝面粗细，主要用于蔬菜的改刀，比如“凉拌莴笋丝”，丝切得越细，拌出来越爽脆；再比如“冬瓜燕”这道菜，冬瓜切成细丝，汆烫、泡水后会涨成火柴棍粗细，如初加工时将冬瓜丝切得过粗，成菜卖相就会过于粗大。

三两肉　一两油　七成热时下入锅

在炒制时要用已经炼熟的菜籽油，将锅滑透，肉丝不黏、不糊。每3两肉放1两油，最后成菜才能出现“一指油”的效果。油要烧至七成热时再下入肉丝快速炒散，油温够高，肉丝下锅后才能被快速封住表面，保持鲜度和嫩度；待肉丝变色时拨至锅边，然后在油中下入泡椒碎、郫县豆瓣碎炒香，再将肉丝往中间一推炒匀，如此操作，可去掉泡椒那股发酵后的淡淡臭味，使得鱼香味中没有邪味。

先下姜蒜后放葱

下入泡椒碎与肉丝炒香后，就可以投入其余的调料，顺序是这样的：将肉丝拨至一边，油中下入姜末、蒜末炒香，然后倒入青笋丝、木耳丝，将肉丝拨往中间炒匀，再烹入提前调好的料汁，最后撒葱花翻匀出锅。

这一系列的操作流程要在不到1分钟的时间内完成，有三个关键点一定要注意：

首先，每150克的肉丝中要加入50克葱花、25克蒜末、15克姜末，姜、蒜要先放，最后下葱，因姜蒜的香味是需要加热后才能被激发，而葱花本身的香味很足，如过度受热反而会使香气散去，因此要在菜肴快出锅时投放。

其次，调料要先用小碗兑好，糖、醋各15克、盐、味精各3克、香油2克、料酒10克、湿淀粉8克，其中盐的量要根据豆瓣酱的不同适量添加，如使用的是3-4年的老豆瓣酱，香味足、咸味少，盐可略微多加；若使用的是1-2年的新豆瓣酱，咸味较重，盐就要少加。而糖醋的比例则要根据季节的改变而变化，冬天的时候糖、醋比例为1：1，而到了夏天，醋会挥发得比较快，而且炎热的天气吃点酸的会更开胃，我就会将醋加至20克。

最后，青笋丝、木耳丝这两种配料不必提前汆水，炒制时油热、火大，完全能断生，如果先汆水再炒，成菜便会软塌、不成形。

碗中激出凉菜鱼香

凉菜的鱼香味与热菜不同，调料不下锅、不勾芡，直接勾兑调和，更具有原汁原味的效果。兑汁时要先放盐、糖、味精，再放醋、酱油使其溶解，最后加入泡椒碎、姜末、蒜末、葱花调匀。以前每到夏天暑热难当时，食欲缺乏的人们喜欢做鱼香胡豆下饭：将干胡豆用热水泡涨，沥干后入净锅炒熟炒香，趁热倒入调好的料汁中，在碗上加盖，有时为了不跑气，还要用湿帕子捂起来，这样把胡豆焖软入味，吃时揭开盖子，一股咸辣酸甜带鱼香的气味满屋乱窜，让人胃口大振。

现在，有很多酒店会用海参、虾仁、海螺等海鲜原料，汆水制熟后加鱼香料温拌，味道也不错。

麻婆豆腐

当年的成都北郊万福桥是一道横跨府河、不长却相当宽的木桥，桥上常有贩夫走卒、推车抬轿下苦力之人在此歇脚。万福桥头有一家小饭店，老板娘脸上微带麻点，因夫家姓陈，被人们称为“陈麻婆”，来店里光顾的主要是挑油的脚夫，这些人经常买点豆腐、牛肉，再从油篓中舀些菜油请老板娘代为加工，日子一长陈氏对烹制豆腐便有了一套独特的心得，“麻婆豆腐”的名号也不胫而起，至数十年后扬名国际。一碗合格的麻婆豆腐，讲究“麻、辣、烫、香、酥、嫩、鲜、活”，想要将这八字做到完美，需下一番苦功。

简单菜肴更要用心制作

“这碗麻婆豆腐，因为看似普通，在制作时人们就越不在意，最后很容易脱离这道菜的本味儿，需知‘味道在于烹道，烹道则在心道，心到则手神，手神则味妙’，有时越是看似简单的菜肴，反而越需要用心制作，才能将食材烹出应有的味道。”

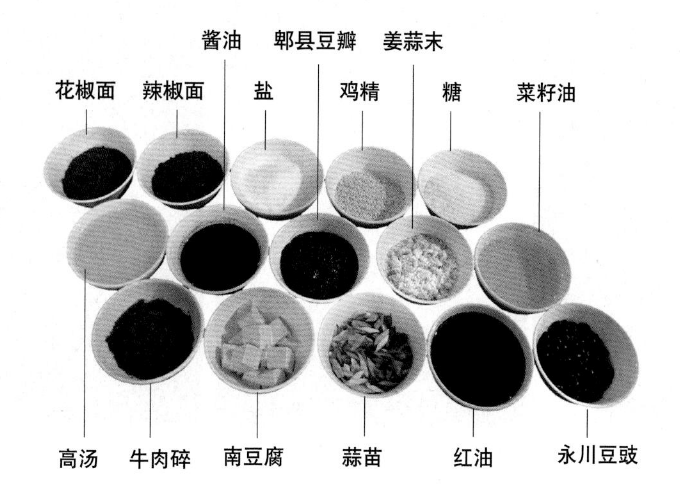

八种料缺一不可

麻婆豆腐的调料以盐为基础，花椒、辣椒、豆豉、豆瓣为主，剩余的调料中，生抽主要是提鲜味，老抽主管调颜色，料酒、胡椒、葱姜蒜则是为了压住豆腐和牛肉的腥气，同时提香，量不能太多，否则会盖过豆瓣和花椒的香味；白糖的主要作用是提鲜，量不能多，不能吃出甜味，只可回味略甜，最后点人的红油是为了增添颜色与亮度。

豆腐：要选用石膏点的新鲜南豆腐，比老豆腐软嫩、细腻，又不像内酯豆腐那般易碎，用刀削去外面的那层老皮，切的时候用刀沾一下清水，豆腐不容易碎裂。南豆腐可用绢豆腐代替。

牛肉：选用新鲜的黄牛后腿腱子肉，色泽浅红、富有弹性，且筋膜较少。

蒜苗：要用筷子头粗细的小叶青蒜苗，斜刀切段。

豆瓣：发酵了3–4年的郫县豆瓣，香气足、咸味轻，打开后应呈现漂亮的红褐色，瓣粒整齐、光滑油润，并有适当黏稠度。

豆豉：中国的豆豉有很多种，广东阳江豆豉、山东八宝豆豉、湖南浏阳豆豉、开封西瓜豆豉、陕西风干豆豉等，但做麻婆豆腐就要选用咸淡适中、有浓郁豆豉香气的重庆永川豆豉。

花椒：要选用汉源的大红袍花椒，香味浓，麻得带劲儿，且须打成细粉，热气一冲，香味才能淋漓尽致地展现。

辣椒：成都龙潭寺的二荆条干红辣椒，炒香舂碎，不能太细，辣椒面粗一点，才能辣得香浓。

高汤：鲜汤笃烧，豆腐才美。高汤的熬制可参考375页“开水白菜”吊汤的办法制作。

麻婆豆腐的八字真言

麻　豆腐起锅时撒上的那把花椒面，经热气一冲，散发出一股诱人的麻香味。

辣　二荆条干辣椒面以及用二荆条制成的郫县豆瓣饱含着特有的香辣味。

烫　起锅之后立刻上桌，趁着烫的时候开吃，一边哈着热气，一边让豆腐在嘴里左右翻滚，不一会儿便会吃得满头大汗。

香　豆腐上桌后，要有一股麻辣鲜香的气味扑鼻而来。

酥　牛肉粒煸透成金黄色，入口是酥，粘牙即化。

嫩　色白如玉的豆腐，经过煮制后没有一点蜂窝，在碗中晃荡着仿佛一碰就碎。

鲜　豆腐、牛肉、青蒜苗，每样食材都带着露水的新鲜，成菜后更是味道鲜美。

活　寸断青蒜苗根根挺立，翠绿油润得仿佛刚从地里摘出一样，同时保证每一根蒜苗都熟透，没有丝毫生涩的味道。

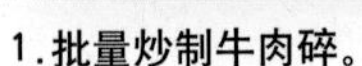

1.批量炒制牛肉碎。

2.豆腐先放入高汤汆烫。

3.取出豆腐，加料烧熟。

老师傅制作此菜的流程是这样的：南豆腐500克削去外面的老皮，改刀成2厘米见方的小块，放入锅中加高汤浸没，再添入一勺盐，大火将汤汁烧开后立即关火，豆腐不要拿出来，就在高汤里面泡着。

另起一锅，开中火烧透，放入炼熟的菜籽油75克烧至四成热，下人牛肉碎100克将水分煸干，待牛肉碎炒散炒酥，放人剁碎的豆瓣酱12克炒出红油，再下人剁碎的豆豉5克炒香，此时转小火，下人干红辣椒粉5克炒匀，放入葱姜蒜末，待香味出来，烹人料酒6克，调人酱油6克、白胡椒粉、鸡精各1克、盐2克、糖4克、高汤250克，汤烧开之后关小火，将泡在高汤里面的豆腐轻轻捞出，放入锅中小火笃5分钟（笃du是川菜中的一种烹调方法，就是火要小、汤要少，慢慢地加热，把原料本身的水分排出而调料味逐渐浸人原料），转中火加人青蒜苗，开始用水淀粉勾第一次芡，要沿着锅边淋人，边淋边轻轻晃锅，待第一遍芡汁勾完，再按刚才的方法勾第二次芡，最后淋红油10克晃匀就可出锅，盛在碗中撒花椒面3克，这道菜就完成了。

大师点拨——

擀完花椒要过筛

麻婆豆腐中所用的花椒面最好自己做：炒锅烧热后改小火，放一勺花椒干焙，焙到花椒里的水分没了、香味出来、颜色变成深褐色的时候关火盛出放凉，然后用擀面杖压碎成粉。炒花椒时一定要用微火，将花椒炒好晾凉，用粉碎机将其粉碎后要过筛，因花椒里面有一种小白壳，容易挂在客人的嗓子里，一旦挂上，不容易取出来，造成安全隐患。

高汤氽豆腐　加入一勺盐

因豆腐本身不易人味，在制作时最好将用水的地方全部换成高汤，切块的豆腐要先放人高汤汆烫，开锅即关火，豆腐不易出蜂窝；关火后豆腐还要在汤中继续泡着，这是第一遍人味，同时也去掉了豆腥和涩味；汆烫时加上一小勺盐，汆好的豆腐不易破碎。

豆腐勾芡分两回

因豆腐比较嫩、含水量大，第一遍勾芡后它还会微微地“吐出”少量水分，此时再勾上第二遍芡汁，就能将水牢牢地锁在豆腐里。

调料顺序不能乱

下各种调料的顺序不能乱，一定要等一种调料煸出香味后再下另一种，如果将所有调料一股脑倒人，味道杂驳，会使菜的口味不正。

炝锅鱼

大部分人做炝锅鱼，喜欢将辣椒搅碎铺在鱼身上，看上去麻麻渣渣的一片非常杂乱，我在原有做法的基础上加以改良，制成了一款新式炝锅鱼，鱼身完整、肉质细嫩、油汁红亮，在这里推荐给大家。

所谓“炝”，是指用具有较强挥发性的调料制作菜肴，并使其味道渗入食材，北方多用花椒油，四川用辣椒或花椒，江南一带用白酒加胡椒粉，有的地方用绍酒。一般来说，“炝”多用于蔬菜制作，比如凉菜中的炝黄瓜、炝芹菜，热菜中的炝炒油麦菜。近些年，在成都不少经营河鲜的风味菜餐馆里，“炝锅鱼”这道江湖菜开始流行起来。

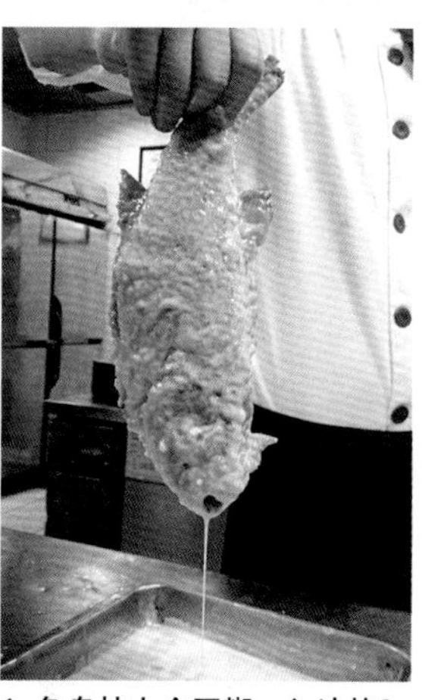

1.鱼身挂上全蛋糊，入油炸2分钟至表面金黄。

2.鱼装入托盘，倒入红汤，蒸6分钟至熟。

做炝锅鱼　用炝锅油

整颗辣椒炸香浇于鱼身，虽然卖相美观，但辣椒香气却不如打碎的干辣椒浓郁，为了弥补这一缺点，我自制了一款炝锅油，为菜肴添香。

炝锅油制作：锅入菜籽油5000克烧至六成热，下入干红辣椒1000克、大红袍花椒50克，小火炸至棕红色，待香味融入油中，关火打去料渣即可。

	传统版	创新版	改良原因
花刀	鱼身两侧打一排一字花刀	鱼身两侧各打5刀	花刀过密，鱼肉易散
腌制时间	5分钟，加葱段、姜片、料酒、盐、味精腌制	1小时，加葱段（拍破）、姜片、料酒、盐、味精腌制	长时间腌制让鱼肉充分去腥
初加工	直接下入五成热油炸至干香	裹上全蛋糊，下入五成热油炸1-2分钟至表面金黄，结出一层硬壳	穿上一层“蛋糊衣”，遇到热油后，鱼肉的鲜味不会过多流失
再加工	出锅沥油，放入泡椒红汤中浸煮1分钟	出锅沥油，放入托盘浇入泡椒红汤，覆膜上锅蒸6分钟，中途需翻面	改煮为蒸，时间虽长鱼肉却不散，同时更能吸足味道
干辣椒处理	打碎，放入油锅与豆瓣酱、姜末、蒜末、白芝麻一同炒香，调咸鲜味	与香葱段一起，整颗放入炝锅油中炒香，浇于鱼身上	辣椒打碎铺在鱼身，卖相杂乱

五香味不是五种香味

大师 梁力行

中国烹饪大师，从厨40余年，积累了丰富的陕菜烹调经验。

五香味是陕西人最喜欢的一种复合味型，曾经有不止一个人问过我："五香味到底是哪五种香味？"在这里我要澄清一下，"五"在这里是虚指，意为"多种"，五香味不是五种香味，而是多种香料按照不同比例调制出的一种复合型香味，其中又以小茴香的味道最为突出，所以在配制料包时小茴香的用量要远远多于其他香料。那么到底五香味要怎么调制呢？以最实用、最常见的五香牛肉为例为大家讲解：

五香牛肉

活水泡：在制作五香牛肉时先将牛肉放在细流水下冲泡一夜。

大师说技术——

这里最好用活水，否则牛肉的腥膻味无法完全去净。不过从节约的角度考虑，可以将牛肉用清水浸泡，隔2小时换一次水。

冷水煮：将泡好的牛肉冷水下锅，煮至用筷子一扎没有血水冒出，捞入卤水中卤制。

经典五香卤水调制：①小茴香500克、花椒250克、八角100克、桂皮50克、草果2粒、小丁香5粒用清水洗净后与老姜150克、大葱段100克、良姜50克一同包入料包中。②牛筒子骨一根，敲断、飞水后放入汤桶底部，加清水50斤，再调入盐500克、冰糖150克，大火烧开，下入牛肉30斤，小火慢慢煨至八成熟（用筷子可轻易戳透）即可关火。

大师说技术——

多放姜片入味足　少放丁香不酸涩

①在配制卤水料包时，姜要多放一些，目的并不是突出姜香味，而是在卤制过程中姜与牛肉会发生微妙的反应，帮助五香味钻入牛肉中，入味更充足。②丁香用量需谨慎，它的主要作用是软化肉质纤维，使牛肉吃起来更嫩，但是切不可多放，否则卤水会有酸涩的味道。

浸入味：将煮好的牛肉在汤桶中浸泡一夜。

大师说技术——

浸泡牛肉时，随着卤水的温度降低，表面会凝结一层牛油，这层牛油就像是给卤水盖上了一层"棉被"，会阻挡热量散发，导致卤水变酸，所以要及时将凝结的牛油打净。浸泡这一夜非常重要，牛肉在此过程中能充分吸收卤水的咸味和香味。

大师说技术——

如何换料包

这款卤水调好后可以反复使用，一般每个料包可用两次，到第三次时要准备一个重量相等的新料包，放入卤水中与牛肉一起煮30分钟后取出，第四次用的时候，将旧的料包取出，将新的料包放进去即可。

一款酱牛肉　浓缩四十年

李建辉：这款卤牛肉的配方可以说是一个在一线奋斗多年的老前辈，将他毕生的经验总结、凝聚而成。他将每一步都剖析得非常细致到位。此款卤水的配方看似简单，但越好的卤水往往选料越简单，像梁大师给的这款卤水里面只用了7种香料，调味也只用了盐和冰糖，凸显了卤牛肉的原始和正宗。很多卤水配方中会用到多达几十种香料，其实是在故弄玄虚。我这里也有一款卤水配方，比较适合华北地区食客的口味：净锅滑透下入冷油100克、黄酱400克小火炒干水分、出香，冲入清水18斤、老汤6斤，加料包（内含桂皮30克、花椒20粒、八角20粒、白蔻15粒、砂仁10粒、干辣椒7–8个、陈皮5克、草果4个、肉蔻4个、小茴香3克、良姜1块），调入冰糖30克、黄酒30克、盐15克大火烧沸，下入飞过水的牛肉20斤，小火煮至八成熟后关火浸泡一夜入味。

1.在鸡表面涂一层蜂蜜。

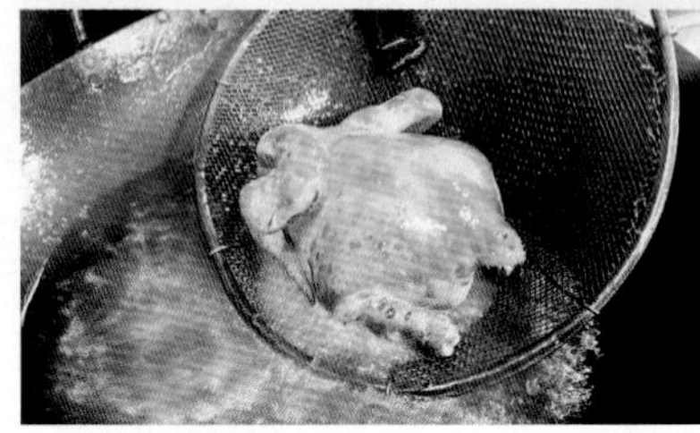
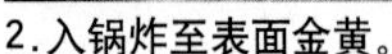
2.入锅炸至表面金黄。

梁力行："栗子葱扒鸡"和"水晶莲菜饼"是两道传统陕菜，如果你问我它们是从什么时候出现的，我并不清楚，但是我学徒的时候，师父就教我这样做，而我师父学徒时，我的师爷也是这样教他的。如今我将这两道菜原封不动地传授给我的徒弟，放在餐厅里销售，实践证明，这些老菜依然很有市场，尤其是这道"栗子葱扒鸡"，鸡肉肥软脱骨、葱香混合"五香味"，回味浓厚，吃过的人都会评价一句："美得很！"

栗子葱扒鸡

选料：最好选用西安市三爻村产的倭倭鸡，这种鸡饲养周期为一年左右，净重1000克以上，肉质鲜嫩、肥美。也可选用肉质较肥的三黄仔鸡代替。此菜用葱"去叶留白"，我选择陕西华县的赤水大葱，它葱白长、香味浓，尤其是刚下霜后收获的大葱，香味最浓郁。

飞水过油：①葱白150克切两寸长的段，入五成热油小火炸至表面金黄，捞出摆在盆底中间。②生栗子12个，在表皮上切十字，煮断生后去皮，再入七成热油中炸至颜色黄亮，捞出摆在盆底两侧待用。③鸡宰杀治净，入清水浸泡2-3小时，去除腥味和血水后下入冷水锅中，小火加热至水冒鱼眼泡，打去浮沫后捞出，在鸡表面均匀地抹一层蜂蜜待用。④锅入宽油，烧至八成热，下入抹过蜂蜜的鸡，小火炸至表面金黄，捞出沥油。

大师说技术——

冷水汆　高温炸

①冷水入锅既可以保持鸡肉的嫩度，又可以彻底地去除血水。滴入几滴白酒，去腥效果更佳。②炸鸡时油温要保持在八成热，否则鸡表面不易均匀上色。

蒸制：将鸡腹向下摆在葱段和板栗上，淋葱油30克，取拍碎的姜3块、八角3颗、桂皮1块、小茴香30粒、草果1颗装入料包中，摆在鸡顶端，将料酒5克、酱油20克、高汤100克兑成味汁均匀地淋在鸡身上，封保鲜膜，入蒸箱蒸制3小时即可。

大师说技术——

提前烤一下　一蒸即出香

这道菜的味型是咸鲜五香味，五香味的来源是实打实的香料。但是香料不能直接放到鸡上去蒸，那样蒸出的扒鸡香味不浓，如何能最大限度地发挥五香味？答案是先把香料烤一下：先将烤箱调至上、下火120℃，将八角、桂皮、小茴香、草果放在托盘里，进烤箱烤7分钟，使香味充分激发，用这样的香料蒸出的扒鸡才会带有浓郁的五香味。

走菜流程：将蒸好的鸡取出，撕掉保鲜膜，拣出香料，将汁水滗出，鸡扣入盘里，汁水倒入锅中，烧沸后淋少许水淀粉勾流水芡，淋在鸡身上即可上桌。

1.莲藕用笊篱搓成泥。

2.豆沙放在藕泥上。

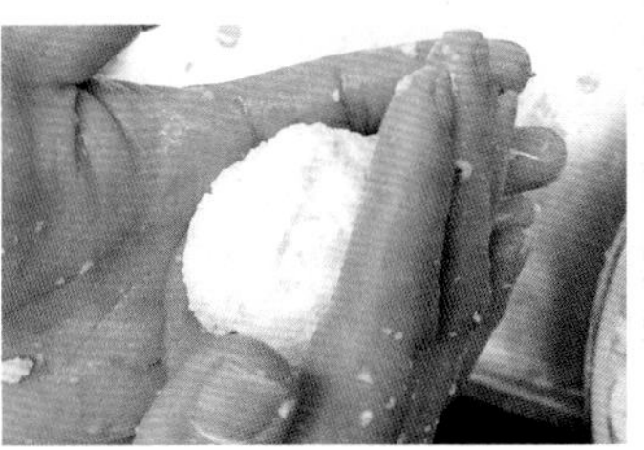

3.搓成球状。

4.入油锅压平后半煎半炸。

5.煎至两面金黄出锅。

水晶藕饼

选料：我做此菜选用西安富平县产的白花藕，此藕肉色洁白、口感脆嫩，做出的藕饼细嚼之下带有清脆的颗粒感。

粉碎：新鲜莲藕1000克去皮，用清水浸泡3小时，去除表面的淀粉，取一个干净的竹笊篱，用笊篱的背面将藕擦成泥，攥去部分水分。

大师说技术——

不要用金属擦板，否则藕泥会变黑，并且会沾染上生铁的味道。

塑形：在藕泥中加入淀粉20克拌匀，取核桃大小的藕泥置于掌心，用手轻轻按压成饼状，再取榛子大小的豆沙馅置于藕泥上，将藕泥团起，包住豆沙馅，搓成球待用。

大师说技术——

藕球在两手之间轻轻搓揉10秒钟，这样做出的藕丸子形状好、大小均匀、藕泥内没有空气，紧实不松散。

煎制：锅入色拉油100克烧至四成热，下入藕饼，轻轻将顶端压平，小火边煎边不停地晃锅，煎约3分钟，至藕饼定型、底面呈浅黄色，翻面继续小火煎约3分钟，待煎至两面金黄，用铲子轻轻按压藕饼表面，感觉表皮酥脆、有弹性，即为熟透，沥油盛出，摆入盘中待用。

大师说技术——

①煎藕饼时不能用铲子推动，否则易散，要不停地晃锅，防止其煳底。

②煎制时要一直保持四成热的油温，否则藕饼容易表面焦煳、内里半生。

勾芡：锅入清水100克，大火烧沸后下白糖30克、蜂蜜15克小火烧至起泡，见气泡越来越大时继续加热，当气泡有变小的趋势时，淋少许水淀粉调匀，起锅淋在藕饼上即可。

五根手指缠胶布 难忘学徒苦时光

大师 罗干武

20世纪70年代初进入湖南长沙大华宾馆，40年如一日工作在这家酒店，从学徒工做到总厨师长，期间曾代表酒店远赴德国柏林授艺4年，获得“国家中式烹调高级技师”、“国家级高级考评员”、“中国烹饪大师”等多项称号。

罗干武精通湘菜、川菜，从厨40余年，积累了丰富的烹饪技艺，退休后在烹饪学校任教，向年轻一代烹饪学子传授毕生所学，早已桃李满天下。

20世纪70年代初，湖南大华宾馆面向全省招工。当时司机最“吃香”，罗干武瞄准这个岗位去应聘，谁知经过统一培训后，他被分到了厨房当学徒工。考虑到大华宾馆是省属单位，员工都有正式编制，他也就欣然端起了厨师这个饭碗。

那个年代即便大华宾馆这样的省属酒店也只有两位资深老师傅，而老师傅们怕教会徒弟饿死自己，所以都有些保守，只挑个别能干的、可信的徒弟授艺。为了早日得到提点，没有一个学徒工不是用老老实实干活来讨好师父的，罗干武也是如此，甚至更加拼命。

中午不休息　抢着去杀鸡

那时候大华宾馆是湖南省最大、最气派的酒店，能同时容纳1700人就餐，每天都排满了各种会议、接待，工作量特别大，很多同事都想办法偷偷"眯"一会，而罗干武吃过午饭后从来不休息，直接奔后院杀鸡。最初不熟练，他杀一只鸡用15分钟，练了一个月后，他的动作越来越麻利，只用三分钟就能杀好。

1分钟挤140个圆子

每天中午杀完30只鸡后，罗干武"转战"捏圆子。一开始，他和所有人一样，先从左手虎口处挤出肉圆，再用右手大拇指把圆子"推"到水里汆熟。因为挤得慢，圆子下锅的时间差较大，而先浮上水面的要先捞上来，这样他就得一会儿挤一会儿捞，顾此失彼，很影响速度。

熟能生巧，经过一年的刻苦练习，罗干武一分钟能挤140个圆子，一次性全部汆至浮上水面，中途不必单独捞出，非常迅速。他是如何做到的呢？原来，罗干武改变了挤圆子的手法：左手一次性抓出一把肉泥（大约60克，正是五个圆子的用量），从虎口处不断挤出圆子，然后右手五根手指齐上阵，从大拇指至小拇指，依次"挑"一个肉圆，待五根手指上都有圆子后迅速翻手，五个圆子一次性全部浸入水锅里。

五根手指挑圆子。

刀工练到后半夜

晚上下班后，罗干武仍然不着急回宿舍休息，而是主动留在厨房练习四个小时的刀工，每天都要练到后半夜。

罗干武首先练习"空切"，即持刀切砧板，目的是锻炼腕力。一个月后，手腕就有了力量，连续切四小时，一点儿酸胀的感觉都没有。

接着，罗干武用切报纸的方法练习指法。起初他只用一张报纸，慢慢地变成一份报纸，最后变成一本薄的杂志。罗干武说，开始时左右手总是配合不好，要么左手按不稳报纸，切的时候滑来滑去；要么切的时候，左手中指关节抵住刀身，却忘了随着刀的节奏向后移动，导致仅中指就有多处刀伤。足足练了一个月，罗干武终于将左右手"磨合"好了。

偷练被"撞破"
意外获指点

练习刀工的那段时间，罗干武左手的五根指头都缠满了胶布，同事们很纳闷。直到有一天，一位老师傅为了避开厨工偷学，凌晨一点去厨房涨发海参时，发现了正在埋头切杂志的罗干武，立刻明白了他手指受伤的原因。联想到罗干武中午一声不吭地杀鸡、挤肉圆，老师傅更加欣赏他认真学习的态度，破天荒地允许罗干武在一旁观看自己发制干海参。

第二天一上班，老师傅高声吆喝道："罗干武，来给我切墩！"罗干武欣喜若狂，他说："这道命令意味着老师傅认可我了，要亲自指点我了。"

1.仔母鸡1只。

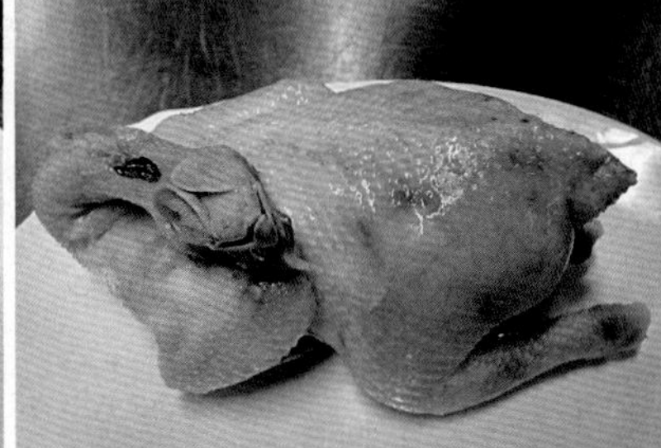

2.仔母鸡烫至七成熟。

3.烹入白醋。

东安仔鸡

技法类似回锅肉　煮法类似白切鸡

这道菜的发源地是湖南的东安县，因选用当地出生的仔母鸡炒成而得名，其出品标准可以用六个字概括——酸、辣、鲜、麻、脆、嫩。这道菜其实很简单，技法类似川菜“回锅肉”，都是先煮后炒，只不过此处煮的不是猪肉而是鸡肉；煮鸡肉的手法则与粤菜“白切鸡”类似，水冒虾眼泡时下锅，烫至七成熟，此时鸡骨头里仍有血水残留，立刻捞出过冷水，使原料达到“鸡皮脆、鸡肉嫩”的标准。

原料：选生长期一年以内的母鸡1只，重约800克。

调料：干黄椒10克，猪油75克，青花椒粉8克，料酒10克，盐5克，白醋25克，味精3克，香油10克，葱段5克，姜丝5克，湿淀粉12克，高汤100克。

制作：①母鸡宰杀去毛，开膛去内脏洗净，放入虾眼水里烫8分钟至七成熟，此时鸡骨头的血水还没有完全凝固，立刻捞出过凉，先剁下鸡翅和鸡爪，然后从脊背一开两半，依次去除身骨、腿骨。去骨时，一定紧贴骨头进刀，保持鸡形完整。去骨后将鸡肉改刀成6厘米长、5厘米宽的块。②锅入猪油烧至六成热，下入姜丝、花椒粉、干黄椒煸炒出香辣味，再下入鸡块、鸡翅和鸡爪炒一下，烹料酒，再调入盐，倒入高汤，烹入白醋，小火焖5分钟，使香辣盐醋味渗透入鸡肉内，加入味精、葱段，用湿淀粉勾芡，改大火翻炒几下，淋香油出锅装盘即成。

酱椒鱼头

酱椒鱼头于2001年在长沙“横空出世”，并迅速流行开来，风头已经盖过剁椒鱼头。两者的唯一区别就是酱，剁椒使用红鸡肠椒发酵而成，而酱椒是用本地青辣椒发酵而成。蒸鱼的时候再将发酵好的酱椒与野山椒按照7：3混合，用菜籽油熬成，蒸好的鱼头较之剁椒版本更加油润。

熬酱椒——
标准是“一油三料”

现在酱椒有多种熬制方法，使用的辣椒也是五花八门，不管哪一种方法，一定要记住熬酱椒的标准是“一油三料”。“一油”指的是菜籽油，“三料”是野山椒、腌好的酱椒、浏阳豆豉，其中野山椒与腌好的酱椒的比例为3:7。这三种是基础用料，必须要有，在此基础上可以掺人其他品种的辣椒丰富口味。

熬酱椒——
先干炒再油熬

熬酱椒时，辣椒碎要先干炒至无水汽，然后才能用菜籽油炒，好多师傅不知道这个小秘密，直接把辣椒碎投人菜籽油里炒。辣椒带着一层水，又被油封住，香味释放不出来，熬好的酱椒总是不香。

熬制流程：①锅上火烧至干爽无水，下人野山椒300克、酱椒700克小火煸炒20分钟至无水汽。②锅人菜籽油750克，下人蒜末75克爆香，下打碎的浏阳豆豉100克炒匀，再下炒干的辣椒碎煸炒出香，调人盐20克、味精、鸡精各25克、白糖15克、白胡椒粉10克翻炒均匀即成。

蒸制标准——
一个鱼头一层酱椒蒸15分钟

一个三斤半的鱼头从背部剖开，带皮一面朝上摆在盘中。因为剖开的鱼头呈凸起状，肉面与盘底有两指宽的空隙，蒸时可以自由过气。鱼头表面的酱椒不能太厚，只覆盖薄薄的一层，蒸15分钟即可。

永州血鸭

这是湖南永州的一款传统名菜，它有两个技术难点，一是“现取的鸭血不凝固”，二是“鸭血裹匀鸭子肉”。

三斤鸭子三两血

选生长期为一年的嫩水鸭，超过一年就算是老鸭，肉质太柴，不宜用于此菜。我们通常挑选重约3斤的水鸭，取血约3两，正好是两份菜的用量。

鸭血里调入醋和水

鸭血取出后要立刻掺人醋和水，防止鸭血凝固，否则炒制时无法裹到鸭肉上。通常，每50克鸭血里要掺人10克醋和10克清水。不必担心鸭血会变酸，因为在后期炒制过程中，醋的酸味会完全挥发。

煮鸭子的原汤要留着

鸭子宰杀后去掉头爪不用，把鸭肉改刀成块，焯水捞出，原汤撇净浮沫留待焖烧鸭肉时使用。

烧干原汤下鸭血

鸭子炒断生后下人原汤焖烧，一定要把汤汁烧干后才能倒人鸭血，否则会增加“鸭肉挂血”的难度，导致挂血不均匀。如果汤放多了，不等收干鸭肉就熟了，一定要起锅滗出汤，再回锅淋人鸭血。炒制时要一边淋鸭血一边炒，1分钟之内保证所有鸭肉均匀粘上鸭血，超过这个时间，鸭血就会凝固。

流程：茶油烧热，下炸蒜子、姜片爆香，下粗辣椒面把油炒红，再下鸭肉炒匀，淋煮鸭原汤400克中火烧至七成熟，下青红椒段、盐、山胡椒油，烧5分钟收干汁，烹人料酒，边倒鸭血边炒至呈紫红色，盛人垫有蒜苗的干锅内即成。

三款经典苏帮菜 各有秘诀在其中

大师 潘小敏

1972年，22岁的他进入昆山市一家饭店做学徒，开启了烹饪生涯；1987年，他被调到苏州胥城大厦，10年磨砺后接到通知参加外交部组织的厨师选拔，同年被派往中国驻法国大使馆工作，任职期间，他每年都要准备四场1000人的宴会，厨艺受到了法国政要们的高度赞扬；2001年，他在大使馆任职期满，刚刚回到苏州就又接到了命令，奉调入京继续在外交部事厨，在此期间多次主理接待重要外宾的宴会；2004年，他从北京回到苏州，在胥城大厦担任行政总厨一职，如今，年过花甲的他依旧战斗在一线。

他，就是苏帮菜传奇人物、国宴大师潘小敏。

碧螺虾仁

清风三虾

一盘熘虾仁　跟着季节走

潘大师虽已年过花甲，但每到厨房拿起炒勺，顿时精神焕发，青菜、豆腐、肉丁这些简单的食材在他手中变着法儿地蒸、煮、炒，它们就像大师手中的橡皮泥，随心所欲捏成不同形状。潘小敏不仅很好地继承了苏帮菜的传统，同时也把它做得更“活”。以“清熘虾仁”为例，这是一款地道的苏帮菜，但在他手中，就能根据季节的变化而呈现出不同花样：早春，正是碧螺春茶上市之时，其颜色碧绿、味道清香，潘大师将它加入到虾仁中，于是清香扑鼻的“碧螺虾仁”便呈现在餐桌上；而在梅雨时节，潘大师选择碧绿的荷叶作为陪衬，用虾仁、虾籽、虾脑打造“清风三虾”，在荷叶的映衬下显得格外清爽诱人；到了盛夏，潘小敏把芬芳的茉莉加入到虾仁中，形成了一道独具风格的“茉莉虾仁”；秋天，当菊花盛开时，潘小敏又精心挑选其花朵作为点缀，这样，一道“菊茶虾仁”便在大师手中诞生了。同一盘虾仁，能因季节变换出不同模样，让食客在视觉与味觉上得到双重享受。

叫花蹄髈

蹄髈代替叫花鸡
蛋清盐巴做成皮

“人们都听说过江南的‘叫花鸡’，把腌好的鸡用荷叶和泥土包起来烤熟，香味扑鼻，但烤好的鸡肉水分有所流失、油分不足，吃起来有些干巴巴的，于是我就想，蹄髈油脂多、肥嫩嫩的，为什么不能用它来代替鸡呢？”经过“移植嫁接”，潘大师做出的“叫花蹄髈”果然口感油润、味道鲜美。后来，他到日本冲绳岛参加一个美食交流活动，本来打算演示几道其他菜品，但主办方希望能现场制作这道蹄髈，这可让他犯了难——其他原料还比较容易准备，但活动现场根本找不到泥巴，没有泥巴这道菜就没法做。潘大师当时急得团团转，在准备间里他看到了一袋一袋的食盐，于是他急中生智，将这些盐倒入盆中，加鸡蛋和在一起，用它代替泥巴包裹在蹄髈表面。其实他心中十分忐忑，不知道会不会因为自己的一时冲动将此菜做砸了。然而结果却超出了他的预料——它们非但没有“毁”掉蹄髈，反而为其增添了一股特殊的香味。原来，盐和蛋液做成的外皮与泥巴相比，质地更密、传热更快，能够将肉香味紧紧锁住，使内里的蹄髈味道更加浓香。回到酒店后，潘大师正式在店中推出这款用盐与鸡蛋做皮的改良版“叫花蹄髈”，反响十分热烈，2012年此菜被评为“苏州十大名菜”之一，不少食客远道而来，慕名品尝。

腌制——
不用香料腌　改加蔬菜粒

此菜每天都由潘大师亲自制作，由于工序复杂、用时较长，所以一般早晚各预制一次，每次做4只，卖完即止，如果预订较多，可以酌情增加。制作此菜最好选用肉质新鲜、色泽鲜红的猪前蹄髈，肉多、口感好。操作时首先要去净猪毛，用水冲洗干净后去掉大骨（去骨后的蹄髈净重约1000克/只），在猪肉表面划几刀，方便腌透。注意不要切得太深，使蹄髈能够保持原型。

腌制蹄髈时，潘大师没有用香料，而是用了三种蔬菜，他说：“香料往往会抢味，但蔬菜却不同，清香中略带辛香，能够起到去腻提鲜的作用。”以做4只蹄髈为例，纳盆后加入西芹粒、洋葱粒、胡萝卜粒各250克，再下料酒100克、白糖75克、老抽45克、盐10克、味精5克、五香粉3克拌匀，腌制24小时即可。

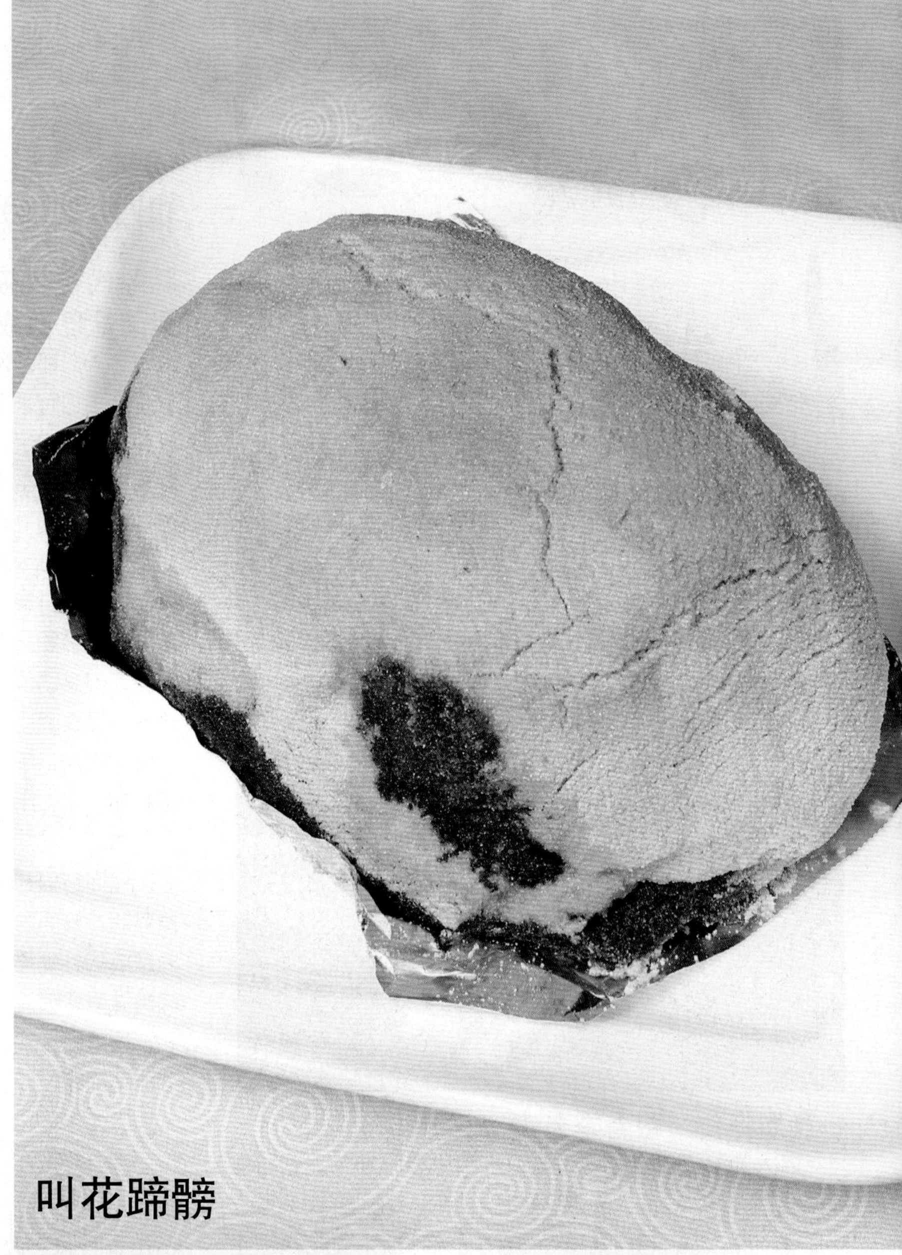

包装——
一纸一叶一网油
再加几粒小冰块

蹄髈腌好后，就要对它进行“包装”了。先在案板上铺一张锡箔纸，再铺一张新鲜荷叶（如果是干荷叶，要提前用清水泡软），最后铺一张猪网油。网油的作用有两个：①高温烤制后会化掉，可使蹄髈更加油润；②外层的荷叶烤制后会变干，极易黏在蹄髈上，有了网油的滋润，就可以很好地避免这一问题。将蹄髈连同腌料一起摆人网油中央，加4-5粒小冰块，将网油、荷叶及锡纸层层包起呈长条形。为什么要在其中加冰块呢？这是此菜的一大秘诀——要想使烤好的蹄髈口感滋润，其中就要有些汤汁，但如果直接加液体，汤水就会流得到处都是，所以要用冰块来代替。

包好锡纸的蹄髈外面还要再裹上一层盐与蛋液的混合物，以包裹4只蹄髈为例，一般需要盐13袋（每袋重约400克）、鸡蛋7个，二者混合后有点像黄沙，但比它要黏稠一些。注意混合时千万不能加水，盐遇水后就会融化变稀，无法附着在锡纸表面。

烧制——
10分钟定型　3小时制熟

蹄髈包好后，就进人烤制阶段了。烤箱要先预热至180℃，放入蹄髈烤10分钟左右，使外层的盐迅速结壳定型，然后再将温度调到150℃，继续烤3小时至熟。此时西芹、洋葱、胡萝卜等经过长时间烤制，基本都化掉了，香味融在了汤汁里，这样，一道肉质软糯、蔬香四溢的“叫花蹄髈”就算完成了。上桌后由服务员用木槌将外壳敲碎，剥开锡纸、荷叶后客人即可食用。

1.批量烤好的蹄髈。

2.敲开盐壳，内见蹄膀。

鲜肉月饼

南方人少有不爱苏式月饼的，看起来金黄油润，吃起来皮层酥松，口味甜咸多样。甜馅有松子仁、核桃仁、玫瑰花、赤豆等；咸馅有火腿、虾仁、香葱等。其中最惹人回味的，恐怕还是鲜肉月饼。

制馅要选前腿肉
有肥有瘦更鲜香

制作鲜肉月饼，最好选用猪的前腿肉，有肥有瘦，口感滋润，也有人称其为“夹心猪肉”。最好不要选择后腿肉，因为这一部分瘦肉太多，烤制后肉质变硬、口感发柴，味道一点也不香。肉买回后剁碎调馅，一般500克猪肉中要加白糖50克、芝麻碎25克、老抽19克、生抽13克、盐5克、料酒5克，混合均匀后即成馅料。

生坯制作：①中筋面粉900克加猪油450克混合拌匀制成油酥。②中筋面粉1600克、猪油350克、麦芽糖125克混合纳盆，加清水900克揉匀制成水油面。③将水油面擀成长方形，包人油酥三折三擀，自然饧发30分钟，然后下成每个重约30克的剂子。④将剂子擀成薄皮，每个包人馅料35克，收口后用手轻轻压至微扁，制成月饼生坯。

走菜时，将电饼铛预热至200℃，先将生坯的收口一面朝下摆人锅中，烤7–8分钟，再翻面继续烤10分钟，至月饼边皮发白、两面金黄起酥即成。做好的月饼可以作为面点推出，也可包装成礼盒销售。

奥灶面

“江苏有三碗面非常出名，一为昆山奥灶面，二为苏州枫镇大面，三为南京鱼汤小刀面。当初我在昆山时，最爱吃的就是奥灶面，汤鲜味美，以至于后来到外地工作，都对这碗面魂牵梦绕。”2004年潘大师回到苏州，第一时间就把奥灶面搬入了胥城大厦的餐桌。

红汤。

白汤。

一碗奥灶面　魂在两锅汤

最初的奥灶面汤底都是以鱼为主料熬制的红汤，一锅红汤要熬9小时左右，一般都是前一天熬、第二天用。有时店内生意好，汤底就会出现不够用的情况，想要更多的红汤，就意味着漫长的熬煮时间。为了解决这一问题，潘大师灵机一动，采用了“红汤+白汤”的组合方法，将二者分别熬好，最后拼在一起，“以鱼为主料的红汤和以家禽为主料的白汤混合，一方面可以解决量不够的尴尬，另一方面，也使汤底口感更浓、味道更香。每天提前熬出两锅汤，需要多少量我们就拼多少，保证了量，也保证了质。”

红汤熬制：新鲜草鱼头（或鲢鱼头）20斤、黄鳝骨5斤分别洗净，不需改刀，直接下入五成热的菜油中拉油；肉皮15斤汆水洗净；活螺蛳5斤洗净，装入纱布包中（红汤煮好后要滤除料渣，但螺蛳较小，熬煮后容易沉在锅底，不易打捞，所以要提前装入纱布包中）；红枣2斤洗净。所有原料混合放入不锈钢桶中，加苏州酱油12斤、黄酒9斤、姜块2斤、葱段2斤及香料包1个，冲入清水80斤，大火烧开，改小火熬煮9小时即可，约能得汤70斤。

白汤熬制：鸡骨架10斤、筒骨7斤、老鸡2只、老鸭2只分别焯水，洗净后放入不锈钢桶中，加黄酒1斤、姜块1斤、葱段0.5斤及香料包1个，冲入清水60斤，大火烧开，改小火熬煮9小时，约能得汤50斤。

香料包：小茴香1000克、肉桂1000克、陈皮1000克、小春花（中药材的一种，别名阴地蕨，有清热解毒、消肿止痛的功效，药店有售）1000克、沙姜750克、细辛（中草药，别名细草、小辛，有祛风、散寒、止痛、镇咳等功效，药店有售）750克、肉蔻750克、八角500克、草果500克、甘草500克、砂仁500克、沉香250克混合均匀，平均分成60份，分别装人纱布包中即可。一般1个香料包可以连续使用2天，之后则需要更换新的香料包。

奥灶面汤底：煮好的红汤、白汤分别滤除料渣，各取2/3用来配制奥灶面汤，将其混合装人不锈钢桶中，加盐250克、白糖500克（昆山人口味偏甜，其余地区可酌减白糖用量）调味，大火烧开，改文火保温。剩余的1/3则作为老汤，继续循环使用，每天将原材料按上述比例处理好后下人汤中，红汤加70斤水、白汤加50斤水重新熬制即可。

活水煮面　清爽不黏

除了汤底之外，奥灶面的另一个“重头戏”就是面条。江南人喜欢吃“头锅面”，这是因为，江南面条中碱的含量相对较多，第一锅清水煮出的面条是最清爽的，没有碱味，而随着煮面次数增多，水就会变得浑浊，煮出的面条容易粘连在一起。为了避免这个问题，潘大师采用了活水煮面的方法——在煮面锅的上方装个水龙头，细流水源源不断地流人锅中，始终保持大火滚开，这样锅内沸腾的水就会不断外涌，有进有出、循环往复，水质始终清澈，煮出的面条自然也是清爽不粘连。胥城大厦选用的面条是用精面粉加工而成的龙须面，其软硬适中、带有韧劲，煮熟后口感弹滑，十分筋道。

此面有“三烫”：
面烫　汤烫　碗也烫

奥灶面有“三烫”：一为面烫，煮好的龙须面要在旁边另一锅更为清澈的沸水中过一遍；二为汤烫，调好的汤底放人不锈钢桶中，始终用文火保持温度；第三则是碗烫，面碗洗净后，要放人90℃的保温箱内加温。走菜时取出面碗，放人味精、青蒜、白胡椒粉，然后捞上2两面，浇上8两汤，上面再盖一层浇头，这样一碗热气腾腾、香气馥郁的奥灶面才能正式端到客人面前。

1.煮面时开水龙头，使细流水源源不断流入锅中。

2.龙须面。

奥灶面浇头有熏鱼、虾仁、鳝鱼、卤鸭等。

大师 剧建国

冀菜大师剧建国自1968年入行以来，接受过恩师袁清芳的悉心教导，亦有幸跟随“扒菜大王”王甫亭、“鲁菜泰斗”王义均学技艺、修品德，数十年努力至今，当年那个在早点部炸油条的17岁小工已成长为冀菜王国的领军人物。

每月给徒弟写七十二封信

为了将从师父那里学到的一手绝技更好地传承下去，剧建国联合几位师兄弟成立了“清芳美食专业委员会”，以师徒授受的方式传递技艺、推广冀菜，并定期组织比赛、交流技术；而本应安享晚年的剧大师，依旧奋战于冀菜改良的第一线，他所设计的菜品在融合传统技术的基础上不断翻新，每每在其担任技术总监的冀菜会馆推出，即受到餐饮同行和食客的热捧。

作为一个集“中国烹饪大师”、“中国餐饮文化大师”、全国烹饪界至高荣誉“金鼎奖”三顶桂冠于一身的大师，在谈话中，剧建国说得最多的不是如今的成就，而是从恩师袁清芳身上学到了哪些技艺和品德，又如何将自己学到的东西悉数传给名下弟子。

上承师

小伙夫遇见大师傅

谈起和师父袁清芳的缘分，要从17岁那年的夏天说起，当时刚毕业的剧建国被分配到东方红饭店工作，接到的第一项任务是在早点部“炸油条”，天刚亮的时候就要爬出被窝开始忙活，和面、擀制、油炸一手包办，对着热气翻滚的油锅一待就是两个小时，早点收市时，剧建国的两只手经常被溅起的油星烫到红肿……从油条摊上撤出，这一天的正式工作才算刚刚起了头，烧火、杀鸡、宰鱼、洗碗，封灶时已近半夜，拖着疲惫的身躯钻进被窝，睡不到几个钟头又要开始一天的工作……虽然很苦很累，但剧建国对于分配给他的每一项工作都认真完成，也因为如此，小小年纪的他被厨房的大师傅袁清芳看中，点名收其为徒。

从1968年参加工作到1983年师父去世，剧建国跟师父相处了15个年头，到现在他仍能清楚地记得师父工作时的场景，“上案丁字步，上灶不弯腰”，每当看到徒弟们操作姿势不规范，总会及时纠正，师父很少喝骂，却往往夸张地模仿你的不规范动作，引得周围一片笑声，也让你在脸皮涨红的同时牢牢地记住了自己的错误。“我从师父那里学会了熘炒、爆烧、焖炖等30余种烹饪技法，习得了师父自创菜品‘金毛狮子鱼’的全部技巧，师父教做菜、教做人，却连件工作服也没麻烦我们这些弟子洗过。”

袁清芳大师

厨师的1%
顾客的100%

而最让剧建国印象深刻的，是师父做事的认真、严谨，从一线退下直至78岁高龄，仍每天早早地来到东方红饭店，就坐在操作间门口看徒弟们炒菜，菜品有一点不合格，都要被退回来重做。

“因为有师父坐镇，加上菜品价格便宜、口味地道，每到餐点饭店门口就排起长龙，前堂跟庙会一样热闹，而后厨呢，就像打仗一样，我们这些厨师往往在灶台上一站就是两三个钟头。”累狠了的时候，剧建国难免懈怠。有一次做“虾子笃豆腐”（此菜的做法是将豆腐块两面煎黄后，加鲜汤、酱油、虾子、味精等调料收汁勾芡装盘），因饭口忙乱，煎制的火候大了，豆腐边缘有煳斑出现，剧建国犹豫了一下，看看身后堆积如山的待炒原料，还是将豆腐端到窗口准备出菜，不巧被师父看见了，当着后厨、前厅数十人的面，师父毫不留情地将他训斥了一番，年轻的小剧忍不住委屈地红了眼睛。可后来师父的单独谈话却让他记在了心底：“你觉得自己炒了几百道菜，有一道煳边的不算什么，可也许那道煳边菜就是客人今天在店里吃的唯一一道菜。对厨师是1%，对顾客则是100%。这次有了煳边，下次多点黑渣，时间长了，谁还会吃你炒的菜？自己就把自己的招牌砸了。”

师父的话给了剧建国很大的触动，他从根本上改变了工作态度。铁锅沉、饭菜多，剧建国把每一次炒菜都当成练习基本功，为以后的成功打下了坚实的基础。而师父对人负责、对事认真的态度也一直影响着剧建国，如今他坚持每个月给每名徒弟写封信，那个认真劲儿，延续的恰是袁老爷子的作风。而今，袁大师已去世30年，剧建国仍组织大家每年驱车从石家庄到保定为师父扫墓。

“金毛狮子鱼”由袁清芳大师创制，这位名厨虽已过世，但他独创的这道菜一直是职称考试的必考菜品。此菜是用鲤鱼加工修饰后炸制而成，色泽红亮、鱼丝蓬松形似狮子，酸甜适口，1983年被命名为“中国名菜”。此菜在石家庄餐饮业有着特殊的“地位”，前些年，每位从厨者都以学会这道菜为荣，就因为它对操作手法有近乎苛刻的要求：炸制定型时必须双手抓住鱼骨两端，紧贴油面，100多度的高温把很多师傅的手指都熏得脱皮了，最后结成了厚厚的茧子，所以，手指上的茧子厚不厚往往是衡量一个厨师“金毛鱼”功力的主要指标。而剧建国无疑是得到了师父的真传。

问：在实际操作时，是每天早晨杀好后速冻吗？

答：速冻的情况一般用于当天急做，如此菜的销量基本稳定了，可以提前一天将鱼宰杀后入冷冻冰箱冻上，第二天一早上班后取出自然解冻（不能解透），然后改刀。

问：为什么要去掉鱼肚裆？

答：这部分质地很软，如果不去，会影响炸制出来的“狮子”形状。

问：片刀时有什么要注意的细节？

答：片刀时要先将鱼身用卷起的抹布垫平，改刀时刀口要均匀，每片的厚度要一致，每片都要片到底（片到最后将刀立起，感觉切到鱼骨即可），但不能切断。

1. 将鲤鱼宰杀后入冰箱速冻4小时，冻至似硬非硬（目的是便于改刀）。将鱼肚裆切掉。

2. 将鱼身用毛巾垫平，从鱼身2/3处下刀，向鱼头方向平行打刀片（起刀时薄，越到鱼头的部位越厚）。

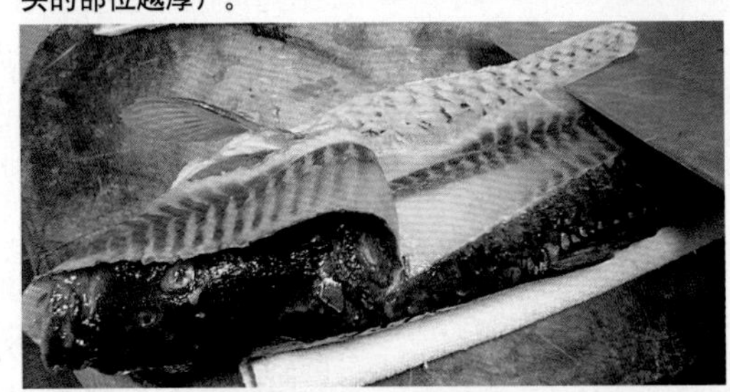

3. 每面片17刀，每片厚约1-2毫米。每一片的片端（靠近鱼头的一端）都要比上面一片向后错0.5-1厘米。这道工序需5-6分钟。

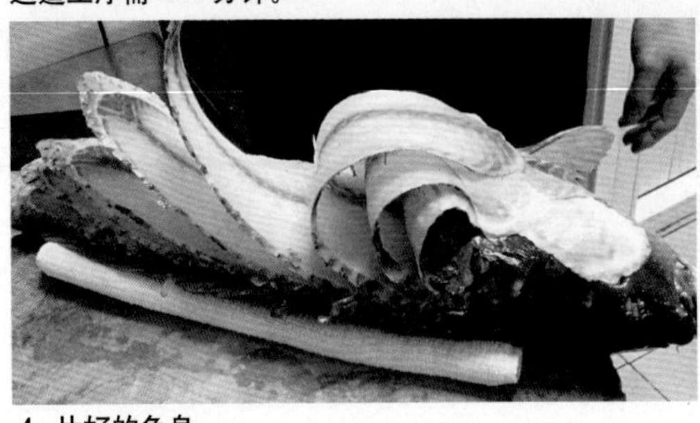

4. 片好的鱼身。

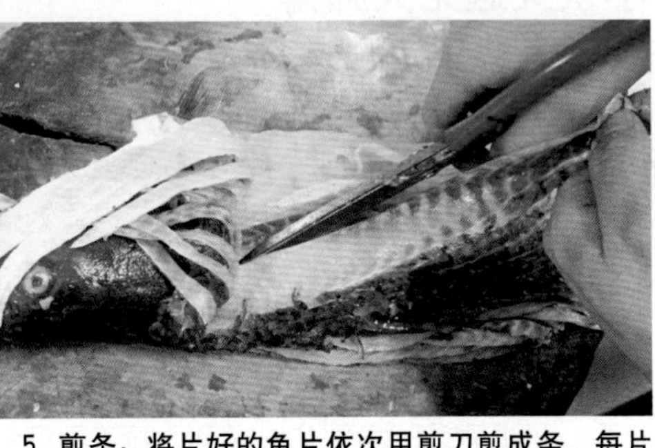

5. 剪条：将片好的鱼片依次用剪刀剪成条，每片剪成4-6条，每条比筷子略细一点，共剪成约200多条。这道工序需8-10分钟。

6. 剪好的鱼条。

7. 调糊：将鸡蛋6个、淀粉500克、面粉250克加适量水，放少许盐调味，调匀后再淋入一点色拉油，继续调匀。

8. 调成比较稠的蛋糊。

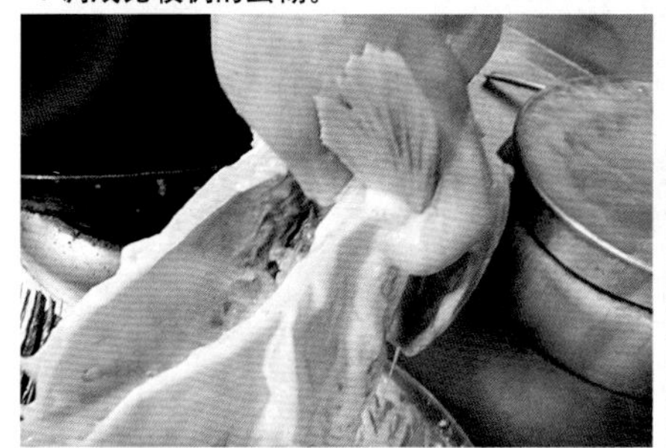
9. 将鱼丝全部顺到鱼背方向，然后用左手拎起鱼的胸骨，右手拎起鱼的尾骨。

10. 将鱼腹部朝上，使鱼肉条全部下垂，浸没在盆中挂匀蛋糊。

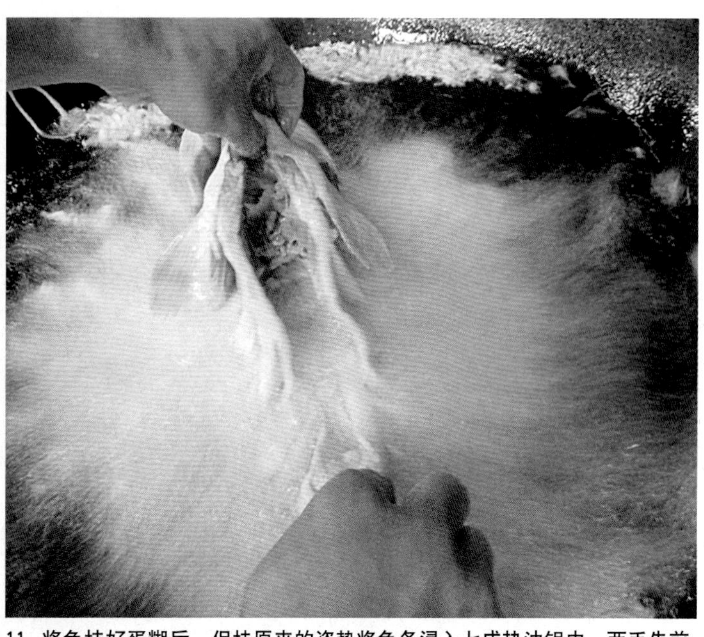
11. 将鱼挂好蛋糊后，保持原来的姿势将鱼条浸入七成热油锅中，两手先前后晃动，然后再左右晃动，将“金毛”全部抖散，此过程持续 1–2 分钟。

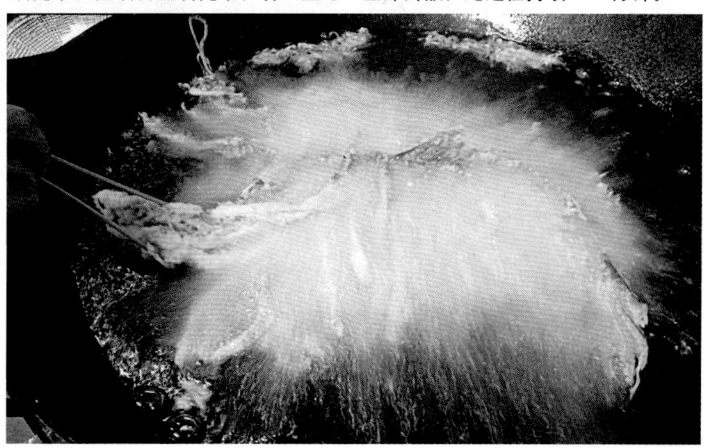
12. 鱼炸定型后松开手使鱼整个浸入油锅中略炸，用漏勺将鱼身翻过来再炸 2 分钟。

13. 待鱼丝与油面平行散开、呈金黄色时用漏勺捞出，鱼腹朝下放在盘中。整个炸制过程需 5–6 分钟。

14. 净锅上火，入番茄酱、橙汁、白糖、白醋、清水熬浓成糖醋汁，勾芡后均匀淋在鱼身上即成。

大师点拨——

调糊要用水淀粉

狮子鱼身上挂的蛋糊很有讲究，之中提供的是平时走菜用的蛋糊配方，加人面粉后炸出的鱼丝比较软，口感较好。如果要使成菜中的鱼丝更挺、品相更好，应该只用蛋黄和水淀粉调糊。调糊时只用蛋黄，炸出来的鱼色泽更好；水淀粉是指将淀粉泡好静置，将上面的水倒掉所得的湿淀粉，如用干淀粉调糊，炸出来的鱼丝上有“毛刺”、不够光滑细腻。

下锅先要抖三下

鱼丝剪好后，一手提尾，一手捏在两鳃相连处的鱼骨上，使鱼腹部向上背部向下沾匀蛋糊，一边轻轻抖一边下人七成热的油锅（抖动时力气不能大），待鱼丝全部浸没人油中，此时两手离油面 2–3 厘米，前后大力抖三下，使鱼丝一根根散开，抖完后先朝鱼头方向拉一下，再向鱼尾处拉一下，目的是使鱼丝向头部方向抱拢，然后两手向上提，将鱼整个提起，双手离油面约 10 厘米，鱼背上的鱼鳍正好整个没人油中。

造型关键：头低尾高

手离开油面后，要保持头低尾高的手势，炸制约 3 分钟。这是定型的过程，只有“头低尾高”，才能使炸好的鱼丝向鱼头方向聚拢，炸出“狮头”的效果。在这三分钟内，油面上水蒸气升腾，高达 100 多摄氏度，很多初学者承受不了这个热度，手一松鱼就掉回锅里，这道菜也就失败了。这是因为锅底是弧形的，鱼丝贴着锅底炸出来后自然也成了圆弧形，容易结块，就不会有“金毛”根根直立的蓬松感。刚开始学做这道菜时，可以找一个人在旁边用扇子将热气扇到一边，这样温度就没那么高了。

定型时需快速升温

鱼下锅后油温会降低至五六成热，将鱼身提起后应迅速转大火升温至七成热，这样才能使鱼丝快速定型，否则鱼肉会软烂、掉丝。用手提着炸完 3 分钟后，鱼丝基本炸定型，此时可以松手将鱼整个浸人油锅中炸一下，这个过程中可以用筷子修整一下“金毛”的形状，如果有掉下来的鱼丝，可以蘸一点糊粘在鱼身上，油炸后自然就固定住了。这一面炸熟后，要将鱼翻过来再将鱼腹一面炸熟，鱼身翻动时也有技术：先用手勺兜住鱼头，然后从鱼头处伸人漏勺，兜住鱼身鱼尾翻过来，炸好出锅也要按此步骤操作，鱼背朝上平放在盘中，浇汁即可。

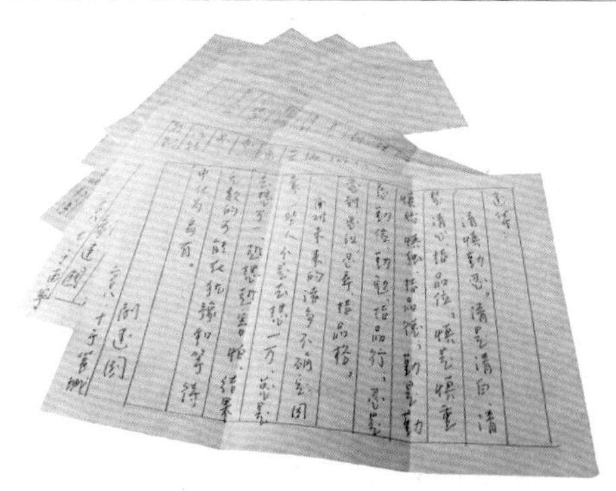

下 传徒

跟着袁大师学习，积累了一定的经验和阅历后，剧建国开始收徒。与有些师傅对徒弟放任自流的态度不同，剧建国教导徒弟很认真，他将自己从师傅那里学到的一身本领悉数传给徒弟，再由徒弟传给徒孙……

每月一封信　俘获徒弟心

2008年，剧建国寄居南宁，因路途遥远，他没有办法像往常一样与徒弟们面对面沟通，但又实在放心不下，于是开始每月给每位徒弟手写一封信。信的内容有时是名言警句，有时是根据每位徒弟自身情况提出的改进意见，有时是生活上的关心，72位徒弟、72封信，剧建国坚持手写。从南宁归来，这个习惯一直延续至今。

杨建华：曾经有位前辈认为师父年纪大了，每个月还要手写70多封信过于劳累，建议他将内容相同的信手写一份然后复印，被师父婉言谢绝，“机器复印出来的怎么比得上手写的用心”，这是师父的原话。

孙承义（现任邢氏海参馆服务总监）：记得有次一位师弟向师父询问有关花刀的问题，结果在下个月，师父给我们每人的信里夹了一页纸，上面讲解了各种花刀的名称及形状，为了让我们理解得更直观，师父还给每种花刀配图说明，一目了然。我把这张纸复印了几十份，给我的每位徒弟一人一份，别看只是一张纸，既传承了技艺，也传承了精神。

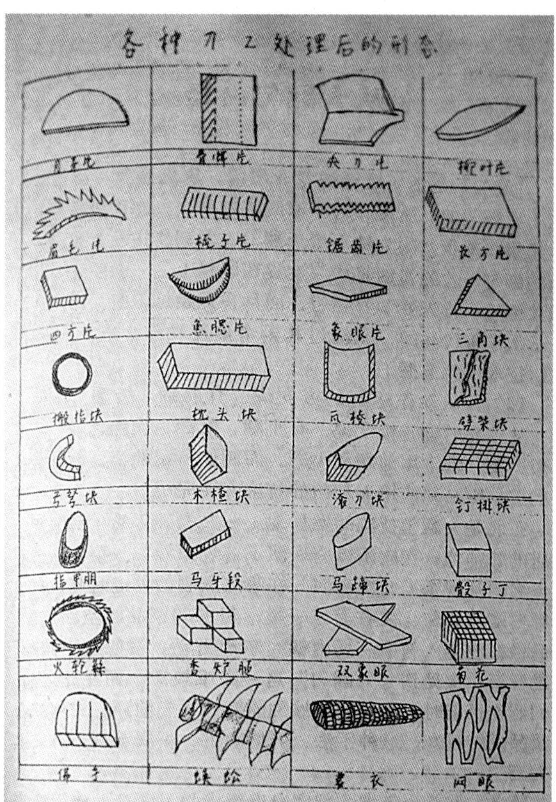

剧大师寄给徒弟的花刀说明，图文并茂。

郭庆敏（现任山东巨无霸酒店管理集团执行总监）：我近30岁才改行做厨师，虽然比师父还要大5岁，但因起步太晚，对很多事情理解得不够透彻。有段时间我负责的酒店新老菜交替出现问题，每次都是赶在换季前一通忙活才能勉强推出，师父听说了这一情况，在信里对我进行了点拨，“饭店要经营一批菜，同时创造一批菜，同时推出一批菜，同时储存一批菜”，按照师父的说法，我每隔两周就让手下的厨师各推5道新菜，大家凑在一起试吃、评比，将评价高的菜品储存起来下次推新菜时使用，酒店的新老菜交替果然没再出现断档。

吕跃进（现任石家庄长安区饮食公司总经理）：我从1980年开始跟着师父学习，到如今30多年过去了，师父做事一直非常严谨、认真，就好像他每个月给我们写的信，从没有敷衍地抄写一遍了事，哪怕前半部分写了相同的名言名句，总会在后头针对每位弟子的特点进行点拨。我做事比较莽撞，很多时候没有考虑仔细就去实行，结果去外地做生意赔得一塌糊涂，一度对自己失去了信心。后来师父在信中鼓励和指导我，面对未来的诸多不确定因素，要在了解清楚情况的基础上，再慎重地做决定，而实行时则要勤勉、忍耐、坚持，最后一定会成功。师父担心我因这次失败而使以后做事瞻前顾后，特别在信的末尾提到做事不能只想着“万一”，而要多想想“一万”，避免机会在犹豫和等待中化为乌有。这封信现在被我收藏在书桌的抽屉里，每当我觉得自己做事又开始急躁的时候，就会把这封信拿出来看看，再做决定就能更从容。

陈栋（现任河北省宏谷餐饮管理有限公司副总经理）：师父做事还有一股“牛”劲儿，有什么疑惑从不留到第二天。记得有一次参加某企业组织的餐饮文化论坛，讲述典故的前辈提到了清朝大文豪袁枚的家厨王小余的生活年代，师父当时觉得年份不对，但因不确定而未吭声，晚上回家后立即翻阅资料，到凌晨两三点终于查到正确的年份，第二天一早师父便迫不及待地将其告知大伙儿，生怕我们走入误区。

姜汁热窝鸡　水煮牛肉　蒜泥白肉　鸡豆花　糖醋里脊

五道实用菜　大师讲明白

大师　杨和平

1970年，未满18岁的杨和平加入成都市饮食公司，在厨师这个行当上一干就是40多年。从年轻时开始，杨和平对待做菜这件事就很“较真”，20世纪80年代初被公派至美国新泽西州“竟成园”餐厅任职时，为了向当地的华人以及美国友人展示最正宗的川菜，一包味精也要用四川空运而来的“天府牌”，就因为它粉末很细，特别出味，是四川人吃惯了的。回国后担任澳门“菜根香”酒楼餐饮总监时，也坚持菜品不减辣、不少油，要做就做最正宗。

2012年，历经数载耕耘，杨大师已将退休，但领着四川省劳动厅发放的“国家高级技师”津贴的他并不寂寞，被徒弟们争相邀请至店中做客。每到餐点，杨大师并不是在包间坐等上菜，而是一定要进厨房转一转，“你这道‘干煸四季豆’，炸好的四季豆要在调料放完后再下锅，这样才能呈现干而不焦的口感”、“猪肝剁蓉后要先放入箩筐中轻轻搅拌，滤掉渣滓后再进行下一步操作，这样做好的‘肝膏汤’才够细嫩”……技术要点突出、讲解浅显易懂，杨大师的现场授课现已被徒子徒孙们奉为经典。

做本分菜 当实在人

“在我年轻的时候，‘姜汁热窝鸡’是每个餐馆必备的一道家常菜，但现在却很少有人做了，并不是这道菜难做，也不是人们不爱吃，而是在于主辅料太过简单，只有鸡和姜末两种，鸡要放养的山鸡，姜要味浓的黄姜，制作时鸡肉的量要给足，做不得假，否则客人一看便知。现在许多餐厅打着创新菜、江湖菜的名号，做菜时辅料喧宾夺主，几乎能把原料淹没，我坚决反对此类做法，也禁止徒弟们这样干，只要让我来当顾问，我的第一要求就是‘把量给足’。”

姜汁热窝鸡

很多外省人对于“姜汁热窝鸡”这道菜的名字感到疑惑，“姜汁”很容易理解，是指菜肴的口味，“鸡”则是菜肴的主要原料，但“热窝”是什么呢？听前辈厨师讲，“热窝”是个比喻，指菜肴的热度与母鸡刚刚生完蛋的窝温度相仿，入口要热但不能过烫。

公鸡✓ 母鸡×

我曾看过一档美食节目，有位厨师在制作“姜汁热窝鸡”时这样介绍：“选治净的仔母鸡，煮至断生后捞起，斩成小块……”随后他从旁边拿起了一块约有半个巴掌大小的北方大姜剁成碎末，下人锅中和鸡块一同炒制……

他从一开始选料就错了，技术再高超，炒出的鸡块也不可能好吃。这道菜的原料一定要选用公鸡，与母鸡肉绵软的口感不同，公鸡的肉质更脆、更有嚼头。另外最好挑选山上放养的土鸡，要4–5斤重的，超过6斤，鸡肉太老咬不动；如用还没长成的仔鸡，肉又太嫩，香味不足。

黄姜✓ 大姜×

配料一定要选用乐山市沐川县或仁寿县产的小黄姜，质地紧实，切面呈现纯黄色，味道辛辣，极易出味，四川有句老话“烂姜不烂味”说的就是它。

切面纯黄的小黄姜。

老师傅制作此菜的流程是这样的：选用4斤重的公鸡宰杀治净，冲去血水、沥干后约剩1400克。锅人清水3000克，加人姜片、葱段各20克煮5分钟出味，放人整鸡大火煮15–20分钟，待鸡肉断生，捞出自然晾凉改刀成块。

另起一锅滑透，下人菜籽油20克烧至三成热，下人黄姜末120克小火煸香，待姜味充分溢出，下人鸡块800克与姜末混匀，快炒20秒，使姜味渗人鸡肉，倒人煮鸡的原汤淹至鸡块的一半，调人盐8克小火炒至汤汁快要收干、鸡肉吃进盐味后，加酱油5克翻匀，勾浓芡，下醋8克，撒葱花6克、淋香油5克翻匀即可出锅。

如果有客人想吃辣，每份菜可以加人6克郫县豆瓣，顺序为先下豆瓣炒出红油，将豆瓣拨至一旁，在油中放人姜末炒香，然后再下鸡肉。因为姜被切成了碎碎的小颗粒，如果先下姜末再炒豆瓣，豆瓣的香辣会将刚刚煸出的姜味完全盖住，且加热时间过长，姜末易煳。

在整个制作过程中，有以下几点需要特别注意：

大火冲煮　鸡骨含血

煮鸡时要用大火，让翻滚的水不断冲击着鸡肉，将腥味全部带走。煮制时间不可过长，净重2斤半左右的鸡最多煮20分钟，此时鸡骨中还带有血丝，鸡肉嫩而不烂。

鸡皮冰激易脱落

煮好的整鸡捞出，待自然凉透后再改刀成块。有些师傅喜欢用冰激的手法处理鸡肉，这样做的好处是鸡皮变脆、有光泽，缺点是炒制时皮与肉容易分离。而在自然晾凉的过程中，鸡皮与鸡肉同步收缩，皮紧紧地附在肉上，炒时不会脱落。

鸡肉斩块不剔骨

有些高档会所的厨师为了显示制作精细，在改刀时会将鸡骨剔除。倒不能说他们的做法错误，只是我觉得品尝此菜，最有味道的是在吃完鸡肉后，用力吸出骨头中深埋的那缕鲜汁，如果将骨头剔掉，也就失去了那种趣味。

温油下姜末　小火煸出香

要想使姜香味最大限度地释放出来，炒制时需要注意“温锅温油，小火煸炒”。油的种类并没有严格规定，菜籽油、猪油、混合油皆可，但需要将锅滑透后再下入，油温不宜过高，三成即可，否则姜末下锅，乍一受热，姜的香、辣全部封在体内，不仅不出味，还很容易被炒煳；油量也不宜过多，否则变炒为炸，姜末极易被炸干。此外一定要用小火煸炒，让姜末的味道在油中慢慢析出，如果改用大火，姜味还没出，便已被大火冲煳。

炒鸡加入煮鸡的汤

鸡块入锅翻炒两下，就要添上半勺煮鸡的原汤，小火边炒边煮4分钟，这样可避免鸡肉在炒制过程中失水过多而口感变柴；汤不能多，没至鸡块的一半即可，否则鸡肉泡入汤汁的时间过长，口感发水，炒制后的锅气与焦香便完全散失了。

要想味丰富　先把盐吃足

川菜的调味原则是在吃够盐味的基础上，突出某一种味道。因此“姜汁热窝鸡”的味道虽然是以姜辣味和醋酸味为主，但如果没有足够的咸味打底，姜味会显得过于生辣，醋味也会因过于单一而不适口。

让鸡充分吃进味后，紧接着要下的便是酱油，量不能多，中火翻炒让肉刚刚染上浅红色即可，否则成菜变成黑乎乎一片，影响食欲。醋味非常容易挥发，因此要最后下锅，而我们在炒制鸡肉时，油量不多、油味不重，点入醋后还要添点香油，为整道菜补充油气。这两样调料下锅后立即关火装盘，确保香味不流失。

1.一斤鸡蓉打进一斤水。

2.鸡肉糊入70℃热汤煮40分钟。

川汤三艳它最美

"川菜的汤菜有三艳，一是开水白菜，二是鸡豆花，三是肝膏汤。这三道菜中，最鲜的是白菜，最滑的是肝膏，而最美的，则当属鸡豆花。这道菜从诞生那天起就给人们留下了非常深刻的印象，明亮的清汤好似无边的湖水，洁白如玉呈云朵状的鸡蓉浮在其中，有如白云倒映在湖水中，清新雪白、诱人食欲，构成了一副极美的画面。"

鸡豆花

鸡肉宜鲜不宜冻

这道菜最好挑选约1斤半左右仔鸡的胸脯肉，筋膜少、口感嫩，在操作前，在细流水下冲洗至少1小时，将血水全部漂净。鸡脯肉最好是新鲜的，若是经过冰冻，鸡肉会因吸水过多变得结构松散，其纤维完全失去了应有的强度，制成的鸡蓉没有凝结力，难以形成云朵状，吃起来有种水漂漂的感觉。

一斤蓉吃进一斤水

鸡肉清洗干净后，可按照"芙蓉鸡片"中的手法，将鸡肉"先捶后剁"制成鸡蓉，再调入清水、蛋清做成鸡肉糊。

需要注意的是，鸡蓉中一定要分次加入清水，顺同一方向搅拌至全部吃透，量不能多，否则鸡肉会失去凝结力，在锅中无法结成云朵状，而是呈渣状沉入汤中。一般情况下，每500克鸡蓉要加入清水500克、盐2克充分搅匀，再倒入打至起泡的蛋清40克搅打成鸡肉糊。调好的鸡肉糊舀起后应呈直线般流下、连续不间断，下入汤中，立时凝结不散。

一斤肉　七斤汤

有些师傅按照上述方法一步步做好鸡肉糊，煮制时却大惑不解，肉糊为什么总是沉在锅底？其实，这是因为汤量给的不足。煮鸡豆花时放清鸡汤或高汤，汤要多些，最少也应是鸡肉糊的七倍左右，只有这样，汤才可以承受住鸡肉糊的重量，使其漂浮不沉。另外，在煮制过程中鸡肉糊需要不断地吸收汤汁才能保持嫩度，如果一开始汤给的不够，到最后成菜时，鸡豆花会有部分裸露，与空气直接接触后会风干老化，不再洁白柔嫩。

热汤70℃　浸煮40分

除了汤量，温度也是鸡豆花成败的一个关键。前人经过反复实践，得出了汤汁温度70℃时最适宜的结论，温度过低，汤没有浮力，不足以将鸡豆花顶托起来；温度过高，鸡肉糊容易变老。在制作过程中要保持汤汁的温度，不能使它沸腾，否则鸡肉糊易被冲散。

煮制时间也有讲究，条件允许的话，以虾眼水状态（约70℃）浸煮40分钟最为适宜，因为只有经过如此长时间的制作，鸡肉才可吸足汤汁，水灵细嫩。煮好的鸡豆花要先用小勺舀入碗中，再沿着碗边冲入煮鸡豆花的清汤，动作一定要轻，否则一不小心，鸡豆花便成会散落成渣。

水煮技法四句话

“‘水煮系列’是川菜特有的一类做法，简而言之就是，蔬菜爆炒垫底，豆瓣烧汤煮肉，撒上花椒辣椒，装盘浇勺热油。从一开始的牛、猪、鱼，到后来的螃蟹、牛蛙、大虾，现今川菜中的‘水煮大军’不下20种。”

水煮牛肉

与“麻婆豆腐”相似，“水煮”的做法也来自于劳动人民，不过时间上要早几百年。宋朝时川南自贡一带盛产井盐，运盐的工具是牛车，老牛退役后，往往被宰杀供盐工们打牙祭，他们因陋就简，在锅中倒入清水，加上几把花椒，再放上一点井盐，熬出味道后将切成薄片的牛肉放入烫食，这就是始祖版的“水煮牛肉”。后来随着明末时期辣椒传入中国，郫县豆瓣、干辣椒面得以衍生，这种因艰苦环境而自然生成的菜肴被街边小馆所采纳，在其中融入了豆瓣、辣椒面、花椒面、热油以及各种时蔬，与现代版的样子越走越近，到了民国，“水煮牛肉”便成为我们今天看到的样子。

打水、上浆、调味、封油

有些厨师制作这道菜时，为了保持牛肉的嫩度，上浆时喜欢加入大量湿淀粉。可这样做牛肉的口感虽然会变嫩，但煮后汤汁易浑浊发黏，且因为淀粉的阻隔，牛肉不够入味。

我制作这道菜，通常选用肉嫩筋少的牛柳肉，顶刀切成薄片，每500克加葱姜水150克充分搅打，待水全部吃进肉里，放入打发的蛋清40克抓匀，最后加盐4克调味，再加上色拉油8克抓匀。这里需要注意的是，蛋清一定要打发成蛋糊，这样拌入牛肉，就形成了一层保护膜，使牛肉的鲜汁不流失，同时调料的味道能够顺着牛肉的缝隙充分渗透到肉里。如果蛋清不打发，直接拌牛肉，煮出来的汤汁会出现许多絮状物，不够清澈。

三大辅料缺一不可：
白菜吸油、芹菜添脆、蒜苗增香

现在某些餐厅制作“水煮牛肉”时，垫入碗底的配料有的用生菜，有的放粉丝。需知粉丝垫在碗底，过不了多久就会将汤汁吸干变涨；而生菜含水量过高，放入汤汁久泡发蔫变黄，客人见了，还能有什么胃口。

水煮牛肉必不可少的辅料有三种：白菜、芹菜、蒜苗。白菜最好选菜叶，用手撕成大片，放入汤汁可吸油脂，降低菜肴的油腻；芹菜最好挑选香味最浓、口感最嫩、颜色最绿的菜心部位，搭配牛肉可起到去腥增香的作用；蒜苗段则能给汤汁提味，也可用蒜薹段代替。

这些青菜要煸炒一下再垫入碗底，大火将菜肴的水分去尽，接触汤汁后才能最大限度地吸收鲜味。

名字叫水煮　实际用高汤

虽然叫“水煮”，可实际上煮肉时掺入的是高汤而非清水，从而使得成菜更为香浓。熬汤时要用混合油，通常是猪油、熟菜籽油各15克下入锅中，烧至六成热时下入郫县豆瓣碎30克煸炒出红油，之后下入姜末8克、葱末5克炒香，添入高汤800克煮开，打去渣滓后加盐6克、酱油5克调味，将牛肉抖散下锅，用筷子拨散，至牛肉伸展开来完全成熟且汤汁浓稠，起锅盛入垫有蔬菜的碗中。

煸熟双椒舂成末

水煮牛肉的最后一步是浇油，这里面也有讲究。浇油前最好先把花椒、干辣椒入油锅煸熟，待颜色变为深红、香味逸出时捞出沥油，舂成碎末撒在牛肉上面，如果加生的花椒面和辣椒面，香味没有那么足。

菜油、香油各一半

浇油的比例要掌握好，菜籽油和芝麻香油共120克，比例为1：1时呈现的香味最佳，烧至八成热浇入碗中最能激出香气。最好不用红油，因红油香辣味过重，浇入碗中不仅很难激出花椒、辣椒的香味，反而会盖住牛肉的鲜味。

糖醋里脊

中国菜数以百计的味型里，能称得上东方不败的，唯有“糖醋”，酸酸甜甜不但老少咸宜，连外国人都难以抗拒。而在四川，糖醋味型的菜肴很多，其中最家常的当属“糖醋里脊”，川派的糖醋汁不加番茄酱提色，而是将糖、醋、酱油、黄酒按照一定比例勾兑，出品呈现深黄微红的美色。

一斜一正两面刀

做这道菜，很多厨师在初加工时仅简单地将里脊肉切条，放入碗中一股脑地加入盐、白胡椒粉、黄酒码匀了事。这样操作倒也不能说错，只是做好的里脊绝对不会太入味。正确的做法是剔去里脊的那层白膜后，不要急着改刀成条，而是先切成厚0.5厘米的大片，在肉片的一侧密密地打出横平竖直的正十字花刀，另一侧打斜45°角的斜十字花刀，之后先拌上一层黄酒，再下入盐和白胡椒粉，码入味后改刀成条。

打花刀时需要注意，刀面与肉片呈30°角倾斜，用劲要轻，不要切透，且肉片两侧的花刀走向不同，这样可使刀口方向不重叠，避免切得过深，在后续的一系列操作中导致肉条断裂。码味时也需注意各种料要分次加，待一种料的味道充分融入肉中后再加另一种，使入味更充足。

1.肉的一面打正十字花刀。

2.另一面打斜十字花刀。

淀粉、清水、吉士粉调糊，舀起应呈直线状流下。

料汁在碗中调匀，再倒入锅中熬煮。

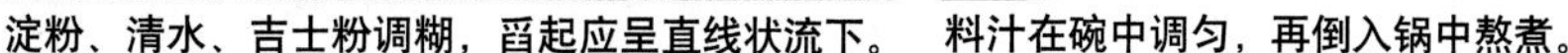

调糊用粉不用蛋

很多厨师在调淀粉糊时喜欢加鸡蛋，觉得这样可以使成菜更香，但“糖醋里脊”主要是吃“脆”的口感，如加入鸡蛋，蛋黄的起酥性和蛋清的胶状物质会使得成菜变蓬松，不够脆口，且炸好的肉条放置时间稍长，便会被糖醋汁泡软，糊成一片。

调糊应只用清水和红薯淀粉，如果想要颜色漂亮，可以加入少许吉士粉，浓度一定要把握好，过浓或过稀，炸制时都易脱落。调好的淀粉糊应该呈现“稠粥”的状态，用勺子在盆中可轻易搅动，舀起一勺能够直线下落，中间不能断，否则说明水粉糊过稠。

大火定形、小火炸熟、旺火起脆

“糖醋里脊”的成菜要求表皮酥脆、肉质细嫩，一种火力、一种油温显然是做不到的，需要经过反复的浸炸，正确的操作顺序应为：七成热油大火定型、四成热油小火炸熟、八成热油旺火起脆。

一开始的大火高油温，主要是为了防止淀粉糊脱落；当淀粉糊定型与肉条黏在一起，表皮炸到微黄时，将肉条捞出，锅离火，待油温降至四成时将锅重置火上，倒入肉条小火炸制，待用筷子能很轻易地扎透，抽出筷子不见有生水粉糊时，肉条就已经炸透了；肉条上桌前还要再入八成热油炸一次，将油分逼出、表皮炸脆便可盛入盘中。

5：5改为5：6

在炸制肉条的同时，要另起一锅开始熬汁。

糖可提味，醋能去腥，通常来说，每500克的肉条中要加入50克糖和50克醋。但考虑到醋有挥发性，我一般给到60克，经过加热，其中的10克挥发了，最后这两者的比例就变成了1：1。之后再加入黄酒30克、湿淀粉30克、盐5克、白胡椒粉3克、姜末和蒜末各10克调匀，最后再添入酱油8克调色即可。将所有料混匀倒入锅中，小火慢搅，熬至黏稠。

轻拍肉条出裂纹

待料汁熬匀，肉条也该炸得差不多了。这里需要注意的是，将高温炸脆的肉条捞出锅后，还有一个动作不能省略，那就是要用勺子轻拍肉条，使表面的那层脆壳产生细小的裂纹，料汁就很容易顺其而入，里面的肉条也会沾上料汁，肉质不但细嫩，且味道浓厚。

浇勺热油汁变“活”

肉条炸脆，料汁也熬好了，是不是就能直接装盘走菜？当然不是。调好的料汁中还要浇上烧至八成热的色拉油20克，热油浇入的一刹那与汁水开始撞击，把原有的浓度结构打乱，不停翻转产生扑哧扑哧的动感，浇入盛有肉条的盘中，会有激跃跳动之感，使菜肴“活起来”，因此老师傅们把它叫“活汁”。

返璞归真的年代就要来临

李建辉：现在很多年轻的厨师基本功不扎实，肉丝菜都不敢碰了，切不好、浆不好，也炒不好。像杨大师讲的这五道菜，将传统做法的技术点挖得很深很透，对年轻厨师的成长会有很大益处，也能帮助像我这样的中年厨师寻找创新思路。

现在不仅是我，周围的很多朋友都开始关注传统菜，挖掘后改良变成招牌菜。开遍全国的“东坡酒楼”有道“云白肉”，就是根据“蒜泥白肉”改良，把猪后腿肉改成了肥瘦相间的带皮三线五花肉，切块煮至断生，捞出控水，入托盘压重物，然后放入冰箱冷冻，走菜的时候取出用羊肉刨片机打成薄片，那种薄度人工绝对无法切成，放入60℃－70℃的汤中烫一下，肉片自然卷曲，一点吃不出肉腥味，还特别爽脆。

大师 周妙林

中国烹饪大师，南京旅游职业学院教授，江苏省餐饮行业协会副会长，国家职业技能鉴定高级考评员，国家级高级烹饪技师。

学院大师讲名菜 原理术语倍儿明白

周妙林大师毕业于南通商业学校，1978年进入南京旅游职业学校任教。科班出身又回归科班，周大师研究烹饪、致力于烹饪教学一晃已有30多年，期间曾为全国数十家品牌餐饮企业担任厨艺顾问，并在众多烹饪比赛中担任评委和总裁判长。如今南京诸多名厨、旺厨都是周大师的学生。

周妙林致力于烹饪研究数载，又在南京餐饮界打拼多年，讲起南京名菜，可谓信手拈来，煮盐水鸭的水为何不能沸腾？浆虾仁时蛋白质与盐之间发生什么反应？个中原理，皆讲得深入浅出。

整只的盐水鸭。

盐水鸭

盐水鸭又叫桂花鸭，这是因为用桂花开放时节前后的鸭子制作此菜味道最美，所以得此美名，其制作历史距今已有上千年。明代有首民谣："古书院，琉璃截，玄色缎子，盐水鸭"，古书院指的是当时最大的国立大学——南京国子监，琉璃截指的是被称为当时世界奇迹的大报恩寺，玄色缎子是指南京著名特产玄色锦缎，而小小的盐水鸭居然并列其中了。这道菜历久弥新，目前在南京的大小酒店，凉菜第一道非他莫属。

制作盐水鸭有几句口诀："炒盐腌、老卤敷、吹得干、焐得熟"，其出品标准是"皮白肉红骨头绿"。

炒盐腌——
内灌外搓

此菜选用放养的麻鸭制作，最好是八九月份的鸭子，这个季节稻谷充足，鸭子丰腴鲜美，不肥不瘦。鸭子宰杀后从翅膀底下开一个两寸长的小口，把内脏掏出来，洗掉血水。杀好鸭子接下来要炒热盐：净锅下粗盐100克，加入花椒5克、桂皮、生姜、香葱、五香粉各适量中火炒热，然后把炒热的盐从刀口处灌入鸭膛内晃匀；将剩下的盐搓在鸭子外面，"内外夹击"，夏天腌制1小时，冬天腌制2小时。

老卤敷——
水盐比例5：4

将腌好的麻鸭泡入老卤水中，夏天泡4小时，冬天泡6小时，让其充分入味。这里所用的老卤是一款极咸的盐水，初始老卤是这样调制的：100斤清水加入80斤盐、适量生姜、葱、八角烧开放凉，之后即可放入鸭子浸泡（分量以卤水能淹没原料为准），泡一批鸭子之后要将老卤水清理一下：烧开，打掉浮沫，然后根据咸度补清水和盐再次烧开。

吹得干——

浸泡好的鸭子捞出沥干卤水，然后挂在通风处吹3-4小时至半干。

焐得熟——
清水煮、不沸腾

看到这里，很多厨师可能会想：麻鸭用粗盐腌、盐水浸泡，那口味会不会太咸？不会的，因为接下来的一步鸭子要入清水煮制，即"焐得熟"。煮时，鸭子会慢慢往外吐盐分，待其成熟时，咸度刚刚好。**具体做法**：锅下清水、适量葱姜、八角、料酒烧开，下入鸭子，重新烧至95℃（此时水面的状态为冒"泉眼泡儿"，千万不能把水烧沸，否则鸭子水分流失），然后以微火保持此温度焐煮。20分钟之后要提起每只鸭子，倒出鸭腹内的水，然后再放入水中继续焐25分钟。这是因为一开始放鸭子时，水温降低了，所以灌入鸭腹内的水温度要比外面的水低，如果不换一次，则鸭子内外受热不均。此处还需要注意：①清水内不要再放盐，而且清水一定要淹没鸭子，这样才能充分吐盐，煮后咸度适中。②放入鸭子之后严禁再次煮沸，水温要保持95℃。蛋白质85℃即可凝固，因此完全可以将鸭子制熟，而且还能保持肉里的水分和鲜度。一旦水温达到100℃，鸭肉里的水分会蒸发，鲜味就流失在水中，变成了"炖鸭汤"。

做好的盐水鸭皮白、肉红均好理解，但为何骨头是绿色的？其中的道理有点儿"拐"：骨头内部本是红色的，这红色来自含铁的血红蛋白，而在与浓盐水的一系列关联反应后，红色的铁元素变成了绿色的铁离子，一句话：骨头绿的是上品。

1.去掉一半外壳的河虾。

2.河虾仁上浆。

炒凤尾虾

炒凤尾虾是一道南京名菜，成菜中的虾前半截洁白、后半截鲜红，一虾两色，亮丽别致。

大厨试制版“炒凤尾虾”。

此菜主料是河虾（规格为每斤150-200只）。制作时先去掉虾头，然后剥掉上半身的虾壳，只保留尾部的外壳，用流水冲洗干净，加入盐、料酒、蛋清、水淀粉腌制上浆，再入四成热油滑散。锅下鸭油烧热，下入虾仁清炒、勾芡，即可出锅入盘。

做法看似简单，实则每一步都有需要注意的细节。在初加工阶段，去壳的河虾要先用流水冲洗一会儿，然后放进盆中，加入宽水，顺同一方向转动漂洗1-2分钟，目的是充分去掉虾仁内的虾青素。虾青素存在于虾肉与虾壳内，遇热会变红。虾肉内的虾青素通过水洗可以冲干净，而虾壳内的虾青素是去不掉的。处理好的河虾正因为肉内已不含虾青素、壳内仍含有虾青素而一节洁白一节红。

蛋白质遇盐会凝固

虾仁上浆是厨师的基本功，从这个小小的功夫中，我们能分出三类人：“不会练也不会说”、“会练不会说”和“既会练又会说”。其实，虾仁上浆的原理说到底就是蛋白质与盐的关系。虾仁亮不亮、白不白、嫩不嫩全看盐的分量。这是因为蛋白质遇盐会凝固，再遇热时里面的水分就出不来了，所以原料就会水嫩、饱满。上浆时，盐放多了虾仁虽然不出水但味道过咸，而盐放少了，蛋白质不容易凝固，受热时水分流失，虾仁就收缩、干瘪、不亮，上桌后仍然吐水。明白了这一点，你就能既会练又会说。此菜上浆的详细流程是这样的：漂净的凤尾虾仁轻轻挤干水分，每300克虾仁加入盐2克、适量料酒、蛋清、水淀粉顺同一个方向搅动，让盐全部渗透到虾仁中，与蛋白质充分发生凝固反应。

滑油时油温要保持在三至四成，滑至虾尾变红即捞出控油。

炒制时要用鸭油，这也是本菜的一个特色，炒出的凤尾虾特别鲜美。

黑蒜话梅卤鸭舌 金橘干红焗排骨

海派菜品要面子

大师 周元昌

周元昌大师出生于上海菜发源地——三林塘的一个烹饪世家。他在餐饮界奋斗了40余年，除了拥有“中国烹饪大师”、“国家高级烹调技师”、“中国餐饮业国家一级评委”、“上海市烹饪协会常务理事”等各种头衔外，还是国内外各大烹饪比赛的“获奖专业户”。如今掌管着廊亦舫、品悦两个餐饮品牌的他，依旧严守在厨房的一线阵地完成菜品创新。

上海能看见浦江风景的餐厅其实并不多，位于正大广场的廊亦舫就是其中一家。

浦东陆家嘴寸土寸金，身处这里的廊亦舫营业面积2600多平方米，每年的租金高达720万元。“餐厅如何进行推广营销才能撑住这么大的成本压力？”周大师给予的回答是：“我们没有营销，完全靠菜取胜，我们的菜端上来眼前一亮，吃下去回味无穷，这就是最好的营销。”

单靠菜品的口味就能应付每日的租金和运转？这些菜该有多好！周大师精选8道原创菜品逐道进行了讲解。

回味千层百叶

周元昌：百叶是江南地区再常见不过的家常原料，可经过抹肉、炸制、倒汤、蒸香四步处理，在外形和口味上都加以翻新，立刻变身为一道有形、有味的创意凉菜，其质感香软，富有层次，口味咸鲜、微甜，颇具回味。

制作流程：①锅入底油烧至五成热，下入八角2个、香叶5克、干红辣椒段20克爆香，添入高汤2000克大火煮5分钟，调入生抽20克、白糖10克、盐7克、鸡精6克搅匀，滤去渣滓制成卤汤。②薄百叶1000克洗净沥干，改刀成长方片，在表面薄薄地抹上一层五花肉泥，每四张相叠为一块，入七成热油炸至定型，捞出铺入不锈钢盘，倒卤汤浸没，覆保鲜膜入蒸箱大火蒸15分钟，取出放凉，改刀成小块。③上桌前取16块百叶装盘，浇卤汤30克，入微波炉回热，取出淋芝麻油5克，点缀苦菊即可上桌。

黑蒜酱鸭舌

周元昌：酱鸭舌很普通，可用黑蒜、话梅卤制而成的鸭舌就不常见了吧！黑蒜具有降血脂、降血糖、增强免疫的功能，而话梅生津止咳、开胃健脾，用它们卤好的鸭舌色泽红亮、酸香诱人，细微的调整让人似曾相识又略有新意。

制作流程：①黑蒜60个剥去外皮；鸭舌60根治净，焯水沥干；话梅10个泡入热水备用。②锅入底油烧至五成热，下入姜片、葱段各5克、干红辣椒段8克爆香，放鸭舌煸炒至变色，烹入花雕酒50克激香，倒入清水浸没原料，加黑蒜、话梅，调入糖35克、老抽25克、盐10克、鸡精8克，大火烧开转小火卤20分钟，转大火收汁，起锅装入保鲜盒中。③走菜时取鸭舌12根、黑蒜12瓣装盘，点缀苦菊即可。

果味麻花鱼

周元昌：这是一道象形菜品，将鱼肉改刀后巧妙地编织成麻花形，炸至金黄后再淋上特制的果味酱汁，并以位上形式走菜，卖相生动有趣、色泽光亮诱人。

处理鱼肉时需要注意，要先将其放入葱姜汁浸泡7–8分钟，去腥后取出吸干水分，加盐、味精、淀粉上浆。浆好的鳕鱼需静置20分钟，否则鱼肉不弹，用筷子一夹就断，编不成“辫子”。

制作流程：①浆好的银鳕鱼4条（每条约50克），每两条为一组编成小麻花状，拍粉后下人七成热油炸至金黄，捞出摆人盘中。②锅人鲜橙汁20克、糖8克、果汁醋6克搅匀烧沸，小火收浓后淋在麻花鱼上，点缀樱桃、薄荷叶即可走菜。

野山蒜油爆虾

周元昌：此菜在本帮油爆虾的基础上增加了农家食材野山蒜，土洋结合、香味浓郁、外脆里嫩，味道咸中微甜、微辣，风味独特。

制作流程：①野山蒜40克洗净，入七成热油炸酥，捞出沥油备用。②基围虾300克洗净，在虾腹切一刀，加花雕酒、盐、味精腌制入味，入八成热油炸至外壳金黄酥脆，捞出沥油备用。③锅入黄酒、花雕酒各10克、白糖8克、生抽6克、美极鲜味汁、盐各4克、鸡精3克小火熬稠，倒入基围虾、野山蒜翻匀，起锅沥干汤汁装盘，撒红辣椒圈、香葱碎各5克即可走菜。

清炒鳝糊包饼

周元昌：清炒鳝糊是经典的上海本帮菜，讲究火功的三透：煸透、烧透、翻透。这道传统菜好吃易卖，但很难再做出新的变化。经反复琢磨，我借鉴了北京烤鸭的吃法，给鳝糊配上京葱丝、黄瓜丝、香菜，以薄饼卷食，去腻的同时还增添了用餐乐趣，更能体现其质感丰富、嫩滑香鲜、油润肥美。

制作流程：锅入猪油、色拉油各20克烧至四成热，下入葱白碎、姜末、蒜末各5克爆香，放鳝丝400克煸炒至脱水，烹入花雕酒20克，调入老抽15克、白糖10克、生抽8克、黑胡椒碎5克、白胡椒粉3克翻匀，勾浓芡，起锅装盘，用手勺在中间压一个小窝，里面撒上香葱碎20克，顶端摆姜丝15克，淋烧热的芝麻油20克爆香，带黄瓜丝、京葱丝、香菜及烤鸭饼一同上桌。

香邑金橘排骨

周元昌：这道菜的亮点在于新鲜水果与干红的结合，用这两种调料为上海本帮红烧排骨做了一次创新提升。金橘特有的清香与红酒、排骨相互融合、相得益彰，菜品红润光亮、咸鲜微甜，有股浓郁的金橘香气。

制作流程：①猪肋排500克冲去血水，斩段备用；金橘30克洗净，在表皮剞上几刀便于出味。②锅入底油烧至四成热，下入葱段、姜片各10克爆香，下入肋排炒至变色，加金橘10克，烹入红酒200克、清水130克、红烧酱油30克、白糖12克、鸡精6克，大火烧开后转小火炖30分钟，拣出酥烂的金橘，再倒入剩余的金橘20克，大火收汁后起锅装盘，顶端点缀绿叶即可。

一品膏蟹煮干丝

周元昌：膏蟹单炒只有一点点，我将其拆分后融入淮扬菜的大煮干丝中，一只膏蟹就能做出一份大菜，再加上少许火腿，经过煮制，膏蟹的鲜香、火腿的咸鲜都融入干丝里，味道更加鲜美。

制作流程：①膏蟹一只洗净、拆件，将背壳一分为二，用锤子敲打大爪至蟹壳破裂，蟹肉斩成十块，拍生粉入七成热油炸至金黄，捞出沥油备用。②锅入高汤700克烧开，下入干丝300克、火腿丝40克以及炸过的膏蟹，调入盐5克、味精4克大火煮3分钟，起锅淋胡椒油4克，装盘点缀香菜即可走菜。

芦香粉蒸鮰鱼

周元昌：这道鮰鱼改良自川式粉蒸菜，取鱼肉加米粉拌匀，裹入江南当季的鲜粽叶，粽叶翠绿、鱼肉洁白，既有传统菜的影子，又增加了鲜叶的淡淡清香，每人一只，食用更方便。

制作流程：①鮰鱼肉300克改刀成十块，冲去血水后吸干，加盐、味精、蛋清、生粉上浆腌制5分钟。②大米、糯米按照1∶1的比例入净锅炒出香味，取出打碎成米粉。③鱼肉表面抹一层猪油，再拍一层米粉，每块卷入一片粽叶，用稻草扎紧封口，摆入木笼，入蒸箱大火蒸8分钟至熟，取出即可走菜。

细说鲁菜三大关键词

中国烹饪大师、国际烹饪艺术大师、国家一级评委、中国鲁菜特级烹饪大师、青岛饭店和烹饪协会副会长，曾任青岛饭店集团股份有限公司餐饮总监，1989年被国务院授予“全国劳动模范”光荣称号。

从熬豆浆、劈猪头到远渡重洋

苏国渊1954年生于青岛，17岁那年被分配到青岛饭店做学徒工。那时，他对厨师这个行业着实没什么兴趣——每天早晨两点钟就要到店里上班，与老师傅一起磨黄豆、筛豆浆，然后倒入大锅中熬开，一早上要熬三锅，赶在六点前供应早餐。这项工作十分辛苦，没有上下班概念，每天一睁眼就来上班。没过几天苏国渊便想放弃，为此遭到母亲一番训斥："分配名额有限，你好不容易得到这份工作，不干这个还想干什么？这点苦都吃不了，就算换了别的工作，你也未必能坚持下去！"听了母亲的话，他才下定决心重新踏进烹饪的大门。

回到酒店的苏国渊依旧在"磨豆子、熬豆浆"中数着日子，慢慢地也开始自己找事做。早餐一般八九点钟就结束，他就转到灶上看师傅们炒菜，有时也帮忙搞搞卫生、干点杂活。灶台前的一切都让他觉得新奇，尤其是看到师傅们将一道道菜品做得精致漂亮，心中更是欣羡，年少的他第一次对烹饪有了兴趣，甚至幻想着站在灶台前"左手锅、右手勺"的人就是自己。自此以后，每天熬完豆浆，他都到炉灶间帮忙，厨师长看这个小伙聪明勤快，就将他调到了酱货小组，劈猪头、洗大肠、炸鱼……他干得不亦乐乎，每天在处理30个猪头之外，还能帮师傅们打打杂，离真正上灶做菜又近了一点。半年后，苏国渊正式进入热菜间干早班。

1979年初，表现优异的他通过选拔，被派往中国驻赞比亚大使馆工作，5年磨砺，不仅使他厨艺增长，眼界也更为开阔。任职期满后，苏国渊回到青岛饭店，凭借自己的努力，从厨师长一路擢升至青岛饭店集团股份有限公司餐饮总监。如今，花甲之年的他即将退休，言谈间流露出的，都是对灶台的不舍。

半年勤练刀　改掉左撇子

苏国渊是个左撇子，刚入厨时左手拿刀，立即遭到了老师傅的坚决反对。为了将菜刀从左手"转移"到右手，他每天都要在砧板前用下脚料练手，萝卜根、白菜帮不知道切了多少。刚开始时，他的左手频频遭殃，尤其是食指和中指，被切伤过很多次，每次"负伤"后他都是找块布，将伤口随便一包，然后换个手指顶刀继续切，不流血时再换回来。就这样坚持了半年时间，他才终于能用右手熟练地使用菜刀。

同行探讨

杨建华：*苏大师学厨那个年代要求较严，不允许左手拿刀，但现在对左撇子已经没有过多限制了，只要能熟练运用菜刀即可。左撇子的人非常聪明，我有一个师弟就习惯左手用刀，打出的花刀比右手用刀的厨师还要漂亮，他现在已经是一家酒店的行政总厨，做得非常成功。*

鲁菜三关键：
刀工　火候　芡口

谈起鲁菜的特点，苏大师说："鲁菜有三大关键词：一是**刀工**，二是**火候**，三是**芡口**。"

原料不同　花刀各异

首先，鲁菜的刀工十分讲究，"我认为在所有菜系中，只有淮扬菜可以与它媲美。"鲁菜中花刀用得非常多，比如"油爆肚"中的肚头要改十字花刀，"爆炒腰花"中的猪腰则要改麦穗花刀，不同原料、不同菜品，改刀方式也各不相同。改刀时的手法与深浅程度同样重要，比如肚头改刀时，切得太深原料易断，切得太浅又不易制熟，且成菜达不到卷曲的效果，一定要切到底边像纸一样薄的位置停刀，这样才算恰到好处；又如切鸡丝时，要选择肉质细嫩的鸡胸脯肉，将其置于案板上，手掌覆于其上以作固定，然后采取"上片"的手法，用刀从上至下片成薄片，每片下一片肉，将它拿到一旁后再继续，最后将片下的肉片改刀成粗细均匀的长条，这样就可以制作"炒鸡丝"、"炒韭头鸡丝"等菜。改刀时最好不要采用"下片"手法，即从底部入刀，由下向上片，这样操作的话，很容易将软嫩的鸡肉切断，肉片不完整，而且每片一刀都要将整块肉移开，取出肉片才能继续，既费时又费力。

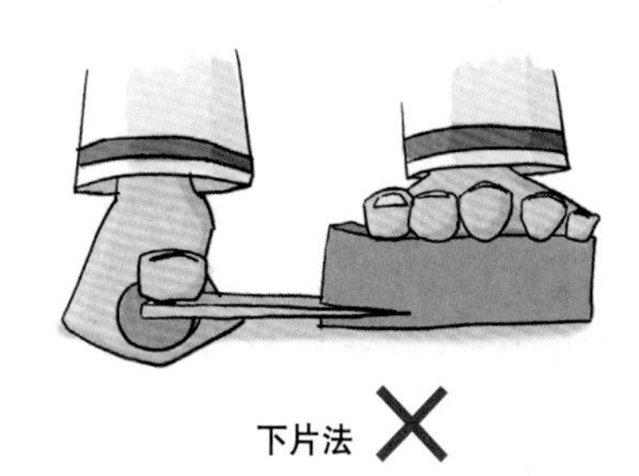

三种花刀示意图

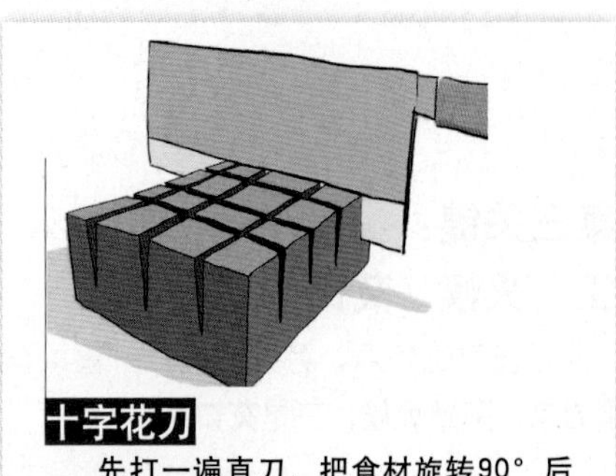

十字花刀

先打一遍直刀，把食材旋转90°后再打一遍直刀。

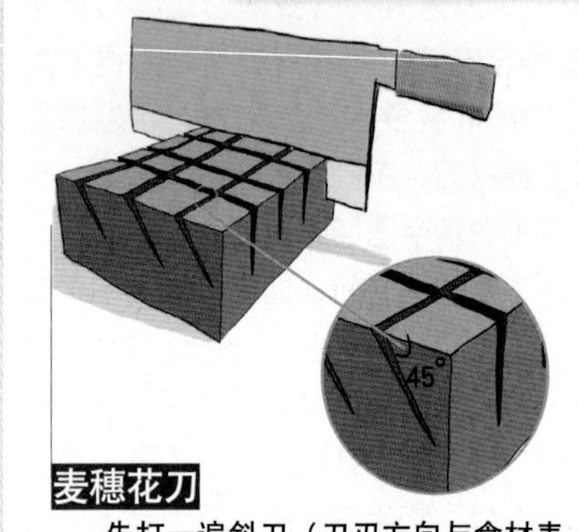

麦穗花刀

先打一遍斜刀（刀刃方向与食材表面呈45°角），然后把食材旋转90°，再打一遍直刀。

蓑衣花刀

食材两面均需打直刀，先在其中一面与肌肉纹理呈30°打直刀，翻面后与肌肉纹理呈90°打直刀，打好后拎起来会呈镂空网络状，受热收缩卷曲后即成蓑衣形。

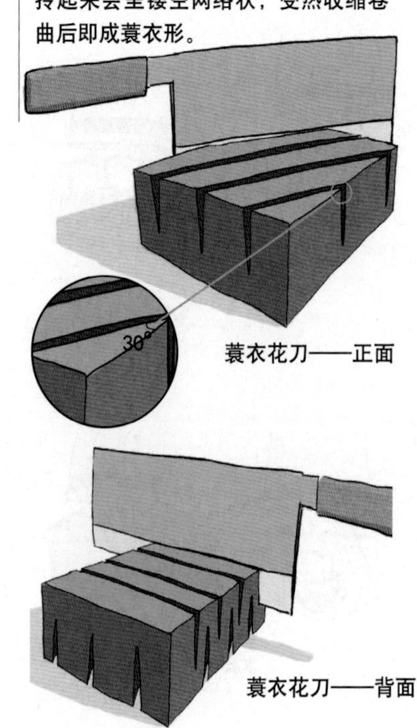

刀工菜代表

爆炒腰花

“爆炒腰花”是一道传统鲁菜，对刀工的要求十分严格，腰花经改刀后呈麦穗状，拉油后与木耳、冬笋等辅料同炒，成菜造型美观，味道醇厚，滑润不腻。

斜刀变直刀　翻花更明显

有些厨师在给猪腰改刀时，采取“先打一遍斜刀→将原料转动90°，再打一遍斜刀→切断”的手法，但这样改好的腰片“翻花”不大，成菜不够美观，苏大师采用的则是“打一遍斜刀→将原料转动90°，再打一遍直刀→切断”的方式，这样打好的腰花有一个收缩的劲儿，能够顺势翻出卷儿来，非常漂亮。**具体操作流程**：取猪腰400克片开，去除腰臊，片成抹刀片，将猪腰片平放在案板上，下刀时菜刀与食材表面呈45°，在腰片上每隔4毫米顺次打斜刀，然后将腰片转动90°，再打一遍直刀，每刀间隔在3毫米左右，最后，顺着直刀方向将腰花剁成小块。

腰花下入热锅　拉油只需8秒

一般厨师会将改好的腰花放入码斗中，加盐、料酒抓匀腌制，但苏大师却省略了这一步，他解释说：“用手来回抓极易将腰花弄断，破坏其完整性，所以我跳过了这个步骤，直接拉油。有人问我这样炒好的腰花会不会有臊味？我的回答是不会，因为炒制时我加入了少许料酒和醋，这两种调料都可以起到很好地去异味作用，绝不会使腰花带有腥臊味。”拉油的温度与时间同样有讲究，向锅中倒入宽油，待油温升至八成热时，下入腰花快速滑散后立即捞出控油，这个过程非常短，一般在6–8秒即可，时间不能太久，否则腰花容易变老、焦而无味。炒制时，锅内留少许底油烧至四成热，下入葱段、蒜片、姜末爆香，然后将泡好的木耳、冬笋块、菜心下入锅中，烹入料酒，倒入“对汁芡”（酱油、醋、盐、味精各适量加少许高汤、水淀粉混合均匀即成），倒入拉过油的腰花，快速翻炒至汤汁均匀地裹在原料上即可。注意要先勾芡再下腰花，若是顺序相反，腰花受热时间延长，就会提前变老，影响口感。

垫层竹箅子
腰花更清爽

在装盘时，苏大师也做了一点创新：在盘中先垫一张竹箅子，然后再将菜品盛入其中。为什么要这样操作呢？苏大师说：“现在的食客不喜欢黏糊糊的菜品，所以我要求厨师做菜时不要把芡汁勾得太厚，尽量清爽些，而腰花不管怎么炒，放久了都要出水，不勾厚芡，情况更‘严重’——渗出的汁水很容易泄掉外面的薄芡，这样一来，客人在食用此菜时，吃前两块还好，但到第三四块的时候，汤汁都渗出来了，不但影响美观，菜品的口感也会大打折扣。针对这种情况，我想到了在盘中垫竹箅子的方法，腰花渗出的汤汁都被‘隔离’在了箅子下方，上面的菜品可以始终保持清爽，即便吃到最后，也不会出现‘汤水满盘流’的现象。我们酒店从2006年开始就实行这种装盘方法，客人十分认可，反响非常好。”

大师解说：具体到腰花这道菜时，有人打完斜刀后会将食材旋转90°，也有人只旋转45°，打出的花刀效果同样不错，今天我给大家演示的就是旋转45°的版本：

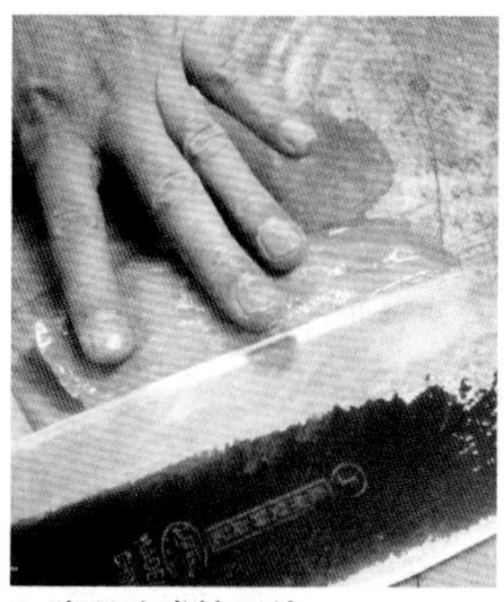
1.猪腰改成抹刀片。

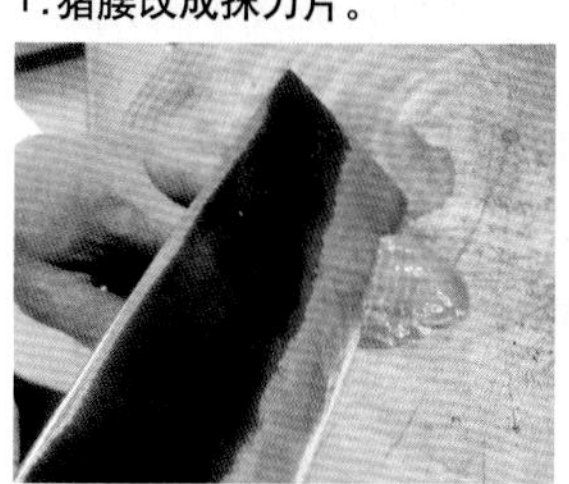
2.先打一遍斜刀。

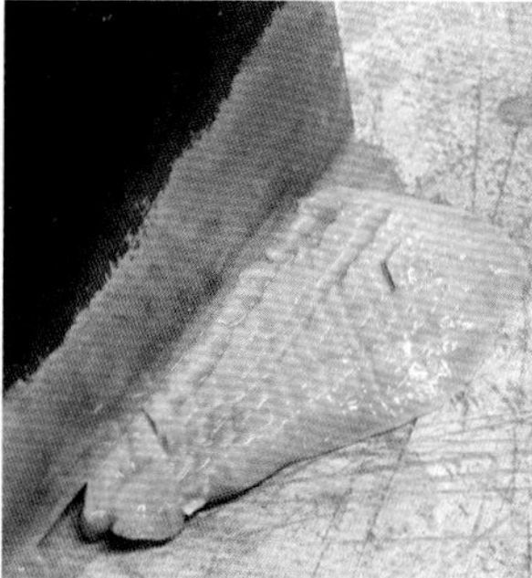
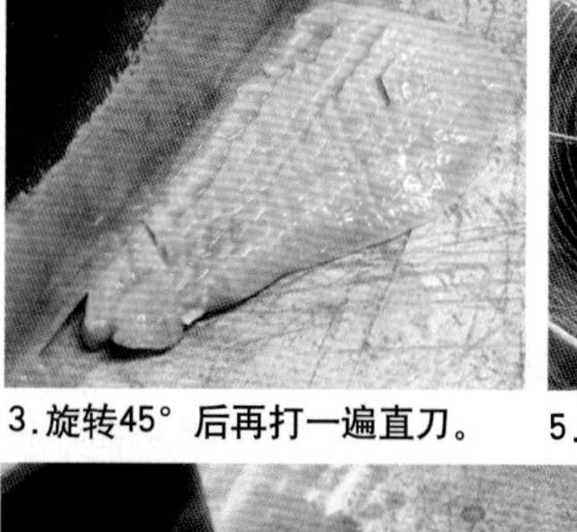
3.旋转45°后再打一遍直刀。

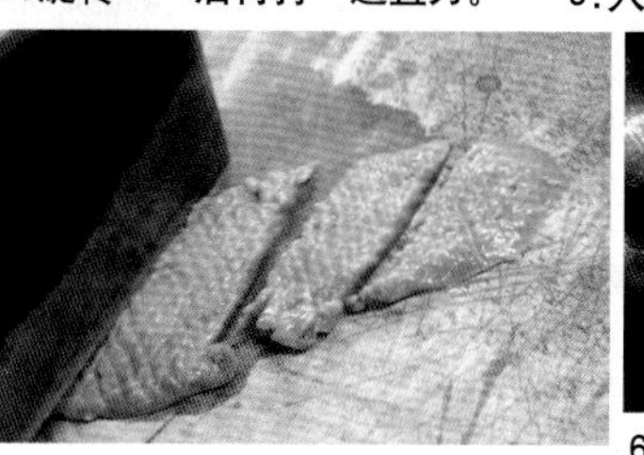
4.顺直刀方向剁成小块。

5.入锅拉油6-8秒，捞出控油。

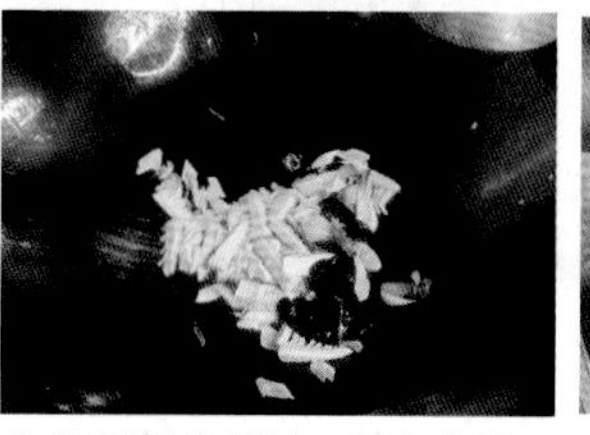
6.锅下料头爆香，下入木耳、冬笋块及菜心。

7.烹入料酒，倒入对汁芡，然后下入腰花快速翻炒均匀。

8.装盘时垫层竹箅子，汤汁都被“隔离”在下方。

火功到位　激发本味

其次，鲁菜重视火候，素有“食在中国，火在山东”之说。原料的大小、质地、数量、烹法不同，对火候的要求自然也不一样，只有火功到位，才能将原料的本味激发出来，比如油爆菜讲究旺火速成，一定要高温快炒才能使成菜鲜香脆嫩，“油爆双脆”、“油爆海螺”就是此类菜品的代表。

欠一秒不熟　过一秒不脆

油爆双脆

“油爆双脆”的主要原料为鸡胗、肚头，此菜对于火候的要求极为苛刻，欠一秒钟则不熟，过一秒钟则不脆，下锅后要热油爆炒，才能使原本需要久煮的肚头、鸡胗快速成熟，成菜口感脆嫩滑润，清鲜爽口，是鲁菜中一款很有特色的代表菜。

油爆双脆操作流程

1.肚头改十字花刀，斩成小块。

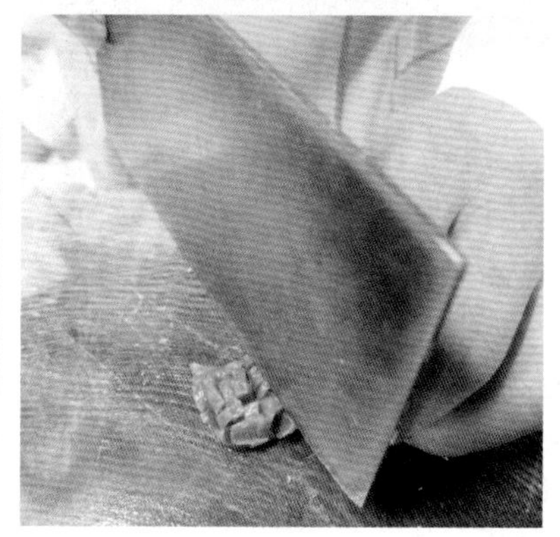
2.鸡胗表面打十字花刀。

3.原料放入水中浸泡10分钟，增加脆嫩度。

4.下入八成热油中“促”一下，捞出控油。

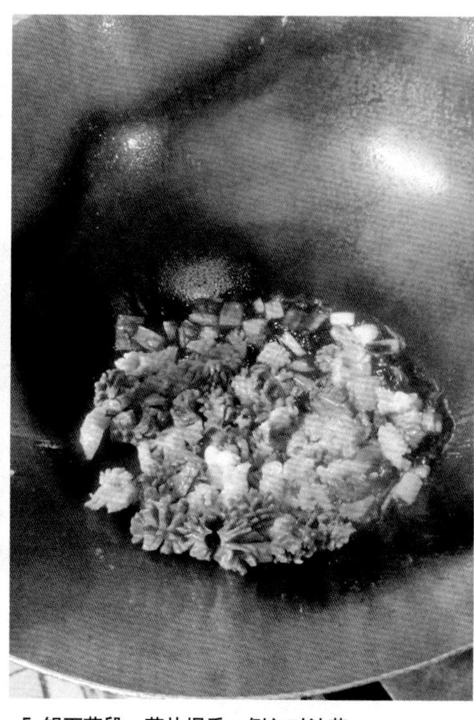
5.锅下葱段、蒜片爆香，倒入对汁芡，下入肚头、鸡胗大火爆炒10秒。

原料均改十字刀　深至八分刚刚好

制作此菜要选用新鲜的猪肚头和鸡胗，最好不用冰鲜原料，否则菜品口感不够脆嫩。一般每份菜需要肚头、鸡胗各150克。制作时，先将肚头表皮剥去，洗净后在表面打十字花刀，改刀时，切至底边像纸片一样厚（刀深约八分，即切至肚头的4/5处）时停刀，然后将其斩成小块；鸡胗的处理与肚头类似，也要先去除表面筋皮，然后打十字花刀，注意不要切断，至4/5处即可。改好的肚头、鸡胗放人清水中浸泡10分钟，水中要加入少许食用碱，这样可以增加原料的脆嫩度。之后将泡好的原料一同下人沸水中快速烫一下，捞出控干水分。注意原料的烫制时间不宜太长，放人开水中一浸便要立即捞出，既可以去除异味，又不会使原料变老。

八成油温定型　急火爆炒至熟

鸡胗、肚头过水后，下一步就要拉油，此时的油温非常关键，一般以八成热为宜，将油烧热后，倒人沥干水分的鸡胗、肚头，用手勺拨散，待其表面定型后就要迅速捞出（青岛话称其为“促”一下），注意拉油时间不要太长，8秒即可，否则原料易老，影响成菜口感。之后，在锅中留少许底油，下葱段、蒜片爆香，倒人对汁芡（盐、味精、料酒、水淀粉加少许高汤混合即成），然后下人拉过油的鸡胗、肚头，大火爆炒10秒，淋葱姜油出锅即可。需要注意的是，此菜所用的芡汁要相对厚一些，这样才能将汁水包住，达到“渗油不渗汤”的效果，客人吃完之后，盘中只见油花，不见芡汁，如此这般，“油爆双脆”才算成功。

鲁菜四技法　芡汁各不同

鲁菜技法中还有一个关键词，就是“芡口”。苏大师说：“针对鲁菜的不同技法，其芡汁也各不相同，可以分成扒芡、油爆芡、爆炒芡和熘芡。扒的技法适用于软烂的食材，如‘白扒鱼肚’、‘白扒通天鱼翅’，扒菜的出菜标准讲究‘一线油’，菜品入盘后，最外层是明显的一圈油汁（宽约2–3毫米），往里一层是芡汁，最中央才是原料，食用时将原料裹着芡汁一同入口，吃完后盘底既有一点油花，还带些许芡汁，其芡汁的薄厚程度也有讲究：芡若太薄，盛盘时大量汤汁渗于盘底，芡若太厚，则汁水包得过紧，油分无法分离出来，这两种情况都达不到‘一线油’的标准。油爆芡与爆炒芡相近，其中油爆技法适合脆嫩的原料，比如螺片、猪肚头等，客人吃完后盘中只有油花、不见芡汁，而爆炒技法更适合制作无骨、软嫩的原料，如腰花等。食客吃完后，盘底略有一点油和芡汁，汁水要比扒菜少一些。熘芡则是芡与油混合在一起，装盘时看不见油，吃完后盘中也只留下一些芡汁，这类代表菜当属‘糟熘鱼片’、‘滑熘肉片’等。”

糟熘鱼片

新派鲁菜之

蛋煎小牛肉

苏大师借鉴西式牛排的做法，一改往日的黑椒、番茄味型，将切好的牛肉片打上蓑衣花刀，腌制入味后拍干粉、拖蛋液，下锅煎至金黄，最后搭配炸土豆条、炸胡萝卜条、番茄酱一同上桌，成菜既有西式范儿，又有本土口味，是一款原料家常、操作简单的实用菜品。

制作流程：①牛里脊400克顶刀切成厚约7毫米的大片，两面打上蓑衣花刀，然后加盐、味精、胡椒粉、料酒抓匀腌制入味。②腌好的牛肉片表面薄薄地拍一层生粉，拖蛋液。锅滑透，留少许底油烧至五成热，下入牛肉片小火煎至两面金黄，捞出控油，与炸好的土豆条、胡萝卜条一同装盘。③另起锅入底油烧至四成热，下入番茄沙司35克，倒入少许鸡汤稀释一下，加盐、糖调味，大火烧至酱汁冒泡，淋湿淀粉勾芡，搅至酱汁浓稠后起锅，装入小碟中，与炸好的牛肉一同走菜即可。

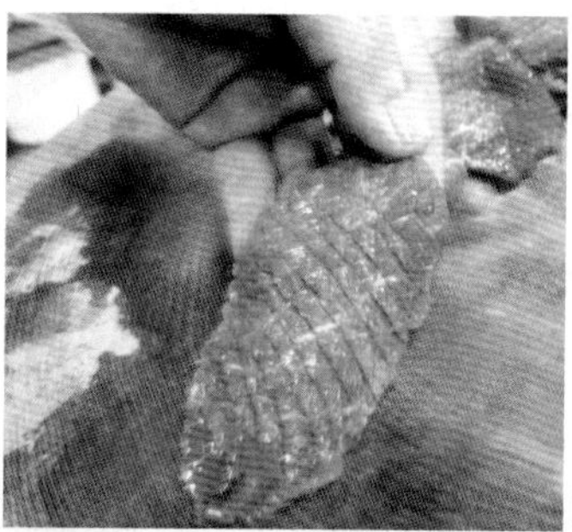

1.牛里脊切片，打蓑衣花刀。

2.加盐、味精、胡椒粉、料酒腌制入味。

3.拍粉、拖蛋液后，入锅煎至两面金黄。

炒鱿鱼 大师级

听郑新民细说
汤怎么吊？
干货怎么发？
陕派官府菜怎么做？

大师 郑新民

生于1954年，陕西长安县人，1970年进入同兴饭馆学厨，先后拜张生财、薛成荣、靳宣敏、庞学德、翟耀民等老一辈陕菜名厨为师，是陕西官府菜嫡系传人。他一生致力于陕西官府菜的研究、恢复与传承，创办陕西烹饪学院并担任副院长。

毛头小子很幸运

“大家都觉得我很幸运，其实我只是赶上了个好时机。1970年我踏人厨行，两年后进人了西安市在莲湖区举办的烹饪培训班，理论老师是文化基础好的知识分子，实践老师可不得了，他们都是以前在‘衙门’里做菜的老师傅。记得给我授业时，靳宣敏、张生财两位老师都已经60多岁了，功夫出神入化、技艺已臻上乘。当时上的是小课，12位老师只带8名学生，每位老师都积极地回忆自己在‘衙门’里做过的菜，今天你演示几道，明天我再教几道，把各自的拿手绝活都教给我们，现在这样的机会再也没有了。”

为练刀工差点犯法

“只凭幸运是不能成为好厨师的，我也付出了很多的努力。刚参加工作时，看到那些前辈们操作起来刀工流畅、手法老练，特别是靳宣敏师傅，他的‘大翻勺’、‘花打四门’（大翻勺的一个技法：分别从前、后、左、右四个方向翻勺）令人叫绝，我又是羡慕又是着急，很想立刻学会，而实际情况是我连土豆丝都切不利索。于是我每天除了上班时切酱菜外，还顺带搜集笋皮、报纸和大块的边角料，下班就开始练刀工。边角料毕竟有限，报纸也很快都切完了，还有什么可切的呢？卖酱菜时，我收上来很多面值一角、两角的小票，一餐结束后会把这些零钱整理成一捆。有一天收工后，我就顺手拎出一捆切起了梳子花刀。虽然练得尽兴，但当出纳把钱送到银行要存时却出了问题，人家看到这样的钱要按破坏人民币处理，当时可把我吓坏了，还是我们主任帮忙求情：‘那年轻娃子，只有十六七岁不懂事，他练刀工入迷了。’这才算没事。”

花甲之年仍笔耕

如今郑新民致力于陕西官府菜的搜集、整理，将那些古籍食谱上的菜与现实中传承下来的菜品一一对比，或还原或改良。这是一个相当枯燥的过程，但郑大师甘之如饴。

郑新民：我将古籍上的食谱整理出来，与现在酒店仍在制作的那些传统菜进行对比，梳理出每道菜的变化曲线和脉络，使陕西官府菜的历史演进更系统、更明晰。菜要发展、要与时俱进，但你要知道它的根在哪，不懂根源，何来创新？

一勺毛汤烹陕菜

制作陕西官府菜，只要准备一款毛汤就够了，当然烹调时也会用到清汤或奶汤，但这款毛汤是那两者的“汤基”，用鸡蓉“收网”就变清汤，用大火震荡就变奶汤。

陕派吊汤　鸡为主力

陕西官府菜在吊毛汤时鸡的用量特别多，意在突出鸡的鲜味，猪肘子与猪骨的用量则较少，通常只是用鸡重量的1/2，否则肉味会将鸡的鲜味掩盖。毛汤也有“普通”和“高级”之分，高级毛汤的投料更足，用鸡的量接近用水量的一半，所以吊出的汤味道特别鲜，颜色也分外金黄。

毛汤的制作：老母鸡15只、猪肘子、猪棒骨（两者重量之和是鸡重量的一半）飞水后放人汤桶中，加清水100斤，大火烧沸，转微小火，保持水面偶尔冒泡，加热6–7个小时，此时约剩60斤毛汤。

清如水　浓如胶

陕菜大厨吊制清汤特别讲究，用一句话概括清汤的标准就是：清如水，浓如胶。清如水是指汤汁的清澈程度，以经典陕菜鸡蓉鱼翅为例（大致做法：将鱼翅人浓汤中煨熟后裹上鸡蓉浆，人清汤汆熟，装进碗中，浇清汤，点缀火腿丝和菜叶即可），裹着鸡蓉的鱼翅就像浸泡在略带淡黄色的清水中一样。浓如胶是指这款卖相纯净似水的汤喝起来却香浓四溢，有黏口的效果，因此在餐桌上，这款汤汁经常会为食客带来意外惊喜。这就要求鸡啊、肉啊、骨头啊一定要给足。

金黄色的毛汤

鸡蓉鱼翅

毛汤+鸡蓉　即可变清汤

以毛汤为基础制作清汤时，需先晾至完全冷却，将顶端的浮油捞净后留汤待用。再准备鸡脯肉，通常60斤毛汤需准备6斤鸡脯肉，将鸡肉加水打成稀糊状，投入到冷汤中搅匀。

吊汤如打鱼　鸡蓉是渔网

看到这儿你是不是想问我：让毛汤变清汤为什么要加鸡蓉？想想这些鸡脯肉里什么含量最多？是蛋白质。蛋白质具有吸附作用，可以把汤汁中的混浊物吸附在肉蓉中。也就是说，将鸡蓉糊倒人汤中，就相当于在汤里撒了一面很大的网，然后再将汤桶中火加热，这个过程就像打鱼，水温逐渐升高的过程，就是收网的过程，最后肉蓉凝固成团，而汤中的这些“混浊物”就被一网打尽了。与“打鱼”不同的是，吊清汤是一个双向的过程，将汤中杂质吸走的同时，肉蓉中的营养和鲜味也留在了汤里，所以这个汤汁味道特别“稠”。待肉蓉凝固成肉团、汤汁变清后将其捞出，剩下的清汤晾凉，即会凝结成冻。

大火翻波浪　毛汤变奶汤

奶汤是由毛汤演变而来的。制作毛汤时，先大火烧开再小火熬6-7个小时，而制作奶汤则要小火熬5个小时后再转大火熬1-2个小时。这是因为吊汤时沸腾程度越高，乳化作用就越激烈、越彻底，脂肪和大分子蛋白充分降解并悬浮于汤汁中，色泽就越白，从而呈现奶汤的效果。有的厨师制作奶汤时在熬好的骨汤中加人三花淡奶调色，但这样只能形似，汤的灵魂——**天然香味**却完全走失了。实际操作中，为了节省时间，我们通常用三个桶同时吊汤，一个桶熬出的毛汤专门用来扫成清汤，一桶毛汤用来制作普通菜品，另一桶则用来催成奶汤。

清汤冻

陕、鲁两毛汤
概念正相反

李建辉：读了郑大师讲的陕派吊汤方法，我发现与鲁菜中关于毛汤的概念完全相反。陕菜中第一道汤称为毛汤，由它既可以扫成清汤又可以催成奶汤。而鲁菜中，是用第一道汤加鸡肉蓉和猪肉蓉扫成清汤，料渣加水大火催出奶汤，再加第三遍水吊出的才是毛汤，此时汤中的成分和鲜度大打折扣。所以与鲁菜中的毛汤相比，郑大师介绍的可算得“高级毛汤”了。

一片干鱿鱼　传承千百年

很多人都觉得陕西在内陆，没有海鲜，但是历史上有13个朝代在陕西建都，各地特产源源不断地汇聚于此，像海参、鱿鱼这些“高端货”都在进贡的范围之内，但由于路途远时间长，运到这里的多为干货，因此陕菜对海产品的发制颇有心得，其中以鱿鱼的涨发和烹调手法最具代表性。陕派的鱿鱼菜分为两大类：爆炒和烧煨。质地较薄或切成细丝的鱿鱼，只需“生发”即可用于爆炒；而用于烧煨的鱿鱼片大、肉厚，仅用“生发”的办法不能将其完全浸透，因此要用“熟发”。

生发鱿鱼

浓度：5%　时间：4小时

干鱿鱼用清水泡软，夏季泡1天，冬季泡3天，然后再放入浓度为5%的食用碱水中浸泡4小时。干鱿鱼质地非常硬，如果只用清水，哪怕泡一个星期，吃起来还是又柴又韧。而食用碱有使蛋白质亲水的作用，用食用碱水泡鱿鱼才能使其内部的蛋白质充分吸水，吃起来自然就有脆嫩的口感。泡好的鱿鱼要用清水反复洗净碱味后再入菜。

生发鱿鱼多爆炒

陕菜中"生发"鱿鱼多用于爆炒，例如：爆炒鱿鱼丝、香爆鱿鱼卷等，而在众多"炒鱿鱼"中，糖醋鱿鱼卷颇具代表性，做好此菜需要注意三点：

1.选料要薄

糖醋鱿鱼卷对鱿鱼的厚度要求很高，鱿鱼选料时要尽量薄。

2.七成油温炸3–5秒

拉油时温度要高，七成热入锅，3–5秒后出锅。高温使得鱿鱼表皮迅速收紧，立刻打卷儿，且能有效锁住内部的水分，保证脆嫩口感。

3.绿豆淀粉是首选

调糖醋汁时最好用绿豆淀粉或豌豆淀粉，这两类淀粉既白又黏。因其白，做出的糖醋汁不发黑；因其黏，加热后糊化作用明显，可以使糖醋汁紧紧地"扒"在鱿鱼上。常见的土豆淀粉虽然黏度高，但颜色较暗，玉米淀粉则正相反，虽然色泽洁白，但黏度很低。

调好的糖醋汁入锅炒至起鱼眼泡，淋20克热油激成活汁，此时迅速下入鱿鱼卷，"刷刷"翻两下把汁裹匀立刻出锅，否则鱿鱼会变老。

糖醋鱿鱼卷

生煨鱿鱼是陕西三原县的传统名菜，至今已经有五六百年的历史了，虽然制作方法是煨，但选用的也是生发鱿鱼。此菜既考验刀工又注重火候：改刀时要将鱿鱼切成火柴棍般粗细的丝，且越长越好；为了使鱿鱼在入味充足的同时保持脆嫩的口感，煨制时火一定要小。

制作流程：①泡发好的鱿鱼400克用温水透洗5–6次（取一片鱿鱼咬一下，没有食用碱味即可），再入沸水中快速氽烫，捞出沥干水分切丝备用。猪后臀尖肉500克切丝待用。②锅滑透，入猪油50克烧至六成热，下入猪肉丝炒散，淋料酒15克略炒，调入酱油10克、盐5克翻匀，冲入毛汤1500克烧沸后倒入砂锅中，下入肘子肉（飞水后切粗条）600克、鸡腿1只，下料包（内含拍散的姜块15克、葱段10克、八角4粒、草果3粒、桂皮1块）小火煨约1小时至汤汁浓稠，捞出鸡腿，去骨切丝后再放入汤中，下鱿鱼丝小火煨约30分钟。③肘子肉拣出不用，将猪肉丝、鸡腿丝夹出垫入盛器底部，鱿鱼丝装盘，淋原汤。

生煨鱿鱼

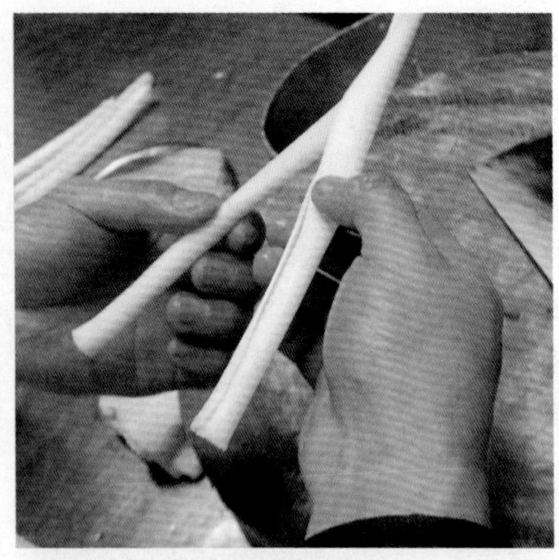

1.做这道菜时要使用嫩黄的葱芯。

2.葱黄用猪油煸香。

3.将泡有葱黄的汤放入蒸箱。

熟发鱿鱼

碱水煮成卷　冷却成鱼片

熟发是在“生发”的基础上，将泡好的鱿鱼带食用碱水一起中火加热，随着水温升高，鱿鱼表面筋膜收缩，鱿鱼片慢慢卷曲，待水冒小泡时转微火，使水温下降，原本卷曲的鱿鱼又慢慢伸展开，待其恢复平整后关火。如要马上入菜，须用温水快速淘洗完全去除碱味；如无须立即入菜，则泡入温水，每30分钟换一次水，约换3-5次，不要将碱味除净，否则鱿鱼会还原成又硬又韧的口感。

葱黄烧鱿鱼

与鲁菜中的“葱烧海参”相似，此菜中的葱香不是烧出来的，而是蒸出来的。

制作流程：①锅入猪油45克烧至五成热，下葱黄段（即葱芯）180克煸香，盛入盆中，冲高汤750克，入蒸箱蒸25分钟，挑出一半葱段待用。②“熟发”的鱿鱼切片，快速飞水，入清汤煨制入味后捞出，与葱汤同时入锅，调入盐3克，大火烧沸，转中火烧约8分钟至汤汁浓稠，勾芡，下葱剩余葱黄段、淋葱油翻匀即可。

精彩问答

Q **葱心部分味道发苦，蒸出的汤不会有苦味吗？**

A 葱心是否发苦跟品种有关，我们选用的是陕西赤水县出产的大葱，它的心颜色嫩黄，味道清甜。

清汤鱿鱼

制作流程：①“熟发”的鱿鱼400克改刀成宽6厘米的斜刀片，快速飞水，捞出人毛汤1000克中，调人盐6克、料酒8克大火烧沸，转小火煮约15分钟使其人底味的同时，将残留的食用碱味除净。②煨好的鱿鱼捞出装人盛器，淋调好味的清汤即可。

会做百道鱿鱼菜不如会发一片鱼

李建辉：厨师一味追求创新，但顾客的味蕾却很怀旧，这几道用鱿鱼制作的传统菜肴若能被不折不扣地搬上餐桌，一定大受追捧。现在市场上买来的水发鱿鱼有些是用火碱发的，对健康有害，但发鱿鱼还确实要用碱，用什么碱？加多少？不同季节发制时间各多久？大师都交代得可丁可卯。40岁以下的厨师非常需要了解这些知识，打牢基础。

全能大师的三级跳

大师 张桂生

20世纪70年代，他服从分配，成为某事业单位的一名炊事员，热菜、凉菜、点心一人包揽；1987年，他放下炒勺，拿起刻刀，以刀代笔在萝卜、土豆上“作画”，终成江南著名的食雕大师；1996年，他从雕刻中华丽抽身，转而投入酒店管理，积累了丰富的工作技巧，现在是一名专业的高级职业经理人。在与烹饪结缘的40多年间，他完成了厨师、雕刻师、高级职业经理人三级跳，在行业内被誉为全能型烹饪大师。

苦练雕刻　差点残疾

因为装盘需要，过去的厨师多少要会一两样“果蔬雕”，而张桂生一门心思只顾做菜，拿了16年炒勺后才开始学习这一技能。本来，会刻只“兔子”、“小鸟”就足够应付日常工作了，但张桂生却对“造型”产生了浓厚的兴趣，雕刻刀一握就是11年，最终也靠此成就功名。

学习雕刻故事三则

新华书店里的"钉子户"

张桂生在雕刻方面的启蒙老师是"新华书店"。为什么这么说呢？因为张桂生是自学雕刻，没有师傅领进门。初学阶段，为了获取比例、结构、色彩等专业知识，他一下班就跑去新华书店，遍览与绘画、木雕、牙雕、玉雕等有关的书籍，由于经济条件有限，无法将这些书一一买下，他就拿着纸笔，将有用的章节誊抄下来，晚上回家以后再仔细研读。

由于只看不买，张桂生被售货员视为"最不受欢迎"的顾客。她们多次出言不逊，话里话外透着撵走他的意思，但张桂生就是"厚着脸皮"装听不懂，专心致志地抄书，稳稳当当地当了三个月的"钉子户"。

刀法练到眼睛失明

当年，张桂生将下班后的一切"剩余时间"都奉献给了"刀法练习"，因为太过专注刻苦，他差点变残疾：低头弯腰的时间太长，张桂生站起来时经常出现眩晕的感觉；萝卜、土豆、南瓜等原料含有黏液，张桂生一捧就是3个小时，双手被黏液腐蚀，脱皮非常严重；萝卜色泽纯白，雕刻时离眼睛很近，大概不超过20厘米，因为看萝卜的时间太长，张桂生的眼睛甚至还出现过短暂失明的现象。

飞到卢沟桥拍狮子

为了寻找创作灵感，张桂生业余时间喜欢背着相机逛公园和古刹，把公园中心广场处的石雕、庙宇屋檐、柱子上雕刻的长龙逐一拍成照片，然后琢磨神态，研究纹路走势。

有一次，一位旅行归来的朋友向张桂生提及"卢沟桥的狮子有百种神态"。他一下子来了精神，第二天就"飞"到卢沟桥，给每只石狮子都拍了照片，从整体到局部特写，一共拍了近2000张。

原创管理两则

布阵收餐+傻瓜点菜

张桂生接手高老庄绿色传奇酒店后，全面负责该店的经营，原创了"布阵收餐法"和"傻瓜点菜法"，成功地将餐具破损率降低到正常标准，也消除了居高不下的菜品投诉率。

问题1：餐具破损率超过了正常水平

原因分析：宴会收餐是罪魁祸首

张桂生观察了几天，断定原因出自宴会收餐这一环节。高老庄经常接待几十桌的大型宴会，收餐是一项大工程：几十名工作人员齐上阵，将不同型号、尺寸的餐具胡乱插入餐车中，推车时，餐具摇摇晃晃极易滑落跌碎或磕出缺口。

这种无序的收餐方法还有一个弊端是效率低。各种餐具胡乱插入车内，导致餐车的空间不能充分利用，服务员不得不增加装卸的次数，来回收拾十几趟，耗时长达几个小时。餐具送入洗碗间后，阿姨还要先分类，这又浪费了1小时，等到洗完，时针已经指向凌晨两点了。

解决方案：像足球赛一样排兵布阵

张桂生设计了一套宴会专用的收餐流程，将筷子、杯子、盘子分给专人承包，并向承包人规定损耗指标。此外，张桂生还借鉴了足球排兵布阵的策略，也摆出了"前锋、中锋、后卫"三大阵形，让服务员在收餐的同时实现分类。按照该流程操作，损耗率直线下降，目前一直没有突破1%；效率也显著提高，原来需要几小时，现在最多只用一个半小时就能收拾利索，而且洗碗阿姨再不用给餐具分类，只管埋头清洗，晚上11点以前就能清洗完毕。

宴会收餐流程

前锋 洗碗阿姨2名：洗碗阿姨各推一车，分头将盘中的厨余垃圾倒入车里，然后撤回洗碗间；**服务员2名**：专门负责收筷子、筷架和筷套，人手两个塑料筐，一个放脏筷子，另一个装筷架、筷套；**服务员2名**：专门收杯子，每人推一辆车，将杯子收入杯筐中。

中锋 服务员6名：负责收盘子。高老庄酒店接待一场宴会最多会用到12种型号不同的盘子，收餐时每名服务员承包2款，整齐摆放在餐车的上下层（上层摆小尺寸，下层摆大尺寸），收完后直接送入洗碗间。

后卫 服务员10名：返回婚宴大厅，其中6名负责擦拭、清洗餐桌，剩余4名打扫、清洁地面。

问题2：菜品投诉多得离谱，原因五花八门："上菜慢"有人埋怨，"上菜快"也被投诉；有人对"菜价贵"不满，也有人抱怨"没档次"、"没特色"

原因分析：客情分析不到位 点菜技巧不过关

现如今家家酒店缺人手，好不容易招来了新员工，来不及培训就仓促送上工作岗位。由于未经岗前培训，新员工连基础的事务性工作都难以应付，点菜、推销这类技巧性工作自然更加做不来。

解决方案：傻瓜点菜法 看人下菜碟

酒店通常将消费类型分为"家庭消费"、"商务宴请"、"公务接待"三种，张桂生认为这种分类方式简单、模糊，无法准确引导服务员向食客推销菜品，所以他根据高老庄的实际情况，确定了六种用餐类型，以及相对应的食客群体，通过分析他们的消费能力给出明确的点菜建议，然后将这些信息整理成"傻瓜点菜表"，发给一线服务员，只要背会，就能准确点菜，避免引发投诉。

前锋：

中锋：

后卫：

傻瓜点菜表

用餐类型	对应食客	消费分析	建议点菜
吃实惠型	家宴、朋友聚餐	经济条件有限，基本想法是"少花钱、吃实惠"。通俗地讲，就是大众消费。	主推毛利高的家常菜。食客觉得实惠，酒店也有利润空间。比如由崇明阿姨在明档制作的野笋百叶结、崇明土豆炖大鹅等。
吃性价比型	白领、中产人士	有一定社会地位和经济条件，对饮食讲究且有一定研究，首先注重菜品的色泽、搭配、造型及盛器，其次才是口味和香气。	时尚造型菜。如位上版红烧肉、养生南瓜盅、高老庄特色茶树菇、柚香芋丝等。
吃新奇型	爱吃的"美食家"	这类食客经常光顾酒店，对天上飞的、地上跑的、水里游的都有兴趣，追求新、奇、特。	含新食材的创新菜。 酒店每季度推出数款"主题菜"，现在引进了广西巴马的鹰嘴豆、圆筒鱼等特色食材，比如：巴马艾叶粑粑、巴马鹰嘴豆配凉瓜、清蒸圆筒鱼、田七盖火腿青番茄等。
吃排场型	富二代、暴发户	出手大方，追求名贵、档次及面子，奇珍异馐来者不拒。	高档菜。比如海鲜类、野味类、进口牛肉类等。
吃特色型	外地游客	喜欢买特产、吃特产。	崇明特色菜（也称三岛菜）及上海本帮菜。 崇明特产丰富，汇集了金瓜、土豆、老鹅、白山羊等荤素食材，而且款款绿色原生态，乡土风味十足，是目前上海风头正劲的流行菜。 菜品举例：崇明土豆烧大鹅、崇明手把羊肉、千丝万缕、本帮卤猪蹄、咸草头干饭、三丝两面黄。

崇明特色菜

千丝万缕

崇明金丝瓜是一款非常棒的原料，它表皮金黄，个头匀称，看似与普通的金丝瓜没什么两样，将它剖开、去瓤、蒸熟后，端倪立现：瓜肉分层，脉络清晰，轻轻一扯，就能扯出金黄色的瓜丝，口感鲜嫩清脆。

制作：①崇明金丝瓜剖开、去瓤、切块，摆在托盘中入蒸箱蒸5分钟，待筷子能够轻松插进瓜肉，取出冷却，扯下瓜丝，用凉水洗净，沥干水分备用。②取瓜丝150克摆在瓷盘中间，用黄瓜丝、胡萝卜丝、紫甘蓝丝各30克围边，跟一碟千岛汁（千岛汁中加入少许芝麻酱调和）走菜，上桌后由服务员将调味汁浇入盘中拌匀，顾客食用即可。

味型：沙拉味。

制作关键：金丝瓜蒸至刚熟即可，时间不可太长，否则瓜肉质地变糯，无法扯出细长的瓜丝。

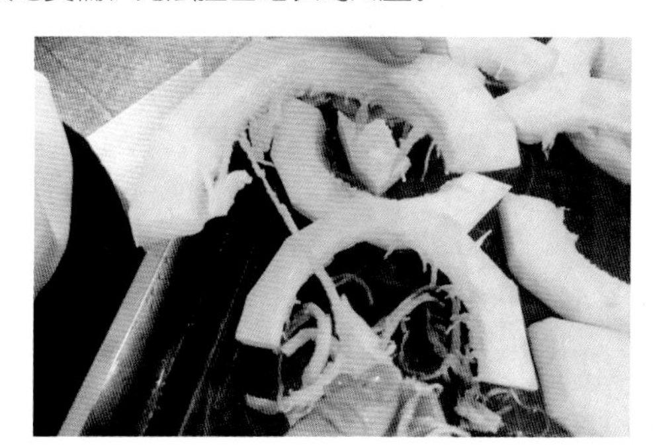

金丝瓜蒸熟后，扯下瓜丝。

上海本帮菜

本帮卤猪蹄

传统本帮卤水重调料不重香料，只用汤、糖、酱油、盐、味精调成，俗称“酱油水”，用此卤水卤出的原料除了原香本味，还带有明显的咸甜味。现在为了让卤货更香，本帮厨师遵循调料用量要“猛”、香料用量要“轻”的原则调配卤水，在必备调料的基础上增加了几味常规香料，多以八角、桂皮等无“邪味”的基本款为主，一般不超过10种。

本帮卤水调配：①猪筒骨10斤、治净的老母鸡1只放入汤桶，倒入清水60斤，大火烧开改小火吊4小时，然后改大火煮20分钟使汤变浓白，最终约得40斤骨头汤。②八角100克、香叶80克、桂皮60克、陈皮80克、甘草20克、花椒10克、丁香10克、小茴香10克、罗汉果1个、草果15克用油炸香，用纱布包住；香菜50克、香葱、蒜子各100克一同炸香，用纱布包住。③骨头汤内下入香料包、蔬菜包，大火烧开后小火熬2小时，下冰糖800克、盐550克、味精100克、酱油100克调味，拣出香料包和蔬菜包留用，卤水冷藏保存。

卤猪蹄：猪蹄20斤处理干净，放入卤水内，下入香料包、蔬菜包，大火烧开改小火卤2.5小时即成。

制作关键：卤水调好后要将香料包和蔬菜包拣出来，如果香料一直泡在里面，卤水颜色容易变黑，味道发苦，而蔬菜则容易导致卤水变质，增加保存的难度。这款卤水除了可以卤猪蹄，还可以卤鹅头、鸭脖子等。

崇明手把羊肉

羊肉一般要配当归等药料遮膻，但是崇明的白山羊肉质鲜嫩，本身没多少膻味，用含药料少的本帮卤水制熟，更能凸显原香。此外，在本帮卤水里放了孜然和干辣椒，增添孜然、香辣风味。

批量预制：①**老卤调配**：在本帮卤水（详细配方见本文的“本帮卤猪蹄”一菜）的基础上增加孜然75克、干辣椒130克。②羊排30块（每块重约500克）洗净，冷水下锅，煮至水开，捞出羊排备用。③老卤40斤烧开，下人羊排，小火卤1小时至羊排刚脱骨，捞出晾干水汽。

走菜流程：锅人油烧至四成热，下人一扇羊排，小火浸炸3分钟至外酥里嫩，捞出控油、装盘，撒匀孜然粉、淮盐，上桌即成。

味型：孜然味。

制作关键：①羊肉卤制时间不超过1小时，时间太长，羊肉会脱骨，油炸时容易散，影响卖相。②羊排最好当餐卤当餐卖，超过2小时，羊肉内的水分过度流失，口感干柴。

卤羊肉

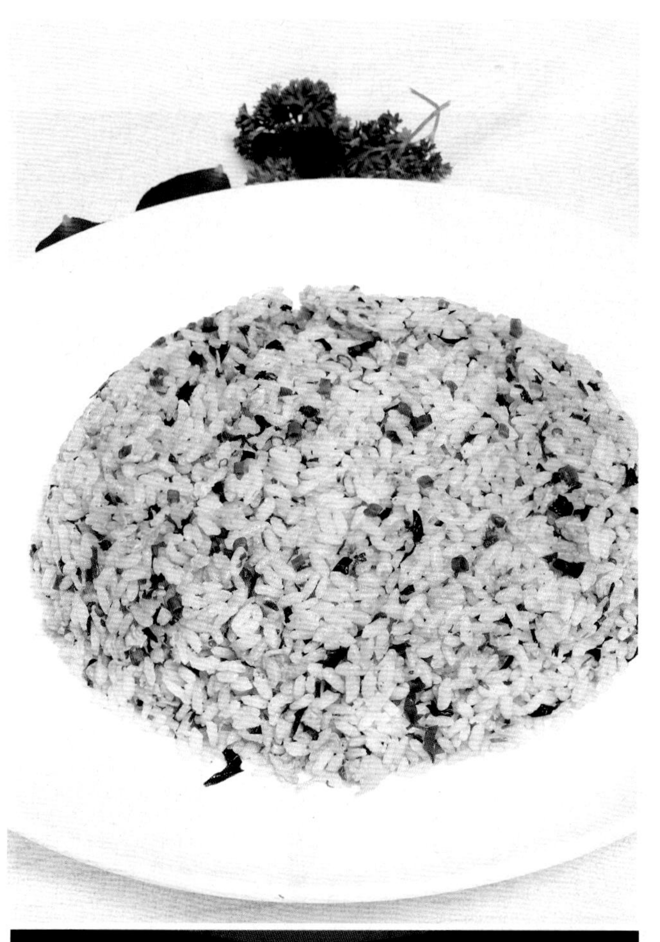

咸草头干饭

咸草头味道咸中带酸，鲜香柔和，最原始的吃法是拌白米饭，我则升级为“咸草头蛋炒饭”。经过发酵的咸草头有淡淡的涩味，入菜前拌少许菜籽油蒸一下，既能遮盖异味，又可加油润的质感。

提前预制：取咸草头500克洗净、剁碎，加菜籽油50克、白糖10克、味精5克，大火蒸15分钟备用。

走菜流程：锅滑透留底油，下鸡蛋1个、盐1克，中火快炒成蛋碎，下蒸好的咸草头50克炒匀，再下人蒸好的米饭300克，下盐2克，继续翻炒至米饭发干，停火出锅装盘即可。

咸草头制作：选老一点的草头（江浙一带也称为秧草，实际上就是鲜苜蓿的嫩尖）洗净、汆透、冲凉，用风扇吹干，加盐（苜蓿头：盐=2：1）拌匀，放人瓦缸中密封，腌制100天即成。

三丝两面黄

此面有硬“两面黄”和软“两面黄”之分。硬“两面黄”是生面直接过油炸，操作难度小，口感劲道，略显生硬；软“两面黄”则是将生面煮熟、晾凉后再炸至硬挺，并定型成圆盘状，操作难度略大，但是口感香脆无比，更易被食客接受。两面黄的吃法蛮讲究：吃之前要“翻个身”，把“盖头”扣在盘底，这样才能吃出“外脆里嫩”的最佳口感。

制作：①挂面200克煮熟、冲凉，捞出盘成圆盘形备用。②锅人油烧至五成热，用漏勺托住面条人油，中火快速炸定型，捞出面条将油温降至三成热，再次下人面条，改小火焐3分钟，捞出控油装盘。③锅留底油，下人浆好的里脊丝30克炒至变色，再下人茭白丝50克、红椒丝30克，调人盐、味精和白糖炒匀，勾芡出锅，盖在面条上即成。

味型：咸鲜。

制作关键：炸面条时的初始油温为五成热，使面条定型，之后降为三成热，改用小火浸炸，慢慢将内部的面条焐熟，如果油温一直保持在五成热，外层的面条容易炸焦、断裂，破坏卖相。

大师 郭新军

翻一翻郭新军大师的履历，异常简单而又踏实厚重。1971年，16岁的他进入北京饭店大厨房，1979年调至北京饭店谭家菜厨房，一直干到退休。中间有一段插曲，那就是1998年，郭大师注册了“新军谭家菜”商标，工作之余下了一趟海，成功策划、运营了多家谭家菜酒楼。

用谭门绝技　做平民菜肴

郭大师在谭家菜谱系中系出名门、正枝正叶。初入厨行，因机灵勤快、单纯热情，他被谭家菜第三代传人陈玉亮相中，收为嫡传弟子。入门后，因心无旁骛、从一而终，他悉数掌握了神秘技艺，像师父期冀的那样，成为优秀的谭家菜第四代传人。

家道中落　佳丽出阁

谭家菜的源头还得从清末说起。那时很多官员都私养了自己的烹饪班子，他们创作出来的独特风味菜被称为官府菜。谭家菜也在此时诞生，由清末官僚谭宗浚父子创立。谭宗浚考中榜眼，被授以翰林，他一生酷爱珍馐美味，其家宴在同僚中颇得赞誉。其子谭瑑青更是讲究饮食，为了提高烹调技艺，他不惜重金礼聘京城名厨来传授拿手菜，这位名厨刚刚授完离去，那位名厨又被请至府中，久而久之，谭家不断吸收各派名厨之长，成功地将南方菜和北方菜结合起来，烹调时盐糖各半，以甜提鲜，以咸提香，甜咸适口，用料精、火候足，吊出的汤浓香，烧出的菜软烂，高贵精致，自成一派。后来，谭氏家道中落，不得不以经营谭家菜为生。如此，这位“佳丽”走出深宅大院，渐为世人熟知、喜爱、追捧，成为中华烹坛中的顶级瑰宝。1958年，周恩来总理以谭家菜宴请了外宾之后，提议将其迁至北京饭店，把谭家菜技艺保存并发展了下来。

谭瑑青虽然被称为“谭馔精”，但其本人并不上灶烹调。其真正烹调者是家中的三姨太赵荔凤。谭家菜流人社会之后，“食界无口不夸谭”，并以谭家菜请客为荣。后来三姨太将技艺传授给家厨彭长海，彭长海收徒陈玉亮，陈玉亮授业郭新军，这派烹饪绝技得以薪火相传。

黄焖鱼翅：宁可不做　也不凑合

谭家菜属于贵族私房菜，给人的普遍印象是“好吃太贵”，尤其是“黄焖鱼翅”，传统做法是3斤鱼翅出一份菜，用一口大盘盛装，霸气威武，被称为“天下第一贵”。近期，受到市场的影响，谭家菜的经营大幅下滑，尤其是燕鲍翅类菜品受影响更加严重。郭新军大师说：“谭家菜选料精、下料狠，这个核心不能改变。因此，黄焖鱼翅、红扒鲍鱼、清汤燕窝等高档菜我们宁愿不做也不会凑合，否则就是砸谭家菜的招牌。我们想让顾客知道的是，谭家，绝非只有高档菜，它还有很多中、低档菜品。谭家菜始于豪门，出身高贵，但不能总是藏在象牙塔中，故步自封、止步不前。根据当前的形势，我认为谭家菜厨师要狠下一番工夫，猛动一番脑筋，用谭家的技艺研发一批好吃不贵的平民菜肴。”

牛里脊拍成片，腌制上浆。

上海辣酱油。

煎烹牛里脊

这是谭家菜里的一道创新作品，采用鲁菜中的煎烹手法，调成流行的复合味。这道菜在宴会上作搭配菜品、调节口味之用。其选料为普通的牛里脊，成本适中。

首先将牛里脊改成100克重的长方块，然后用刀面拍成薄片，用刀尖挑断牛筋。制作前先放人适量盐、料酒、白胡椒粉、老抽、白糖，将里脊腌制人味，再加人少许攥干的水淀粉、全蛋液拌匀上浆。水淀粉一定要攥掉水分再用，否则腌好的牛里脊会出水。

上海辣酱油5克、料酒5克、老抽2克、白胡椒粉3克、高汤50克放人碗内调匀，加人少许水淀粉，淋香油备用。锅下花生油烧热，放人牛里脊后改成中火，煎至两面成熟时倒出，沥油。锅下底油烧热，下人30克洋葱末、15克木耳碎、5克蒜末煸炒出香味，烹人预调汁熬浓，下人牛里脊翻匀，迅速出锅盛人垫有生菜的盘中即可上桌。

此菜中的牛里脊滑嫩，突出辣酱油酸甜微辣的特殊香气以及洋葱的味道。在制作时要注意，所烹料汁不要太多，只给牛里脊裹上薄薄一层即可。

谭家浓汤：料水一比一　够狠够新鲜

汤是谭家菜的灵魂，浓汤更是谭家菜烹调技艺之精髓体现，其特点一是“狠”，二是“鲜”。“狠”是指熬浓汤时下料狠，原料与清水比例是1：1；“新”是指熬好的浓汤不能过夜，必须当天用完。

浓汤备料：净膛老鸡8只（大约1.8千克/只），要用“五爪老鸡”，即“年老”至“脚踝”上的小爪都已长长，在宰杀时要去掉鸡肺和屁股处的油脂，否则会有臊味；净膛麻鸭5只（大约1.2千克/只）；金华火腿250克，要选5年以上的冬腿（金华火腿按腌制开始的时间分为冬腿、秋腿、春腿、冬春腿，其中以冬腿风干、发酵时间最长，味道最香）；干贝150克；鲜猪肘子3只（大约1千克/只）。

熬制方法：

1.老鸡、麻鸭、火腿清洗干净。

2.干贝洗净后加入适量葱姜、清水蒸20分钟，然后捞出干贝，原汁可为其他菜品提鲜。

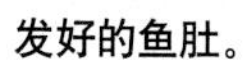
发好的鱼肚。

各类原料煨入味后装盘，浇上勾芡的浓汤。

3.肘子剖开，清洗干净，带骨使用。

4.取汤桶，下面垫竹篦子，上面排上处理好的鸡、鸭、肘子，倒入40千克清水，大火烧开，转菊花火（即汤微沸，水波中心呈发散性菊花状）吊3个小时，放入火腿和蒸好的干贝（因这两种原料不耐煮，所以要中途放入），用菊花火继续吊5个小时至鸡鸭骨肉软烂，然后转大火催40分钟，滤出料渣即成金黄色的浓汤。取出的料渣可以再添清水20千克，中火烧20分钟释放出鸡肉中的氨基酸，再大火翻滚30分钟，即成二汤，用来做一些低档菜品。

吊好的浓汤用处良多，谭家的多款海味大菜，都是用浓汤烧成的。

清脆掰两段　鱼肚方炸透

“三鲜鱼肚”所用的原料为广肚，是油发而成的。具体做法：将整块干鱼肚放入五成热的油中浸泡1–2分钟至外观起变化、质地刚开始变软时捞出，剁成长方块，再投入五成热的油中浸泡3–4小时，这期间无须加热。锅下宽油小火烧至七成热，下入浸泡过的鱼肚，用手勺不停摁压至油中，待鱼肚涨大后转微火继续炸半小时至金黄、膨胀，在这一操作中注意火要小，否则会把外面炸焦。如何辨别鱼肚是否炸到位？方法是捞出后用手一掰，如果很脆地“咔”一声掰成两段，说明火候足了，可以捞出。也可以取一根筷子，猛地一扎，如果能毫不费力地“咔”一声插透，则也说明恰到好处。注意的是一定要把鱼肚炸透、炸到位，否则发好的鱼肚中间有黏液。鱼肚质量不同，炸制时间也不同。有一种质量较次的鱼肚叫“提片”，只需炸3–5分钟即可。

将炸好的鱼肚捞出，放入清水中浸泡，充分吸取水分，然后再人食用碱水（碱水浓度为1%）中用手抓起鱼肚，不停地拍洗去掉油脂，最后用清水冲去碱味。发好的鱼肚像一块大海绵，非常细软。

三鲜鱼肚的制作流程：金元鲍切片；熟金华火腿切片；鱼肚改成小块；虾仁上浆滑油。把除虾仁之外的主料入毛汤，加入少许料酒飞2–3分钟，捞出用冷水冲净。锅下浓汤400克，下入鱼肚，加适量盐、白糖小火煨4–5分钟至入味，捞出入盘。再把金元鲍、金华火腿片、虾仁下入锅中用浓汤煨1分钟，起锅码放到鱼肚上，原汤勾芡，浇到菜肴上，带火即可上桌。此菜色泽金黄，味浓厚重，甜咸适口。鱼肚在高档原料中价位相对“亲民”，再加上此菜量大，目前在西直门的翰林谭家菜酒楼销售火爆。

清汤

谭家清汤：母鸡熬香　鸡泥扫清

谭家菜调料简单，只有盐和糖，因此菜品提味全靠汤，其浓汤、清汤的吊制自成一派。

谭家吊清汤的原料有：净膛老母鸡30斤，注意要选散养、2岁以上的母鸡；净麻鸭10斤；金华火腿（瘦）500克；日本大瑶柱250克；鸡胸肉10斤。第一步是熬汤：鸡、鸭、金华火腿、瑶柱四种原料无须飞水，洗净后直接入汤桶，加60斤清水烧开，撇去血沫，转小火熬5小时。在熬汤的同时将鸡胸肉砸成泥，加10斤清水、适量葱姜水、料酒、白胡椒粉、盐稀释成糊。第二步是扫汤：先撇出汤上面的那一层浮油，然后捞出鸡鸭等料渣，再用汤箩过滤掉杂质，沉淀10分钟后再撇一遍油，重新烧开，下入鸡胸肉糊快速搅散，再次烧开，撇出血沫，转小火保持似开非开的状态继续吊1小时，滤出鸡肉末弃之即得清汤。最后熬好的清汤约有40斤。

古法发海参　夹起呈弧形

备料：发好的刺参一只，虫草10克。谭家菜发海参承袭古法，不用任何添加剂。以关东参为例，首先将干海参放入纯净水中入冰箱保鲜浸泡48小时，待回软时用剪刀顺腹部小口剪开，取出肠子，洗净后加清水，入砂锅或不锈钢锅小火保持似开非开状态煮40分钟，然后查看柔软度。此时有一个技巧，那就是用筷子夹住海参中间，如果海参两头朝下耷拉呈现弧形即说明火候到了。此时可以离火，捞出海参入清水拔凉。同时取一保鲜盒，放入纯净水，加入冰块，再放入拔凉的海参，入0℃冰箱保存。海参在此温度下疯狂吸水，24小时后可发至原先的2–3倍长，其重量也达到令人满意的程度。

冰不化水　水不结冰

这种发制方法健康自然，而且发出的海参含水量适宜。需要注意的是，海参只在冰水中才会涨发，因此冰箱内的温度极其重要，一定要保持0℃，以保鲜盒内的冰块不融化、水也不结冰为准。另外，一个保鲜盒不要放太多的海参，以免海参争水，不能充分涨大。

清汤虫草海参走菜流程：①虫草洗净后放入碗中，加少许清水，覆膜后入蒸箱旺火蒸半小时。②取吊好的清汤调少许盐、白糖，装入位盅。③发好的海参入开水快速汆一下，捞出放入盅内，再加入少许虫草原汤、三根虫草，盖上盖子上笼旺火蒸15分钟即可上桌。此菜突出清汤的鲜美，爽口滋润。

谭家菜以烹调燕鲍翅见长，但除此之外，它还有很多以鸡、鸭、牛肉、猪肉、鱼、虾为主料的中低档菜式。原料虽家常，但谭家菜大厨在烹制时合理搭配、环环相扣，做出一股软烂飘香、原汁原味、老少皆宜的谭家范儿。

双冬鸭块

此菜选用瘦麻鸭，辅料为“双冬”，即冬笋、冬菇（最好选用干冬菇，鲜香浓厚）。制作时先将放养的麻鸭1只宰杀治净，剁成小块，抹上酱油、料酒腌制一下，然后人八成热油快速炸一下上色去腥。冬笋修成圆片，冬菇泡发后修成圆片。

锅下清水4斤烧开，加人鸭块及料酒、葱姜块、糖色，将汤汁调成枣红色，中火烧开转小火炖2个小时，下人双冬片继续小火炖20分钟，此时约剩1斤汤，取出主辅料人盘，打掉料渣，原汁收浓勾芡，浇人菜中即可上桌。需要注意的是，所加的糖色要炒得稍微老一点，否则甜口太重。另外，此菜黄酒用量较大，一只鸭子大约需要150克，这是因为鸭肉与黄酒特别合拍，后者能为前者祛腥提鲜，增加浓香的口味。在炖制时还可以添加少许枸杞、小枣，以增加滋补功效。

此菜还有一点需要格外注意，腌制鸭子时可以抹点酱油，但炖制时只用糖色着色调味，若加酱油则汤汁颜色太黑。最后勾芡不宜太厚，否则口感发黏。这是谭家菜中鸭肴的代表，不加任何香料，只取麻鸭、冬菇的香气。

草菇蒸鸡

1.鸡块和草菇。

2.舀入草菇原汤拌匀鸡块。

3.拌好后即可入蒸箱蒸制。

草菇蒸鸡

此菜不用任何香料，只取草菇和鸡腿的原始味道，通过长时间加热激发鲜味，在谭家菜酒楼久卖不衰。

制作时选肉鸡腿两只约600克，去骨后剁成方块。干草菇洗净，入开水泡透之后捞出，原汤留下。鸡肉块挤干水分后加入酱油5克、盐4克、白糖6克、味精3克、葱姜末少许、花生油15克、高汤50克、水淀粉适量拌匀，然后放入草菇、草菇原汤50克拌匀，纳入碗中，无须覆膜，上蒸箱旺火蒸40分钟（鸡块因有花生油、水淀粉的保护，所以不会蒸老），取出盛入盘中即可上桌。此菜软烂适口，汤汁浓香，非常下饭。

此菜在制作时需要注意，第一，因鸡肉本身会出油，所以拌制原料时不要加过多花生油，否则太腻。第二，水淀粉的作用是锁住肉块里的水分，以免蒸后口感发干，但用量无须太多，否则肉块发黏。第三，高汤、草菇原汤用量也不可太多，纳入碗后底下有薄薄一层即可，这层汤在蒸制时负责为鸡块"输送"水分和味道。第四，酱油无须过多，否则成菜颜色太深。第五，一定要加少许草菇原汤，这样蒸后鸡肉有一股浓郁的草菇鲜味。

一款蟹粉狮子头 细听大师说从头

大师 张英福

现任北京国谊宾馆餐饮部经理，虽是地道的北京人，却是地道的淮扬菜大师。40多年前他刚入行时学的是鲁菜，而那时在北京最“走红”的当属淮扬菜，“开国第一宴”选它作为主角，便是看中了这一菜系品相高雅、咸甜适中、口味清淡不刺激，无论你来自塞北还是江南都能适应。由于北京是鲁菜的传统领地，淮扬菜厨师相对缺乏，单位领导命令张英福“弃鲁从淮”，并选派他四下扬州，从此这位北方汉子便在“南派”的烹饪天地中辛勤耕耘了40多年。

淮扬三头　它占鳌头

淮扬菜里最负盛名的“三巨头”，分别是蟹粉狮子头、拆烩鲢鱼头、扒烧整猪头。其中，蟹粉狮子头至今仍畅销不衰。它将普通的猪肉与高档的蟹粉组合，通过精细的做工、精准的火候煨出原汁原味、入口即化、鲜美不腻的神韵。正是凭借这种神韵，它跻身“开国第一宴”的头菜，随后成为接待外宾必上的中国特色菜。

此菜主料是不带皮的上好五花肉，还有鲜蟹蒸熟拆出的蟹粉、蟹黄。辅料有马蹄、菜心。

改刀——

细切粗斩　肉能吸水

此菜第一步是将五花肉切成石榴米，此处有个俗语叫“细切粗斩”，意思是切石榴米时要细一点儿，肉粒以石榴籽那般大小为佳，并须确保颗粒均匀，不要失去耐心而切得忽大忽小，细粒切好之后要用刀再粗粗地剁两遍。如果不剁一下，打水时肉粒不容易吸收水分，也不容易人味。马蹄同样切石榴米。

调馅——

夏天5：5　冬天6：5

肉粒500克纳人盆中，加入葱姜汁（葱150克、姜75克拍碎包人纱布挤出的汁水）、清水200克、料酒、胡椒粉搅拌均匀，再加盐8克拌匀，然后朝同一个方向打上劲，之后再抓起来不停摔打，增强筋力。快速搅打可以把水分打人肉馅内，做好的狮子头才鲜嫩软滑。之后在打好的肉馅内加入马蹄米50克、蟹肉50克搅匀。

蟹粉狮子头

调馅有四个关键：一是盐的投放时间。盐要在葱姜水、清水、料酒等调料放过之后再加，这样才能打出胶、打上劲，如果先加盐则搅打时肉馅容易散掉。二是速度。搅打时要一气呵成，中途不能停。三是季节不同，猪肥瘦肉的比例不同。春天、夏天、秋天肥瘦肉比例是5：5，冬天肥瘦肉比例是6：4，因为春、夏、秋三季客人不宜吃太肥腻的食物，而冬天多加一成肥肉，菜品口感更丰润适口。第四，季节不同，调盐量也不同。夏季客人口味略清淡，1斤肉以加盐8克为宜，冬天则可以略加多一点。

成形——

做好的肉馅团成每个65克的圆球，取一块蟹黄摁在圆球上。

氽制——

起锅下清水烧至微开，转小火保持微开状态，放入团好的狮子头生坯，小火氽至出浮沫，打掉沫子，小火继续煨2.5小时，此时狮子头酥软，油分已经渗出，漂在汤面上。

成菜——

蟹粉出风头 浮在最上头

清汤入净锅烧开，调好底味，盛入位盅内，放入一个炖好的狮子头，加两棵汆水的菜心点缀即成。此菜神奇之处是不管蟹黄镶在狮子头的哪一面，煮后它总是能浮在上面，很出风头，彰显这道菜的高贵、别致之处。至于为什么会浮上来，大概是因为蟹黄脂肪含量高，比重较小的缘故。

同行探讨

加淀粉丸子不散

垫排骨一举两得

胡忠英：张大师讲得非常细致。我补充三点：一是要借助淀粉增加狮子头的黏性，否则长时间煨制狮子头会散。打上劲后加少许干淀粉拌匀或者团狮子头时手掌沾一层水淀粉，边团边给狮子头敷上一层“面膜”。二是煨制时可以在锅底垫一层净排骨（剔去肉，只留骨），然后加水烧开，放入狮子头。这样，两个半小时的加热便一举两得，不仅成就了入口即化的狮子头，还吊出了一锅鲜汤。走菜时取原汤入位盅，放入狮子头即可上桌。三是煨制时要在狮子头上盖一片白菜叶，防止浮在汤面上的狮子头变干变暗。

“蝇头”太难听

改称“火柴头”

王致福：我调狮子头馅时通常选肥六瘦四的五花肉，并将肥肉、瘦肉分开改刀，而且各有各的标准。肥肉切成石榴米大小，瘦肉则是切成火柴头大小。从前，师父告诉我瘦肉的改刀标准是“苍蝇头”大小，后来我觉得苍蝇头有点难听，所以就改成了“火柴头”。“石榴米”、“火柴头”切好后要混合在一起，再用马蹄刀法（即双手各持一刀，左刀剁一下、右刀剁两下，节奏类似奔腾时的马蹄），按照从左至右、从上到下的顺序，剁上两圈即可。

正如胡忠英大师所讲，增加黏性有两个方法。但我一般不在肉馅里放淀粉，而是靠肉馅自身的筋力定型。待狮子头成形后，我会将水淀粉抹在双手上，然后将狮子头放在手里，在两手间来回翻滚。通过拍打，排出狮子头内部的空气，让其变得更加结实，也在外面均匀抹上一层水淀粉，这样不仅氽不散而且出品更洁白。

添一成鱼肉

增十足鲜美

李建辉：张大师讲的传统版狮子头翔实准确，我读后非常受益。我在做狮子头时会添加一成鱼肉（如鲅鱼肉），这样肉馅的胶质更丰富，黏性更大，搅打时更易上劲，做好的狮子头口味也更鲜美。

如今狮子头的演变品种挺多，郭德纲在北京开的会所里有一款狮子头，是把五花肉切成3毫米厚的薄片，放入盆中，加入适量肉馅、调料，不停“啪啪”地抓起再摔打到盆中，将肉片摔出黏性，搅打上劲，加入米粉拌匀，团成大丸子，再过油炸、红烧，取名“郭家摔丸子”，是会所的镇店之宝。

汽锅狮子头

狮子头跳入汽锅中

杨军：我们重庆龙鼎盛宴会所制作狮子头时结合了云南汽锅鸡的做法，以夹心肉和猪肥膘肉为原料，团成丸子后放入汽锅，经过长时间的小火慢蒸，肉的油脂与鲜香充分融入汤中，而汤水又不断滋养着狮子头，鲜美异常。

此菜选料有两种：夹心肉和肥膘肉。夹心肉也叫作"夹缝肉"，是指猪前腿上包着扇子骨的那块肉，质地细嫩、吸水性强，但缺点是筋多，且纤维横竖不规则，因此必须经过"先捶后剁"，即先用刀背将肉捶成细蓉，挑去筋膜，起墩前再用刀刃细细地剁上五六遍，用刀在案板上一抹，肉蓉自然黏在刀背上，而细筋则塞在案板上，肉蓉的口感更细腻滑嫩；肥膘肉则要改成小丁，这样可使制好的狮子头更有弹性，吃起来有颗粒感。

将夹心肉泥、肥膘肉丁按照6：4的比例混匀放入盆中，按照张英福大师讲述的方法投入调料，顺同一方向搅打至起胶，每80克肉馅团成一个丸子，投入蒸热的汽锅（锅底垫入100克豆芽）中，浇入温清汤（30℃−40℃），放在蒸灶上蒸1小时，调入盐、味精、白胡椒粉即成。

血水吊汤　云南秘方

蒸制过程中有三个关键：

1.汽锅一定要提前蒸热，这样既可以缩短蒸制时间，也能避免因凉锅慢慢加热而使丸子发腥、变柴。

2.此菜所用清汤是以淘洗鸡块、鸭块、肉块的头两道血水制成的。血水倒入锅中煮开，打去血沫，便是清汤，用此汤蒸丸子不仅节约成本，且汤汁清澈。

3.煮好的清汤要降温至30℃−40℃时再浇入锅中，若太热则会使肉丸表面收缩变紧，蒸制时里面的鲜汁无法溢出。

云南厨师在制作汽锅鸡时，会将淘洗鸡块的头两道血水留下，煮沸撇沫后制成清汤，用这款汤浇入汽锅蒸鸡块，原汁原味格外香。按此方法制出的清汤，不仅可以用来蒸制这款狮子头，还可用来煮苦菜鸡蛋、番茄蛋等蔬菜汤，汤汁清澈鲜美，还能节约成本。

桃仁酥鸭

没有功夫菜
难服美食家

现在的饭店，费工费时费火的菜品做得越来越少了，什么好做就做什么，这是正常的也是不正常的。说正常是因为这个思路符合市场经济规律，不正常则是因为传统是创新的根源，而且真正的美食家对传统菜的口味是非常留恋的，饭店做到一定的层次，没有几款传统功夫菜坐镇，很难让爱吃、懂吃的美食家们臣服。

桃仁酥鸭也是淮扬菜的代表之一，这道菜既有填鸭的鲜香丰润，又有虾馅的松软鲜美，还有核桃仁的酥脆浓香。成菜口感并不油腻，一是因为鸭子已经过40分钟的蒸制出油，二是从营养学角度来看，鸭子虽肥，但其脂肪不同于猪肉，属于不饱和脂肪酸，口感本身不太油腻。

制作流程：

选料——

此菜要选3斤左右的填鸭坯（即去毛但带内脏的净鸭），取其肉质肥厚、水嫩不柴。配料是虾仁、干核桃仁。

修形——

将鸭子从肛门处开口去掉内脏，斩掉鸭掌、四肢、脖子，只留身体中间部分，从背部沿脊骨下刀剖开，加入调料（葱、姜、花椒、料酒、盐等提前拌匀）抹匀，腌制1小时，然后上笼干蒸40分钟至熟，取出，从肉面下刀拆掉骨头形成一片鸭饼，修掉边角，把肉厚的地方打薄，成为一块方形鸭饼。需要注意的是，一定要从鸭脊背下刀剖开，肥厚的鸭腹部正好形成鸭饼的主体，如果从腹部开刀剖开，则脊背处去掉骨头就剩下一层皮了，无法形成一整块鸭饼。第二，腌料中要多配点花椒以去除鸭子的异味。

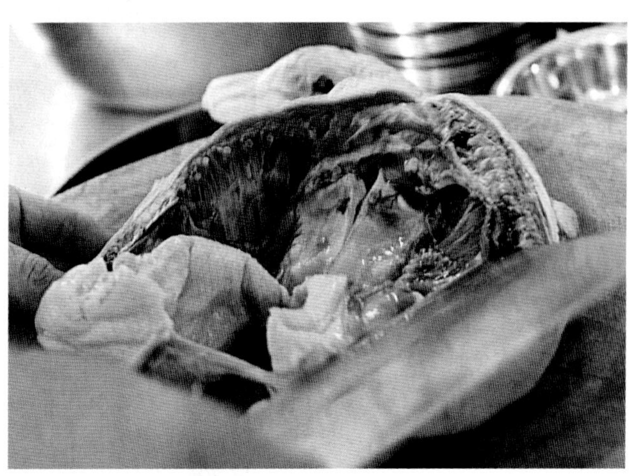

沿脊骨开刀。

制馅——

鲜虾仁去掉沙线，切成碎末，加入适量盐、味精、料酒、胡椒粉，搅拌均匀成虾馅。此处需要注意，调的是虾馅而不是虾胶。虾胶是指将虾肉碾成泥后搅打上劲，对应的烹调方法是“汆”，如汆虾丸、汆虾滑、汆虾线等，出品口感鲜脆爽滑。而虾馅是指将虾肉切成末，加调料拌匀而成，对应的烹制方法是“炸”，出品松软细嫩。若将虾胶入油锅炸制则口感发死发硬。如今很多厨师都忽略了这个问题，他们常常调好一盆虾胶作为菜品佐助料，一会儿汆、一会儿炸，口感是达不到最佳效果的。

抹上虾胶后制成鸭坯。

制坯——

干生核桃仁入清水浸泡去掉微涩的表皮，捞出控水后入一成热油小火炸至酥脆成熟，掰成小块。修好的鸭饼压平，在肉面拍一层生粉，抹一层厚约2厘米的虾馅，然后嵌入核桃仁。核桃仁不用太多，保证改刀后每块酥鸭上都有一枚即可，如果桃仁太密集则会遮盖虾馅松软细嫩的口感。

走菜——

盘底抹油，将做好的生坯两面抹上蛋清糊（3个蛋清加适量水淀粉调成较稠的糊），放入盘中。锅下宽油烧至七成热，将生坯鸭皮一面朝下滑入锅中大火炸至定型，转中火浸炸至透，翻面后继续用中火炸1分钟至外酥内软，捞出控油后切成麻将块即可。

同行探讨

胡忠英：①修形时可以不去掉鸭腿，鸭腿肉厚实鲜美，一同去骨制成鸭坯最好。鸭头也可以一同蒸熟，摆盘时放在菜品前端作为点缀，以让客人了解此菜的确是用新鲜整鸭制作而成的。②制虾馅时应该放一点干淀粉，否则黏性较低。我的方法是使用上浆的虾仁，这样不需要另外添加淀粉，黏性恰到好处。③做好的生坯只在鸭皮一面抹蛋清糊即可，虾馅一面不需要挂糊，这样鲜味更足。④挂糊的鸭坯最好采用半煎炸的方法，即锅下宽油烧至八成热，倒出一部分热油，只留200克，滑入挂糊的鸭坯中火煎定型，然后倒入热油炸熟即可。

大师 仇上明

中国烹饪大师，国家高级烹饪技师，现为上海嘉登道大酒店行政总厨。

手上不断吃刀　技术才能长高

上海餐饮界，提起蟹粉狮子头，很多人都会想到仇上明，生于1955年的他做了一辈子狮子头，技术精湛，操作手法炉火纯青。他做的狮子头用筷子夹不起来，一夹就会碎成大块，必须用勺子舀着吃，口感如内酯豆腐一般，稍不留意就会滑进胃里。这款被誉为淮扬菜名片、雄踞国宴菜单的狮子头到底有什么制作上的奥妙？本文特邀仇上明大师现场演示狮子头的制作，请其步步详解，曝光了诸多不为人知的独家秘技。

光着膀子杀黄鳝

1972年，19岁的仇上明被分配到上海人民饭店，领导给他的任务就是杀鳝鱼。上海的夏天无比闷热，仇上明光着膀子，身上套着七八斤重的人造革“饭单”（即套在脖子上的围裙），一手抓着滑腻的鳝鱼，一手用剪刀开膛破肚，杀过几条后就浑身血污，稍不留意，还会划破手指，有时不小心打翻了桶，五六十斤黄鳝活蹦乱跳，他还要一条条地抓回来。“手上要不断吃刀，技术才能慢慢提高”，怀着这样的信念，他咬牙坚持，任劳任怨，三个月后终于被调到灶台，从此开始了40年的炉火生涯。

整鸡脱骨，成就“上海刀王”

20世纪80年代初，上海举办厨师技术大比武，全市的餐饮精英摩拳擦掌，准备一较高低。“那个年代的人单纯，技术比武是真刀真枪，拼的是硬功夫。”其中刀工的考试内容是整鸡脱骨。为准备比赛，仇上明每天提前几个小时上班，抢着杀鸡，偶有空闲，就在脑海里描摹鸡的骨骼构造，辨认每根骨头的位置，几近痴魔。皇天不负有心人，比赛当天，他仅用了2分50秒就干净利索地完成了考试，拔得头筹，成为名副其实的“上海刀王”。

蟹粉狮子头

说起自己的招牌——蟹粉狮子头，仇上明神采飞扬、滔滔不绝，技术细节无不坦诚相告，说到兴奋处，更是起身操刀，为我们现场演示。

技术一：制作狮子头　猪肉要过夜

很多人都认为越新鲜的猪肉越好，实际上并非如此，猪肉宰杀72小时以后最适合烹调食用。为什么呢？从食品科学上来讲，动物性原料宰杀后肌肉组织的变化会经历四个阶段：**尸僵、成熟、自溶、腐败**。在尸僵阶段，肉的弹性和伸展性消失，质地坚硬粗糙、黏结能力差，此时加热，肉汁流失很多，口感又硬又柴。鱼宰杀后最好不要立即下锅，也是这个原因。不同动物“尸僵”发生和持续时间各异，猪肉最长，鱼肉最短。

尸僵结束后，原料肌肉变软，吸水能力及风味、嫩度得到很大改善，保水性上升，被称为成熟阶段，最宜烹调。此后，动物性原料在自溶酶的作用下分解蛋白质，这一过程称为肉的自溶。一般来说，成熟和自溶阶段的五花肉是制作狮子头的最佳原料。现在猪肉都是工厂集中宰杀，再运到店里，大约会经过一天多的时间，所以仇上明要求买回的猪肉存放一夜，这样就能达到72小时，保证猪肉口感最佳。

动物性原料尸僵阶段时间表

原料种类	开始时间（小时）	持续时间（小时）
猪肉	8	72
牛肉	10	15–24
鸡肉	2–4.5	6–12
鱼肉	10分钟	2

技术二：
榨汁要用“带胡子的葱”

五花肉吃水才会嫩，但吃的是什么水？一斤肉能吃多少水？在别人看来很简单的问题，仇上明却多方求证，反复试验，最后得出结论：口感最佳的是葱姜水，每斤五花肉吃水的最佳分量是2两4钱，也就是120克。方法是将南方小米葱、老姜各250克加入矿泉水1千克榨汁滤渣。这里有一个细节，榨汁时要用带着根须的整棵葱，才能使葱香味分外浓烈。

这就是“带胡子的葱”。

先拌。

后掼。

再搅。

技术三：
上劲分三步　先拌后掼再搅

肉粒加盐拌匀后，就要用到一个重要手法——掼（guan）：双手叉起肉粒使劲往前摔，通过强力撞击，使猪肉纤维松动、舒展，排出肉粒间的空气，产生弹性和黏性。最后再朝一个方向搅打上劲，中间不能停，停下来时间越久，弹性消失得越“多”。肉粒经“拌、掼、搅”后变得圆滑鼓胀，堆起来不散，这说明上劲充分了。

技术四：
蟹肉打进馅里　蟹壳吊制清汤

制作蟹粉狮子头一定要用河蟹或湖蟹，拆好的蟹肉直接打进肉馅里，炖制时猪肉也能吸收蟹肉的鲜味；拆下的蟹壳、蟹脚不要浪费，和筒骨、猪皮等一起吊汤，会释放出呈鲜物质，大大提高汤汁的鲜度。

加入蟹壳吊清汤。

技术五：
挂糊手法似剑侠

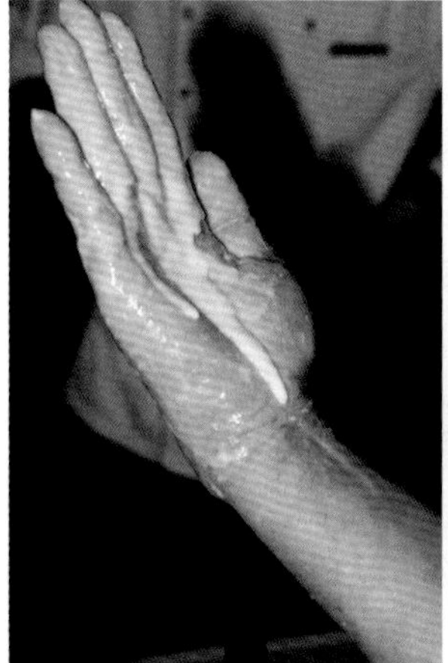
湿生粉自然流下，布满手掌。

狮子头在手掌间来回倒几次，穿上“生粉衣”。

狮子头下锅前还有非常关键的一步：挂糊，也就是给它穿一层“薄衣服”。风车牌生粉勾芡凝结度高，芡汁琉璃光亮，色泽透明，口感滑爽，沉淀量大，很有筋力，抓芡时有抓不起来的感觉，是调制此糊的不二之选。

给肉馅挂糊的手法十分细腻：抓起五花肉粒130克，两手来回“倒”三四次，“倒”的时候要用力，能听到“啪啪”的声音，通过力的作用，排出狮子头内部的空气，增加黏性，这样做好的狮子头才能紧实不散。此时右手抓起湿生粉，然后展开手掌，慢慢举起，让湿生粉自然流下，在手掌上布满薄薄的一层，然后再倒几次狮子头，使其表面均匀挂一层薄糊，“倒”的时候同样要用力，湿生粉四溅，那感觉像侠客练剑，银光闪闪，“倒”完的要求是：手掌、灶台干净无糊，而衣襟上会溅满白点。

技术六：
二次加热必须蒸

狮子头在“沸而不腾，锅边冒泡”的水中浸煮2个小时就能达到最佳口感，但如果提前预制，只需炖1.5个小时，捞起晾凉后，覆盖保鲜膜，一只一只分别放入小扣碗里，保持形状完整无损，入冰箱冷藏即可。如果炖的时间超过1.5小时，再加热时就很容易烂散。需要注意的是，第二次加热时不能煮，必须用蒸的方法，静置受热，才不会散碎。

虾籽大乌参

虾籽大乌参由上海名厨李伯荣大师首创，闻名海内外，大乌参形态饱满，高端大气，色泽褐红，芡汁明亮，肉质软糯，酥烂不碎，尤其最后打的跑马芡，大泡小泡“噗噗”作响，争相涌动，如同万马奔腾，爆裂的小泡把葱香味绵绵不绝地送出，香味四溢，令人拍案叫绝。

涌动的芡汁确实很像马儿在奔跑。

烫裂盘子的跑马芡

此菜最关键也最考验厨师功力的是打芡。生粉最好选用“风车牌”，勾芡时芡汁要厚，勺子在锅内快速搅动，把芡打匀，接着再浇十成热的葱油，勺子搅动速度越来越快，让滚烫的热油裹到芡汁里面，随后迅速起锅，浇在盘内大乌参上，因为芡汁里面饱含热油，如烧滚的沸水一样，大泡小泡争相涌动，恰似万马奔腾，所以被称为“跑马芡”（鲁菜中叫“活汁”），如果做得到位，上桌两三分钟后仍然“噗噗”冒泡，噼啪作响，葱香四溢。李伯荣大师当年在北京表演此菜时，因为芡汁沸腾，竟然把盘子都烫裂了，从此以后，虾籽大乌参名动天下，成为本帮菜系的“名片”。

姜丝细如银针。

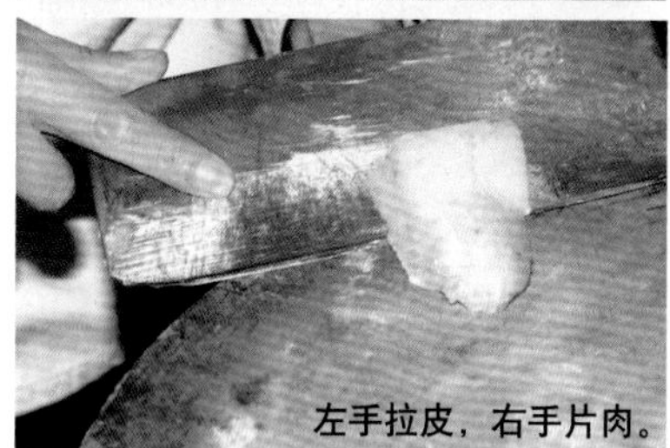
左手拉皮，右手片肉。

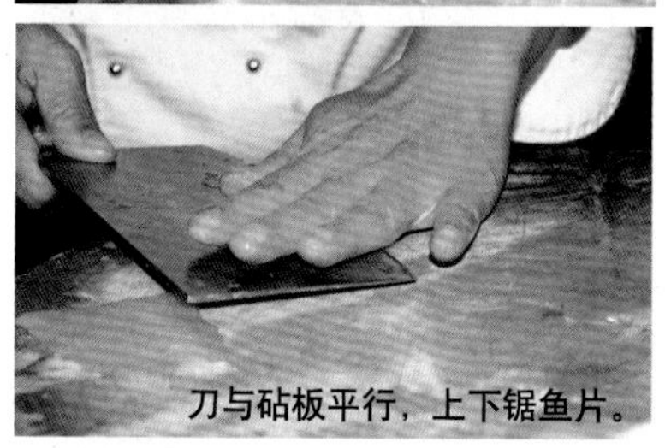
刀与砧板平行，上下锯鱼片。

瓜姜鳜鱼丝

淮扬独有“瓜姜味”

这道菜属于淮扬菜系独有的“瓜姜”味型，用上海小酱瓜、酱姜、生姜提味，与鳜鱼丝滑炒而成，略带姜辣，回味清香，有特殊的酱菜香味。制作此菜讲究改刀、上浆和滑油，“这道菜让很多大厨现了原形，师傅功力高下立判”。

改刀——
取肉要拉鱼皮　片片用刀去锯

这道菜对厨师的刀工要求非常高，酱瓜、姜丝细如银针，鳜鱼丝有两根火柴棍粗细，在去皮取肉时，鱼肉中间先划一刀，深至鱼皮处，肉断皮连，再垫在砧板边沿，左手用力往外拉鱼皮，右手持刀片肉，肉和鱼皮分开后，“皮不带肉，肉不带皮”，肉皮都要“不碎、不破、不散”。

鱼肉要片成厚0.2厘米的片，也就是两根火柴棍的粗细，片的时候要用“锯刀”，左手掌按紧鱼肉，刀与砧板保持水平，上下锯鱼片，这便是“厚薄均匀”的奥妙所在。

防止脱浆三步骤——
吸水　冷藏　滑油

制作此菜最大的失败就是脱浆，要防止脱浆，尤其要注意三点。上浆前，鱼丝要吸干水分，最好用“风车牌”生粉上浆，然后一定要入冰箱冷藏4个小时以上，最后，滑油时油温保持在三成，这样才能让鱼丝定型，否则筷子一搅动，肯定脱浆。

新派炝腰花

仇上明对传统菜的技法孜孜以求，但绝不因循守旧，经常改良经典，弥补不足。比如，传统名菜炝腰花，刀工要求非常高，刨出的麦穗花刀非常漂亮，这些应该保留。而浇上去的酱汁则略显寡淡，腰花吃起来味道不足。经过不断摸索试验，仇上明推出了新版的酱汁，浓稠厚实，颜色红亮，浇上后能均匀裹挂在腰花上。**“仇老头”版麻酱汁的做法：**将芝麻酱、花生酱、李锦记蒜蓉辣椒酱各250克，生抽、红油、镇江香醋各150克，白糖50克，青芥末一支约43克，矿泉水450克入盆内，往一个方向搅拌均匀，将水、油和芝麻酱、花生酱打上劲，只有上劲了才能挂在腰花上。此款酱汁麻、辣、咸、甜、微酸，风味独特。

沈逸鸣

15岁弃音乐进厨行，如今已在这方天地耕耘了40多年，获得了中国烹饪大师、国家级评委、上海炉灶大王、上海干捞粉丝第一人的称号，现任上海鹭鹭餐饮管理有限公司技术总监。

上海炉灶大王　讲述经典本帮菜

钻出琴房　钻入厨房

1962年，沈逸鸣7岁，父亲花70元给他买了一把小提琴，还以每堂课5元的高价请来家教，希望把沈逸鸣培养成一代音乐大家。学提琴是一项“烧钱”的消费，而沈逸鸣的家境并不富裕，所以他从不偷懒，每日勤学苦练，一直坚持了8年。眼看父母的经济压力越来越大，懂事的沈逸鸣决定放弃追求“首席小提琴师”的梦想，去技校学习烹饪，以便能早日挣钱，贴补家用。

正翻侧翻倒翻
样样玩转

当年一位同学的正翻技术练得很到位，“送”、“推”、“拉”、“迎”，耍起来相当潇洒，所以老师经常表扬他。同学们为了赶超他，下课后不去休息，而是留在操作室练习翻锅——在锅里铺上报纸、盛上沙子、收口、拢成沙兜，反复练习，沈逸鸣也是其中一员。苦练三个月后，很多同学的正翻技术都达到了精准的程度——将锅一推一送之后，沙兜口朝下稳稳地落入锅中，沙子一粒不漏。沈逸鸣的功夫就更牛了，他不止练就了正翻功夫，还向大家展示了侧翻技术，甚至难度更高的倒翻（即从身前向外翻）技术他也玩得轻松，这让所有同学既惊诧又叹服。

多年后，沈逸鸣去我国香港参加厨艺比赛，现场制作“红烧鲳鱼”时，展示了一把翻锅绝活：重约2斤的鱼离锅腾空30厘米，在空中翻了个身后又稳稳地回到锅中，没有一滴汤汁溅出，他因此赢得了“上海炉灶大王”的称号。

精彩问答

Q **鲳鱼腾空离锅30厘米再回到锅中，鱼肉不会碎吗？**

A 鲳鱼腾空后，要用炒锅去“迎”，将鱼“接”回锅内，并不是让鱼狠狠地摔回锅内，所以鱼肉不会碎。

改良要接地气
创新要有根基

沈逸鸣：“我本人很喜欢改良、创新，但我的原则是‘改良要接地气、创新要有根基’。”

多年前粤菜“干捞粉丝”风行上海，沈逸鸣按照粤厨习惯，将粉丝用凉水泡透再烹制，但是做好的粉丝总是软塌塌的，口感不够有弹性，他就琢磨着换个方法。联想到本帮菜“上海凉面”在处理面条时要经过“蒸→晾→泡→晾”四步，加工好的面条根根分明、彼此不黏，口感弹性十足，又想到面条与粉丝的主要成分都是淀粉，所以他就试着将加工凉面的方法照搬到粉丝上，果然可行！用这种方法制作“干捞粉丝”兼具口感和卖相，迅速流行开来，在上海成为主流做法。

1.粉丝经过蒸、晾、泡、晾四步，即发成这种状态。

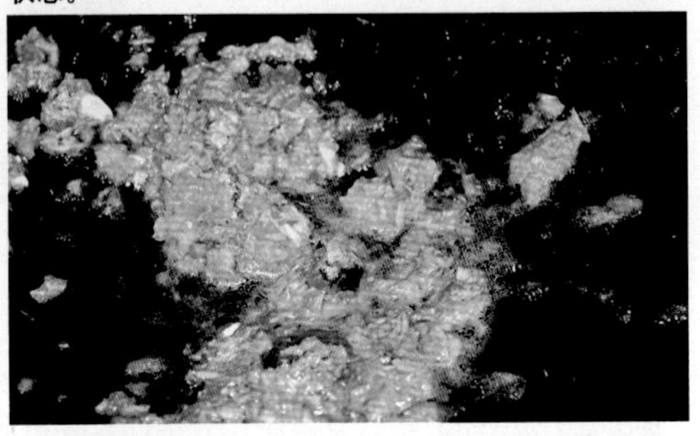
2.炒香蟹肉虾干。

3.炒好的粉丝装入石锅，撒瑶柱碎。

粉丝大王现场烹粉丝

1 大火干蒸8分钟 没有硬心刚刚好

绿豆粉丝抖散，用保鲜膜封起来，摆在篦子上，入蒸锅隔水蒸8分钟。注意不必蒸得太熟，否则粉丝会失去弹牙的口感，只需8分钟，蒸至粉丝没有硬心即可。

2 通风晾30分钟 粉丝凉透变硬

取出蒸好的粉丝拨散，放在通风处晾30分钟至粉丝凉透变硬。如果想加快速度，也可以用电风扇吹，20分钟即可。

3 热汁浸泡3分钟 入味上色

锅入清水1000克加葱段、姜片各20克烧至冒虾眼泡，调入生抽30克、花雕酒20克、老抽20克、酱油膏10克、盐5克、味精3克、鸡精3克拌匀烧至冒虾眼泡，关火后下入粉丝，浸泡3分钟至入味上色。

4 再晾5分钟 封上湿毛巾

捞出粉丝沥干水分，每500克粉丝拌入色拉油10克，摊开、抖散，自然晾5分钟，将粉丝表面的水汽晾干，目的是防止带汁的粉丝互相粘黏。晾的时间不宜过长，否则粉丝会流失水分，变得干硬，炒制时回软速度慢。晾好的粉丝盖上湿毛巾，待粉丝彻底凉透后，放入冰箱冷藏保存，两天内用完即可。

走菜流程：锅入底油烧至五成热，下葱姜末各10克炒香，下入现拆蟹肉100克、虾干末30克，烹入少许米醋，炒至腥气挥发，下泡好、凉透的粉丝，调入盐、味精、酱油膏、生抽、鸡精，快速翻炒至粉丝松软、干香，起锅装入烧热的石锅中，撒匀炸好的瑶柱碎30克即成。

糖醋小排

几乎每家主打上海菜的餐厅，都少不了“糖醋小排”。上海话常讲“肉贴骨，香到酥”，说的就是这道菜。

选料：选靠近胸部的“仔排”，也就是一扇肋排最中间、排列最整齐的那一截，大约5-6根，烧熟后肉会收缩，露出两头的尖骨。如今的餐厅迫于成本的压力，用的大多是肋排两头的杂骨。

初加工：仔排400克剁成3厘米长的段，加葱姜、料酒腌制半小时，焯水去除杂质，捞出沥干，直接投入五成热油中炸至金棕色。此时肋排大约八成熟，两端露出尖尖的骨头。

大师点拨——

此菜的呈味顺序为“醋酸、鲜甜、酸香”，现在大部分厨师只能调出前两个味道，没有回口的酸香，原因在于不会用醋。

此菜要用米醋、香醋、白醋三种醋，分别在烧制过程的“前、中、后”三个阶段下入。米醋用量最多，起到“松肉”（即松化肉质）的作用；镇江香醋用量次之，在开大火收汁时下入，将酸香味收入肉里；白醋的用量最少，在起锅时烹入，补充醋酸味。

烧制：锅入底油烧热，下白糖30克炒成红亮的糖色，放入炸好的排骨，下老抽20克、米醋40克，倒入清水没过肋排，大火烧至沸腾，改小火加盖焖40分钟，待肋排焖至酥香，开盖下入镇江香醋20克，大火收干汤汁，起锅淋入白醋10克，出锅装盘即成。

大师点拨——

起锅时烹入白醋，入口才有明显的醋酸味，行话把这道醋称为“明醋”。相应的，前两道醋就叫“暗醋”，其中米醋放得太早，在烧制过程中几乎完全挥发，因此它的主要作用是“松肉”，不是入味；收汁过程是下入镇江香醋的最佳时机，趁着收汁一并将醋香味收入肉里，这正是肋排回口有酸香味的关键。

1.野生黄鳝划成鳝丝。

2.鳝糊装盘，中间压出小窝。

3.小窝内下蒜、葱、红椒碎等。

4.热油浇在葱椒蒜末上。

名声就在“响”和“糊”

响油鳝糊的名气在“响”和“糊”上。很多小徒弟问我：“响油鳝糊难道真的会响？明明是鳝丝，为什么要叫作‘鳝糊’？”

“糊”的本质是“浓芡”，即鳝丝上裹着浓稠的芡汁，几乎分辨不出鳝丝的模样，成菜基本没有汤汁，整道菜吃完，盘底也不留汤汁，因此被称为“鳝糊”；“响油”是指“鳝糊”装盘后，浇热油再走菜，上桌后热油仍然在盘中“噼啪”作响。过去的酒楼都是“前灶后堂”，规模不大，厨房离饭堂没几步远，因此这道菜都是“响”着上桌的。但是现在的酒楼很难实现——菜还没端上桌，油温已经降下来，听不到任何响声，甚至很多要求快速上菜的餐厅会省略“响油”步骤，难怪有些入行的小厨师不知道鳝糊是“响”的。

我们酒店给客人上这道菜时非常隆重：大厨带一勺九成热的清油与传菜生一起传菜，到了包房门口，将热油浇在葱蒜末上，趁着这个热乎劲儿端到客人面前，油似乎在打着滚、冒着泡、唱着歌，很有气氛。

张英福版响油鳝糊

在北京，淮扬菜大师张英福指导制作的响油鳝糊一直是国谊宾馆的主打招牌菜。关于此菜的制作细节，张大师也颇有心得。

第一，在选料方面，张英福给小鳝鱼搭配了冬笋丝，既可调节口感，也能降低成本。

鳝鱼张开嘴　骨肉才分离

第二，张大师的“烫鳝”方法与沈大师所说略有不同：锅下清水烧开，调入适量葱、姜、盐、料酒，下人活鳝鱼盖盖儿小火烫死。此处有两个关键，一是水里一定要加盐，这样烫过的鳝鱼皮不开裂。二是水里加的料酒要多一些，因为鳝鱼腥味较重，全靠料酒来去腥。判断鳝鱼是否烫透有一个窍门，那就是观察鱼嘴，看到锅中鳝鱼纷纷“惊讶地张嘴”就可以捞出了。只有烫透了的鳝鱼骨肉才分离，去骨更容易。

响油鳝糊

选料：最好选用中等大小的野生黄鳝，每条重约200克，如果太小，不易划出成形的鳝丝，如果太大，划出的鳝丝过粗，肉质较粗糙。

初加工：活鳝鱼放人锅中，压上一个竹篦子。另起锅人水，放人老姜、黄酒、白醋、香葱结，烧至水沸，倒人装鳝鱼的锅中，加盖烫约3分钟，鳝鱼达到六成熟，捞出冲洗干净，划成鳝丝备用。

成菜：锅人底油烧至四成热，放人葱姜蒜末煸匀，立刻下鳝丝400克，煸炒至脱水，烹人黄酒，煸炒几下，调人老抽25克、蚝油5克搅匀，加人白糖10克、白胡椒粉、盐再次炒匀，勾浓芡，使所有鳝丝都均匀地裹上一层芡汁，起锅装盘，在中间用手勺压出一个小窝，小窝内撒上香葱末15克、红椒碎5克、蒜末35克，鳝丝表面再撒匀白胡椒粉2克。另起锅人清油40克，大火烧至九成热，起锅将一部分油淋在葱、蒜末上，激出香味，剩余的一部分热油淋在鳝丝上，趁热上桌。

勾芡一次成功　否则颜色发乌

第三，制作时张大师加了高汤：起锅下底油烧热，放人葱姜末炒香，下人鳝丝、焯水的冬笋稍炒数秒，烹人料酒，调人盐、酱油、白糖、胡椒粉快速翻炒，接着下高汤100克，勾溜芡出锅装盘。此菜用半溜半炒的技法，一定要加少许高汤，否则会发黏发稠。勾芡要一步到位，不能一次不成再补芡，否则成菜发乌。此菜烹制过程较短，前后大约需要1分钟。

第四，最后冲人的是烧热的芝麻香油，进一步提香去腥。

Tips

除了上海本帮菜，苏州的苏帮菜、杭州的杭帮菜都有这道菜的身影，其中本帮菜版与苏帮菜版响油鳝糊的制作方法和口味基本一致，但是杭帮菜的炒鳝糊有一点区别，即加入韭黄段做辅料，韭黄脆嫩、鳝丝滑嫩，口感搭配和谐。

不见油、不见水、不见芡

“清炒河虾仁”是一道耳熟能详的上海菜，其前身是“水晶虾仁”，因虾仁晶莹剔透、状似水晶而得名。如果不加烧碱等添加剂，是很难将虾仁发成色如水晶、晶莹剔透、不泛红色、呈淡青色的玉石状的，这又与食客所要求的健康安全饮食理念背道而驰，所以“水晶虾仁”渐渐退出了餐饮市场，变身为色泽微微发红的“清炒河虾仁”。

1.虾仁上“薄浆”。

2.虾仁炒好，出锅。

清炒河虾仁

此菜要求虾仁水嫩、有脆感、鲜味足，这非常考验厨师发虾仁以及浆虾仁的功力；出品标准为“不见油、不见水、不见芡”，这考验的是厨师把握火候和勾芡的功力。

选料：正宗的“清炒河虾仁”要用江南一带的现剥河虾仁，但是现在很多餐厅都改用泰国河虾仁，本身多是经过发制的品种，如果再次发制，营养几乎全流失了，不适合制作此菜。

发制：发虾仁时须记住——**小苏打用量要少，冲洗时间要短，冲洗次数要少。**如果加多了小苏打，就得反复多次长时间冲洗，才能彻底冲掉苏打粉的味道，但同时虾仁的鲜味也就流失了。**我的方法**：新鲜河虾剥壳、去虾线，每500克虾仁加盐3克、小苏打2克，放入冰水中，用手轻轻揉洗。夏天洗1小时，冬天洗40分钟（期间要一直揉洗，并不断补充冰块），捞出用细流水冲2小时至没有盐味，用毛巾吸干水分，盛入碗内。

上浆：现在市面上有浆好的虾仁销售，但是浆太厚，像挂了糊一样，买来后不能立即滑油定型，得飞两遍水，冲掉大部分浆才能入菜。所以，讲究的餐厅都会自己浆虾仁，专业厨师应该知道，虾仁必须上“薄浆”，浆制时盐的用量一定要给足，有助于凝固虾仁的蛋白质，确保滑油时不脱浆，以便这层薄薄的浆锁住虾仁内的水分，出品达到“不见水”的要求。

沈逸鸣浆虾仁的方法：发好的虾仁先吸干水分，然后在每500克虾仁里加盐7克、味精5克、蛋清1个、淀粉15克、小苏打1.5克，顺一个方向轻轻搅2分钟（不必像浆肉丝一样搅打上劲），让虾仁裹匀淀粉，再封上清油40克，放入冰箱内冷藏4小时，让虾肉收紧，质地脆爽。

成菜：浆好的虾仁先滑油定型，再飞水去油分，出品即可“不见油”；锅内先兑薄芡，再下虾仁滑炒，小火将芡汁收至黏、亮，就像没有勾过芡一样，实现“不见芡”的标准。

制作流程：①锅入油烧至三成热（手贴近油面时有热感，油没有起烟）时下入虾仁，用炒勺迅速将虾仁推散（如果动作太慢，虾仁容易黏在一起），待虾仁八成熟时捞出沥油，放入虾眼水里，氽2秒钟去除表面油分，快速捞出备用。②另起锅下少许高汤，淋入少许水淀粉，放入滑好的虾仁，小火收芡至变黏变亮，然后再炒几下，加入香油推匀装盘。

1.冷藏1小时，河虾还在动。 2.剪掉虾须、虾头一角。 3.中火浸炸，捞出控油。 4.两鳃炸至外翻、泛白。

油爆虾

“油爆虾”是上海本帮菜的又一代表，出品标准为：虾壳红艳，口感松脆；虾肉鲜嫩，略带甜酸；壳肉分离，缝隙含汁。制作此菜要选用“冰鲜活河虾”，即将活河虾放入冰箱冷藏1小时，冰过之后的河虾还是活的，但是肉会微微收缩，已经脱壳，遇热油时，虾壳就能自动爆开，与肉彻底脱离。这是很多厨师不知道的窍门。

选料：选用每斤60—80头的活河虾，放入保鲜盒，不必加水，直接加盖入冰箱冷藏1小时。注意冷藏时间不宜太长，否则会将河虾完全冰死，导致虾肉脱水收缩，失去弹性。

油爆：取出冷藏好的河虾，剪去虾须和虾头一角。炒锅上火，加入清油烧至七成热，下入河虾中火浸炸。注意观察，当河虾的两鳃炸至泛白、外翻，这是一个信号，表示河虾已经炸得恰到好处了，此时要快速捞出控油，否则虾就炸硬了。

翻汁：锅留底油，下细葱段，烹生抽、料酒，加入酱油、白糖、味精和少许高汤，搅匀后下入爆好的河虾，中火翻炒，将味汁全部收入虾壳与虾肉的缝隙内，出锅装盘即可。

糟味
“酸甜苦辣咸”之外的第六味

“上海的‘糟味’非常出名。‘糟’的滋味很难形容，似酒非酒，带着若有如无的酵香，可算是酸甜苦辣咸之外的第六味。在上海，‘糟’也是一种应用非常广泛的烹饪方法，食材无论荤素，都可以拿来‘糟一糟’。大荤大肉只要放在糟汁里一浸，油脂全消，入口只有鲜咸甜爽，毫无油腻感，颠覆了上海菜给人的‘浓油赤酱’印象。”

糟味三剑客——糟卤、糟汁、糟油

上海的糟味菜分“冷糟”和“热糟”两种。“冷糟”就是冷吃的糟味，制作时一般先将原料煮熟、晾凉，然后用糟汁浸泡、冰镇30分钟以上，作为一款凉菜上桌。冷糟菜操作比较简单，只要保证盛器干爽无油即可，大部分上海家庭都会制作。“热糟”指的是热食的糟味，制作比冷糟菜复杂，须先用糟卤腌制原料，再用糟汁烧制，起锅时淋糟油增加糟香味。热糟菜的精华是“糟油”，多数厨师只知道糟卤腌和糟汁烧，并不知道还要淋糟油，更不会熬。

“过去，我们都是自己‘吊糟’，如今的酒店大都直接从超市购买现成的糟汁，方便省事，但是糟香味肯定没法和自己吊的比。据我所知，目前‘上海老饭店’依然坚持自制糟汁，而且使用的还是传统的‘吊糟’配方。”

调制香糟卤：糟泥500克（超市一般买不到，同行可去调料市场购买）、绍兴五年花雕酒3瓶（640克/瓶）、切块苹果2/5只、糖桂花10克、香菜10克、小茴香10克、凉开水300克，将以上原料一起搅拌均匀，放置5小时后（最好放入冰箱冷藏保鲜），用面粉袋（普通纱布的网眼太大，不能有效阻隔渣子）盛入拌好的糟泥，用绳子吊起来，地上接个盆，袋子与盆之间的空隙用保鲜膜罩起来，既可以防止糟汁挥发，又能防止落入小虫子。从袋子中过滤出的液体，即为飘香的香糟卤，剩下的渣子则为香糟渣。香糟卤用瓶子装起来放在冰箱里冷藏保存。

兑制香糟汁：净锅上火，放凉水4000克，下入葱、姜各25克、香叶、八角各2克烧开，放盐、味精调味（比烧汤稍微咸一些），晾凉后兑入香糟卤500克调开即可。

糟油制作：冷锅下凉油500克，下入糟泥50克，先用凉油化开，然后开小火，边搅边熬，因糟泥中含有水分，所以熬制过程中油面会冒出大量的水泡，待熬至水泡消失时，关火滤掉糟泥，滤出的即为糟油。

细节实录：沈大师舀出一碗熬好的糟油，浓郁的糟香味立刻扑面而来。糟油的用法类似香油，起锅前淋入菜里，满屋飘香。

热糟菜——

糟熘黄鱼卷

大致做法：①黄鱼片加姜片、盐、味精、调好的香糟卤3克腌制15分钟，拣出姜片，加入淀粉拌匀上浆，然后飞水（水中加盐、白糖，因为糟与甜味搭配很和谐，所以糖的用量要多于盐，能有效提鲜），捞出控水备用。②锅入糟汁烧沸，勾入少许水淀粉，下入黄鱼片，大火晃匀，改小火略烧1分钟，起锅前改大火，淋入糟油2克，快速烧出香味，出锅即成。

Tips

糟菜酒香薄　醉菜酒香厚

很多人分不清楚糟菜和醉菜，一直以来也流传着“糟醉一家”的说法，但其实糟菜和醉菜是有一定区别的，两者的酒香味有“薄厚”之分。

糟菜用的是酒糟，也就是酿酒的余渣粗粗地滤去固体谷物后，剩下的被溶解残留物和细颗粒，只有淡淡的酒香，回味悠长，得细细品味；而醉菜则是直接使用黄酒浸泡荤素食材，酒香味较浓。

大师 左汀

中国烹饪大师，陕菜大师，现任国家高级技师评委会评委，国家高级厨师考试题库命题组专家。

六个关键点　成就葫芦鸡

葫芦鸡

有着“长安第一味”美称的葫芦鸡并非因为形似葫芦而得名，而是因为制作工序繁复，经过清煮、蒸卤、油炸三道工序后，鸡肉早已酥烂脱骨，吃起来皮酥肉嫩、香烂味醇，但出品却是完整无缺，所以被称为“囫囵鸡”，取形状完整之意，久而久之就被叫成了“葫芦鸡”。如今这道菜已经成了西安的一张餐饮名片，几乎家家都在做，做法和出品不尽相同，有很多已经脱离传统，甚至是以音定型，将鸡做成葫芦状。传统的葫芦鸡虽然对出品极为讲究，但所讲究的不是外形似葫芦，而是要求表皮完整、色泽黄亮、外酥里嫩、触筷脱骨，这样才算是成功的葫芦鸡。

选料——

三黄仔鸡代替倭倭鸡

传统葫芦鸡选用西安特产的倭倭鸡，这种鸡肉质鲜嫩肥美，炸后不会变干柴。但如今已经很难再寻觅到正宗的倭倭鸡了，现在我们制作葫芦鸡时选用肉质肥嫩的三黄仔母鸡（净重约1000—1500克）代替。

初加工——

改刀不能剖肚子

给鸡去内脏时不能在肚子上开刀，因为最后出品是腹部向上，要保持其形状、表皮完整。

取一只活鸡，在脖子上切一刀将血放干净，将鸡屁股切掉，主刀口开在鸡的背部，从这个刀口去除内脏，冲去血水后入冰箱中冷藏2小时排酸，取出后将鸡爪、翅尖、鸡嘴剁去，入细流水中冲泡2–3小时彻底去除血水待用。

煮制——

鸡肉煮透　去腥彻底

锅入清水烧沸，下入整鸡，汆烫10分钟，一边煮一边用勺子将浮沫撇去，煮至鸡的背部可以用筷子轻易插透时捞出。一定要将鸡肉煮透才可捞出，这样做便于彻底去除血腥味，并使鸡肉的色泽更洁白。将煮好的鸡入冷水中过凉，控干水分待用。

1.用筷子将鸡背划开。

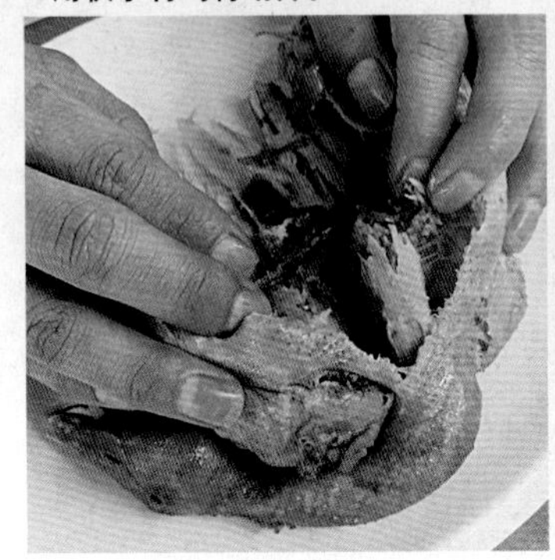

2.鸡背剖开，用手压平。

3.炸好的葫芦鸡表面金黄。

卤水调制——

生抽+冰糖　鸡皮色金黄

这是一款五香咸鲜的卤水，鸡的味道主要来源于盐，为了使鸡入味透彻，盐的量要给足。另外，卤出的鸡表面应为金黄色，为了防止过度上色使表面变暗变黑，所以卤水中一滴老抽都不能加，只用生抽和冰糖，两者结合给鸡镀上一层金黄色。冰糖的作用是“镀金”，如果不加冰糖，卤出的鸡就只是黄色。

流程：①小茴香400克、花椒200克、八角200克、桂皮75克、干辣椒20个、草果10粒、白胡椒5克、丁香2个洗净，入烤箱略烤出香，取出后包入香料包中。②将料包放入容器内，加清水70斤，盐750克、生抽500克、冰糖50克。按照这个配方，一次可以做50只鸡。

蒸制——

五花、棒骨一起蒸

鸡肉细嫩炸不柴

我见过有厨师用鸡汤或肉汤蒸鸡，但这都不是最佳方法，最好是直接在鸡身上放五花肉片和棒骨，再加点玉米棒提升鲜甜味。加五花肉和棒骨是为了在蒸制时让鸡充分吸收二者渗透出的肥油和胶质，鸡肉的口感更加润滑，味道更香浓，并且丰富的油脂还可以保护鸡在下一步的高温浸炸时肉质不易变柴。另外，很多厨师喜欢改蒸为煮，如果煮则要将汤汁大火烧开、撇净浮沫后转小火加盖焖2个小时。蒸与煮的区别在于煮的上色效果更好，而蒸出的鸡表面颜色略浅，但蒸的优势更加明显，那就是形状更完整、入味更充足，所以我还是建议大家用蒸制的方法。

流程：将鸡投入到卤水中，加五花肉片1000克、棒骨两根，入蒸箱蒸约2小时至酥烂后取出，将鸡浸泡在汤汁中，走菜时再进行炸制。

炸制——

油温八成半　炸制40秒

葫芦鸡的炸制有两种方法，一种是挂蛋清糊炸，另一种是直接清炸，但无论是哪种，入锅时油温都要高，让已经被蒸酥、压脱骨的鸡入油后立刻定型，然后再后改中火，使油温逐渐渗入到内部，使鸡肉达到外酥里嫩的效果。

流程：①走菜时先取出一只鸡，用筷子将鸡背划开，沿着开口将背部撕开，放在砧板上用手按平，略压实。②锅入宽油，大火烧至八成半热，将已经压平整的鸡表皮向下投入油锅中，炸至定型，转中火炸约40秒至其表面金黄、酥脆后立刻捞出沥干油分，将鸡腹部向上摆入盘中配青葱叶和椒盐上桌即可。

制作关键：①炸之前要先将鸡眼睛刺破、水分沥干，否则油温过高，容易飞溅伤人。②炸制时间要严格控制在40秒之内，炸久了肉质变柴，炸好的葫芦鸡略用力抖动即可脱骨。

腊汁肉

腊汁肉起源于汉代，人们到了腊月就开始调卤水煮猪肉，因此得名为腊汁肉。如今腊汁肉夹馍这款陕西的传统小吃已经火遍全国。腊汁肉是否好吃，关键不在选料，全在腊汁里。传统的腊汁配方比较复杂，用到的香料种类很多，香味复合。制作关键在于焖养，在这个过程中，肉逐渐“融化”在卤水中，通常10斤五花肉卤好后只剩5斤半左右。正是因为油分和香味都融入到腊汁中，所以肉吃起来香而不腻，而腊汁则是煮得越久味道越香浓。

选肉：要选择饲养2年左右的猪，猪肉水分含量较少、香味浓。对于选料的部位没有特别的讲究，以五花肉居多。

料包配方：取干姜100克、花椒50克、八角20克、小茴香20克、草果15克、良姜15克、桂皮10克、陈皮10克、桂圆10克、砂仁10克、荜拨5克、草豆蔻5克、肉蔻3克、胡椒3克、丁香2克、香叶1克洗净，入烤箱中烤香后包入料包中待用。

腊汁调色——夏用糖色 冬加老抽

卤制：卤制过程也是给肉上色的过程，上色方式冬夏有所不同。夏季只用糖色，冬季还要加些老抽。

流程：猪肉50斤改刀成6-7厘米长的条，锅入清水80斤，下入猪肉条大火烧开后撇去浮沫，下老姜250克、葱结250克，顶端压上一个竹篦子，下盐500克、生抽300克、冰糖200克、糖色100克（冬天时要再加入老抽200克）和香料袋、小火炖4-5小时。

肥油似锅盖 聚香效果佳

养制：肉卤好后不能马上取出，转微小火继续养制4-5个小时。这是使肉出肥油、入香味的关键步骤。在这个过程中，由于腊汁温度变低，融入汤中的肥油渐渐凝结成一层一指厚的絮状油脂层，浮于腊汁顶端，就像盖上了一层厚厚的棉被，不但起到了保温的作用，而且使腊汁吸收的肉香味儿不会挥发流失，又重新“钻回”到肉中。

岐山臊子面

1.五花肉切长3厘米、宽2厘米的片。

2.向炒香的肉片、香料中加辣椒粉。

3.向锅内淋入岐山醋炒香。

4.炒好、出锅的臊子。

岐山臊子面

岐山臊子面是陕西的又一传统面食，味道上讲究“酸、辣、香”，面条讲究“薄、筋、光”。岐山面好吃除了面条口感筋道，还在于汤汁和顶端这层臊子。臊子要“汪”，面汤要“稀”，面条要烫。今天就讲一下臊子和酸汤的做法。

岐山臊子——

选料：传统的臊子讲究一个“汪”，即油要多，这样炒出的臊子才够香。但这油并不是菜籽油、色拉油，而是用肥肉现煸出的猪油。选料时肥肉要多一些，通常选肥六瘦四的五花肉，肉切成长3厘米、宽2厘米、厚度如一元钱硬币的片待用。

肥肉煸油炒香料 更香!

炒制：臊子的香味不仅仅是来自于猪油，更重要的是要用这些刚刚煸炒出的猪油炒香料，这种刚煸出的“新鲜猪油”中，水分尚未完全挥发，油水交互浸润之间，香料的香气能更加充分地渗透出来。

流程：①净锅滑透留少许底油，下入五花肉片1000克煸炒约5分钟，炒出油分后下葱段20克、姜片15克、红干椒节15克煸香，再下入小茴香15克、八角10克、香叶5克、肉蔻8粒、草果5粒、丁香2粒小火煸炒10分钟，此时肥肉已经吐出80%的油分，且香料味浓郁，下细辣椒面80克快速翻炒至油色变红，且香料、肉片周身都包裹着一层红色的辣椒粉。②向锅内烹入岐山香醋100克，文火炒至醋香味从刺激变为柔和，冲入清水1000克，小火熬制40分钟即可出锅。

技术关键：肉片长、宽以2-3厘米为宜，切得太小，则容易炒烂、变硬，切得过大吐油不干净，臊子很腻。

酸汤——
淋匀臊子油 汤汁酸辣香

臊子面的汤讲究“稀”，即汤要宽，但这最后上桌的汤并不是煮面的面汤，而是用香料加醋熬制而成，汤中也带着浓浓的酸香味，另外，汤汁熬好后还要淋臊子油，汤汁更香、更润，酸汤、臊子二者结合才能突出臊子面“酸、辣、香”的特点。

酸汤熬制：岐山香醋500克、黄豆酱油250克、清水4000克调匀后人锅，加八角5颗、桂皮1块、盐40克、味精25克、白胡椒粉10克大火烧开，打去香料渣，淋200克臊子油调匀即可。

制面——

传统的臊子面，以面条薄、口感筋道、有光泽著称，想要做出这样的面条关键是面与碱和盐的比例，通常面粉500克加碱10克、盐10克、清水175克和匀，揉约10分钟，此时面团产生光泽、富有弹性，用手按下后会立刻弹起。用一块湿布盖住面团，饧15分钟，待面团变软，再揉约8分钟，至面团又重新富有弹性后擀成比报纸略厚的薄饼，用刀切成4毫米宽的长条。

和面的时候有个顺口溜：*夏天硬，面不瘫；冬天软，容易擀；春秋不软又不硬，摁个指窝朝上弹。*冬天气温低，面饼不易擀薄，所以和面时要软一点；而夏天气温高，和好的面容易“泄劲”变软，所以要将面和得硬一点，而上面讲的“用手指按下后面立刻弹起”就是秋冬季节和面的要求。

臊子面走菜流程：将煮好的面放人碗中，浇一勺臊子，撒蛋皮、韭菜段、木耳丁等小料，最后淋入酸汤即可上桌。

宫保鸡丁的进化论

大师 王强

他生于1955年12月，19岁时师从中国烹饪大师朱辉达，从此开始了厨海沉浮。

他，醉心烹饪，近几年陆续推出200余款新派黔菜。曾应邀到美国、瑞典、菲律宾等地表演黔菜烹调技艺。

他，近年来醉心于挖掘传统黔菜，搜集整理了120款鲜为人知的贵州民间菜、小吃、点心，并首创“宫保全宴”。如今他受邀担任贵阳宫保世家宴会厅行政总厨，依然奋战在厨房一线，每日与心爱的锅铲为伍。

他就是黔菜的领军人物，中国烹饪大师王强。

近至你家楼下的小餐馆，远到大洋彼岸纽约唐人街，菜单里都会出现“宫保鸡丁”。显而易见，如今这道宫保鸡丁的价值已经不再是丁宫保宴客时人人称赞的秘制佳肴，而是一张响当当的餐饮文化名片，因此各地也为宫保鸡丁的归属而争论不休，主要有三种说法：贵州人说宫保鸡丁应属黔菜，因为丁宝桢是贵州织金人，山东人说宫保鸡丁应属鲁菜，因为丁宝桢是在山东琢磨出这道菜的，四川人说宫保鸡丁应属川菜，因为丁宝桢是在四川将这道菜完善、做绝了的。

三个菜系各执一词，本书中我们不断公案，而是专程前往贵阳，请黔菜大师王强详细讲解贵州版宫保鸡丁的做法，对比川、鲁两菜系中的烹制方法，结合此菜创始人丁宝桢的生平经历，一番品评下来，三地的三道宫保鸡丁呈现给我们的俨然是一道传统名菜历经时间、地域考验的进化史。

解读宫保：

丁宝桢字稚璜，贵州平远（今织金县）人。清代官员，咸丰进士，先后任长沙知府、山东巡抚、四川总督，1868年授太子少保，时称宫保。他在外做官时每逢宴客必让家厨烹饪家乡辣子鸡，人们尝后赞不绝口，遂竞相效仿，于是广为流传成为名菜，因丁宝桢的荣誉官衔为“太子少保”而得名“宫保鸡丁”。

丁宝桢智杀安德海

四个关键词　白描丁宝桢

果敢

大太监安德海奉慈禧太后之命南下采办龙袍，一路骄横跋扈、招权揽贿，行至山东地界，被巡抚丁宝桢缉拿正法，四海人心，为之一振。

实干

黄河决口之时，洪水滔天之日，这位正二品“太子少保”两次请命，与军民顶风冒雨，到一线堵溃修漏，两战两捷，费半功倍。在四川，他主持岁修都江堰，天府百姓为其塑像，至今立于岷江之滨。

创新

当晚清之时，列强环伺，外辱迭来。丁宝桢心向西学，推行洋务，先后在山东、四川两地创办机器局，制造洋枪火炮，整军经武，筹备边战。这成为川、鲁两省近代工业的开端。

清廉

丁宝桢常以俸银接济底层贫苦军民，在家乡未置一块地、未修一间屋，以至于病重时竟然债台高筑，去世后家贫无钱发丧，赖僚属及百姓集资，方得以买棺入殓。

▌黔菜版

王强：宫保鸡丁到处都在做，但贵州版可以说是众多宫保鸡丁的蓝本，而这道菜在贵州的准确叫法应该是“宫保鸡块”，因为鸡肉改刀时切的块较大，并且辅料中没有加入花生米。除了卖相，贵州的宫保鸡从选料到制作还有以下四点与众不同之处：

1.鸡肉块块带皮

选料时用的是本地土鸡，鸡脯肉和鸡腿肉可混合人菜，且改刀时要求每块鸡肉都带皮。这是因为鸡皮内含有丰富的脂肪，不但可以使鸡丁吃起来更香，还可以避免其在高温滑油时失水过多、口感变柴。

2.糍粑辣椒炒出煳辣味型

宫保鸡丁中的煳辣味是用什么炒出来的呢？鲁、川两菜系用的是干辣椒节，贵州用的却是糍粑辣椒。制作宫保鸡丁的糍粑辣椒也是有讲究的，遵义的辣椒（辣而不香）和花溪党武乡产的红辣椒（香而不辣）1：1混合，经过温水泡、石杵舂、菜油熬三个步骤做出的糍粑辣椒辣度适中，香味浓郁（详细制作流程见《中国大厨》2013年10月版第51页）。与单纯用一种干辣椒相比，改用这种糍粑辣椒爆锅，释放出的煳辣味要香浓得多。

3.老姜起丝香味浓

贵州人喜欢吃姜祛湿的特点充分体现在了宫保鸡丁这道菜中。不仅姜的用量大，而且一定要选起丝的老姜，这样姜香味才够浓，这也是贵州宫保鸡丁在味型上有别于其他版本的一大特点。

4.加入甜面酱　回口更香醇

将糍粑辣椒炒香后还要加人少许甜面酱同炒，两者充分混合后的香气被鸡肉吸收，回味更醇厚香浓。

制作流程：①带皮鸡脯肉100克、鸡腿肉150克切3厘米见方的小块，加少许水淀粉、盐、料酒、酱油抓匀上浆。碗中放白糖12克、酱油10克、香醋10克、清汤10克、鸡粉3克调匀成味汁待用。②锅人菜籽油500克烧至七成热，下人鸡丁滑散，至表面肉质收缩、呈金黄色，快速倒出控油。③锅留少许底油，下糍粑辣椒50克炒香，待油色红亮时，下甜面酱3克翻匀、煸香，加姜片20克、蒜片10克炒香，烹人味汁，下鸡块和蒜苗翻炒均匀即可。

制作关键：鸡肉高温过油是为了使其表面迅速成熟，锁住肉丁内部的水分，因此拉油时间不可过长，控制在10秒内为宜。

1.鸡块上浆。

2.烹入味汁，下鸡块翻炒。

黔菜版宫保鸡丁需要先滑油再炒制，而川、鲁版本都是一锅成菜，俗称“卧油炒”。

川菜版

曹靖（中国烹饪大师，成都味名堂餐饮管理公司总经理）：川菜版宫保鸡丁从味型上看是“煳辣小荔枝味”，小荔枝味与荔枝味相比酸甜味稍淡，这样便于融合麻、辣、葱香等其他香型，入口先甜后酸，再带出麻辣鲜香。

1.鸡腿肉刀背断筋

老一辈大厨为了追求鸡肉细嫩的口感选用的是鸡脯肉，实际上制作宫保鸡丁应该选用鸡腿肉。为了保证其细嫩的口感，要先将鸡腿肉去皮，再用刀背斩一遍，斩断肉中的筋。

2.香葱纤细味道柔

葱是制作宫保鸡丁的重要辅料，我们选用的是香葱，而非葱辣味浓烈的京葱，这是因为京葱切出的葱段太过粗壮，在成菜中有喧宾夺主的感觉，而香葱身量纤细，且葱味香而不呛，是辅料的最佳选择。

3.辣椒要选二荆条

川菜版的宫保鸡丁兼有咸鲜、酸甜、麻辣，是小荔枝口复合味型，辣并不是它的主味，要选辣度较低但香味较浓的二荆条。

4.糖色增亮　蛋清致嫩

糖色是川厨的上色法宝，但制作宫保鸡丁时，糖色不是炒制时才加，而是在上浆时放人，上色效果更均匀自然。另外，鸡丁上浆时放的湿淀粉不是用水调的，而是用全蛋或蛋清调制（一般要求出品颜色浅淡的菜品用蛋清调糊，此菜中蛋清、全蛋皆可），这样浆出的鸡丁更嫩滑。

5.急火爆炒20秒

川菜版宫保鸡丁讲究急火快炒、一气呵成，鸡丁在最短的时间内受热成熟，才会最大限度地保持其嫩滑口感。由于是爆炒而成，所以很多地方把宫保鸡丁叫成“宫爆鸡丁”。

先将净锅烧至滚烫，放人冷油后立刻下人辣椒炒2秒，下大红袍花椒翻一下，此时锅内的油温为五成热，是下鸡丁的最佳时机，鸡丁下锅后既不易黏锅，也不会结块黏在一起，将鸡丁滑散，待其变色，快速加葱、姜、蒜翻匀，此时锅内的温度已经很高了，立刻倒人味汁，你能听到“刺”的一声响，味汁中的水分和部分醋酸迅速挥发，鸡丁同时充分人味，立刻翻炒均匀，加花生米翻匀就可以出锅了。我制作这道菜从油人锅到菜出锅，全程只用20多秒。

制作流程：①去皮断筋的鸡腿肉250克洗净切丁人盆，加蛋清淀粉30克、糖色15克、盐5克抓拌均匀；香葱30克切9毫米长的丁待用。②水淀粉15克、料酒10克、保宁醋9克、白糖8克、酱油5克、盐3克人碗调匀成味汁待用。③净锅炙热下色拉油80克，下二荆条、干辣椒段15克炒2秒出香，下大红袍花椒15粒炒香，再下鸡丁爆散，加姜片、蒜片各10克和葱丁炒香，烹人味汁，翻匀后撒油酥花生125克炒匀出锅。

丁宝桢文化长廊全景。

鲁菜版

顾广凯（舜泉楼养生私家菜经理）：宫保鸡丁是清朝的丁宝桢所创，他原籍贵州，最喜欢吃家乡的辣子鸡丁，所以在济南担任巡抚期间便向两位家厨周进臣、刘桂祥面授机宜，改良辣子鸡的做法，于是二位名厨炮制出了“爆炒鸡丁”，每逢宴客必上此菜；调任四川总督后，丁宝桢将此菜引进成都，被川厨改造成了“煳辣小荔枝味”，并以其荣誉官衔“宫保”命名，所以这道菜应该说是萌芽于贵州、起源于山东、扬名于四川，与黔菜、鲁菜、川菜都能沾上点边，但是现在的主流分法还是把宫保鸡丁归入川菜。

我工作的酒店叫“舜泉楼养生私家菜”，位于黑虎泉畔，这里曾是丁宝桢的旧宅之一。我们在他的府邸里打造了丁宝桢文化长廊，宣传他智杀安德海、兴修烟台西炮台的事迹，还把他至爱的“宫保鸡丁”打造成酒楼的当家菜。

黔菜版的辣子鸡丁是“宫保鸡丁”的雏形，我认为工艺略显粗放，而济南名厨演绎的“爆炒鸡丁”从选料、调味到出品色泽都已经有了标准。先看用料，原料有鸡肉、花生仁、大葱、花椒、干辣椒、蒜片，缺一不可，多一也不可，加黄瓜丁、鲜青红椒等都是错误的。这些原料下锅顺序也有讲究，椒麻、煳辣、蒜香、葱香应顺次出现，顺序错了，菜的味道也乱套了；再看外形，鸡丁大小均匀、块块带皮，色泽略带红褐，汁明芡亮、饱满滋润，盘中不堆汁不散芡，有汁不见汁；最后闻味儿，那时候这道菜的调料只有糖、醋、酱油，种类虽少，但用量很精准，菜一端上桌就飘散出咸甜酸香的复合味道，现在调料种类丰富，有些厨师会增加蚝油等，只要掌握好用量，成菜不偏离这四种复合味道，都是可行的。

仿清朝水盏定制的盛器，一端有孔，可以注入热水，为食材保温。

1.煸香花椒、干辣椒、蒜片等。

2.炒好鸡丁后调味、下葱段。

3.下水淀粉勾芡。

制作流程：

1.鸡腿肉脱骨上浆

选用半斤左右的新鲜鸡腿1只，不要用鸡胸肉，因为鸡腿肉脂肪和水分含量高，炒出来更滑嫩，而鸡胸肉口感比较柴。用刀划开鸡肉、剔掉骨头，带皮切成1.5厘米见方、拇指肚大小的丁，下入盐、料酒、蛋清、湿淀粉用力抓匀，腌制上浆备用。

2.章丘的大葱、川陕的大红袍

选济南章丘的大葱，取白绿相间的中段，长约8厘米，切成花生大小的段；大蒜切薄片；取十几粒川陕地区产的大红袍花椒，这个品种的花椒又麻又香，尽量不用汶川地区产的麻椒，因为它的麻度太高；再准备5根山东本地干红辣椒掰成小段，抖掉辣椒籽；取一两炸花生，带皮、去皮皆可。

3.原料有顺序　调料重比例

锅烧热倒入花生油50克，烧至四成热时先放花椒煸至棕红色，撒入红干椒煸至颜色深红、似糊未糊，下入蒜片煸炒出香，接着下浆好的鸡丁，让鸡丁均匀铺满锅底，先不要翻动，否则容易脱浆和糊锅，保持小火煎几秒钟，轻轻晃锅感觉鸡丁能被晃动起来时，改中大火用手勺划散，待鸡丁炒至全部变色，烹香醋7克炒匀，淋老抽5克、下白糖10克炒匀，撒葱段炒出香味，加水淀粉3勺勾芡，待汁开始变浓稠时翻两次锅（一定要等芡汁烧开能包住鸡丁时再翻勺，否则挂不上芡），使鸡丁裹匀芡汁，撒花生米，淋红油5克炒均匀即可出锅。

深山坛酸菜　绝配是海鲜

王强：独山盐酸菜是贵州独山县的特产，以前被称作坛酸，与普通的坛腌酸菜不同，独山盐酸菜清香脆嫩，味道上也非常富有层次，酸中有辣，辣中有甜，甜中有咸，风味独特。

选料：独山县特产的芥菜叶片肥厚、茎秆清脆，用它腌出的独山盐酸菜格外清脆爽口。制作独山盐酸菜必不可少的还有独山县特产的辣椒，其外形与织金辣椒极为相似，体态细长，皮肉厚实，既辣且香，制作独山盐酸菜的独山辣椒，要去蒂、去籽，焙干后研磨成粉。

制作方法：①选用清明前抽苔3–5寸长的芥菜，经过摊晒、洗净后再复晒1–2天，使菜叶表面失水、干蔫，将晒好的青菜加盐揉搓表面，去除部分水分后再入缸中密封腌制2天。②腌好的青菜撕去老叶和粗皮后切成2–3厘米长的段，加适量白酒和食用碱拌匀，加甜酒、辣椒粉、咸蒜、冰糖和盐拌匀，装坛中密封腌制15天即成。

王强：这款甜、酸、辣俱全的山里腌菜与海鲜搭配居然出奇和谐，在掩盖腥味的同时大幅度提升其鲜度，成菜微甜带辣，极具独山盐酸菜特有的风味。我在这里以“宫保世家”销量最好的“独山盐酸烧黄鱼”为例介绍给大家。

制作流程：①重约750克的黄鱼宰杀治净，加适量盐、料酒、葱姜水略腌，火腿肉50克切丁，青豆50克飞水，独山盐酸菜100克切碎待用。②锅入宽油烧至八成热，下黄鱼，离火炸至表面金黄酥香，捞出控油待用。③锅留底油100克，下姜、蒜末爆香，加盐酸菜丁炒香，下火腿丁、青豆、笋丁（提前飞水）50克炒香，冲入高汤600克烧沸后加酱油10克、白糖6克、盐5克、鸡粉3克调匀，下入炸酥的黄鱼，大火烧沸后转小火烧约10分钟至汤汁浓稠，转大火将汤汁收至快干时关火，盛出即可。

制作关键：①小火烧鱼时要适当翻动鱼身，并频繁将汤汁淋在鱼身上，使其充分入味。②这道菜不能勾芡，否则会影响鱼肉干香的口感和鲜味。

1.豆腐加食用碱等抓揉成豆腐泥。

2.团成圆子。

3.豆腐圆子入油炸至“外脆内化”。

豆腐圆子

王强：豆腐圆子是贵州的传统小吃，入锅时是实心的丸子，出锅时却变成了空心，掰开一个，外壳酥脆，内壁却挂有一层豆浆，这都归功于豆腐与碱的微妙反应。豆腐圆子的吃法也很特别，将圆子撕开一个口，把用鱼腥草、酥黄豆、煳辣椒调成的蘸水料酿在里面一起吃，外脆内嫩，越嚼越香，如今很多酒店都将这款具有悠久历史的小吃搬到了菜谱上，但有的做出来碱味浓了，有的做出来圆子里面没有浆……

选料——
酸汤豆腐为首选

我们在制作豆腐圆子时选用贵州本地的酸汤豆腐，这种豆腐用腌酸菜的酸水点制而成，吃起来有淡淡的酸味，豆香味浓，用它炸好的豆腐圆子口感韧、有嚼劲。

加碱抓——
豆腐与碱的微妙反应

炸好的豆腐圆子里的那层浆从何而来？这是豆腐与食用碱混合后再经过高温而形成的，豆腐与碱的比例很重要，碱加少了炸出的豆腐圆子里就没有那层嫩滑的浆，准确比例为酸汤豆腐500克加碱15克，再加盐20克、花椒粉10克拌匀，不停地用手揉抓，使其成为带有黏性的豆腐泥，再加入少许葱花拌匀。

发酵——
酸碱中和

将拌匀的豆腐泥用纱布盖好，25℃的环境下静置2小时，每20—30克团成一个体态均匀的圆形丸子。有些豆腐丸子表面酥脆，内里有浆，但是吃起来碱味很浓，就是因为缺少静置的过程，没有留出足够的时间让豆腐里自带的“酸”与添加的食用碱中和。

油炸——
九成油温入锅　七成油温定型

为什么有人炸出的豆腐圆子总是不成型？原因是油温太低。炸豆腐圆子的初始油温应在270℃左右，即九成热，圆子要离火下入，遇到热油自会迅速定型，然后将油温下降至七成，移锅上火继续加热，保持此油温炸约3分钟，在这个过程中，表面的豆腐遇高温迅速失水凝结，里层的豆腐泥就会融化成浆，此时圆子已经完全定型，用手勺轻轻推动一下，圆子自动弹开并浮在油面上，用竹筷子夹起，轻轻晃动，你能听见圆子里面的豆浆发出的响声，这样的豆腐圆子就算是成功了。

蘸水制作：吃豆腐圆子时需搭配专门的蘸水，调配方法是：煳辣椒粉20克、油酥黄豆10克、鱼腥草10克、香菜末5克、葱花5克装入味碟，食客根据自己的喜好添加酱油、醋、盐和味精。

改良蔬香烤鸭　原创蓝莓山药

时尚大师　做个性大菜

孙立新

1956年生于北京，1973年考入北京饮食服务学校，毕业后正式入行，先后进入首旅集团、华都饭店、燕山大酒店、渔阳饭店、天伦王朝大酒店等多家单位工作，2001年至今，任北京便宜坊集团副总经理。

孙立新大师给人的第一印象是“时尚”，而交谈之后小编发现，这两个字更鲜明地体现在他的思维上。

“我的菜式很超前，早在20世纪90年代，我在天伦王朝大酒店设计的狮子头就曾被争相‘抄袭’，原因是我在狮子头外面镶上了一层瑶柱，吃起来那叫一个鲜”；“十年前我曾用川式火锅老油、沙嗲酱、藤椒、泡椒、南瓜蓉炖甲鱼，开创了甲鱼新味型”；“有时候看着正在吃的菜品就会不自觉地发散思维。比如我们今天吃的干炸小丸子配上云南大芫荽炒一下口味会不会更好？再如，眼前这款普通的煎肉饼里加点拍碎的马蹄和XO酱，口味会不会立马提升一个level？”……

大师给人的第二印象则是“认真”。徒弟秦四民说：“师傅心宽，就算被人骗了钱都不会生气，但是看到我们把菜出瞎了，却会持续地教训我们好几个小时，吓得我直冒汗。”正是秉持着这股炽热干劲，孙大师踏踏实实地钻研每一道菜、管好每一个厨房、做火每一家店。他说：“人生在世这么几十年，得到些什么名利赞誉，其实都不重要。我在乎的是，我能为这个世界留下什么。”

是谁毁了这只鸡

1972年，16岁的孙立新初中毕业，站在校门口，不知何去何从。是去厂里当工人还是去技校学手艺？这时，他的初中班主任，一位印尼华侨说："去学厨师吧，以后你一定会感激我。中国人穷了太久，但我预测不出十年，国人就要富裕起来，富起来后的第一需求是什么？肯定是要'吃好'，所以，那时候做厨师一定是最吃香的。"孙立新说："时至今日，我非常感谢这位老师，他指的这条路令我如鱼得水。"

1975年，从服务学校毕业的孙立新跟同学一起来到上海某饭店实习。厨房里的一位老师傅非常保守，给整鸡、整鸭脱骨时，总是背着年轻人悄悄操作。这件事越神秘就越勾起了孙立新的好奇心，于是他白天悄悄藏了一只老师傅脱骨的整鸡，晚上翻出来仔细研究了一遍它的刀痕走向。第二天早晨6点，他悄悄潜入厨房，按自己的观察并比着老师傅的刀法，完整地剔下了一只整鸡的骨头，一点也没破皮。

上班后，老师傅发现有一只鸡被人剔了，大发雷霆："是谁毁了这只鸡？"

大家都不作声。

老师傅："你们都不承认是吧？那北京来的学生都给我滚蛋！都别学了！"

一看这种情况，孙立新想：不能连累同学，于是站出来承认了，并诚实地"供出"昨晚偷鸡、藏鸡、研究鸡的前前后后。

老师傅一看是他，怒气冲天地说："你不用学了，回去吧！"就在众人以为孙立新被开除时，老师傅却突然转换了神情高兴地说："我说你不用学了是因为你太聪明了，根本不用跟我学。你看，你比着我的刀法，研究了一遍，就把这只鸡的骨头剔得干干净净，而且丝毫没有破皮，太厉害了。小伙子，你很有悟性！"

"剔鸡门"之后，虽保守但却格外惜才的老师傅更加喜欢孙立新，教了他不少手艺。

巧做酱汁鱼：
盐腌出弹性　油浸味特鲜

在上海实习以及在北京萃华楼学徒期间，聪明的孙立新获得了多位大师的指点，他的厨艺也突飞猛进。

老鲁菜里有一道酱汁鱼，很多厨师拿水浸鱼，肉质虽软嫩却不够"生动"。萃华楼的鲁菜师傅们教了他一招：使用暴腌、油浸法，鱼肉细嫩有弹性。具体操作是这样的：先将主料鳜鱼宰杀治净，然后里里外外抹上大量盐腌制20分钟，再用流水冲掉，待用舌头舔尝底口合适时，将鱼放到竹篾上，再盖上一片竹篾，用竹签别住周围，放人五成热油保持小火浸20分钟，捞出控干油分之后摆人盘中。锅下底油，用黄酱炒汁，盖到鱼上即可。成菜中的鱼肉洁白细嫩，而且"生动"有弹性，吃到嘴里仿佛能体会到鱼的鲜活。

孙立新说："鱼肉经过食盐的'洗礼'，肉质结构发生变化，细嫩的同时产生一股Q弹的韧劲，人口更有质感；而经过温油的浸润，鱼肉水分不流失、鲜味全部封存在肉里，口感鲜得惊人。"

除了学到这些烹调技巧，那几年，孙立新的基本功也日益扎实，为此他吃了不少苦。在萃华楼，切马蹄葱、豆瓣葱、葱丝、葱末，每种一切就是一大盆，呛得眼泪都流干了，早晨起床，眼睛涩得睁不开，比现在年轻人看一晚上手机都难受；练习挤丸子时，师傅规定，肉馅只能从虎口出来，不能从食指与中指的缝隙中渗出，于是他贴紧食指与中指，只从虎口发力，一挤就是几个小时，最后练到无论肉馅多稀，他都能挤出圆润的丸子，虎口处也结了厚厚一层茧。

孙立新说："当技术积累到一定程度时，书籍就是你的眼睛。所以，除了跟师傅学手艺，我还喜欢钻研菜谱。"孙立新上班需要坐1个多小时公交车，其他人看风景，他却抱着菜谱翻看。"早年的老师傅们要么不讲，要讲就是真实做法和配比，所以那个年代的菜谱特别准，我从上面学了不少经典菜，比如油焖大虾、酱爆鸡丁、煎蒸黄鱼等。后来由于看了太多次，那一本菜谱我都能完整地背下来了。"

蔬香酥烤鸭

2003年起，孙大师开始钻研北京烤鸭的制作方法和口味，他发现，传统烤鸭有四大缺点：①油腻。虽然烤鸭店一再标榜“香而不腻”，但仍然是咬一口出半嘴的肥油。②营养搭配不合理。百年来，食客一直是用鸭饼卷葱丝、黄瓜条，配甜面酱或者白糖，荤多素少，脂肪含量较高。③凉后易出禽腥味。④食后嘴里留有葱臭味，口气不雅，不适合高档宴请。

针对这四项缺点，他对烤鸭进行了两处改良：①增加一道腌制工序——纯净水加大量蔬菜碎拌匀，用来腌泡鸭子，以达到脱油、脱脂、脱酸、脱腥的效果；②普通烤鸭在人炉前需要在腹内灌人花椒水，达到“外烤内煮”的效果，而便宜坊将花椒水换成蔬菜水，变成“外火烤内蔬煮”。这样一来，烤熟的鸭子吃起来不油腻，凉后不发腥，透着一股淡淡的蔬香。

芽苗菜爽口 薄荷叶清口

孙大师对上菜形式也进行了大手笔的调整：①将普通鸭饼换成两种蔬汁鸭饼，一种用胡萝卜汁和面，呈淡黄色；另一种用药芹汁和面，呈草绿色。两种蔬汁饼不但颜色亮丽，吃起来还有一股淡淡的蔬香。②将常见的黄瓜条、葱丝等辅料换成两种芽苗菜（香椿苗、萝卜苗）、一盘花叶生菜和一碟薄荷叶，前三者可以与烤鸭肉一起卷人饼内食用，均衡营养，清新爽口，而薄荷叶则专为客人清口之用，让吃过烤鸭的贵宾清清爽爽出门。

“蔬香酥烤鸭”不但颠覆了传统口味，其营养结构也发生了变化——“解放军总医院营养科的赵霖教授做过研究，我们的蔬香酥烤鸭与传统焖炉烤鸭相比，脂肪含量低了12%，鸭肉发腥的根源——精氨酸含量也下降了43%。”

1.便宜坊的烤鸭师正在烤制蔬香鸭。

2.烤好的鸭子送到包间，由片鸭师现场片成象眼片。

制作流程：

宰杀+腌泡

①北京填鸭（每只重3千克）杀洗褪毛，腋下开口，掏出内脏，冲洗干净。②洋葱、胡萝卜、芹菜各5斤择洗干净，切成碎末。③桶内加入纯净水50斤，投入蔬菜碎拌匀，放入处理好的鸭坯腌泡3小时。

挂水+烫皮

腌好的鸭坯冲净料渣，脖子下开一个小口，在皮肉之间打气使其鼓起，然后用沸水烫至紧皮，防止漏气，晾干后挂上脆皮水，再次晾至干爽，然后放入冻库内冷冻一天，做成鸭坯。

灌水+烤制

①从鸭子肛门处灌入蔬菜水（纯净水与蔬菜汁按1：1的比例调匀），再用高粱秆堵住肛门。②焖炉升温至190℃-210℃，送入鸭坯，先烤腋下开口的那一侧，10分钟后换烤另一侧，再烤鸭脯、鸭背，最后在温度最高的火口处“照”一下鸭子，逼出多余油分。整个过程要将炉温控制在160℃左右，温度太高就开一下炉门散热，温度太低则要关闭炉门。

片鸭+走菜

①片鸭有两种方法，一种是皮肉分离，皮切条，肉改片儿，适用于挂炉烤鸭；另一种是象眼片，即鸭肉片片带皮，让客人感受到烤鸭的皮酥肉嫩、鲜美多汁，适用于焖炉烤鸭。②烤鸭片成象眼片后装盘，带一碟香椿苗、一碟萝卜苗、一碟花叶生菜、一碟薄荷叶、三笼鸭饼（白面和两种菜汁鸭饼各一笼）、一碟烤鸭面酱上桌。

卷饼+服务

正当客人撸撸袖子，准备取饼卷肉、大快朵颐时，只见戴着一次性手套的服务员取一张鸭饼置于手掌上，放几片鸭肉、适量芽苗菜，涂上面酱，用一根筷子压住，然后翻转覆盖，再压上另一根筷子，顺时针一拧，下端折起来，一支匀称苗条的鸭肉卷就递到了小编面前！原来，便宜坊深知客人自行卷鸭饼容易手忙脚乱，所以规定由服务员代劳，卷好递上，客人只要静心品尝就好啦。如此贴心的服务，正戳到客人的心窝里！

大师点拨——

①腌泡、清洗鸭坯一定要用纯净水，不要用自来水，因为后者为酸性，会影响鸭肉的口感。②浸泡蔬菜水和搅打蔬菜汁，只用洋葱、胡萝卜和药芹即可，这是我多次试验的结果。其他蔬菜的味道与鸭肉不合拍，反而会激发其腥味。③经过蔬菜汁的腌泡和烤煮，鸭骨架里也渗入了蔬菜的色素，炖出的汤颜色发暗，所以我通常不建议客人点鸭架汤。

盐焗活鲍

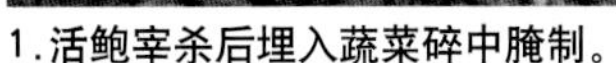

1.活鲍宰杀后埋入蔬菜碎中腌制。

2.将鲍鱼与蔬菜料一起倒入高压锅中。

3.添高汤没过鲍鱼，压制5分钟。

4.抹掉料渣后摆入鲍鱼壳内即成。

盐焗活鲍

常见的盐焗活鲍是将鲍鱼埋入热盐中烘熟，此菜却是把鲍鱼放入盐焗料、蔬菜碎中腌制入味，然后一起倒入高压锅压制而成，成菜富含蔬香和沙姜味，而且有高压活鲍的弹牙口感，味道极棒。此款鲍鱼可以单独成菜，也可以分别搭配牛仔粒、香米饭、生蚝等，随意组合拼盘，都是一道不错的中档大气位上菜。

制作流程：①五头鲜活鲍鱼20只宰杀取肉，抠掉内脏，擦去黑膜，打十字花刀。②洋葱、香芹、胡萝卜各300克、香菇、香菜各100克切成碎末，纳入盆中，加入适量盐焗鸡粉拌匀，放入处理好的鲍鱼埋起来，送入冰箱腌制3小时。

预制流程：①鲍鱼壳汆水，擦干后摆入盘中。②将腌好的鲍鱼连同盆中的蔬菜料一起倒入高压锅，添少许高汤没过鲍鱼，上汽压5分钟，放气后取出鲍鱼，抹掉菜碎，装入鲍鱼壳内，即可上桌。

特点：蔬香味浓，富有盐焗风味，鲍鱼口感弹牙。

大师点拨——

①尽量选个头稍大的鲍鱼，否则压后鲍鱼缩水，不够大气。②压制时间要适宜，太短鲍鱼没有弹牙口感，太长又容易变老。

蓝莓山药（凉菜）

蓝莓山药是近些年特别流行的一道凉菜，很多店都有它的身影。其实，这道菜的原创者就是孙立新大师。他说："这道菜始创于2007年，后来就在全国流传开了——能为同行提供一道热卖菜，我非常高兴。不过，如今很多厨师做着做着就走样了。今天，我将完整地展现一遍这道菜的本真做法，希望能对更多年轻厨师有所裨益。"

浸泡+冰镇

精选铁棍山药去皮切段，用清水浸泡2小时，然后冰镇30分钟，充分泡净黏液，防止变黑。

蒸制+过箩

泡好的山药纳入盛器，撒上少许白糖，入蒸箱旺火蒸透，取出碾碎后过箩，筛掉杂质和筋络，只留最细腻的山药泥。

拌制

每500克山药泥内拌入白糖少许、奶油100克，装入裱花袋中，挤到盘里做成相应的造型，然后浇上蓝莓酱。旁边的紫山药泥制作方法同上，不同的是最后浇糖桂花。

大师点拨——

①一定要选水分少、淀粉多的铁棍山药，取其口感细腻、粉面。②浸泡、冰镇时间要长一点，这样才可以泡净黏液，防止氧化变黑。③很多厨师在山药泥内只拌白糖，而我们则再拌入100克西餐用的奶油，口感更加蓬松、柔软。

烧好的鸭肉料。

烤鸭茄墩

卖烤鸭的店内最不缺鸭架等下脚料，所以便宜坊剔取这些鸭肉，改成小粒之后炒成肉酱，用于制作茄子墩，成菜卖相精美，口味咸鲜浓香，是一道非常实用的创意凉菜。

预制流程：①长茄子切成圆片，入七成热油快速炸熟。②从鸭架上剔下来的余肉切成粒。③锅下底油烧热，加入葱、姜末各20克、蒜末50克煸香，下鸭肉粒500克、蒜蓉辣酱40克翻炒均匀，加入高汤800克，调适量盐、生抽、白糖、黑胡椒碎，放入茄子片小火慢烧5分钟至入味，取出放置一旁，原锅内的鸭肉继续小火烧制，最后开大火收汁，勾薄芡后盛入碗中，做成鸭肉料。

走菜流程：取一片茄子摆入盘中，码上一层鸭肉料，上面摆一片茄子，再抹料，依次摞好，然后淋上原汁，点缀薄荷叶即可上桌。

特点：茄子香软，酱料咸鲜、蒜香味浓。

制作关键：①炸茄子时油温不要太低，否则茄子会吸油变软。②烧茄子时不要翻动，时间不要太长，否则茄子片容易软烂。

养生面包鸡

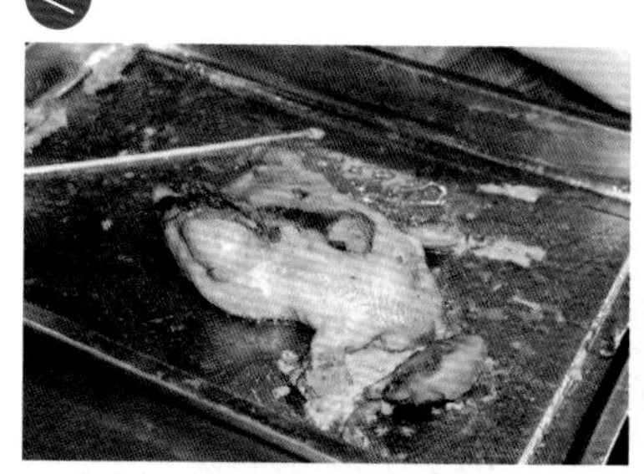

1.整鸡去骨，腌制后酿入蔬菜、花生，蒸4小时至纹理细腻、肉质软嫩。

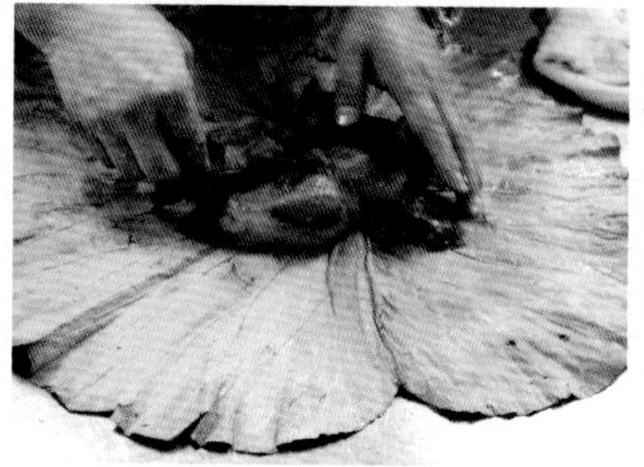

2.控净水分后放入荷叶内包起来。

3.放在面包皮上。

4.做成大面包后放到烤盘上，送入烤箱。

5.烤20分钟后取出，刷上蛋黄液。

6.用锡纸包裹，防止变形。

7.再次放入烤箱烤30分钟即成。

养生面包鸡

这道菜是从杭州的“叫花鸡”改良而来。原做法是用荷叶包鸡，外面再糊上泥巴烤制而成。但菜上带泥巴毕竟不卫生，所以孙大师将泥巴改为面片，包成面包状，烤制后上桌。成菜饱满圆润，透着金黄的光泽，散发着迷人的麦香，惹人食欲；服务员将面包切开后，里面露出清香荷叶和鲜香仔鸡，更令人觉得有趣。这道菜是孙大师的代表作，在便宜坊是响当当的原创热卖菜。

孙大师说：“其实这道菜还有很大的创新余地，比如粤菜师傅可以用沙姜腌制小鸡，打开面包后透出沙姜口味；川菜师傅可以在鸡腹内添入冬菜、肉丝等，辅料口感大不一样。”

批量预制：①嫩仔鸡整鸡去骨，洗净备用。②洋葱、胡萝卜、芹菜各3斤切碎，加入纯净水10斤拌匀，调入适量盐，放入嫩仔鸡腌制一天至入味。③花生提前泡透，入锅加清水、葱、姜、八角、盐煮熟；蘑菇撕成条，山药切成滚刀块，然后一起入六成热油中快速拉油，捞出控干。④腌好的嫩仔鸡冲净菜碎。取适量过油的山药、蘑菇淋少许生抽、盐拌匀，和少许熟花生一起酿入仔鸡腹中，放入托盘，旺火蒸4小时，取出放凉。

走菜流程：①和好的面包面团揪成300克/个的大剂子，擀成厚片。②取蒸好的仔鸡控净腹内汁水，包上一张泡透的荷叶，然后再放到面片上，包起来，做成圆形大面包，放入180℃的烤箱里烤20分钟，取出刷蛋黄液，用锡纸重新包裹后放入烤箱，继续烤30分钟，然后摆入大盘内，点缀盘头后上桌。服务员用餐刀划开面包、荷叶，即可食用。

特点：奶香、麦香扑鼻，划开面包后，鸡鲜、荷鲜溢出，菜品大气香美，极上档次。

大师点拨——

①整鸡去骨不要破坏外皮。②去骨之后的仔鸡肚子很干瘪，酿入山药、蘑菇等不但可以使其造型立体，还能丰富口感。③仔鸡一定要蒸足4小时，此时鸡身上最柴的一块肉——鸡胸才能变得鲜美软烂，入口即化，而且整鸡肉质纹理变得细腻，上桌后无须刀切，客人直接用筷子即可夹食。④蒸好的仔鸡一定要放凉，然后控出腹内汁水再包荷叶，否则鸡里渗出的水分会打湿荷叶和面团，烤制时面包就发不起来了。⑤中途取出面包刷蛋黄液之后，一定要包上锡纸再烤，这样便于保持面包圆鼓的外形。

烹羊宰牛活字典 蒙餐技法传灯人

大师 张清

1956年出生于内蒙古土左旗，中国烹饪大师，现任内蒙古商贸职业学院旅游系党总支书记，自治区餐饮与饭店行业协会高级技术顾问、副秘书长。先后师从周国良、吴明等前辈烹饪大师，历任巴彦塔拉饭店厨师长、餐饮部主任、东方大酒店技术总监、民族大厦厨师长、花园大酒店技术总监等职。

张清大师有三项成就，第一，烹饪功力广受推崇，是餐饮界的“老行尊”；第二，桃李满园，为内蒙古的餐饮业输送了大批优秀人才；第三，促进审核并完善了“蒙餐标准化”。

张清说："随着各种添加剂的滥用，蒙餐偏离了传统中丰满实在的原汁原味，为了将其拉回正轨，必须要为蒙餐制定标准，抢救经典技术、严格规范用料。2012年，内蒙古地区已经确定了拔丝奶皮、烤羊排、烤羊背、烤牛排、烤全羊、烤羊腿、蒙古馅饼、奶茶、肉肠、血肠、手扒肉、涮羊肉12道蒙菜的地方标准，2013年的任务是完成40道传统蒙菜的标准化，我的工作就是审核、修改各地报上来的文稿，接下来就等相关部门批准通过了。"

环游东西部　做客牧民家

张大师说，"蒙餐标准"中不会看到"少许"、"适量"等字眼，取而代之的是"克"、"三分钟"等精确的计量单位，甚至在"撇"（浮沫）和"捞"（料渣）等文字上都要几经推敲，力求在时间、配料、火候等方面表达精准。

听到这里，小编心里直纳闷：按照这一标准，岂不是全内蒙古数万家饭店制作的"葱爆羊肉"都一个味儿？中餐的灵魂是"大厨的个性创作"，这样岂不等于"扼杀"了中餐之魂？

张清大师解答：蒙餐标准不是千人一面的死板教条，而是将一些菜品的技术共性确定下来，供行业内的厨师参考借鉴。此外，内蒙古跨度较大，东、西、中部的蒙餐制作各有差异，因此标准化的制定也要充分尊重各区域的饮食习惯和风俗，在这一过程中，我们不仅翻资料、查文献，还深入东西部各地的蒙餐馆和草原牧民的家中，与当地大厨、牧民沟通、论证。

比如葱爆羊肉，内蒙古各地制作此菜时有四种主流技法：生爆，即鲜羊肉直接爆炒成菜；汁爆，即羊肉下锅爆炒至变色时，烹入事先兑好的调味汁；铛爆，用电饼铛取代炒锅爆炒鲜羊肉；油爆，即鲜羊肉滑油后爆炒，每种方法都是合理的、科学的。再如羊杂汤，草原牧民爱吃清汤，呼市人爱吃红汤，四子王旗的羊杂汤里一定要有土豆条，还有的地方不吃羊肝和羊肠，因此制定标准化流程必须分门别类。

说到哪里的牛羊好，刚刚环游内蒙古一圈的张清大师堪称一部"活字典"，内蒙古有哪些草原，分别出产什么品种的牛、羊，甚至连每种牛羊爱吃什么草，他都如数家珍。

六大产羊区域

区域	主产区	特点
东部	呼伦贝尔	这里是天然草场，河流纵横交错、湖泊星罗棋布，该地区主要养殖绵羊，其中公羊多为羯羊（即阉割过），吃青草饮河水长大，生长期为1–2年的羯羊膘肥、肉嫩，净肉率一般是其他地区同种羊的两倍，肉质则接近湖羊，鲜嫩多汁
东部	乌珠穆沁	以绵羊为主，养殖方式极为粗放，终年放牧，牧民平时不补充饲料，只是在雪大不能放牧时才喂点儿草料。为了寻食，绵羊不得不长期行走、运动，因此肌肉较结实，口感紧实，耐嚼
中部	锡林郭勒盟苏尼特旗、乌盟四子王旗	这两处地域气候较干旱，出产的羊也叫"戈壁羊"，耐寒耐旱，肉质厚实紧致，脂肪含量少，瘦肉率高，适合涮火锅、调馅或爆炒
西部	东胜、阿拉善	这两处是山羊的主产区，由于山羊喜欢登高爬坡，且食性杂，既吃牧草也吃庄稼秸秆，因此臀腿肌肉丰满，四肢短而粗壮，肉质有嚼劲，但膻味较重

羊的年龄

乳羊

4-6个月

羊乳喂养，肉质极嫩，含奶香味儿，但一般不用于入菜，牧民还要继续给它们喂食草料，等待长成羔羊再出售。

羔羊

7-12个月

未长出恒齿，肉质细嫩，膻味较小，当地厨师口中的羔羊一般专指绵羊，市场价25~26元/斤。

青年羊

＞12个月

恒齿少于两颗，未配种，活动量开始增加，以草原上的野草为食，肌肉渐渐变得紧实，肉质筋道、嫩滑相宜，膻味较之乳羊、羔羊略浓。绵羊平均价格为25~26元/斤，山羊每斤价格为35元左右。

成年羊

＞4岁

体格大、肉质硬、膻味浓，一般用于取羊绒、羊毛，不入菜。

一只羊7个部位四大烹调技巧

5上脑
4腰脊部
羊蝎子 外脊 里脊
7羊尾
1羊肩肉
2羊前腿
2羊后腿
3肋脊部
6羊蹄
6羊蹄

1羊肩肉
2羊腿
羊前腿
羊后腿
3肋脊部
4腰脊部
羊蝎子
外脊
里脊
5上脑
6羊蹄
7羊尾

四大烹调技法索引图

1 慢调斯理

羊肩肉
质地较硬，若想恢复鲜嫩口感，需要文而不烈的小火慢慢料理。

颈中部肉：肉中带筋，适合大块清炖或焖。

羊肩小排：加入香草和蒜子焖熟。

肩前部肉：适合烧烤，皮脆肉嫩。

羊胸肉：形状像海带，肥多瘦少，肉中没有筋，适合调馅料，也可以切片生煎，佐黑胡椒。

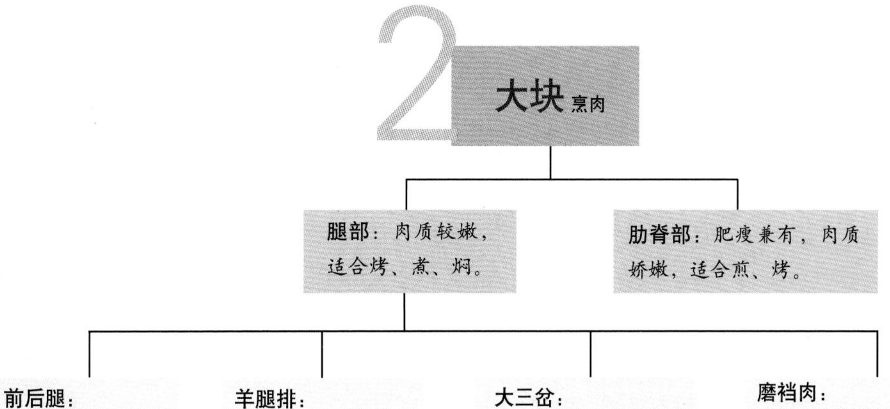

前后腿：适合水煮、烧烤、爆炒，口感层次丰富。

羊腿排：适合采用西餐技法烹制：红酒腌制后煎或烤。

大三岔：即臀尖肉，肉质肥瘦相间，常用于调肉馅或烧烤。

磨裆肉：臀尖下面两腿相磨处，形状像碗口，肥多瘦少，肉质粗疏，有薄筋，适合烤、炸。

3 精打细涮

腰脊部：肉质细嫩，用途广泛，煎、炒均可，最常用于涮火锅。

上脑：拥有脂肪沉积于肉中形成的大理石花纹，质地极嫩，适合煎炒、涮火锅。

外脊肉：在脊骨外边，长条形，表皮带筋，肉质纤维细、短，鲜嫩多汁。

羊蝎子：即羊脊骨部位，脂肪少、肉质嫩，脊髓嫩如豆腐。

里脊肉：位于脊骨两边，形状似竹笋，肌肉纤维细长，口感滑嫩，是羊身上最鲜嫩的两条瘦肉。

4 烧胜一筹

羊蹄：强筋壮骨，富含胶原蛋白，肉质软滑，适合红烧。

羊尾：绵羊尾巴富含胶质，肉韧骨脆，脂肪肥美，适合红烧。山羊尾巴基本是皮，一般不用。

烤全羊

烤全羊也称“烤整羊”，曾经是元朝的一道宫廷名菜，用于接待贵宾，如今在一些高档宴席上能看到它的身影：将整只羊烤至色泽金红，用车推上宴席，高端、大气、上档次。

一种技法 两个版本

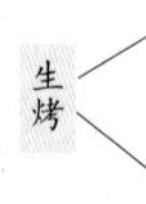

生烤

带皮烤：内蒙古西部地区的阿拉善、东部地区的呼伦贝尔等草原牧区多采用这种形式。

去皮烤：内蒙古中部地区的乌盟、锡林郭勒盟则是采用去皮烤的方法。

带皮去皮　两点区别

一，带皮烤全羊的第一道工序是用开水去毛，过程类似给鸡煺毛，然后宰杀去内脏，去皮烤全羊则直接连毛带皮一同剥掉；二，烤制带皮羊时要在皮上刷脆皮水，烤成金红酥脆的“脆皮”；去皮羊则要刷上3−4毫米厚的全蛋酥糊，这个过程叫“加皮”，否则烤制过程中羊会过度失水，表面容易干裂。

特制土炉变成万能电炉

过去烤全羊是用特制土炉、烧木柴明火烤制，如今在中部地区很少见了，在东西部的草原牧区还能见到，现在酒店里配备的多是可旋转的电烤炉，可以同时设定湿度、温度和时间，烤制时能自动释放水蒸气给原料补充水分，避免羊肉因过度失水而烤焦、变老。使用这种具备良好控温性能的工具，去皮羊就可以省略挂全蛋酥糊这一“加皮”步骤了；此外，羊还能在烤炉内自动旋转，360°无死角受热，上色更均匀。

选料：山羊羔羊　各有指标

品种	标准
山羊	4岁以下，体重不超过50斤
绵羊	2岁以下，体重不超过20斤
羯羊	阉割过的公羊，山羊、绵羊生长期均在一年左右，体重不超过20斤

以东胜山羊为例，张清大师讲解了烤全羊的完整流程：

宰杀——
头身分离　两样烤制

山羊开胸去内脏，将头和身子分离，羊头要单独煮熟，然后烤至上色，待羊躯干烤熟后，再将羊头固定在脖子上。这是因为羊头的受热时间短，如果与躯干一同烤制，容易过度失水，变得很小，与庞大的躯干不成比例。

改刀——
大腿割几刀　胸颈开“风口”

山羊身上要少动刀，保持形状完整，一般只在两处改刀：一，在肉厚的前后腿处分别割几刀，目的是为了留出空隙，利于热气进人，使内外成熟度一致；二，在颈部以及胸腔底部各开一个“通风口”，从此处穿人铁丝，捆绑在铁架子上，目的是固定胸腔，避免烤制时塌陷。

腌渍——
5斤肉1斤料　只搓肉不腌皮

通常每5斤羊用1斤腌料即可去膻人味，注意只用腌料擦羊腔，羊的外皮不能擦，否则容易烤焦变色。

烤全羊核心工序图

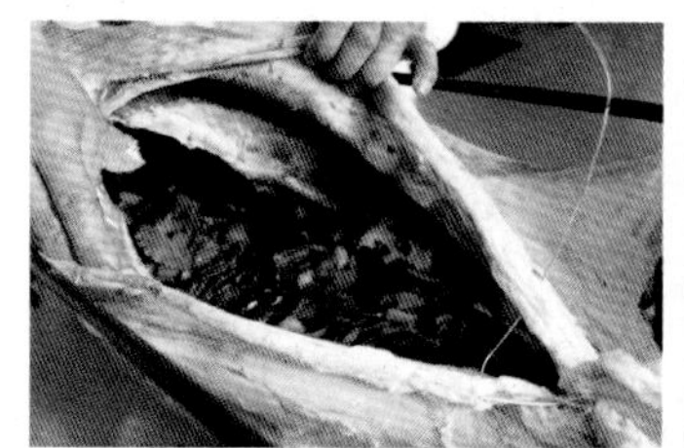

1.羊腔内塞满腌料。

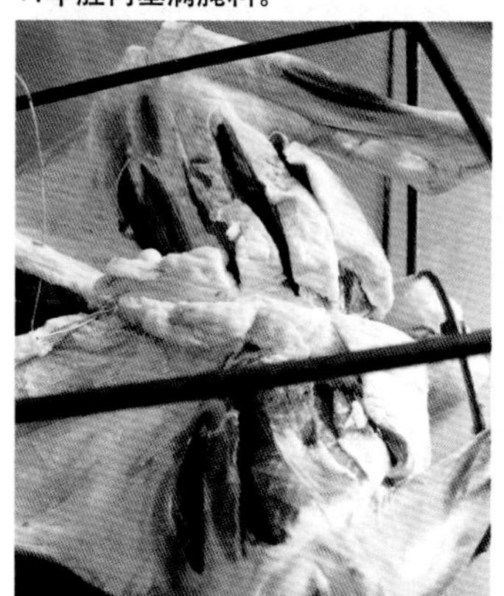

2.羊腿上割几刀。

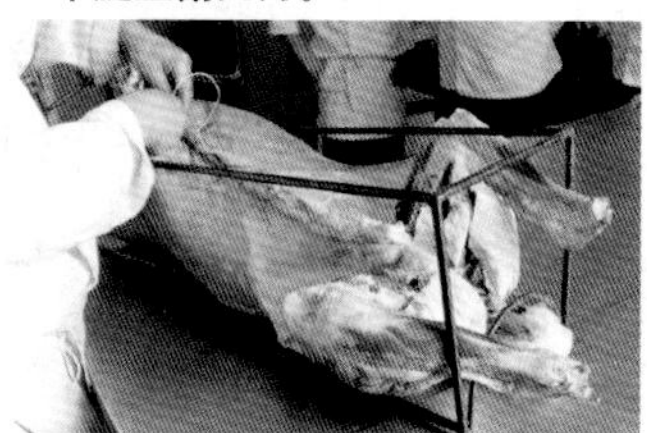

3.羊腔用铁丝缝好。

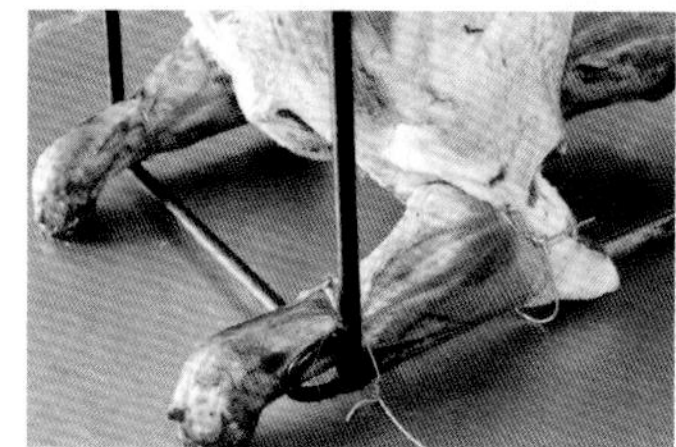

4.四肢捆绑在铁架子上。

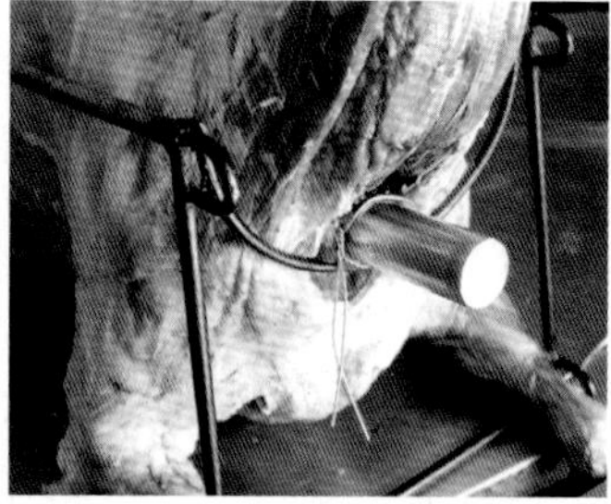

5.颈部开“通风口”，穿入铁棍。

6.刷匀脆皮水。

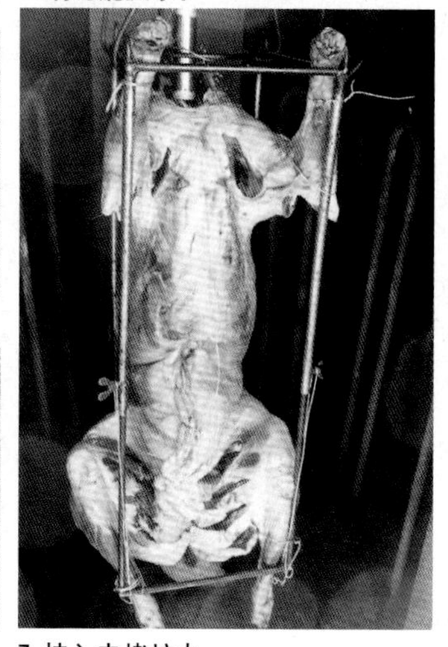

7.挂入电烤炉内。

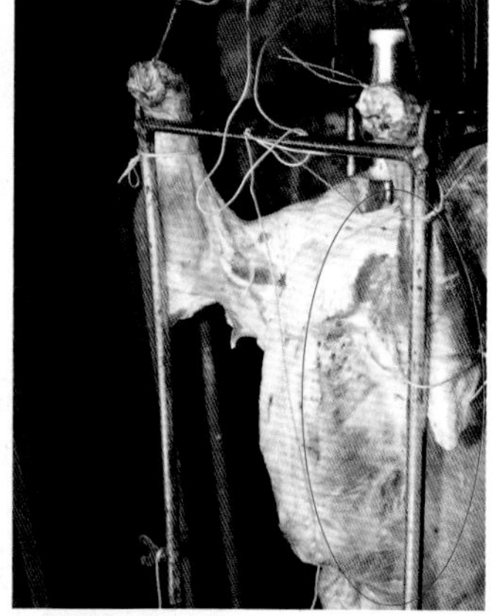

8.胸部再开一个“通风口”，穿入铁丝，从颈部通风口穿出，绑在铁架子上，固定胸腔。

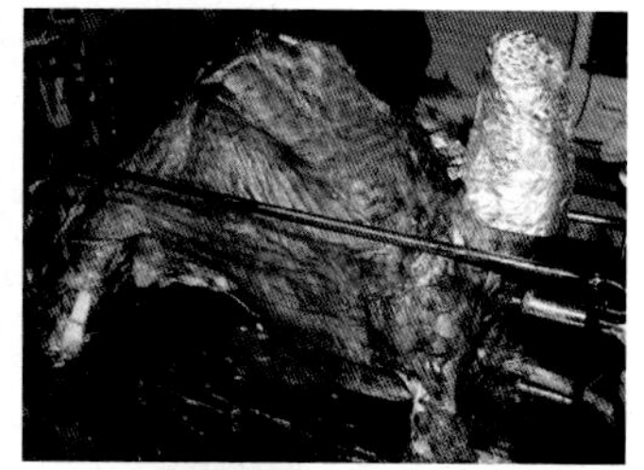

9.全羊烤好后，从炉内卸下。

10.披上彩绸，用车推上桌。

上皮——

红糖、酱油、白醋　调成脆皮水

整羊固定在铁架子上以后，用熬化的红糖、东古一品鲜酱油、白醋调成脆皮水，刷匀羊皮。注意脖子、四肢等部分都要涂上脆皮水，否则烤制时上色不匀。

烤制——

180℃烤30分钟+120℃烤4小时

全羊完全靠炉内的底火和炉壁反射的高温烤焖而成，在烤制过程中注意调整温度，前半小时将温度调至180℃、湿度90%，然后再将温度降至120℃、湿度提升至100%，保持文火烤约4小时即成；羊头单独人烤箱，底面火180℃烤1小时。

吃法——

类似北京烤鸭

厨师当着食客的面现场片羊肉，并配荷叶饼、椒盐料和蒜蓉辣酱一同食用，吃法类似北京烤鸭。

全羊汤

如同北京的豆汁、西安的肉夹馍、天津的狗不理包子，全羊汤是内蒙古人抹不去的早餐情结。这里昼夜温差大，早晚天气寒凉，当地人习惯一大早来碗热气腾腾的全羊汤，再配上个刚出炉的焙子（一款主食），绝对暖心暖胃。

三料标准：全、杂、碎

全羊汤首先看的是用料全不全、杂不杂、碎不碎，当地人一般将其概括成“三料”，三料里又分主三料和副三料，主三料又叫三红，即心、肝、肺，下锅的时候切成碎丁或薄片；副三料又叫三白，即肠、肚、头蹄肉，下锅时要切成细丝或长条。

杂碎伴侣——焙子

就像喝咖啡要放伴侣一样，喝羊杂汤要配焙子。焙子是呼市的一款小吃，也是一道主食，用小麦面粉发酵，兑上食用碱烙成，外干脆内暄软，散发着浓浓的麦香味儿。焙子有咸、甜、原味三种，咸（甜）焙子中因为在面粉里揉进了胡麻油、盐（或糖），油酥鲜香；原味焙子也叫白焙子，面粉里什么也不放，只有小麦的原香。全羊汤的伴侣是咸焙子或者白焙子，把它们掰成小块，蘸上全羊汤里的辣油吃，咸鲜香辣。

咸焙子大致做法：河套雪花粉500克加入少许酵母、食用碱混合拌匀，倒入温水和匀，揉成面团，盖上湿布饧约30分钟，再次揉匀，待面团内的空气全部揉出，表面变得光滑，擀成厚约4毫米的大圆饼，刷薄薄一层胡麻油，撒匀干面粉和盐卷起来，揪成50克/个的剂子，擀成直径10厘米的饼坯。电饼铛预热10分钟，不必刷油，放入饼坯小火烙3分钟，将两面烙至变黄即成。

热辣版的全羊汤

咸焙子

葱爆羊肉

京、鲁、蒙等地都有“葱爆羊肉”这道菜，各地在选料、调味等方面存在细微差别，仅内蒙古一地就有四个版本，每种方法的终极目标都是保留羊肉的鲜味和嫩度。

生爆版本——
羊肉薄至1毫米

原始的葱爆羊肉采用生爆技法制成，掌握“旺火速成，断生即可”的操作要领，就能达到“口味咸鲜，质地脆嫩”的出品标准。

为了保持羊肉的嫩度，要将其切成很薄的片，厚度不能超过1毫米，下锅旺火爆炒，变色即熟，要诀在一个“快”字。

大致流程：①选羊腿或者里脊部位的精瘦肉，带薄薄一层羊油，而腹部、颈部的肉筋膜太多，不宜使用。羊腿肉500克切成0.1厘米厚的片；葱白100克斜刀切成马耳朵形（比马蹄片略薄），如果是小葱，滚刀切段即可。②锅入底油烧热，先下羊肉片旺火爆炒，用筷子扒拉几下，羊肉变色之前烹料酒、下花椒面、盐、酱油等，紧接着炒两下去膻，这时候羊肉已经达到八九成熟，迅速倒入马耳朵葱翻炒几下，淋少许香油炒匀即可出锅。从下锅到盛盘共约40秒。

汁爆版本——
提前兑汁　快速出锅

料酒、酱油、香油、花椒面、干姜面、盐提前兑成汁，走菜时将羊肉、葱白一同下锅爆炒，然后烹汁调味，按照这种方法制作，羊肉在锅里的停留时间更短（约30秒），水分流失更少，肉质比生爆版本的出品要嫩。

铛爆版本——
宴会催生铛爆羊肉

单锅制作“葱爆羊肉”速度太慢，不能批量成菜，于是面点间闲置的电饼铛被利用起来，用半煎半炒的方法成菜，一次出5份，之后再烙饼一样来得及。这种方法将烹饪工具换成了电饼铛，因此也叫“铛爆羊肉”，专门针对宴会使用。

大致流程：电饼铛里放油烧热，连肉带葱一同倒入，同时烹入兑好的料汁，用铲子拌炒几下，待羊肉变色、葱香味溢出，盛出装盘即成。

油爆版本——
羊肉上个浆　又嫩又“出数”

自2000年开始，内蒙古流行起了“油爆”版的葱爆羊肉，即将鲜羊肉滑油，再与葱合炒，该版本又分为两种操作方法：一是鲜羊肉直接滑油；二是羊肉上浆后再滑油，也叫“浆爆”。与前三个版本相比，油爆版本有两点区别：第一，生爆变熟爆。前三个版本的羊肉均是生料下锅爆炒，拼的是速度和火候，“油爆”则把鲜羊肉滑油，原料基本达到成熟状态，然后再爆炒，这相当于“熟爆”；第二，因为有滑油、爆炒两道工序，确保羊肉能够充分成熟，因此羊肉片要比前三个版本厚一些，以2.5毫米为宜，如果切得还像之前那么薄，经过滑油、爆炒，羊肉就熟过了，口感会干柴。

目前，酒店使用较广泛的是第二种方法——浆爆，有两点优势：第一，节省原料，降低成本。按照原始的生爆技法，一斤鲜羊肉炒出来缩水成400克，浆爆版本能用400克生羊肉炒出500克成品。第二，去除腥膻，增加嫩度。上浆俗称“着衣”，相当于给原料穿上一层衣服，可以锁住营养和水分，使其口感滑嫩。

大师 舒国重

生于1956年，1977年正式入行，事厨于原成都西城区饮食公司麦邱面店，1985年师从特级面点师、中国烹饪大师张中尤，2000年被授予“川菜烹饪大师”称号，2002年被授予“中国烹饪大师”称号。曾先后担任北京长城饭店川菜总厨、成都蜀汉饭店行政总厨、中国国际美食节大赛评委、中国首届川菜大赛评委等职务，现为四川烹饪高等专科学校名誉教授、成都新东方烹饪学校客座教授。

讲传统　话创新

清波煮后淋豆瓣　白菜夹馅成熊掌

耳濡目染　8岁会炒回锅肉

舒国重出生在一个餐饮之家，父亲在当时成都非常有名的“三六九餐馆”掌厨，在他的熏陶下，舒国重从小就对烹饪有着别样的热情。八岁那年，放学归来的他趁着父母没有下班，想要自己做顿晚饭，好在父亲面前“一显身手”。可做什么菜才好呢？看到家里有猪肉，他眼前一亮，对，就做父亲最爱吃的那道“回锅肉”！脑海中回忆着平时父亲制作此菜的步骤。他开始生火煮肉，煮好后捞出放凉、切片，接着下锅煸炒，最后下豆瓣、投蒜苗，整个过程一气呵成。虽然火开得过大，炒出的肉片有些发焦，但这道黑乎乎的“回锅肉”还是让父亲感动了一把。

一道火烧赤壁　惊艳三国餐厅

1994年，成都一家以三国文化为主题的酒楼贴出招贤榜，重金招聘能制作“三国宴”的厨师。当时的舒国重在成都的厨师行里还算不上太出名，他走进这家酒店询问详细要求时，店方只说了“与三国有关、能卖得红火”十个字，就让他回去自己研究，时限为20天。从小熟读《三国演义》的舒国重回到家里就开始仔细琢磨，怎样才能将以战争为主的三国故事与菜品联系起来呢？经过几天的思考，他最终决定用人们耳熟能详的战争故事“火烧赤壁”来打造一道菜品。他买来南瓜，将其雕成古代战船的模样，然后用虾仁、扇贝、海参、芦笋等制成小炒，装人“船舱”。既然是“火烧赤壁”，一定要有火才能烘托出气氛。舒国重将“战船”摆人盘中，在盘边淋上一圈高浓度的白酒，上桌之后用火点燃。到酒楼现场展示这道菜品时，舒国重要求将包房内的灯全部熄灭，只见盘中火光烈烈，插着“曹”旗的“战船”被围在中央，人们仿佛看到了“赤壁之战”的一个剪影，所有人都禁不住鼓起掌来。如此惊艳的表现，使得舒国重成功接起开发“三国宴”这一重任，之后他又陆续推出了“舌战群儒”、“草船借箭”等系列菜式，一时之间，“三国宴”成了餐饮界的行业热点，舒国重的名字也随之享誉蓉城。

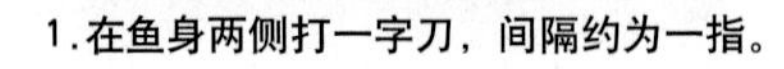

1.在鱼身两侧打一字刀，间隔约为一指。 2.炒好料后，淋浇在鱼身上。

豆瓣鱼

“豆瓣鱼”是传统川菜中响当当的一道，其独特魅力可用16个字来概括——色泽红亮、肉质细嫩、豆瓣味浓、微带甜酸。最原始的做法为：将鱼开膛剖腹、去鳃去鳞，在鱼身两面各划数刀后，加少许盐码味，再下入油锅中，或煎或炸，使其表面金黄；之后将豆瓣、姜蒜末等下锅炒香，添少许高汤熬成酱汁，将炸好的鲜鱼下入锅中，“软笃”（四川方言，指用小火焖烧）15-20分钟后捞出；锅内汤汁加水淀粉勾芡，待酱汁浓稠红亮时，下入少许醋和葱花拌匀，淋浇在鱼身上即成。经过数十年的演变，豆瓣鱼早已不再遵循原先的套路，现在成都比较流行的是“省略煎炸过程，改酱烧为浸煮，最后淋浇酱料”的烹饪方法，这样做出的“豆瓣鱼”油腻感大大减轻，口感十分细嫩。

选料——

活鱼一尾　不超两斤

草鱼、鲤鱼、清波鱼皆可用来制作此菜，关键在于“鲜活”二字，活鱼人菜，口感才鲜。鱼的重量以一斤半至一斤七两为宜，最好不要超过两斤，否则鱼背上的肉过厚，烹制时不易入味，会直接影响成菜的口感。

改刀——

间隔约为一指宽

以清波鱼为例，将其宰杀去鳞，去除内脏后冲洗干净，在鱼身两侧打一字刀。注意改刀时，刀痕要密集一点，以一指左右的间隔（约1厘米）为佳，且一定要切至脊骨。为什么要这样操作呢？原因有两点：一是能够缩短制熟时间。二是方便鱼肉充分吸收酱料的香味，成菜味道更足。

浸煮——

微沸不腾　鱼肉完整

锅下猪油烧至四成热，下人姜末、蒜末各50克爆香，然后冲人高汤2500克，烧开后加盐25克、料酒25克、味精5克、胡椒粉2克调味，保持大火继续煮15分钟，将姜、蒜的香味充分熬煮出来，然后打掉料渣，将改好刀的清波鱼下人锅中，待水再次烧沸时，改小火浸煮6分钟，将鱼捞出摆盘。浸煮时，火一定不能太大，否则沸水会将鱼肉冲碎，破坏卖相，要使汤面保持似开非开、微沸不腾的状态，这样既能使鱼肉人足底味，又能保证鱼身完整无损。

炒料——

豆瓣泡椒1：2

颜色红亮味道香

炒制酱料时，要先下郫县豆瓣，至其吐出红油、溢出香味时，再下泡椒碎、泡姜粒等，这样所有调料的香气才能更好地被激发出来。其中，豆瓣与泡椒的比例约为1：2，前者能散发出独有的豆瓣香气，后者则进一步调色增香。具体操作流程为：锅下底油烧至五成热，下郫县豆瓣75克炒香，再下泡椒碎150克、泡姜粒50克、蒜末50克、姜末25克炒出香味，添清水150克，烧开后加醋30克、白糖20克、味精和鸡粉各3克、盐2克调味，然后下水淀粉勾芡，待汤汁红亮浓稠时，下小葱花30克快速搅匀，起锅淋浇在鱼身上，表面再撒少许葱花点缀，这样一道颜色红亮、香味浓郁的豆瓣鱼就做成了。

熊掌白菜

川菜中有道“熊掌豆腐”，是先将豆腐两面煎黄，再搭配猪肉、青蒜等同烧而成，金黄的豆腐形似熊掌，味道也十分浓香。这道菜就是以它为灵感改良而成的，舒大师将豆腐换成大叶白菜，经过夹馅、蒸制、浸炸等步骤，外形更加逼真，上桌后当真有种“熊掌卧于盘中”的感觉。

1.取一片氽烫至软的白菜叶铺入盘底，表面抹一层蛋清糊。

2.在菜叶上铺一层肉馅，抹少许蛋清糊后再盖一片白菜叶，以此类推，共铺三层。

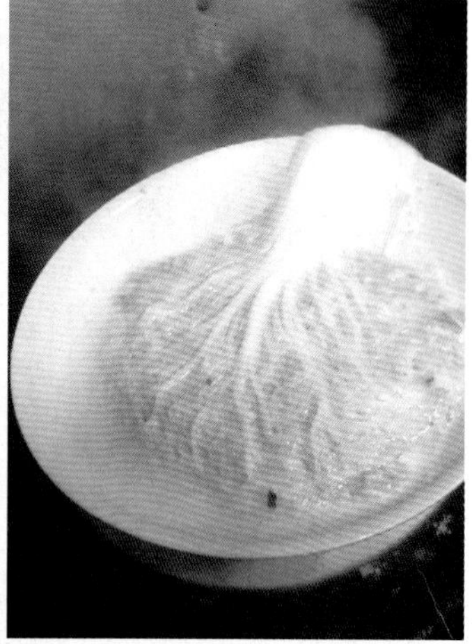
3.入蒸箱蒸10-12分钟。

4.表面拍一层生粉。

5.下入六成热油中炸黄。

6.将熬好的味汁淋在表面。

白菜为皮　牛肉做馅

此菜的主料并不复杂，四片白菜叶，三两牛肉馅足矣。白菜叶不要太小，否则成菜就会失去“熊掌”的大气卖相。将洗净的白菜叶整片下人沸水中氽烫至软，捞出放凉。接下来就是调制馅料：将牛肉末150克、葱姜末各10克混合，加盐、味精、胡椒粉、蛋清、淀粉调匀即成。在馅料中加入蛋清可以起到嫩化、增香的作用。也可以用猪肉代替牛肉做馅，成本更低。

蛋清糊做黏结剂

一片菜叶一层馅，造型倒是不复杂，但怎样才能让二者紧紧“相贴”，在之后的蒸、炸过程中不散掉呢？舒大师想到，蛋清糊有很好的黏结性，而且受热后最易凝固，可确保各层之间不脱落。蛋清糊不必太稠，采用“1个蛋清+20克淀粉”的比例即可，如此调好的糊，用手抓起后可呈细线状流下。操作时，先将一片白菜叶铺人盘底，在表面抹一层蛋清糊，然后在菜叶上薄薄地铺一层牛肉馅，接着再抹少许蛋清糊，盖上一片白菜叶，以此类推，共铺三层肉馅，最后盖上白菜叶。注意仅在菜叶上铺馅即可，不要铺在菜帮上，因为菜帮本身有一定的厚度，若是再夹一层馅料，就会影响成菜美观。

先蒸后炸　颜色金黄似熊掌

将夹有馅料的白菜放入蒸箱中蒸10-12分钟至熟，取出修整菜帮边缘，然后在其表面薄薄地拍一层生粉，下人六成左右的热油中浸炸1分钟。此时油温不能太低，否则白菜吃油过多，会导致成菜太腻。由于白菜水分相对较重，所以即使油温高一点，也不会被炸煳。待其表面颜色变得金黄时，捞出控油摆盘，此时的白菜已经有了“熊掌”的神韵。

表面淋味汁　增色又添香

此菜最后的味汁既可以是糖醋口，也可以是香辣口，无论哪种风味，都能为整道菜增色添香。以香辣味为例，向锅中下人少许底油，烧至四成热后下人姜末、小米辣圈、蒜米炒出香味，添少许汤汁，加盐、味精调味，烧沸后下水淀粉勾芡，待汤汁收浓以后，撒入葱花搅匀，起锅浇在炸好的白菜上，上桌后，服务员用餐刀将其划成块即可食用。

还原经典　引导创新

舒大师不仅精于传统菜的制作，对菜品创新更是行家里手。“我在烹饪学校讲课，既要把传统的东西还原给学生，也要把创新意识带给这些年轻人。”

说到这里，舒大师又卷起衣袖，走进厨房演示了他最近创作的几道新菜，一边操作还一边细细讲解。

芽豆藏香猪

新原料是很多厨师在研发新菜时找寻的目标，但找到后能不能物尽其用，这就要看厨师的烹饪功底了。以藏香猪为例，大多数厨师都知道其腥味小、香味浓，但买回后多会选择直接入菜，然而这样操作，藏香猪的特殊香味并不能很好地体现出来，舒大师采取的方法是：将其先腌再风干，使它在保持原有香味的同时，又带上了腊肉、火腿那种独有的发酵气息，入菜回味更加香浓。

制作流程：①取提前腌好的藏香猪250克，洗净表面腌料后下入沸水中大火煮30分钟（也可入蒸箱隔水蒸60分钟），取出放凉，切成0.5厘米见方、长约3厘米的条；黄豆芽350克入沸水（水中加少许盐、鸡精）中汆烫入底味，捞出控净水分待用。②锅入底油烧至五成热，下入猪肉条炒香，再下汆过水的黄豆芽，小火炒干水汽，然后下入小米辣（洗净后去蒂，对半剖开）15克，加美极鲜味汁8克、辣鲜露8克、味精、鸡精各2克调味，最后下小葱节30克，翻炒均匀后装盘即成。

带皮五花为最佳

此菜所选的主料藏香猪生长于高原，肉质比一般生猪更加细嫩，腥味较小，尤其是猪皮，口感Q弹，滋润筋道，所以多带皮入菜。五花肉是制作此菜的最佳部分，有肥有瘦，口感滋润。

甜酱醪糟做腌料

以腌制50斤猪肉为例，需要甜面酱10斤、醪糟（带汁）3斤、白糖2斤、盐400克，将其混合均匀后入搅拌机打成蓉，腌料就算是准备好了。

腌制半个月　风干一星期

将藏香猪五花肉改刀成10厘米见方的大块，表面擦匀腌料，然后码入缸中，放置在阴凉处腌制15天。在此过程中，猪肉会不断出水，所以每隔3–5天就要进行翻面，将底下被汁水浸泡的肉翻到上面来，保证其入味、上色都均匀。腌好以后将猪肉取出，带腌料挂于通风处，风干一星期左右即可使用。

1.提前腌好的藏香猪五花肉切成长条。

2.猪肉条、黄豆芽加小米辣翻炒均匀，调味后下入小葱节。

1.江团宰杀治净，在鱼身两侧每隔3厘米打一字刀。

2.加半斤蒜末同煮15分钟。

3.将炒好的料淋浇在鱼身上。

蒜香江团

四川地区烹制江团，多采用清蒸手法，但这尾活鱼在舒大师手中却变幻出了另一副模样——借鉴“过水鱼”先煮再浇汁的做法，用一斤蒜末将其重新打造，成菜滑嫩鲜美，蒜香四溢。舒大师的弟子朱建忠是成都锦城一号邮轮的行政总厨，师徒二人经常在一起切磋技艺，他将师父的这道“蒜香江团”搬入店中，客人反响非常热烈。如此旺销的菜品在制作时有何讲究呢？舒大师一边操作，一边进行了详细讲解。

制作流程：①江团1条（重约800克）宰杀治净，在鱼身两侧每隔3厘米打一字花刀，然后放细流水下冲净血水。②锅内倒人高汤3000克，加料酒15克、盐10克、味精、鸡精各3克、胡椒粉2克调味，大火烧开后，把江团下人锅中，倒人蒜末250克，待水再次烧沸后，改小火浸煮15分钟，捞出摆盘。③锅人老油100克，下人郫县豆瓣50克炒至吐出红油，下蒜末250克快炒出香，然后下小米辣粒50克、辣椒面30克、孜然粉、花椒粉各5克翻炒出香，倒人清水200克，大火烧开后加白糖3克、味精、鸡精各2克调味，淋香油、花椒油各3克，加芹菜末25克、葱花20克快速搅匀，起锅浇在鱼身上，再撒少许葱花，带火上桌即可。

浸煮一刻钟　鱼肉可脱骨

江团煮制时间这么长，鱼肉不会变老吗？舒大师给出了解释：江团中含有的胶质较多，所以即使浸煮时间稍长一些，肉质也不会变柴，反而因为胶质充分析出，口感更加细腻、滑嫩。经过一刻钟的浸煮之后，鱼肉变得粑软，基本能达到脱骨的状态，这样客人在食用时，只需用筷子轻轻一夹，就可以使骨肉轻松分离，取食便捷又吃得干净。

蒜末共用一斤　煮鱼炒料各半

此菜的蒜香味为什么如此浓郁？原因在于烹制1条鱼就要用上1斤蒜末，其中一半用来煮鱼，另一半用来炒料。煮鱼时加入半斤蒜末，可以掩盖江团较重的土腥气，让鱼肉融人丝丝蒜香；炒制时再用半斤蒜末，加小米辣、辣椒面等炒成酱料，起锅浇盖在鱼肉上，如此“内外夹击”，成菜蒜香味自然厚重浓郁。需要注意的是，蒜末的炒制时间不可太长，旺火翻炒几下即可，若完全炒熟、炒透，其味道就都散发掉了，口感也会变得发“面”。

红汤黄腊丁

将传统红汤加以改良，主料换成泡椒、泡姜、泡酸菜，制成的红汤料辣味醇厚，酸香十足，用其煮制黄腊丁，汤鲜味美，酸辣开胃。

制作流程：①黄腊丁750克宰杀治净。②藿香碎50克、葱花、蒜末各25克放入盘中垫底，淋入花椒油、香油各15克。③锅下清水1000克，下入提前炒好的红汤料300克，加花椒粉5克、白糖、味精各3克、盐、鸡精各2克调味，大火烧开后改小火熬煮7–8分钟至锅内充分出香，然后将黄腊丁下入锅中，加料酒5克，再次烧沸后改小火烧5分钟，下醋20克搅匀，起锅倒入盘中即可。

酸菜去叶留梗　泡姜炒至微白

此菜所用的红汤料酸辣味浓郁，主要原料为泡椒、泡姜及泡酸菜。炒制前，要先将泡椒改刀成2厘米左右的节、泡姜切粒、泡酸菜切片。需要注意的是，泡酸菜要将叶子摘除，只用菜梗，这样才能保证炒出的料清爽不杂乱。制作时，向锅中倒入菜籽油4000克，烧至六成热后，下入泡酸菜片500克小火炸干水汽，使其酸香味充分融入油中，然后下泡椒节2000克、泡姜粒700克，大火炒约10分钟，将原料中的水汽全部炒干，待泡姜颜色微微发白时，下盐20克、白糖50克、醋75克调味，关火晾凉即成。红汤料炒好后，最好是在阴凉通风处放置1–2天后再使用，这样可以将原料的香味充分浸出来，味道更香。

用水不用汤　颜色更清爽

制作此菜时，要用清水煮制红汤料，最好不要使用高汤，因为高汤质地相对浓稠，煮后会使汤汁变得浑浊，而用清水可以很好地避免这一问题，成菜颜色更加清爽。

藿香垫底　浇汤激香

由于藿香加热后会收缩变蔫，颜色也会变黑，所以不能下入锅中与黄腊丁同煮，最好的办法就是将其与葱花、蒜末一起放入盘中垫底，表面再淋少许香油、花椒油，这样，在热汤冲入盘中的一瞬间，既能充分激发藿香的香味，又能保持其原本的翠绿色泽，出品更加美观。

尖椒脆花肉

此菜是从“小炒肉”改良而来，将五花肉切成小块，增加浸炸的步骤，帮助其脱去多余油脂，然后再加小米辣、青二荆条同炒，成菜颜色鲜亮，口味十足，作为亲民家常菜推出，一定会大受欢迎。

制作流程：①猪五花肉改刀成1厘米见方、长约2厘米的小块。锅入宽油烧至六成热，下入肉块浸炸1分钟，用漏勺捞出，待油温降至四成热后，再将肉块下入锅中复炸2分钟，捞出控油待用。②锅留底油烧至四成热，下青花椒5克爆香，下入泡椒末20克、姜蒜末各10克炒香，将拉过油的五花肉块下入锅中，淋少许高汤快速收汁，再下小米辣圈50克、青二荆条圈100克翻炒均匀，烹入料酒5克，加味精5克、鸡精、白糖、盐各3克调味，淋香油3克，翻匀出锅即成。

油脂脱出　干香味足

五花肉要经历前后两次炸制，第一次油温在六成热左右，可使肉中的油脂快速脱出一部分；第二次油温则在四成热左右，用小火慢慢浸炸，将肉炸透，这样其中的油脂就会充分释放出来，口感不腻，只留干香。

炒时加汤　辅助入味

炒制五花肉时要加入少许高汤，目的是辅助入味，大火收浓汤汁时，调料的香味也一并收入肉中，使整道菜的香味得以有效提升。

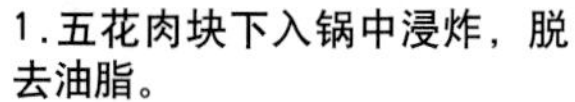

1.五花肉块下入锅中浸炸，脱去油脂。

2.淋高汤收汁，下入小米辣圈、青二荆条圈翻匀。

大师 茅天尧

他生于江南水乡绍兴，温润绵长的黄酒，白墙黑瓦，枕河人家，荡悠悠的乌篷船，是他儿时最深的记忆。

他17岁入厨，从此开始烟熏火燎的灶台人生；17年后，正式执掌绍兴餐饮的名片企业，成为咸亨酒店的厨务“大掌柜”。

“鲁迅赵庄曾煮豆，陆游沈园吊芳踪。千回百转绍兴味，尽在糟香卤臭中”。年轻时，他为了读书，常到图书馆里去借、到旧书摊上去淘，现在，他已经出版四部个人专著，成为绍兴滋味的阐释者。

他就是中国烹饪大师茅天尧。在氤氲的江南水乡，且细听他说糟话臭，纵论醇厚独特的绍兴味道。

绍兴最年轻的二级厨师

1975年，茅天尧高中毕业，在组织统一分配下，来到绍兴著名的同兴楼饭店，成为厨房的一名杂役，打扫卫生、洗碗拖地，所有的脏活累活都抢着干，为的是保住这个饭碗。“那个年代高中生虽算是凤毛麟角了，但也没有更多的选择，有口饭吃就不错了”。杂役工干了半年多，他从小好学多思，岂能甘心？他羡慕那些挥勺掌灶的大师傅，做完分内活计，就凑上去帮忙磨刀、择菜，一步步靠近炉灶，为的是能看到大师傅灶台上的一举一动，默默看、偷偷学，晚上回去就做笔记，在脑海“过电影”一般重放白天看到的所有动作。功夫不负有心人，许多菜的做法烂熟于心，有个大师傅病了，他毛遂自荐，居然顶了上去，从此一鸣惊人。许多老师傅对他刮目相看，倾囊相授，他兼收并蓄，也不停地琢磨思考，这个食材怎么切最好？如何烧更入味……改革开放之初，国家恢复厨师技术职称考试，他与20多位老师傅同台竞技，最终跻身前四名，年仅25岁，成为绍兴最年轻的国家二级厨师。

鱼眼外凸刚刚好

“绍兴菜乍看平淡无奇，但要做好，却非常不容易，所以我说绍兴菜是平中见奇，这也是多年来最深的感悟”。刚坐下来，茅天尧就为绍兴菜打抱不平。葱油大黄鱼是绍兴一道名菜，做法极其简单，黄鱼入沸水断生，捞起浇味汁和热油即可，很多厨师做出来的黄鱼如同死鱼，食之无味。其中最关键就是焯水断生时，注意鱼的眼睛，眼珠外凸，鱼脸自然扩张，鱼嘴巴微微张开，就恰到好处，应迅速起锅，火候一过，嘴巴就收缩了。这样做出的鱼肉用筷子一拨，自然脱骨，还能看到鱼肉上一丝淡淡的红，证明刚好成熟。“运用之妙，存乎一心，做好绍兴菜，真的不容易”。

旺火急蒸八分钟

提起鱼来，茅大师愈加兴奋，“鱼的做法很多，蒸、煎、烧、煮，不一而足，豆瓣鱼、红烧鱼、醋熘鱼，各有千秋，但‘鱼鲜清蒸最知味’。梁实秋推崇的瓦块鱼，挂着厚厚的芡糊和糖醋汁，如何能尝到鱼的鲜呢？”做清蒸鱼，必须要鲜活，现点现杀，杀好即做，鱼身上必须剞深刀，这样才能快速成熟，且成熟度一致，蒸至断生，再用原汤加绍酒、葱花、盐等调成味汁，加热后浇在鱼身上，俗称“看汤”。清蒸鱼须用旺火急蒸，一般需要8分钟，不能欠也不能过，不盖保鲜膜，就是为加快成熟时间。最佳效果是鱼鳍翘起、尾巴张开，肉质白净鲜嫩，筷头一挑，骨肉脱落，鲜美无比，堪比蟹味；火候不够，肉生且腥，火候过了，活鱼成了死鱼。

茴香豆　一月卖出两千斤

1981年，为纪念鲁迅先生100周年诞辰，绍兴重建咸亨酒店，再现先生笔下的绍兴风情。1992年，茅天尧得以执掌咸亨酒店餐饮部，主打文化品牌，发掘出近百道绍兴传统名菜，其中，他搜集整理的“十碗头”（绍兴民间办酒席，用碗盛菜，每桌菜肴数量为十碗）更是风靡绍兴餐饮界，成为招牌菜品。其打造的风味餐厅，柜台前依旧挂着“孔乙己欠十九钱”，牌子映入眼帘，心思穿越百年。餐厅所用的蓝边汤碗等餐具，是他远赴潮州定制回来的，他还从农村收集了旧式八仙桌，如今，坐八仙桌，吃十碗头，温一碗黄酒，尝几粒茴香豆，成为外地游客的最爱，仅茴香豆一个月就卖2000多斤，为酒店带来巨大利润。茅天尧自创的越味龙虾，用绍兴的干菜汁烹调高档海鲜龙虾，令许多外国政要赞不绝口，成为咸亨酒店的看家菜。

著新书　归纳绍兴十风味

工作之余，茅天尧钩沉古今，遍查典籍，将绍兴菜品归纳为十大风味：咸鲜合一风味、霉鲜风味、干菜风味、糟醉风味、鱼蓉风味、河鲜风味、单鲍风味、酱腌风味、田园风味、饭焐风味，广受业界推崇，成为不刊之论。在此基础上，他著书立说，先后出版《中国绍兴菜》、《绍兴名菜点图谱》、《品味绍兴》等著作，力图将绍兴菜发扬光大。

1.色黄如玉、鲜美酥软的霉千张。

2.模具内盛入五花肉泥，上面抹匀一层霉千张泥。

3.蒸成双层糕。

霉鲜风味之 越味赛奶酪

绍兴人有茹臭之风，绍兴菜中的霉鲜风味在各大菜系中独一无二，霉鲜菜品以富含膳食纤维或蛋白质的植物原料为主，其最大特征是“生臭熟香”，生的时候闻起来有点臭，但熟了以后是香的。霉鲜风味的原理就是通过发酵，使蛋白质水解产生10多种氨基酸，这奠定了霉鲜风味菜肴的“鲜”，而其中含有硫元素的氨基酸释放出硫化氢气体，又形成了独具魅力的“臭”，硫化氢遇热剧烈挥发，所剩无几，这就是“生臭熟香”的原理，这类食材中最有名的是霉千张和臭豆腐。

“霉千张，饭榔头”，绍兴人嗜吃霉千张，是最爱的下饭菜。正宗的霉千张色黄如玉、鲜美酥软，含有微微酒香，最传统的吃法是与肉饼同蒸。英国学者扶霞·邓洛普曾将霉千张称为中国的奶酪，因二者都是自然发酵而成，不同的是霉千张以植物性蛋白质发酵，而“奶酪”是奶制品发酵而成。茅天尧受此启发，独创**越味赛奶酪**，将霉千张压成泥，抹在五花肉末上，蒸熟煎香后与面包片一同上桌，传统的**霉千张蒸肉饼**摇身一变成为西式位上菜。

绍兴臭豆腐是将绍兴的“压板豆腐”和“霉苋菜梗卤”经配卤、浸泡、发酵、晾干等工序制成，很多人说臭豆腐其貌不扬，只不过是街头小吃，即使进酒店，也无非油炸和清蒸。其实，这真是太小瞧这款食材了，在绍兴菜中，就有数十款以臭豆腐为主料的菜品，尤其是与海鲜搭配，更是鲜上加鲜。**三味香腐**是将臭豆腐压成泥，加入虾仁、鱼蓉、干贝等，煸炒至熟，鲜嫩清香。**香腐狮子头**将鱼肉、臭豆腐、荸荠等切成粒，做成狮子头，小火慢炖，成菜松嫩鲜香，诱人食欲。

臭豆腐

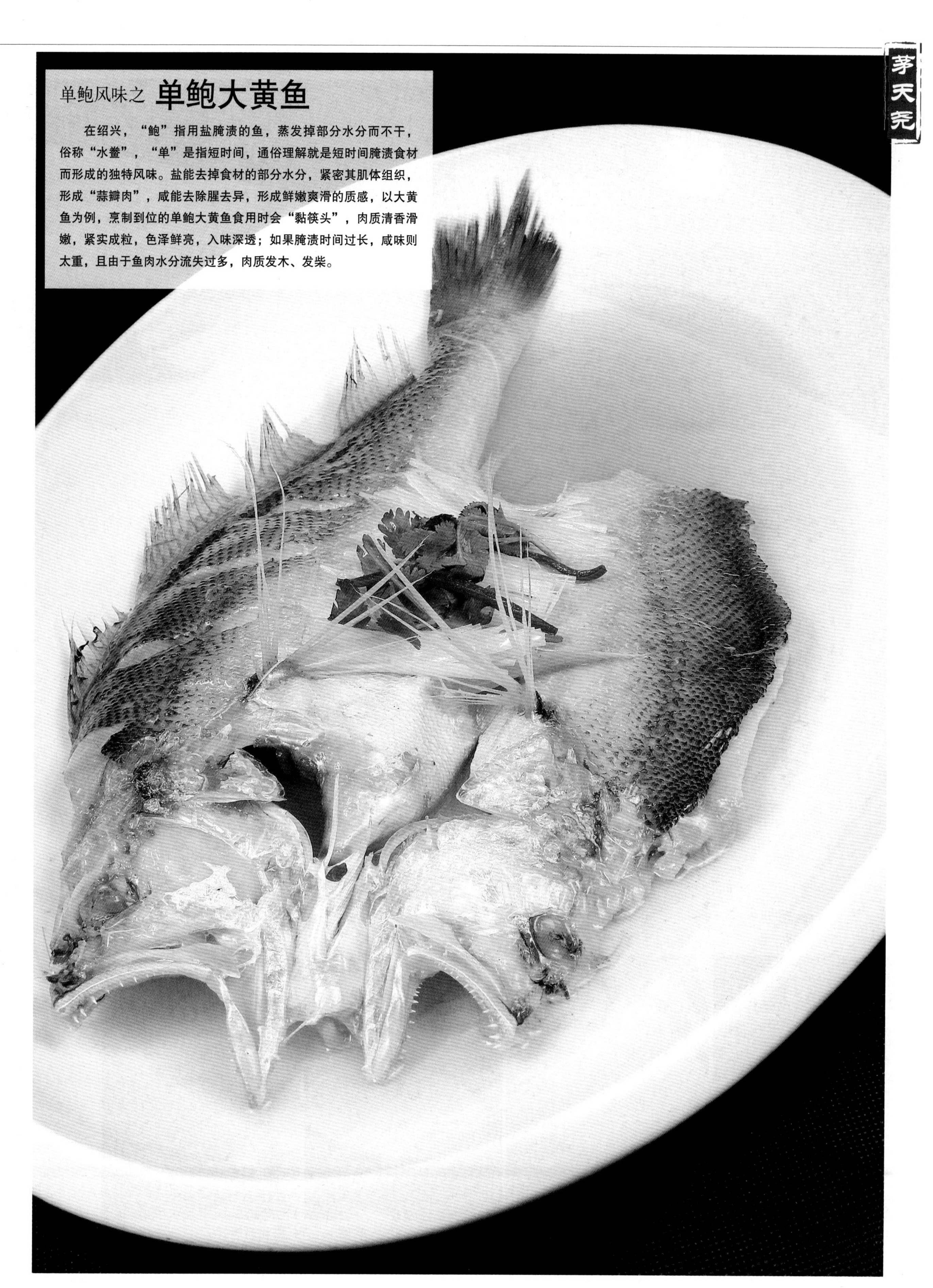

单鲍风味之 单鲍大黄鱼

在绍兴，“鲍”指用盐腌渍的鱼，蒸发掉部分水分而不干，俗称“水鲞”，“单”是指短时间，通俗理解就是短时间腌渍食材而形成的独特风味。盐能去掉食材的部分水分，紧密其肌体组织，形成“蒜瓣肉”，咸能去除腥去异，形成鲜嫩爽滑的质感，以大黄鱼为例，烹制到位的单鲍大黄鱼食用时会“黏筷头”，肉质清香滑嫩，紧实成粒，色泽鲜亮，入味深透；如果腌渍时间过长，咸味则太重，且由于鱼肉水分流失过多，肉质发木、发柴。

河鲜风味之绍虾球

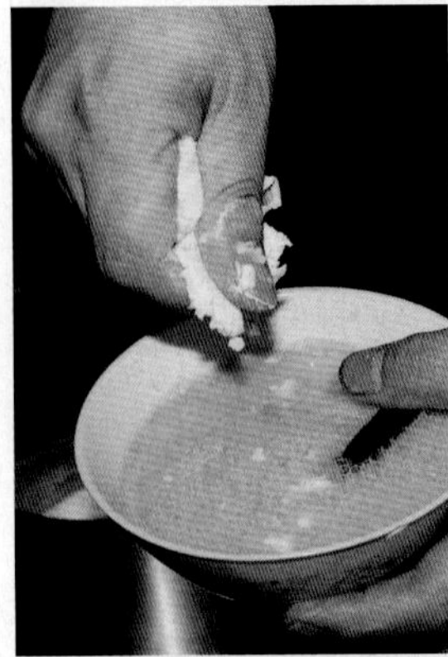

1.打散的蛋液内加湿淀粉。

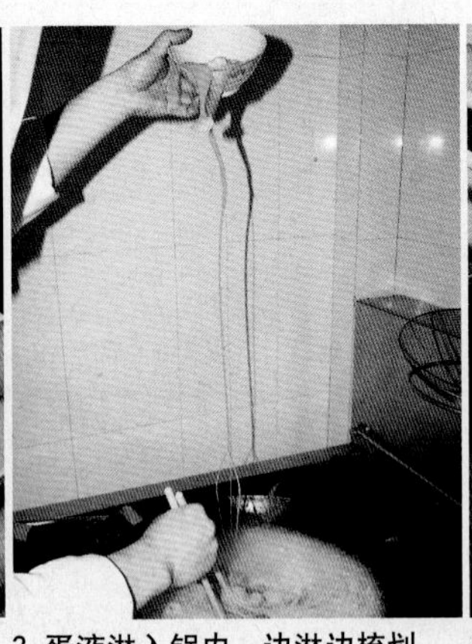

2.蛋液淋入锅内，边淋边梳划，动作要快。

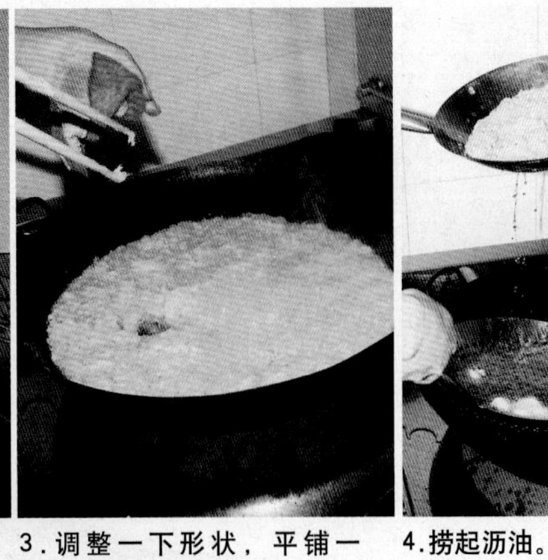

3.调整一下形状，平铺一层，均匀受热。

4.捞起沥油。

河鲜风味之 绍虾球

绍虾球是绍兴传统名菜，又名蓑衣虾球。它源于民间的“虾肉打蛋”，后来绍兴“大雅堂”菜馆由蒸改炸，多次试制，终于成就这款色泽金黄、香脆鲜嫩、形似蓑衣的招牌菜品，当年鲁迅也经常光顾此店，对此菜颇为喜爱。其制作方法是：鸡蛋4个打入碗中，加50克湿淀粉、3-4克盐和虾仁，搅匀打散，待锅内油温升至七成热时，将虾仁蛋糊高高举起，呈线状快速淋入热油，边淋边用筷子梳划，至起丝成蓑衣状，用漏勺捞起，用筷子拨松后装盘即可。绍虾球与粤菜中的“炒鲜奶”有异曲同工之妙，炒鲜奶为水炒，绍虾球当为水炸或液体炸，因为二者主料都是液体。制作此菜关键有三：湿淀粉、油温和盐。

湿淀粉——
下入之前攥一下　湿而不带水

湿淀粉起定型和沾裹虾仁的作用，淀粉包含3种成分：真淀粉、淀粉糖和淀粉胶，淀粉胶有强大的黏性，如果淀粉用量过多，则黏性太大，成品就会结块而不成丝；淀粉不足，则黏性不够，最后虾仁就会脱落，容易断丝不成形。淀粉要湿的，但不能带水，否则影响蛋液成丝，最好在下入蛋液前用手攥出湿淀粉中的水分。

油温——
七成是关键

油在烹制此菜中起着传热的作用，热度至关重要，必须达到七成，在此油温下，蛋液慢慢淋入锅中，蛋白质在遇热后迅速凝固，分子运动呈丝状排列。如果油温高于七成，蛋液入锅内，蛋白质受热立即凝固，分子运动骤然加快，导致原料脱水迅速，甚至会焦化，使得成品色泽焦黄，口味发苦。油温低于七成，蛋白质不能迅速凝固，分子运动速度缓慢，原料中的水分不能及时蒸发掉，会吸油过多，俗称“坐油”，成品色泽浅，入口油腻。色拉油必须要干净，因为蛋液的碱性很足，油用得次数多了就没“劲”了。要想成功制作此菜，最好锅大油多，这样更易操作。

盐——
蛋液和淀粉的媒介

盐的用量也非常重要，因为盐是强电解质，具有极大的渗透和凝固作用，是蛋液与淀粉结合的媒介，放得适量，蛋液成丝就长而不断，过多或过少都很难成形。

绍兴老三鲜（将绍兴鱼圆与鱼肚、虾球等用浓汤烩成一锅）

1.漂白鱼肉泥。 2.排：刀要锋利。 3.鱼蓉变白，更加黏稠，说明已经上劲。 4.汆好的鱼圆。

鱼蓉风味之 绍兴鱼圆

全国各地都有制作鱼圆的方法，但绍兴鱼圆独步天下，以选料精细、工序繁复著称，遂成为一种地方风味。绍兴鱼圆讲究“三不加”，即不加淀粉、不加蛋清、不加油脂，追求鱼肉本味，出品匀滑细嫩，颜色晶莹洁白，入口即化。首先讲选料，要选用肉质细嫩、黏度强、吸水量大、弹性足的四五斤左右的鲢鱼，鱼太大则肉质过老、油腻重，太小则肉质过嫩而水分多，不够丰腴，而且蛋白质含量低，吃水少。制作鱼圆工序繁复，讲究**刮—漂—排—塌—抑**(liǔ)**—挤—汆**七步，“刮”要求刀倾斜30°，手腕用力。“漂”的时间要恰到好处，过长则蛋白质流失，黏性减弱，失去弹性和口感；过短则色暗、腥味重。“排”要求刀口锋利，钝则易生热，蛋白质受热熟化，影响口感。“汆”的时候水温保持90℃，否则里外成熟度不一致，最后鱼圆浮上来时水温要达到100℃，否则存放过程中容易变质。配比也非常关键，500克鱼肉加盐40克、水900—1000克，盐是强电解质，起到凝固蛋白质的作用，夏天天热，蛋白质活性强、流失快，容易变质，所以要适当减少水的用量。

干菜烤河虾

干菜扣肉

干菜风味

干菜是绍兴人以当地的芥菜、油菜、白菜等为原料，经洗净、晒制、盐腌，再晒干而成，一般春季为制作旺季。绍兴民间几乎家家腌制，常年食用，“乌干菜，白米饭，神仙闻了要下凡”，普通青菜为何腌晒后如此诱人？这是因为蔬菜发酵时水解产生氨基酸，使得味道鲜美独特。怪不得连鲁迅也在文章中怀念那碗蒸黑的乌干菜了。干菜与肉搭配，解腻增鲜入味，和鱼同烧，去腥提鲜。

糟鸡

糟汁

糟醉风味之 绍兴黄酒

绍兴黄酒的酒精度在14–21度之间，富含多种氨基酸，从烹饪科学上来讲，具有成熟剂、催化剂、营养培养基的作用。成熟剂是以酒的渗透功效作用于食物，使其成熟，这不是一般意义上的生熟概念，而是一种风味的成熟，如醉蟹、醉蛤，新鲜的蟹、蛤经过浸泡生醉后，风味成熟，最是鲜美，浸泡时间短，就会不熟，食用后人体感觉不适，而时间过长，又会感觉“老”了。而在烧鸭子、炖肘子时，黄酒可以缩短烹调时间，黄酒的乙醇成分与食材发生酯化反应，能使原料软化和酥化，分解脂肪，使菜品骨酥味鲜，硬的变酥、老的变嫩，去腥除臊，代表菜品就是“油而不腻、酥而不烂、香酥绵糯”的东坡肉，“慢着火，少着水，火候足时它自美”，若无绍兴黄酒，做不出这般美味。

最有名的糟醉风味非糟鸡莫属，选用4斤左右的当年鸡和隔年糟，经白煮、腌制、糟醉而成，香气四溢，糟味浓郁，咸鲜入味，活络开胃，妙不可言。

刘华正

1957年
出生于重庆

1974年
进入杨家坪饮食服务公司做学徒

1985年
暂别餐饮，开办棋牌馆

1989年
第一批“川厨外出”，来到深圳百乐门从事川菜制作

1992年
回到重庆，供职于长发酒楼

1996年
供职于重庆宏昌酒楼

1997年
进京做川菜一年

1998年
重庆万有康年行政总厨

1999年
二次开店

2001年
重庆涪陵太极大酒店行政总厨

2012年
渝维佳酒店管理公司出品总监

水煮鱼盖层烧椒酱
小牛蛙焕新辣子鸡

刘华正在重庆是数一数二的川菜大师。他20世纪70年代入行后，走南闯北，博采众长，练就了一身过硬的本领，荣膺中国烹饪大师称号；他一手带起来的徒弟则撑起重庆餐饮界的半壁江山，既有坐镇星级酒店的行政总厨，如五洲大酒店的刘昌伦、金科大酒店的童永竞，又有以厨师身份开店做老板的沈成兵、赵勇、胡疆权、刘贵斌等，可谓星光熠熠。

虽然刘华正的徒弟中许多已经告别了灶台油烟，做起了老板，可他仍在一线工作，对此，大师爽朗一笑，回答说："一是我喜欢待在厨房，就爱炒菜。有时候兴趣来了，我连砧板、打荷都不用，从切配到装盘自己完成一桌菜。二是做给徒弟们看的，哈哈，我的徒弟如今开店的比较多，我是想告诉他们，不要以为你们自己开了个店就可以一劳永逸，做厨师一离开灶台手就生了，将来开店万一有个闪失，再把看家的技术丢了，岂不是进退维谷？三是我这个年纪炒炒菜，就当锻炼身体啦。"

凌晨难入睡　回放烤乳猪

20世纪70年代，刘华正进入饮食服务公司当学徒，那时候他最大的愿望就是师傅能敞开锅盖教他一个菜。无奈，师傅们都很保守，做菜前先把学徒工支开。"学技术真难啊"，"被支走"是刘华正印象最深刻的情景。

有一天，厨房做"叉烧乳猪"，刘华正一遍遍若无其事地在灶台边溜达，想看看师傅什么时候开始，他好跟着看两眼、学一点，但快下班了，师傅仍然按兵不动。下班后，师傅不走，刘华正也不肯走。最后，老师傅看这个小伙子太执著，就说，我半夜开工，你要是能起来就过来看吧。到了12点，刘华正准时来到厨房，终于亲眼见到了乳猪的制作流程，虽然只看一遍根本学不会，但他还是高兴坏了。凌晨3点多回到宿舍，学了一道高档菜的他兴奋得睡不着，睁着眼在心里默默"回放"那些操作步骤，直到天明。

三年之后，刘华正告别学徒生涯，开始上灶炒菜。1979年，刘华正参加当地的烹饪比赛，获得九龙坡区第一名，这更加点燃了他学菜、炒菜、研究菜的热情。他说："那时候，做菜做疯了。我记得当年物资匮乏，重庆根本见不到螃蟹。为了设计一道'海鲜菜'，我用海带剪成螃蟹形，飞过水后摆在盘底蒸好的蛋糕上，先点缀胡萝卜丁做眼睛，再摆几个长江里的鹅卵石，灌入清汤蒸透。其实现在想想，这道菜并不好吃，但当时却觉得很有创意，让客人'望梅止渴'吃上了'海鲜'，因而获得了称赞。"

带着一只鸡　南下打江山

“80年代，物资丰沛起来，活鸡供应充足。我们酒楼率先推出了‘杀鸡一条龙’，即客人点一只鸡，我们5分钟之内宰杀分档，8分钟内做成雪花鸡丝、宫保鸡丁、陈皮鸡丁、辣子鸡、白味鸡等多道菜品。这个系列当年在重庆‘潮’爆了，客人觉得‘黑’新鲜‘黑’时尚。” 注：“黑”是重庆方言，意为“很”。

因供应充足，大厨们逮着鸡肉疯狂创新，到了20世纪80年代后期，重庆出现了一道特色菜——辣子鸡丁。这道菜的来历据说是这样的：有一天下午，某“炒鸡一条龙”店收餐后，又来了两位客人，点了道“泡椒鸡丁”，此时厨师都下班了，店里只有两个来收泔水的，老板娘就让这位收泔水的大哥上灶为客人炒一份。“泔水大哥”没做过这道菜，于是就按平时家里的吃法，把鸡丁过油炸一下，配大量干辣椒段、干花椒粒翻炒调味后，端给客人。没想到，这道菜口味酥香麻辣，比泡椒鸡丁更好吃，一下子就流传开了。

大家都在创新鸡肉菜，“技术能人”刘华正也不例外，他当年在重庆创新、带到深圳的一道“怪味鸡”曾在当地引起轰动。怪味鸡讲究咸、甜、酸、麻、辣五味俱全，而且互不压味，口感浓厚。这道菜一开始只在店内售卖，后来由于太受欢迎，就开设了外卖服务，每天能卖近百只鸡。有一次，一位客人来买怪味鸡，听闻已经售罄，就要求：“你把佐料给我打包一份，我回家泡饭吃。”

怪味鸡的大致做法：①选清远鸡宰杀治净，泡净血水。②锅加清水、葱、姜、盐、香叶，放入清远鸡烧开，转小火煮8分钟，停火浸泡至放凉，取出后切成块，取350克码入碗中，浇上怪味汁50克即大功告成。**怪味汁的调制方法是：**芝麻酱300克、花生酱100克纳入盆中，加葱、姜蓉共100克、红油100克、酱油30克、白糖30克、花椒面20克、味精20克、盐10克、鸡精10克充分调匀，然后加少许米醋和适量煮鸡原汤稀释均匀即成。其中的芝麻酱与花生酱为菜品提香，且能增加怪味汁的幼滑口感。

热衷创新菜　激增营业额

2000年之后，刘华正来到涪陵太极大酒店工作。他坚持每月推15道新菜，同时注重厨房的规范化管理，将太极大酒店的月营业额从原先的几十万提升至两三百万，为酒店创造巨额利润的同时，他本人也迅即扬名重庆餐饮界。

2001年，刘华正设计的“竹香小黄鱼”一炮而红，持续热卖了好几年。他选新鲜嫩竹叶洗净，汆水后入热油炸至浅黄。取小黄鱼腌入底味、炸至酥香。锅留底油烧热，加小黄鱼、竹叶、高汤，调家常味烧透，收汁后入盘，点缀几片新鲜竹叶上桌。成菜散发着一股竹叶的清香，味型新颖。

2004年，刘华正的一道“秘制糯鱼唇”同样获得了客人的高度认可，成为年度最热卖的新菜。他选用花鲢鱼头改成块，腌入底味之后拍粉炸至金黄色。起锅下底油，用洋葱粒、蒜末、老干妈香辣酱、海鲜酱、排骨酱、蚝油等熬一款复合酱，浇在炸好的鱼唇上，覆膜后上蒸箱旺火蒸至软粑，取出撒葱花，浇热油上桌。成菜外层软糯香滑，内里鲜美软嫩，极具创意。

曾勇（味鼎海鲜荟行政总厨）

胡疆权（厨匠精致品味火锅总经理）

赵勇（九龙坡大饭店总经理）

夏家全（渝维佳餐饮总经理）

吕文凯（北帝楼食府总经理）

杨家辉（傲食天下酒店总厨）

何兵（帝汇商贸总经理）

烧椒鱼片

烧椒味型多见于凉菜，这里却将其炒成酱后盖到水煮鱼片上，做成了热菜，鲜椒味型中透着煳辣香，而且制作简单，出菜迅速，是一道非常实用的旺销鱼肴。

制作烧椒酱：①青尖椒500克、青小米椒100克分别上火烧至起煳斑，剥掉外皮之后捣碎。②锅下底油烧热，放入两种青烧椒末小火炒出香味，调入适量盐、胡椒粉、鸡精、味精、酱油、蚝油即成。

制作流程：①鲜活草鱼宰杀，取下鱼肉片成大片，加入适量盐、味精、料酒、胡椒粉、葱姜水腌制入味，然后拌上适量蛋清、生粉上浆。②鱼头、鱼尾、鱼骨加入适量葱、姜、料酒、盐腌入底味。③黄瓜2根切片，快速飞水后入盘垫底。④锅下宽水烧沸，下鱼头、鱼尾、鱼骨汆熟，捞出摆入垫黄瓜片的盘中，接着下鱼片汆熟，捞出放到盘中间。⑤锅下底油烧热，加自制烧椒酱100克炒香，补少许白糖、鸡精，盖到鱼片上，然后撒葱花，激上一勺热油即成。

特点：鱼片软嫩，鲜辣味浓。

香辣叽叽呱呱

此菜从歌乐山辣子鸡改良而来，将主料换成小牛蛙肉，炸至外焦里嫩后加大量干辣椒、花椒同炒，成菜麻辣酥香，油润焦脆，从辣椒中“淘宝”一般挑拣牛蛙，别有食趣。

原料：去皮小蛙仔450克。

调料：干辣椒段200克，干花椒10克，家家乐香辣酱（重庆当地生产，有一股非常开胃的香味）20克，葱、姜、蒜片各5克。

制作：①去皮牛蛙切成小块，加适量盐、料酒、姜葱水腌制入味，然后拌入蛋清、水淀粉上浆。②锅下宽油烧至六成热，下牛蛙块小火炸至定型并熟透，捞出后升高油温，下牛蛙块复炸至外脆里嫩，捞出控油。③锅下少许红油，下姜、葱、蒜片、香辣酱炒香，加入干辣椒段、干花椒小火翻炒至散发香味，加入牛蛙块翻匀，撒少许白糖、鸡精即成。

特点：干香麻辣。

制作关键：此菜要选肉质比较薄、嫩的小牛蛙，大牛蛙肉太厚，炸不透难以呈现焦脆风味。

用芝麻酱、花生酱、吉士粉等调制面糊，抓拌银鳕鱼。

椒麻银鳕鱼

这是刘华正大师于2012年设计的一道创新菜，当时正赶上鲜花椒味流行，所以大师巧选银鳕鱼，挂上花生、芝麻味的面糊，炸酥之后炒成鲜花椒味，成菜酥脆麻辣，一改传统“香煎银鳕鱼”的味型，非常受客人欢迎。

原料：银鳕鱼400克。

调料：青、红二荆条辣椒段共30克，花生酱10克，芝麻酱10克，蛋黄2个，吉士粉10克，鹰粟粉35克，盐5克，色拉油30克，姜、蒜片各5克，青花椒15克。

制作：①银鳕鱼解冻，加葱、姜、料酒洗掉腥味之后切成条。②花生酱、芝麻酱、蛋黄、吉士粉、鹰粟粉加盐、色拉油调成浓稠的面糊，然后放入银鳕鱼条抓拌均匀。③锅下宽油烧至五成热，下银鳕鱼条炸至金黄色，捞出控油。④锅留底油烧热，下姜、蒜片炒香，加青花椒、鲜二荆条辣椒段炒香，倒入银鳕鱼轻轻翻匀即可出锅装盘。

特点：鲜椒麻味。

制作关键：①用花生酱、芝麻酱调糊拌银鳕鱼，可以增加鱼肉的香度，并且炸后外层特别脆。②最后一步要用中火将椒麻味慢慢煸出，然后再放入银鳕鱼，翻炒动作要轻柔，以免炒烂。

大师 段留长

段留长，河南开封人，生于1957年，中国烹饪大师，国家高级烹饪技师，国家高级厨师评定师，先后在开封又一新饭店、郑州亚细亚大酒店、生茂饭店任职。

自小成长于“名厨世家”，锅碗瓢盆是他儿时的玩具，耳濡目染，对烹饪有着与生俱来的情感；15岁响应号召“上山下乡”，在农村两年光阴的磨砺，锤炼了他坚毅的品格；17岁被保送至开封技工学校烹饪班，25岁成为河南省最年轻的三级厨师，20世纪80年代初踏入市场经济的大潮勇猛搏击，成为餐饮企业疯抢的金字招牌，屡创佳绩……

如今，虽然两鬓早已斑白，依然神采奕奕地站在灶台前，续写他的烟火传奇。

烹坛老顽童的琥珀人生

黄埔军校初历练　一朝变身总教官

1976年从技工学校毕业后，段留长以优异的成绩被分配到开封又一新饭店工作。“那时的‘又一新’大师云集，群星灿烂，苏荣秀、李春方、高寿春……个个身怀绝技，每一位都是响当当的豫菜泰斗。”提起那段岁月，他按捺不住埋在心底的兴奋。那时饭店的工作实行两班倒，早班6：00—14：00，晚班11：00—20：00，为了学艺，段留长使起了“蛮劲儿”，一天两个班，从早“泡”到晚。他一大早就赶到饭店，生火煮汤炸油条，厨房高峰期帮着炒菜，闲下来就去切配、打荷，每天忙得不亦乐乎，晚上到家常常已近十点，这活儿他一干就是三年。

“那时候物资短缺，一年也接不了几桌高档宴席，就是老师傅想教，也没有原料。想学发鱿鱼、发海参，不泡在厨房里，很容易错过仅有的机会。”功夫不负苦心人，短短几年时间，段留长的技术突飞猛进，很快就晋升为又一新饭店的“灶头儿”，成为这所豫菜“黄埔军校”的总教官。1982年，在河南省商业技术职称等级考试中，他过关斩将，一举夺魁，成为河南最年轻的红案三级厨师。

自学雕刻　引“火”烧身

“只要做，就一定要研究透。”回忆半生的从厨经历，段留长更加坚定自己的信念。20世纪70年代末，他迷上了雕刻，每天晚上回家后，都坚持练习两个小时。那时候的冬天特别冷，桌上一盏煤油灯，脚下一个炭火盆，门外北风呼啸肆虐，瘦削的段留长裹着臃肿的棉大衣，像绑紧的粽子，他哈手跺脚，手里拿着硬邦邦的萝卜，一刀一刀地雕琢着自己的人生。有一次，由于太过专心，盆里的炭火引燃了棉鞋，他竟毫无觉察，待烧到了脚指头，才赶紧跳起来灭火。后来有人笑他引“火”烧身，他也不以为意。1981年，他的雕刻作品荣登河南省顶级新闻摄影刊物《河南画报》，轰动了当地餐饮界。

身怀绝技　被“贩卖”三次

在“又一新”的几年时间，段留长练就了过硬的本领，无论是传统技法，还是新派手艺，他都拿得起放得下，一时声名鹊起，很快成为各大酒店觊觎的“香饽饽”，纷纷前来挖人。又一新饭店不想放他走，故意开出了三万元的天价“转会费”，借此吓退“追求者”。在那个年代，万元户都凤毛麟角，三万元更是高得让人咂舌。没想到，郑州东方大酒店慨然应允，出手三万，将他挖了过去。“人叫人千声不语，货叫人不喊自来！只要手艺好，还怕不抢手吗？算起来，我可是被‘贩卖’三次了。”忆起往昔，段留长难掩自豪。

技法就像英语音标　一通百通

“现在好多年轻人，连‘煎’和‘炸’、‘烧’和‘煨’都分不清，怎么能算是合格的厨师？技法在咱这一行，像英语里的音标一样，只要学会了，就可以一通百通。就像炒糖色，这是以前学厨的基本功，学会之后，至少能做七八道菜品。炒糖色有油炒和水炒两种方法，仅水炒就有八种状态，每种状态都有对应的经典菜品。白糖和水入锅加热后的变化过程依次是：蜜汁——糖稀——挂霜——翻沙——拔丝——琉璃——琥珀——糖色，而对应的菜品分别为：蜜汁火方、糖葫芦、霜打馍、翻沙花生、拔丝苹果、琉璃藕、琥珀冬瓜等。每一种变化稍纵即逝，要经过上百次的操作，才能得心应手。”

挂霜有诀窍　糖水冒大泡

说到炒糖色，段留长着重讲解了挂霜技法。什么是挂霜？糖受热溶化后，分子会重新结晶变大，形成糖晶粒，此时如果停止受热、温度下降，糖晶粒不仅不再变大，反而会分裂变小，温度下降越快，晶体分裂得愈快、愈小，最后成为相当于砂糖颗粒1/20的小晶粒，看上去就像白霜一样。开封名菜“霜打馍”就巧妙利用了白糖的这种特性。糖水加热后会冒出许多大泡泡，表明水分在大量蒸发，继续加热2–3秒，水分快要炒干时，用勺子舀起糖液往下倒，糖丝成线且吹不断，这时下入馒头片，馒头吸干糖汁中残留的水分，糖稀自然裹在上面，冷却后表面泛起白霜，晶莹剔透。挂霜的诀窍就是待糖水冒泡后默数两三下，迅速倒入馒头片，时机就掌握得恰到好处。早一会，不成霜，晚一秒，就变成拔丝馒头片。

琥珀冬瓜

“在郑州会做这道菜的不超过三个人！”说到自己的拿手绝活“琥珀冬瓜”，段留长不无得意。一块普普通通的冬瓜，在水和糖的作用下，变成晶莹剔透的琥珀，通体红亮，入口即化，味道香甜，如果不是亲眼所见，如此点石成金的技法，实在令人难以相信。其中的奥秘到底是什么？“糖熬得时间长了会变成琥珀颜色，五勺糖全部吃进去，冬瓜自然晶莹透亮。”

琥珀冬瓜也是从糖色炒制中延伸出来的一道传统名菜，糖与水经过长时间加热，水分大部分蒸发，砂糖晶体浸入冬瓜内部组织，使得整块冬瓜晶莹如玉石，色泽如琥珀。**大体做法是**：冬瓜去皮，改成佛手等不规则形状，焯水至断生。锅里加10勺水、5勺白糖，熬成糖水，下入冬瓜，倒扣上盘子，大火烧沸后改文火㸆8—10个小时，待其缩小、呈琥珀色即可。**需要注意的有以下几点：**

1.选料：最好选用北方二三十斤的老冬瓜，南方冬瓜比较嫩、水汽大，经过长时间加热后容易软塌，甚至会化掉。冬瓜改刀的主要目的是便于入味，经过8–10个小时的加热，最后都会缩小变形。

2.糖汁比例：白糖与水的比例是1：2，也就是1勺白糖2勺水，以一个20斤的冬瓜为例，去皮去瓤改刀后剩净料约15斤，需要4斤白糖、8斤水，最后可得成菜7.5两，出成率约1/20。传统的操作方法选用冰糖和白糖，二者比例是1：1，加入冰糖可以使成品色泽更亮，但加热难度更高，且成菜甜得“齁嗓子”，所以段留长将冰糖“删去”，只用白糖。

3.操作过程中千万不要见油，否则大火煮沸后，糖水会变浑浊，无法形成透亮的琥珀色。

4.延伸：琥珀技法适合淀粉含量少的食材，如莲子、山药等，红薯、土豆等所含淀粉较多，不能用琥珀的技法加工。

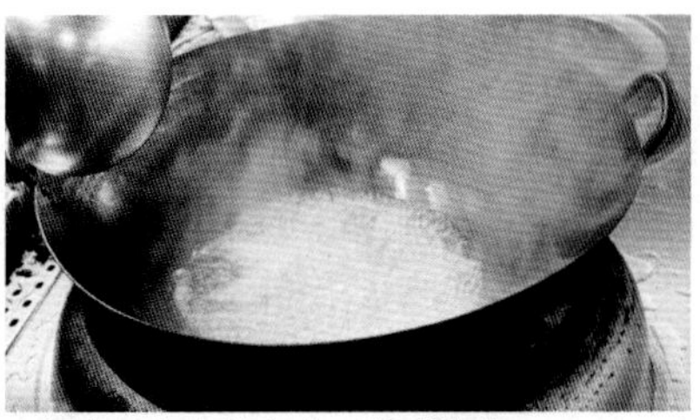
1.锅内下入白糖和水，熬成糖水。

2.锅底垫一张竹篦子，将改刀的冬瓜摆在其上，倒入糖水。

3.倒扣上盘子。

4.㸆4个小时的冬瓜，渐渐变成琥珀色。

5.文火㸆8个小时，冬瓜完全呈琥珀色。

6.晶莹剔透的琥珀冬瓜。

印度抛饼+鸡蛋灌饼=印度时蔬灌饼

如今的段留长被誉为烹坛“老顽童”，不仅因为他性格爽朗，毫无架子，和众多90后称兄道弟，还因为他始终对新事物保持热情。十几年前，印度抛饼在郑州掀起了一股旋风，各大酒店都能看到印度人的身影。段留长“周游列店”，仔细观察了抛饼的制作过程，然后打起了一个“歪主意”，能不能把这个饼皮薄、味道好的外来货与开封名小吃鸡蛋灌饼结合呢？回到酒店他就开始试验，先把印度抛饼的饼坯放到鏊子上加热，鸡蛋打散后，随手加些韭菜、菠菜碎，待抛饼快熟时，在其边缘划一小口，灌入蛋液烙至全熟，此饼皮薄如纸，酥香无比，蔬菜馅心鲜香烫嘴，比豆腐还软嫩。好家伙，用鸡蛋灌饼嫁接印度抛饼！段留长的随心之作，一时间轰动了郑州的餐饮界，现如今，许多酒店仍然有这款印度时蔬灌饼的身影。说到此，段留长又显出老顽童的本色：“这个饼是混血儿，有国际范儿。”

五六年前，段留长在外地品尝到一款砂锅南瓜，油浸焗熟，颜色金黄，入口绵软香甜，煞是诱人！怎么做出河南特色？回到郑州，他在砂锅底部垫上鹅卵石，摆上大葱段和铁棍山药，放少量党参，倒入葱油焗透，全程不加一滴水，葱香味特别浓郁，成为热销至今的招牌菜。为什么这么火？“山药大多都是吃甜口的，我这个是咸口，关键是纯正的乡土特色，正符合现在的流行趋势！”

党参煲山药

桶子鸡

“如果用一个字形容桶子鸡的特色，那就是‘脆’！”段留长边说边跷起大拇指。桶子鸡是开封名菜，与德州扒鸡、道口烧鸡、杭州叫花鸡并列为四大名鸡，系百年老店“马豫兴”的镇店之菜，闻名天下，其独特之处在于用制作南京板鸭的卤汤加工开封当地的老母鸡，成品色泽金黄，鲜嫩脆爽，不开膛、不破肚，形如木桶，因此被称为“桶子鸡”。

选料——
肉厚油多的下蛋母鸡

制作桶子鸡，一定要选用一年半到两年半的下蛋母鸡，而且必须是农家散养的土鸡，这种鸡肉厚油多、脂肪肥，更重要的是鸡皮有韧劲，卤熟放凉后，鸡油会充分渗透出来，使鸡皮呈棕黄色，自然鲜艳，非常漂亮。而饲养的母鸡肉柴、不香、出油少，不宜选用。

改刀——
母鸡变得萌萌哒

母鸡去毛洗净后，从翅膀下方划一个长约5厘米的月牙口，用手指向里推断三根肋骨，取出嗉囊和内脏，冲洗干净，剁去鸡爪，把鸡大腿用绳子绑住，便于卤熟后挂起晾凉。经过如此改刀，憨态可掬的母鸡瞬间变得“萌萌哒”。

塞入高粱秆　撑起鸡胸腔

卤熟的桶子鸡形体饱满鼓胀，宛如吹起来的气球，这就需要提前把母鸡胸腔撑起来，防止加工时因挤压、受热而塌陷。**具体操作方法是：**将花椒、盐各25克从刀口处塞入鸡肚子，伸入两根手指将其在鸡身内壁抹均匀；洗净的荷叶修一下，叠成块，从刀口处塞入（加热时荷叶的清香味会渗入鸡肉里）；再塞入6-8厘米长的高粱秆，撑起鸡胸腔，保持鼓胀的形状。如果没有高粱秆，可以用筷子代替。

卤汁似开非开　鸡皮又脆又筋

桶子鸡卤好后鸡皮又脆又筋道，口感有点像橡皮筋，咬起来咯吱咯吱响，越嚼越香，这是因为卤制的手法是“烫”而非“煮”：锅内添水10斤烧开，放入母鸡，下入香料包（包括八角20克、白蔻10克、小茴香15克、白芷10克、香砂5克、肉蔻3个、桂皮20克、沙姜10克、花椒10克、当归5克）、料酒150克、大葱段250克、老姜片100克、盐250克，烧沸后移至小火，保持卤汤似开非开、冒虾眼泡的状态，将母鸡浸泡2-2.5个小时至熟，捞出放凉后鸡皮呈自然的鲜黄色。制作卤汤用纯净水即可，不要用高汤，否则汤内猪骨头等的味道会影响鸡肉本来的香味。桶子鸡以口感咸香著称，所以卤汤中盐的用量比较多。卤汤循环使用，越老越好，每煮两次需更换香料包。

吃法——
剔骨片片　如食烤鸭

想美美地享用桶子鸡，并不是件很容易的事，因为它的肉特别筋道，很多人啃不动、嚼不烂，只好囫囵吞枣一般吞下去。居然有人不会吃鸡？段留长笑着说道：“吃桶子鸡并非是剁成块啃，而是跟吃烤鸭一样，先要把鸡从中间片成两片，剔去骨头，切成小而薄的片，或者撕成丝，入口后细细咀嚼，其中最好吃的是爽脆的鸡皮和筋道入味的大腿肉，越嚼越香，让人想起来就流口水。”

1.加工桶子鸡所用到的香料。

2.翅膀下方划5厘米长的月牙口。

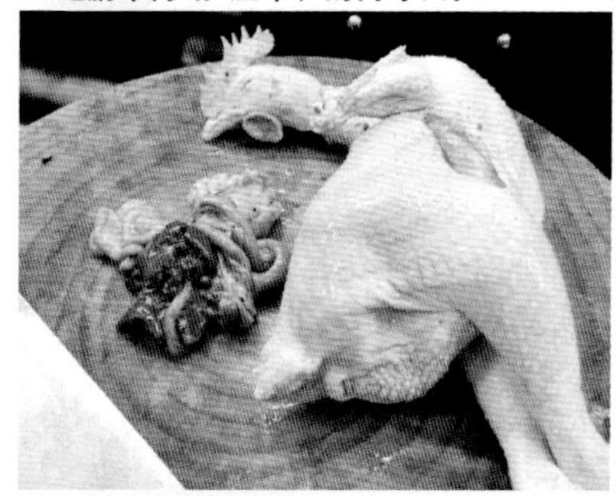
3.去除嗉囊和内脏。

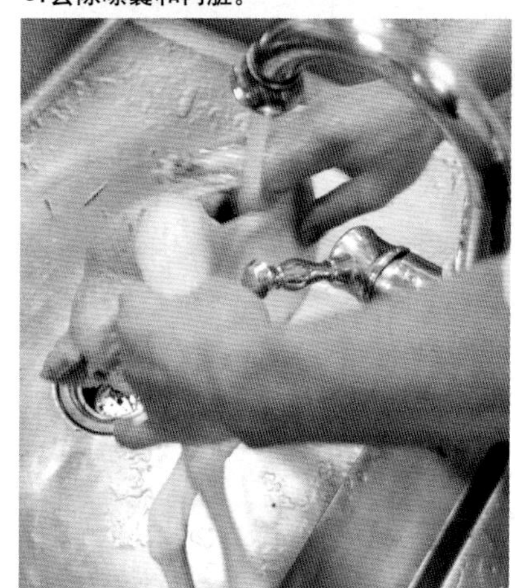
4.放细流水下冲洗干净。

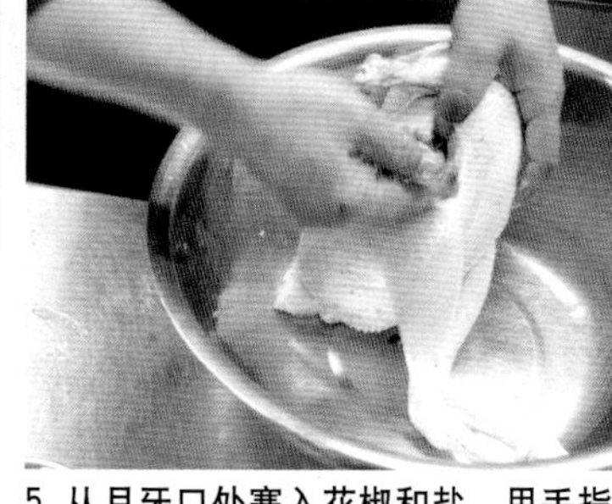
5.从月牙口处塞入花椒和盐，用手指抹均匀。

6.荷叶洗净，叠成块。

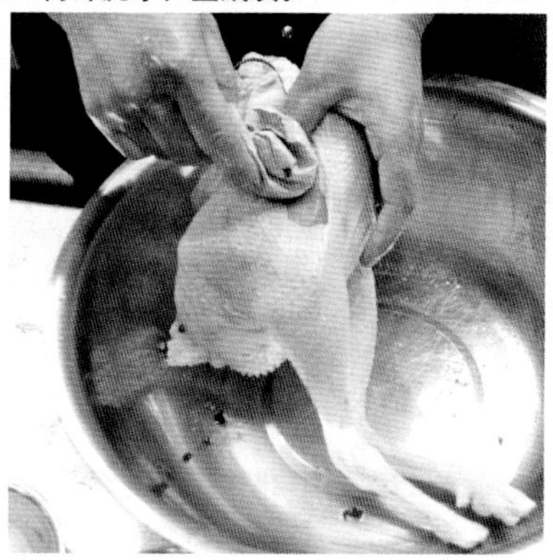
7.将荷叶塞入鸡胸腔，增加清香味。

8.再塞入6-8厘米长的筷子，撑起鸡胸腔。

9.去除鸡爪。

10.用绳子绑住鸡大腿，老母鸡变得“萌萌哒”。

中国烹饪大师张恕玉1957年出生于青岛，后插队农村，20世纪80年代重回岛城。回城后的张恕玉没有选择进事业单位、国有企业，而是选择学一门技术，进入青岛第二粮库附设的饭店，从炸油条、包饺子开始干起。一年以后，灶上缺人，机灵勤奋的张恕玉获得了上灶炒菜的机会，并于29岁升任该饭店经理。

两锅清水对付活参　一盆糖水搞定鲜鲍

大师烹菜靠小招

张大师说，最初的学习主要靠自己购买的书籍和杂志，六年间他买了一万多元的烹饪书籍，在那个年代可是一项巨额投资，为了不让这些钱白花，他从中疯狂汲取原料知识、烹饪技法、大菜沿革……只要身边有相应的原料，必定要动手一试，然后与书中的效果进行对比。

以书为启蒙老师的张恕玉自然对书有独特的情感，在此后几十年的从厨生涯中，他也把自己的技术心得写成稿件，编纂了《美味小炒》、《海参菜典》、《鱼典》等20多本专著。2012年，张大师自立门户，成立了一鲁鲜食品公司，“让烹饪简单化”，将自己半生积累应用到食材的加工上，制作出更多健康、绿色、便捷的半成品原料，为厨师和酒店提供便利。

自助火锅一炮而红
超市餐厅连发连中

张恕玉的从业生涯中，有两家店的成功至今仍被业内人士称道。1990年，自感具备一定实力的张恕玉从原单位辞职，应聘到了青岛汇泉酒家，担任餐饮部经理、厨师长。1992年，汇泉酒家承包了一家濒临倒闭的酒店，张恕玉接手后改中餐为自助火锅，命名为西湖酒店，成功打造了岛城第一家超人气自助火锅店。在那之前，青岛已经出现这种形式，但由于涮品单一、蘸料少等弊端没有火起来，张恕玉将涮品从几十种增加到200多种，增添生猛活海鲜，啤酒、饮料全部免费畅饮，试营业期赠送优惠券、菜品半价，这些举措使得酒店一开业就吸引了超旺人气。就餐食客越多食材流动越快，也就越新鲜，所以西湖酒店的自助火锅很快进入良性循环，越做越旺，定价48元/位，每天就餐的客人排起长队，张恕玉在餐饮圈中声名鹊起。

四年之后，张恕玉策划了青岛新日城美食广场，提出并实施了“超市化大众餐厅”的概念。当时大型超市比较少见，客人对于超市化购物方式新奇又认可。张恕玉将店内菜品全部按主辅料配好，每道菜装一盘，放在明档上，客人推着车子像超市选购商品一样挑选自己喜欢的菜，用小车推到厨房门口，服务员登记后送入厨房，厨师将菜品做好后再推给客人。这一模式的好处明显：点什么就是什么，所见即所吃，而且将配菜时间提前、加快上菜速度，同时节省了人工（减少服务员的数量），让客人体验自己动手的乐趣。

绝招1 两锅清水烫活参

野生参宜烧　棚养参宜烫

海参生活在深海冷水中，最适宜的生长温度是15℃–16℃，一般五六年才能长成规格为5头的参。目前，活海参按生长环境可分为野生海参、围养参、大棚参。野生海参仅在每年4–5月、10–12月出产，其他季节的活海参基本是大棚参和围养参。其中，大棚参生长速度最快，一年可出4次，每斤5头，因生长快、产量高，所以价格便宜，成为普通酒楼最喜欢用的一种活海参。懂海参的人都知道，生长周期长的海参营养积淀丰富、口感筋道、相对耐烧，是经典鲁菜“葱烧海参”的主料，速成大棚参是做不成这道菜的，它最适宜的做法是：冲汤、凉拌。

80℃水温对付棚养参

很多厨师掌握不好活海参的处理方法，火候大了海参咬不动，火候小了又不熟、有腥味。张大师介绍了一个最简单有效的方法，只用两锅80℃的清水，烫出不腥不涩的活参，此法尤其适用于最常见和最廉价的大棚活海参。

具体流程：

活海参剪开肚子，去掉内脏，清洗干净，然后剪成“通天条”（即按“之”字形剪条，每刀不切断）。锅下清水2斤烧至80℃，小火保持此温度，下入通天海参条1斤反复搅动2–3分钟至微微收缩变硬变挺，捞出入清水泡洗回软。锅中换水，再次烧至80℃，下入海参条小火保持此温度再次搅动2–3分钟至收缩变脆时（用手能掐动）捞出放入冰水浸泡，即可随用随取。两次频繁搅动让海参充分吐出海水，去掉涩味、腥味。处理好的海参条可以凉拌也可以冲汤，清脆鲜美。

凉拌活海参

冲汤活海参

5斤开水+9两凉水

如何辨别锅中清水已经烧至80℃？有一个简便的方法：将5斤清水烧开，然后掺入450克冷水，此时锅中热水一定是80℃，就可以放心下海参了。

冲汤活海参的做法：处理好的海参条从冰水中捞出，无需飞水，直接放入容器中，冲入热菌汤或清汤，点缀飞过水的金针菇、黄瓜片等即可上桌。

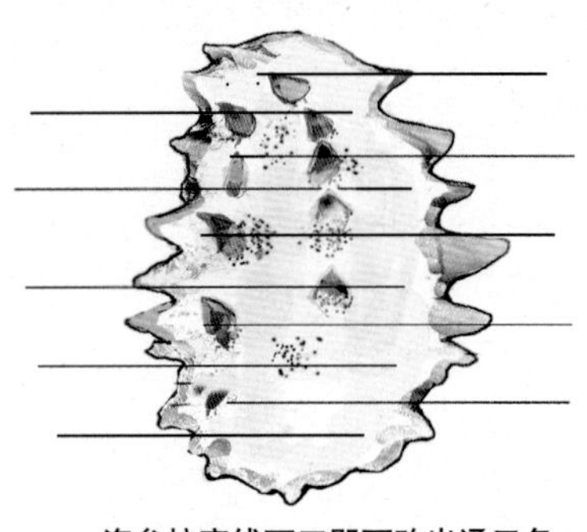
海参按实线下刀即可改出通天条。

绝招2 两锅清水烫活参

“有钱难买独头鲍”，是说一斤大的鲍鱼非常少见和名贵。这是因为鲍鱼生长速度与温度息息相关，太冷或太热它都不长，只有春秋两季才长得略快一些。目前4头的山东活鲍售价约300元/斤。

很多厨师处理活鲍鱼的方法是：“宰杀取肉，去掉内脏，刷掉黑膜”，但刷黑膜时不是刷不干净就是把肉刷碎，处理好的鲍鱼往往带有黑斑。另外，很多厨师将带壳活鲍鱼直接加热，其吸盘缩水凹进去，表面就不平了，也影响卖相。在这里，张大师再介绍一招——**糖水处理法：冷冻定型→糖水浸泡→刷掉黑膜→带壳煮制→去壳取肉→等待入菜。**

1.冷冻后的鲍鱼放入糖水中浸泡。

2.捞出轻轻一擦即可去掉黑膜。

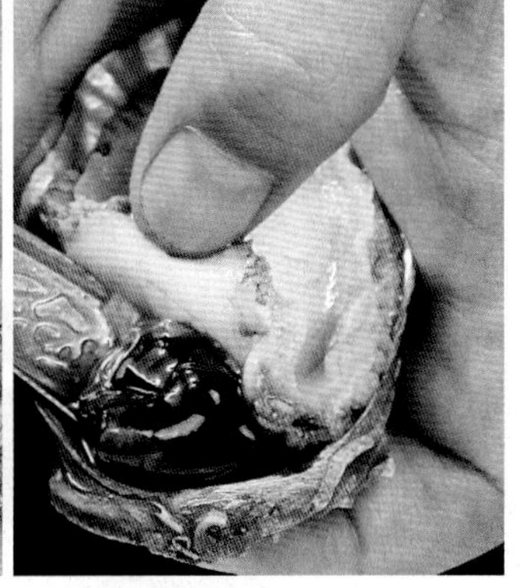

3.从侧面挖掉内脏。

具体方法是：①活鲍鱼先入冰箱冷冻半小时，使其肉面平整，取出后放入60℃的白糖水（一斤水加一调羹白糖）浸泡2–3分钟，用刷子轻轻一刷，黑膜就完整地掉了，然后再从侧面抠出内脏和胆，洗净，此时鲍鱼肉呈淡黄色，平整又干净，非常美观。②锅下高汤，调入盐、糖、料酒烧开，下入带壳鲍鱼慢火煮7–8分钟至软糯，捞出取肉，即可等待入菜。经此处理后的鲍鱼入菜不收缩且口感弹牙。需注意的是，用高汤煮鲍鱼时，一定不要冷水下锅，否则肉易发死。

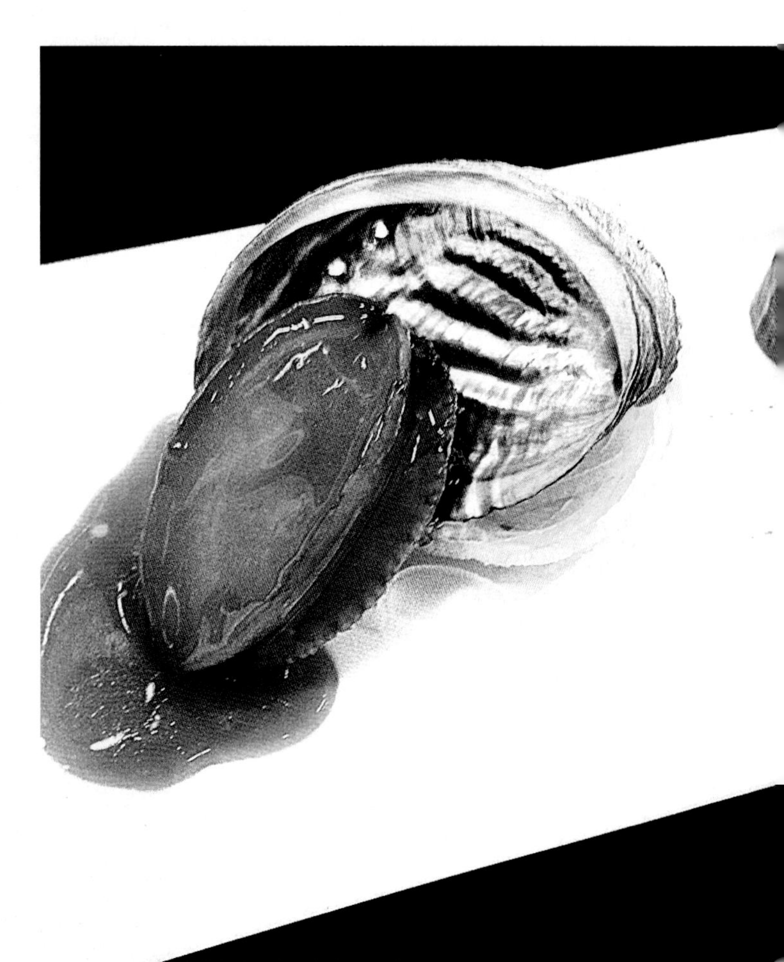

红烧活鲍

这是张大师发明了糖水处理法后原创的一道菜品，2003年被评为青岛名菜、中国名菜。活鲍鱼只有经过以上处理之后才可以烧出软糯、弹牙、媲美干鲍的口感。具体烧制方法是：锅下高汤（以能没过鲍鱼为准）烧开，调入适量盐、白糖、料酒，放入处理好的鲍鱼6只小火煨2–3分钟，下老抽调成亮红色，大火收汁，取出鲍鱼分别摆入盘中，原汁收浓勾芡，淋明油，起锅浇在鲍鱼上即可。此菜色泽红亮，味道鲜美，口感弹牙，比干鲍还好吃。

葱油活鲍

这是在青岛点击率最高的一道活鲍鱼菜，最能保持鲍鱼的原汁原味。此菜中的活鲍鱼可以用糖水处理法进行初加工，做成**精细版葱油活鲍**，也可以用最原始的方法：刷一下黏液之后带黑膜直接入菜，做成**原始版葱油活鲍**。这是因为，首先，对普通酒楼来说，此菜销量巨大，如果沿用糖水法处理占用人手、时间较多；其次，鲜活鲍鱼带黑膜入菜反而会有一种粗犷、生猛的感觉，别有一番吃海鲜的风味。

具体做法：锅下清水，调入适量盐、味精、葱姜、料酒、生抽烧开，下入活鲍鱼（规格为8头，可以使用糖水法初加工、也可以粗略加工只刷掉黏液）慢火煮4分钟，捞出摆盘，放上适量葱丝、红椒丝。锅内放适量葱油烧至160℃-170℃，下入少许葱花烫香后一起浇在鲍鱼上，淋少许豉油汁即可上桌。

葱油烫葱丝

此菜关键在于“浇油”。很多厨师只在鲍鱼上放少许葱丝，然后浇上热油，靠瞬间的接触来激发葱香味，实际上却因为淋不均匀、时间太短而葱香不足，这也是很多厨师做“葱油鱼”香味不足的原因。张大师的做法是除了在鲍鱼上点缀葱丝之外，还使用葱油并在其中撒入适量葱花烫出香味，然后再淋在菜品上。

原始版葱油活鲍

将处理好的鲍鱼去壳，入锅加清水、调料煮透，即可做葱油鲍鱼。

精细版葱油活鲍

山东大对虾

挑出沙袋

白菜炒大虾

菜系发展缓慢　皆因原料稀缺

此菜主料为山东大对虾，又叫海捕春虾。为何叫“对虾”？早年这种大虾两只就有一斤，因此得名。现在很难捕捞到这么大的山东对虾了，如今每斤四头的即为上品。山东大对虾是黄海海产中的珍品，每年4—5月出产，虾身粗短、外壳发青，脆而不硬，其肉质特别嫩，虾子满腹，虾脑鲜红，口味鲜香。山东大对虾均为野生，如今从海边收购每只也得90多元，在海鲜酒楼售价每只高达200—300元不等。这种大虾季节性强，过了春天就下市了。在漫长的菜系发展中，为何胶东菜的发展比较缓慢？就是因为很多海鲜原料季节性太强，但也正因为时令严格，也更弥足珍贵。

此菜另外一种主料是胶州大白菜，简称胶白。这种白菜只生长在胶州，其叶片中无筋，口味发甜、特别脆嫩，只加清水就能炖出浓白的汤。白菜炒大虾更是使用了胶白的精华部分——菜心和菜叶。菜心、菜叶质地很薄，一炒就出水，继续加热即可收干汁水，不会再出水了。千万不要用白菜帮，因为其水分太大，越炒水越多，收不干。

制作过程：锅下底油烧热，放入菜心、菜叶大火快速煸炒至蔫，倒入漏勺滤水。锅下花生油烧热，下葱姜末爆锅，加入大对虾2—4只炒红，用勺背轻敲虾头挤出虾脑，然后下菜心、菜叶中火翻炒出汁，继续中火㸆制约2分钟至汤汁基本收干，调入盐、味精即成。此菜色泽鲜红如珊瑚，鲜美可口。

需要注意的是，大对虾一定要去沙线和沙袋。俗话说“大鱼吃小鱼、小鱼吃虾、虾吃沙”，虾的沙袋位于头内，黑乎乎的一小团，一定要用牙签挑出来，否则牙碜。

撕下菜叶晾一天

杨建华：如果使用普通白菜，可以提前一天摘下菜叶放在阴凉处晾一天，第二天再入菜就不会出那么多水了。另外，普通大虾没那么多虾脑，所以提前用虾壳、虾头等熬一款虾油，几乎就可以用虾油+普通大虾代替山东大对虾了。

大师 江鸿杰

1958年9月9日出生于北京，中国烹饪大师，北京特级烹饪大师，2003年获全国烹饪大赛金奖，“中华金厨奖”获得者，现任北京全聚德烤鸭天安门店技术总监。

从厨三十六载　心系一只肥鸭

江鸿杰大师于1978年高中毕业，当时学校包分配，有的学生被分到了工厂当工人，而他则被分到餐饮服务行业。江大师说：“我小的时候，父母都上班，放学回家都是我自己做饭，也算有烹饪‘基础’，所以入行不久，我就爱上了这个行当，这么一干就是36年，转眼奔60了，几乎没有挪过地方。”

“蹭一鼻子灰”

当时，江鸿杰分被分到了“前门全聚德烤鸭店”。报到第一天，刚从高中毕业的一大帮小伙子热热闹闹地涌人了站前餐厅的“料青”间(初加工间)，开始了剥葱、削姜的学徒生涯。几周后，厨房各班组主管来料青间挑人，江鸿杰被领到了凉菜间。

那时候，老师傅们9点上班，学徒工则要提前来到厨房，蹭勺、烧煤、料青，样样干在师傅前头。何谓蹭勺？当年做菜烧的是煤块，锅底的灰积攒速度很快，如果不及时把它蹭掉，会影响热量传递，出菜就慢。江鸿杰每天蹭勺蹭得一鼻子灰，然后还得接着去煮鸭掌、鸭膀、鸭肝、鸭胗等，一身的禽腥味，但令人欣慰的是，饭店每天一开门，人就坐满了，生意那叫一个红火。

两瓶二锅头 学会炒热菜

1992年，江鸿杰被调至全聚德天安门店。那时候，他已在崇文区凉菜比赛中获得第二名，在店里是一位小有名气的凉菜师傅。在做好凉菜之余，江鸿杰又开始“觊觎”热菜，于是他耍了个小心机：每天带两瓶二锅头、一包花生米来上班，并主动申请值夜班。等到值班前，他就在热菜厨房里摆好酒菜，请当晚值班的炒锅师傅喝酒。江鸿杰想：“师傅喝了酒不愿意动，我就可以炒菜了。”果然，前厅下单之后，师傅就让江鸿杰去炒，并说：“留一口我尝尝味。”于是，江鸿杰借机上灶，有时候一次成功，师傅一尝就让走菜，有时候一次没炒好，师傅尝完告诉他问题在哪里，然后重炒一份。有一次，江鸿杰炒了盘“香辣鸭心”，师傅尝后说：“不行，禽腥味太重。”于是他上灶重炒，并将祛除禽腥味的关键牢牢记在了心里。

在氤氲的小酒中、在师傅的不断纠正下，江鸿杰的技艺有了飞速进步，没几个月，他竟然把店里的全部热菜都学会了。1995年，因凉菜、热菜技术全面，江鸿杰被提拔为全聚德天安门店的行政总厨。

“我是第一批重视考察的总厨”

升任总厨之后，江鸿杰推行了诸多管理新方法，其中，外出考察是当时最前卫且收获最大的一招。他说：“我大概是第一批重视考察的行政总厨。1995年，我组织前厅经理和后厨热菜、凉菜、面点主管一起去山东的济南、烟台、青岛，展开了‘鲁菜寻根之旅’考察。第一站为何选山东？这是因为全聚德做的是鲁菜，所以我觉得有必要到鲁菜发源地看一看。当时青岛的尹顺章、济南的孙建国、烟台的初立健等大师热情地接待了我们。在考察过程中，我们学到了很多新技法，见识了大量地道鲁菜。比如，有一位青岛的老师傅说他做菜有一个秘诀，那就是把海肠晒干打碎，装人塑料袋，然后藏起来，炒菜时偷偷撒一点，这样他炒出来的菜就比其他师傅炒的鲜。用现在的一句网络语言形容当时的感觉，就是‘我和我的小伙伴都惊呆了’，原来，海肠还可以当味精用！除此之外，当地的鲅鱼水饺、烤鱿鱼、韭菜炒海肠、白菜炒大虾等也给我们留下了很深刻的印象。”

带着忐忑的心情出发，背着沉甸甸的行囊归来。“那一趟考察，热菜、凉菜、面点师傅收获满满，我们在店里共推了15道鲁菜，做了一个月的美食节，人气更加爆棚。尝到考察的甜头之后，我们又相继去了南京、上海、无锡、镇江等地，开阔了眼界，结交了很多业内的好朋友。时至今日，我也号召年轻厨师多考察、多学习，餐饮从业者就是要多看多尝，才能开阔思路。”

大师谈鸭菜

全聚德以烤鸭为主，而且坚持用砖砌炉，以明火烤鸭，保留原始风味。除了烤鸭，如今的全聚德还有一个特色，那就是与鸭子有关的菜肴最多、最全，目前已开发出200多道鸭料菜。

江大师说："1864年，杨全仁老先生创立全聚德时，店里只卖烤鸭，鸭胗、鸭肝等内脏则用盐水煮熟，卖给穷苦人家。后来，全聚德有了著名的'鸭四吃'，包括烤鸭、鸭丝烹掐菜、鸭油蛋羹和鸭架汤。随着时间的推移，全聚德的师傅们围绕着鸭子做文章，慢慢开发出了炸鸭胗、葱爆鸭心、青椒鸭肠、清炒鸭肝、火燎鸭心、糟熘鸭三宝、干烧四鲜、香辣鸭胗、香辣鸭心、香菇焖鸭胗、烩鸭四宝、鸭舌乌鱼蛋等，共计200多道菜品。时至今日，我们仍然在研发鸭料菜，一是因为鸭肉健康养生，二是突出全聚德的主题特色。"

祛鸭腥　有绝招

鸭属水禽，吃鱼虾长大，因此腥臊气特别浓重，前期加工非常重要。鸭料菜，尤其是鸭下货大多需要提前加工制熟，去掉腥味。

各种鸭部件的初加工

鸭胗——

去掉胗盒（鸭胗表面白色筋皮），放入加有葱、姜、料酒的沸水中焯透，捞出后纳入盆中，加清水、八角、桂皮、花椒、葱、姜、料酒，上蒸箱旺火蒸至熟透，取出浸泡，即可准备入菜。

鸭肝——

花椒是鸭肝腥味的"克星"，将鸭肝提前冲泡去掉血水，然后加入大量花椒、葱、姜、清水大火烧开，转小火煮10分钟，腥味尽去，即可捞出等待入菜。

鸭掌——

烫掉角质层之后洗净，纳入锅中，加清水、葱、姜、花椒大火烧开，转小火煮20分钟，停火浸泡30分钟，捞出后抽掉骨头，即可等待入菜。

鸭舌——

搓洗干净后纳入锅中，加入清水、适量葱、姜、花椒大火烧开，转中火煮7–8分钟，捞出即可等待入菜。

鸭脯肉——

加清水、葱、姜、料酒、花椒大火烧开，转小火煮40分钟至熟，捞出即可等待入菜。

精彩问答

Q　这样初加工，鸭胗也不脆了、鸭肝也不嫩了，岂不风味尽失？

A　"鸭部件需要煮熟再入菜"是鲁菜的传统操作手法。在湘菜中，的确有生炒鸭胗，如白椒炒鸭胗；在重庆火锅中，鲜鸭肠也是一种常见涮品，但前者是搭配大量的辣椒、紫苏来冲抵鸭腥味，后者则多是涮入红汤锅，以重麻重辣来压制腥气。鲁菜口味比较中庸，很少用大量辣椒、花椒、香辛料来搭配菜品，所以鸭部件大多需要加工熟透之后再入菜，口感虽然没那么脆、那么嫩，但是却入足了底味，且毫无异味。也并非所有的鸭杂都必须套用"先制熟再入菜"的公式，下面这款火燎鸭心就是个例外。

火燎鸭心

据说有一天，全聚德老厨师王春隆在煮鸭心时，有一块掉出来，滚到了炉台火眼旁，经火熏烤之后，香味扑鼻而至。王春隆把鸭心捡起来，掰开后好奇地蘸椒盐尝了一下，发现味道奇香。后来，王老师傅把鸭心改刀，腌去腥味后用烈油快速爆炸，火光冲天，温度近似于“烤”，由此这道“火燎鸭心”便诞生了。

大师点拨——

火光冲天　爆炸鸭心

此菜用了一种特殊的炸法，即“爆”炸。何谓“爆”炸？一是需要油温极高，约270℃，接近燃点。要判断油温是否达标，可以舀起一勺热油淋到锅壁，如果腾起蓝烟，则说明油温达到“爆”炸状态，否则就要继续加热。二是下入鸭心之后，必须烈焰四起、火光冲天，如此高温可迅速封闭鸭心外皮、炸熟内里，使得成菜外焦煳内细嫩。

腌制需加高度酒

腌制鸭心时最好加20克茅台酒。若觉得茅台酒成本太高，也可以换成其他高度白酒。鸭心下入热油后光焰腾空，酒气带着鸭腥一同挥发，异味彻底去除，唯留一丝酒香。

葱丝香菜　解腻增鲜

“火燎鸭心”装盘时会垫一些香菜和葱丝，很多客人以为这些辅料是专门来衬托鸭心的，只做点缀，不能食用。实则不然，这道菜必须夹起葱丝、香菜一起入口，辅料可以为鸭心解腻、增鲜。

制作流程：①鸭心20个去掉心头，剖开后清洗干净，打上菊花刀，加胡椒粉10克、盐6克、味精5克、酱油5克、白糖4克不停抓动5分钟至起胶，然后拌入茅台酒20克，腌制3分钟。②锅入宽油烧至270℃，下鸭心爆炸10秒（中途用勺子搅动，以均匀受热），捞出控油后装入垫有香菜和葱丝的盘中，即可上桌。

特点：鸭心外焦脆里透嫩，咸鲜浓香。

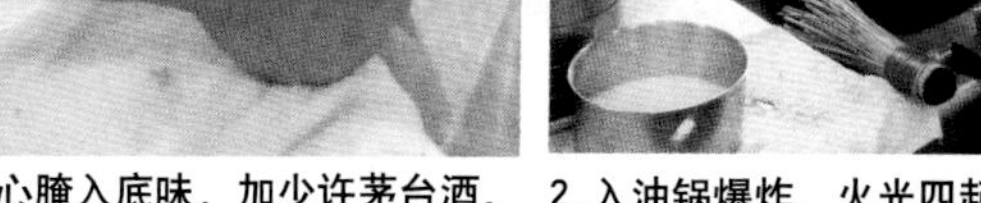

1.鸭心腌入底味，加少许茅台酒。　2.入油锅爆炸，火光四起。

鸭粒响铃

从经典淮扬菜“干炸响铃”改良而来，将馅料换成了韭黄鸭肉粒，成菜酥香鲜美。

大师点拨——

①油豆皮要包得严实一点，否则炸时会漏馅。②包好的鸭肉卷拖蛋液、沾面包糠后一定要入冰箱冻硬，使蛋液凝固，这样炸制时能保持造型，面包糠也不易掉落。③炸鸭卷时油温不要太高，否则生坯一下锅就黑了；但也不能太低，否则面包糠易掉，以四成热为宜。

批量预制：①熟鸭脯肉1斤切成粒；韭黄1斤切成末。②锅下底油烧热，加韭黄末、鸭肉粒一起翻炒均匀，调入适量盐、味精、胡椒粉、白糖、香油，制成馅料。③取油豆皮展开，摊入适量馅料，包成扁长的卷，用蛋液封口，然后拖满蛋液，沾上面包糠，放入冰箱冻硬。

走菜流程：锅下宽油烧至四成热，下一条鸭卷炸至表面金黄并浮起，继续浸炸至豆皮鼓起（约4-5分钟）时捞出，切成块后装盘，点缀香椿苗、红椒圈即可上桌。

特点：咸鲜香脆。

1.生坯要冻硬后再油炸，防止面包糠掉落。

2.入油锅炸至鼓起即可捞出。

干烧四鲜

此菜选用鸭脯、冬笋、鸭掌、四季豆作为主料，前三者分别制熟后炸至干香，成菜兼有红、黄、白、绿四种颜色，红的鸭脯、黄的冬笋、白的鸭掌、绿的豆荚，香鲜各异，韧脆适宜，口味甜鲜，非常旺销。

1.鸭脯肉要炸至干香。

2.冬笋炸掉水汽、鸭掌冲炸一下，与炸好的鸭脯肉、飞过水的甜蜜豆混合待用。

大师点拨——

①冬笋飞水后要再次用汤煨制人味，并炸至干香，切不可含太多水汽，否则最后成菜口味不浓。②熟鸭脯肉要二次加汤蒸人底味，然后再炸至外干里嫩，否则成菜人味不足。

制作流程：①脱骨熟鸭掌100克修切整齐。甜蜜豆50克去筋，改成寸段，飞水备用。②冬笋100克冲掉酸味，反复焯水3次，捞出沥干。锅下高汤，加盐、鸡粉调好底味，放人冬笋小火煨15分钟，停火浸泡。③熟鸭脯肉100克改成长方形的块，放人盆中，加高汤，调人适量料酒、葱、姜、盐、味精，覆膜后上蒸箱蒸20分钟，二次人味。④锅下宽油烧至六成热，下鸭脯肉块炸至外干里嫩并呈枣红色，捞出沥干；下冬笋块炸透至干香，捞出沥油。最后将锅中热油浇到漏勺内的鸭掌上，冲炸一下。⑤锅留底油烧热，下料酒50克、白糖10克、盐5克、味精4克、鸡粉3克熬化收浓，放人四种原料快速翻匀，淋香油后出锅装盘即成。

特点：甜鲜干香。

从厨30余年，现为陕西鑫汇源餐饮公司董事长兼总经理。从1982年进入西安宾馆开始，他就对国宴产生了浓厚的兴趣，历时多年系统地归纳、研究出一套“周秦汉唐仿古宴”。如今他的公司旗下已经拥有四家分别以“周”、“秦”、“汉”、“唐”四种朝代风格为主题的仿古餐厅，均生意火爆。成功开店的同时，他于2011年承建了一个设备先进、生产规范的中央厨房，使中餐的机械化、工厂化生产进程向前迈进了一大步。

开分店连战连胜　造机器巧夺天工

大师开店——从仿古宴到主题餐厅

2006年武英杰创建了西安首家国宴主题餐厅——福润德商务会馆，生意火爆。两年后，他将刚刚研制成功的“周秦汉唐仿古宴”植入店中，请来陕西各界的名流代表共同品鉴这场宣传语为“两个小时吃两千多年”的大型仿古宴席，一时成为西安人茶余饭后谈论的焦点，同时也将“福润德”推向了西安高端餐饮的顶端。但武英杰并不满足于此，他的理想是将每个朝代的宴席细致化、大众化，于是第一家仿古宴主题餐厅秦府酒肆（以下简称秦府）应运而生。

精彩问答

Q “周秦汉唐仿古宴”已经名声在外，秦府酒肆的起步应该很顺利吧？

A 情况完全相反，秦府起步时简直是一穷二白、举步维艰。我手上的钱并不多，却孤注一掷地花400万买下了“秦府”的店面，装修之后连启动资金都拿不出来，每天运营所需的费用全部来源于福润德。最艰苦的时候甚至连做员工餐的钱都拿不出来。由于从始至终我们没有做过广告，加之选址在高新区一座“口”字形大楼里，位置较偏，所以很少有人知道，前两个月每天的营业额只有一两千元，到三四个月时达到五千，半年后达到了八千，开业1年时就已经出现排队等餐位的情况了，开业一年半时，月营业额达到50多万。

Q 你们是通过什么方法打开市场的呢？

A 我觉得我们能挺过创业初期的艰难时刻有三个原因：定位准确、菜品格局安排到位，以及我们对品质的高要求。

定位——

秦府酒肆的主题是“哥儿俩好”，即三五好友在一起吃顿舒服的陕西特色饭。这个主题决定了“秦府”要走大众化路线，当时的人均定位在30~40元之间，时至今日秦府的人均消费也只有60元。

菜品格局——

陕西人一碗面就是一顿饭，既然是陕西特色，那就得以面为主。在我们店吃面还有一大特点，就是每桌配的小料非常丰富：两种酱油、两种醋、四种臊子、四种辣料、四碟小菜。

两种酱油

黄豆酱油和美极鲜。前者酱香味浓厚，受中老年食客偏爱；后者味道鲜美，年轻人尤为喜欢。

两种醋

山西老陈醋和岐山醋。前者酸味醇厚回味足；后者的味道相对较酸，味道比较激烈持久。

四种臊子

除了最传统的肉臊子之外，我还添加了酸甜的西红柿鸡蛋酱、清香的韭菜炒豆腐干和菌香的香菇臊子，这三种臊子中鸡蛋、韭菜、香菇都有提鲜的作用。

四种辣料

鲜辣的青椒、辛辣的蒜泥、香辣的油泼辣子和猛辣的辣椒酱。

四种小菜

浆水菜、鲜蒜片、黄瓜丁、韩国泡菜。浆水菜、鲜蒜是大多数陕西人吃面的必备小菜，我又加了用腌糖蒜的办法腌制的黄瓜丁，因为在小料里既有蒜泥又有鲜蒜片，如果再加入糖蒜，蒜的比重就过大了，所以我就用同样口感清脆的黄瓜来代替。而韩国泡菜则是为了迎合年轻人的喜好。

面粉选料

很多面店为了保证出品的洁白选用关中面粉，但这种面粉的麦香味却较淡，宝鸡的面粉虽然颜色不够白，但麦香味很浓，做出的面口感、香味俱佳。

两种醋
两种酱油
四种辣料
四种小菜

四种臊子

唐筵酒肆

2009年开业的唐筵酒肆以商务宴请为主，主打传统烩菜，陕西人喜欢用凉菜下酒，为了迎合顾客需求，所以增加了凉菜的比重。因青花瓷始于唐朝，所以这里的装修风格以“青花”为主题。

用青花瓷盘装饰的吧台背景墙，连吊灯的罩子都是青花瓷。

青花瓷风格的包房的门牌。

青花瓷风格的工装，漂亮、雅致。

设计成蓝白搭配的等位牌和用蓝、白瓷珠穿成的卡座门帘。

定制的青花餐具，图案极具现代感，既紧扣主题，又不失时尚。

汉顿酒肆

汉顿酒肆于去年年初开业，是一家中档商务餐厅，装修风格模仿汉代的酒肆。

包厢模仿汉代的风格，用厚重的帆布帘做门。

古代汉服改良而成的工装。

周圆酒肆

周圆酒肆刚刚开业不久，是“周秦汉唐”系列餐厅中档次最高的一家，以周朝的青铜色泽为装修风格。

1.“周圆”的就餐方式采用周朝时的“分餐”制，一人一桌，一人一套餐具，所有菜品皆设计成位上。周朝时值上古，主要的烹调方式为蒸、煮、烤，所以在设计菜谱时，炖菜和烤菜的比重很大，但并不是将传统的东西完全照搬，而是提取其精华，结合西式元素，使菜品富有时尚感。该店的招牌主食是骨汤面，这款面的汤汁香浓而不腻，而且骨汤的加工过程也异于传统的吊汤，是由中央厨房通过机械化加工生产出来的。

根据青铜器上常见的围边花纹设计的木质隔断。

古代刀币形状的包间门把手。

2.“周圆”的凉菜有一大特点，那就是不能单点。所有凉菜都成组售卖，每组四小碟，三素一荤，由武英杰亲自搭配。“每组凉菜我都是从颜色、做法、味道和营养这几个角度考虑搭配的。看这一组，分别是：酸辣海龙丝、卤牛肉、凉拌胡萝卜丝、炝拌豆苗，从颜色上看黑、红、绿明丽清爽，制作方法也有所不同，分别是焖、卤、拌、炝；在口味搭配方面，五香味的卤牛肉是西安人的最爱，而剩下的三个素菜中，酸辣海龙丝口感软糯，味道酸辣略带鲜甜，是将海带焖制2个小时而成的，一点腥味都吃不出来。凉拌胡萝卜丝口感清脆酸甜，含有丰富的维生素C及胡萝卜素。这碟碧绿的炝豆苗也不只是简单的炝拌，而是先用青芥辣调味，辅以陕菜中应用最广泛的油泼技法制作而成，口感清脆、略带刺激。对于酒店而言这样的“强行搭配”减少了客人零点的概率，由于菜式相对固定，便于酒店备料、控制成本和精细化制作。

3.餐具是特别订制的陶瓷，有别于白瓷光滑的手感，陶瓷上凹凸不平的纹理很有历史感。且每套餐具都配有一个小茶壶，客人进入包厢就餐时，服务员就已经将水添满，席间客人可以自斟自饮，减少服务员服务的次数，增加就餐的自在感。

大师说菜——

武英杰：陕菜的主流味型是酸辣，其中又以酸为主，对醋的运用格外讲究，就拿我们四家店的头号旺销凉菜酸辣海龙丝来举例吧，过去我们用山西陈醋为海带祛腥，虽然也好吃，但总是有顾客反映酸味过于沉重，回味不够清香，这种酸味与海带的鲜味并不和谐。于是我们开始研究问题出在哪里，这道菜中醋的作用是祛腥、增加酸香、软化海带纤维。陈醋以味道醇厚、浓郁著称，但说到增加清香，还是首推镇江香醋。于是我们将陈醋换成了香醋，并且加入适量白糖，既可提鲜，又增加了淡淡的甜味，将味型改为酸辣鲜甜。

酸辣海龙丝

选料：制作这道酸辣海龙丝在选料上非常讲究，要选用质地较老的干海带，底色墨绿、表面盖着一层白色的盐霜，用指甲很难掐透。不可选用根部发黄的海带，此类品种质地太嫩，焖后易烂，难以成形。

初加工：将海带用清水浸泡24小时，使其充分吸水、变软，再用清水反复漂洗6次，直至用手触摸海带表面感到非常光滑时，将海带人切丝机中切成细丝。

制熟：净锅滑透留1200克底油，下人葱段、姜片、蒜片煸香，打去小料，下海带丝20斤，小火煸炒出腥味，烹人镇江香醋4斤，继续小火炒约20分钟，炒制过程中海带会不断出水，所以无须加水，直接调人白糖500克、盐50克和少许味精，盖盖儿，继续小火焖约2小时，直至将海带吐出的水分完全煨干。此菜要全程使用小火，否则海带中的鲜味会随着高温而迅速流失。

走菜：取适量海带丝，加红油拌匀即可。

下面是几种常用醋的特点和适用范畴

品名	产地	原料	特点	适用范畴	挑选方法
保宁醋	四川	大米、玉米	色泽棕红，酸味柔和，醇香回甜	保宁醋是制作川菜不可或缺的一种调料，有“离开保宁醋，川菜无客顾”之说	拿起一瓶醋用力摇晃，看到里面产生的气泡越多、持续时间越长，证明醋里氨基酸的含量越多，品质越好
镇江香醋	江苏	江南优质糯米	酸而不涩，香而微甜，色浓味鲜，酸味在舌根化开后香味升腾	适合烧制鸡鸭、蒸鱼，去腥增香效果很好，尤其适合调大闸蟹的蘸汁	
永春老醋	福建	糯米、红曲、芝麻	味道浓香，醇香爽口，回味生津	适合做海鲜蘸汁，既能提鲜去腥，又不会破坏海鲜的鲜味	
山西陈醋	山西	高粱、麸皮、谷糠、大麦、豌豆等	醇香、回味绵长，久存不腐	适合调卤汁佐面，或调制饺子的蘸汁	
岐山醋	陕西	高粱、玉米、小麦	酸味较浓，纯净、持久，口感刺激，红褐色，对光透亮	同样适合调味汁，佐面条，但口味较浓，代表菜为岐山臊子面	

油泼肥肠

大师说菜——
油泼关键在于焖

武英杰：说到陕菜的技法，最实用、最简单也是应用最广泛的当属油泼。油泼有什么难的？不就是在小料上泼个热油吗？如果真的这么做，那么这道菜只完成了一半。以油泼肥肠为例：先将肥肠白卤，使其柔软、入味，再放小料、泼热油，泼热油是为了激发小料的香味为原料增香。这就说到关键的地方了，香味被激发出来后怎么办？就让香味散发掉吗？当然不是，在陕西，我们在油泼这个步骤之后，要立刻给食材盖上盖子，焖一下，焖的时间不用太长，30秒即可。此时如果盖子是透明的，那么你能很清楚地看到有雾在盛器中流转。这么做是为了让被激发的香味不流失，最大限度地被食材所吸收，菜品上桌后香味扑鼻，引人食欲。另外一个关键是油。我们习惯将锅炙热，然后将干花椒粒和油一同下锅，这样在加热过程中随着温度的上升，能最大限度地释放花椒中的香味。如果将花椒粒直接下入热油，那么没等香味完全释放出来，就已经焦煳了。综上所述，这两点也就是陕西的油泼辣子能香满全国的原因了。

大师的中央厨房——

武英杰：*我理解的中央厨房是一个工厂，它将一条条原来烦琐的独立操作流程用机器生产的方式加以集中和简化。自从我的中央厨房建成后，简化了工艺，节约了人手，每个月可以为企业增加净利润10%。*

骨汤在中餐里的需求量很大，在“周、秦、汉、唐”四家店中煮面用它、煲汤用它、煨菜用它、炒菜用它，甚至凉拌菜也用到它。如果按照传统的吊汤方法，每家店都需要派出一个专人每天历时4个小时，既费力、又费火，出品还不稳定，今天浓了，明天又清了。所以我研制了一套骨汤工厂化生产的流程，做出的骨汤香浓不腻，1个人1个半小时就可以做出4家店1天所需的用量。

制作流程：

1.猪大骨洗净，冷冻后入碎骨机中（图1—1）将大块的骨头打成小丁（图1—2）。骨头一定要冻透后再打碎，否则里面的骨髓很容易黏在机器上，不但机器不好清洁，而且还会使胶质流失。

2.将骨丁倒入骨泥机中，机器自动加水混合，将骨头丁打成骨泥（图2）。

3.将骨泥倒入锅中，加足量的清水煮至汤汁浓白（图3）。

4.将煮好的骨汤倒入纱布袋中，装入离心机，将骨汤甩出，剩余的骨渣即为废料（图4）。

5.骨汤再次煮沸，打去浮油，冷却定型，装袋后入高温灭菌机中灭菌即可（图5）。

制作原理：

用大块骨头煲汤，骨髓中的胶原蛋白被骨棒阻隔，想要与汤汁充分融合很困难，因此传统骨汤需要长时间吊制。由此我想到将骨头打碎后再煮，这样不但胶原蛋白可以直接与汤汁结合，而且汤中钙含量也远远高于传统的高汤。骨汤制好后独立包装，每天早晨运到店里，厨师只需打开袋子倒入汤桶中，按照一定的比例添加清水煮10分钟，一锅香浓的骨汤就完成了。另外我根据菜品种类的不同，给骨汤配了不同口味的调料，这些调料也是单独包装的，一袋可做一份菜。

切肉馅问傻厨师长 揪树叶惊呆环卫工

大师 高玉才

1962年1月出生于吉林长春，旅游管理学士学位，中国烹饪大师，吉菜烹饪大师，餐饮业国家级考评员，曾任吉林省汉得餐饮有限公司总经理、长春名门饭店行政总厨，现任吉林工商学院旅游分院教授、烹饪研究所研究员，长白山技能名师，2013年国务院特殊津贴获得者。

高玉才大师乐观：几分之差憾别大学，进入工地，每天装卸20吨水泥，虽觉苦累却不消沉，后因机缘巧合进入厨房，面对辛苦的学徒时光，他却说“谁说学厨苦，简直太幸福”；执著：厨师没文化，技术无标准，因此他一手握铲一手执书，一边炒菜一边攻下了黑龙江商业大学的本科文凭；豁达：20世纪90年代月入1万多元的打工皇帝，为了进一步提升自己，他辞职降薪进入长春第一家五星级酒店，只为接触西餐，学习先进的管理模式。如今在高校，他将自己的毕生积累倾囊传授给学生，为培养“靠手艺为老板赚钱”的知识型大厨而继续努力。

黑夜骑单车　撞在柱子上

高玉才于1980年参加高考，第一年以三分之差未能如愿，第二年高考外语科目由俄语转考英语，于是分数差得更多，他只好放弃学业，进人工地扛大包。那时候高玉才体重110多斤，在工地上却是最能吃苦的。疯狂的时候，他凌晨4点上工，用肩扛手提的方式装上50吨水泥，到达目的地后再卸下，一天跟两车，每天的工作量达200吨。当时父亲每月工资62元，而他干装卸工每月能赚100元。

几个月后，市饮食服务公司厨师培训班招收一名学员，高玉才因品行端正、吃苦耐劳而获得推荐。一年后他被分配到长春饭店，成为一名学徒。由于在工地上吃过苦，高玉才进人厨房后觉得“太轻松太幸福了”。在别的学员叫苦叫累时，他却兼了两份差使：早上9点到晚上10点，他在长春饭店热菜厨房做学徒；夜里12点至凌晨2点，他到饮食公司旗下的重庆饭店面点部上夜班，负责制作第二天一早出售的馅饼和糖饼。白天学徒时，他将看到的菜品做法和师傅的调味顺序记在烟酒盒的反面，撕成方片，装人口袋。凌晨2点下班后，他边骑自行车边背菜谱，记不起来时就掏出自制卡片借着微弱的路灯光线瞅两眼。高玉才自恃车技高超，一手扶把一手持卡，好几次撞上了柱子，甩掉了眼镜。他说：“当时一点也不觉得苦，骑着单车，念着菜谱，飞奔在午夜的大街上，只觉得黑暗前头就是光明。”

“这小子困傻了吧？！”

除了熟记理论知识，学徒六年，他无时无刻不在找机会练习基本功。春天，饭店门前的杨树刚长出新叶就被他摘了下来，拿到厨房练习切条、丝、末。后来这棵杨树成了“秃子”，令环卫工人非常不解：“它得了什么病？”而高玉才则用这些树叶练就了炉火纯青的“切蔬菜”刀功，随后又开始“得寸进尺”：“要是能切上肉就好了。”

一天晚上，高玉才到面点部上班时，看到一名厨工正用机器绞馅，他找到厨师长主动请缨：“能不能不用绞肉机，让我来切馅？”厨师长像看怪物一样看着他，呆呆地点了一下头：“这小子是困傻了吧？”获得许可，他高兴坏了，先把肉块改成片儿，再切成丝，然后剁成粒，尤其是难切的肥肉，更是他练手的法宝。基本功就在面点部深夜传出的“叮叮咚咚”中一节节拔高。

开餐后的厨房像战场，从下单到抓料再到走菜，都需要厨师眼疾手快。为了训练自己的反应能力，他没事就在厨房里徒手抓蚊蝇，到后来一抓一个准。如今，他还能边上课边一把抓住飞经面前的蚊子，引来学生疯狂喝彩。

空手套蚊子 赢来满堂彩

老师变学生 学会用味精

从学徒工升至厨师长，高玉才在长春重庆路饭店、北国之春饭店工作了18年，打下了深厚的基础。1996年，他摔掉铁饭碗，辞职进入了私企——吉林汉得餐饮公司。在高玉才的管理下，"汉得"成为当时生意最火爆的烤肉店，营业面积达1万多平方米，震惊长春餐饮圈。在那个普通厨师平均工资仅有200元的年代，他拿到了每月1万多元的高薪，成为闻名东北的"打工皇帝"。1999年，高玉才又对自己发起新挑战，他发现长春第一家五星级饭店——名门大酒店设有中餐、西餐、泰餐等不同餐厅，还运用了先进的五常管理模式。高玉才思量再三后决定辞职，"自降身价"走人"名门"。

从厨几十年来，高玉才边干边读，手未释卷，于2000年考出了黑龙江商业大学旅游管理系的函授本科文凭，完成了普通大厨向知识大厨的跃进。技术与知识的齐头并进为高玉才赢得了更广阔的人生，吉林工商学院抛出橄榄枝，邀请他加盟该院烹饪系，将自己的半生积淀传授给烹坛新秀。

进人高校的他，很快就发现自己与科班出身的老师之间存在差距。他跟学生说："我是你们的老师，也是其他老师的学生。"因此他每天不是在上课就是在听课。通过对比学习，他发现有些自己炒了很多年的菜品仅停留在"做"的阶段。比如以前他只知道做炸菜不能调味精，拌凉菜不能直接撒味精，至于其中原因，他毫不清楚。听了其他老师的烹饪原理课，他了解到，味精的呈鲜物质是谷氨酸钠，它的特性是在80℃时能充分释放鲜味，在120℃以上会转化成焦谷氨酸钠，对人体有害，因此炸菜放味精是对顾客身体的不负责任，凉菜直接撒味精则溶化不了，白费调料，最好的办法是先将味精、盐、糖等料加人少许温水化开，这样以1/3的量就能达到理想的呈鲜效果。

鲁菜根+民族风

高大师说："吉菜是近几代吉林厨师以鲁菜技法为基础，结合长白山特色食材，融合朝鲜族、满族、蒙古族的烹饪习惯创立的一个新菜系。吉菜的特点是天然、绿色、营养、健康，以咸鲜味为主，常用技法有烧、扒、焖、炖、炸、拔丝等。其经典代表菜是拔丝人参果、葱烧鹿筋、扒猴头蘑等。"

人参锅包鱼

此菜从东北"锅包肉"改良而来，在吉林颇受食客欢迎。它保留了锅包肉的酸甜味型，选取成本低廉的草鱼肉做主料，毛利更高；加入长白山人参片，再增一重保健养生的卖点。

制作流程：①草鱼宰杀治净，取肉以"坡刀"改成0.2厘米厚的大片，加入少许盐、料酒、蛋清腌制入味。鲜人参（选种植草参，成本较低）切成斜刀片。②鱼片入水淀粉抓拌上糊，展开平放入五成热油中炸至浅黄色，捞出后升高油温至七成，下鱼片炸至色泽金黄、外脆里嫩，捞出控油。③锅留底油烧热，下葱姜丝、蒜片炝锅，加入白糖60克、桂花醋50克、酱油3克、盐1克以及人参片10克中火烧开熬化，待汤汁黏稠时下鱼片翻匀，淋明油，撒香菜段即可上桌。

1.草鱼取肉切成大片。

鱼片带皮　口感劲道

目前，猪肉进价17元/斤，草鱼进价7元/斤，但此菜与锅包肉的售价相当，巧妙地"偷梁换柱"，毛利立即提高10多个百分点。在制作时，要去掉鱼身上的大刺，尽量挑出辅刺，否则食用不便。另外，鱼肉要带皮切片，这样烹调时鱼片不容易散，且口感劲道。

人参毕竟是药材，不宜大量食用，所以一道菜放十数片即可，既提人参的清苦香味，又给菜品增加养生卖点。除此之外，酸甜口的菜不要加味精，否则会出一股怪味。

2.加入少许盐、料酒、蛋清抓匀入味。

拔丝人参果

"拔丝"是鲁菜的传统技法，在吉菜中也备受器重。当地考核二级厨师的"必答"题里有一道"人参果"，就用到"拔丝"方法。这道菜对厨师的基本功要求极为严苛：用3个鸡蛋、少许水淀粉煎成一个个菱形蛋包，然后熬糖拔丝而成。此菜金黄香甜，略带人参的苦味，丝细而长，食之有趣；成本只有几元钱，售价在28~48元不等，毛利超高。高大师说："用创意和技术把普通原料做成'高端大气上档次'的菜品，靠手艺为老板赚钱，这种有头脑的厨师才最受欢迎。"

制作流程：①鸡蛋3个打入碗中，加入湿淀粉50克、干面粉5克调匀成浆。②鲜人参一截打碎或剁碎，把汁水挤到蛋液中调匀。③锅入宽油炙透，倒出余油，用毛巾擦干净，保持小火，倒入蛋液，注意要从周边往中间一圈圈淋满锅底（剩1/5蛋液备用），晃匀摊平，待蛋饼成形但表面的蛋液还没有完全凝固时折叠，加热至刚刚黏住，取出切成菱形小块状的蛋果。④剩余的蛋液加入少许干淀粉、色拉油调匀，然后放入切好的蛋果。⑤锅下宽油烧至五成热，下蛋果炸至鼓起，转中小火浸炸至透，最后转大火顶高油温，炸至外脆里嫩。⑥锅下100克白糖、10克清水、5克油小火熬至浅黄色似水状时离火，放入蛋果翻匀出勺即成。

1.在蛋液中挤入人参汁。

2.蛋液入锅煎至定型后折叠起来。

3.切成菱形状的蛋果。

4.抓上一层薄蛋糊。

5.入锅炸至鼓起。

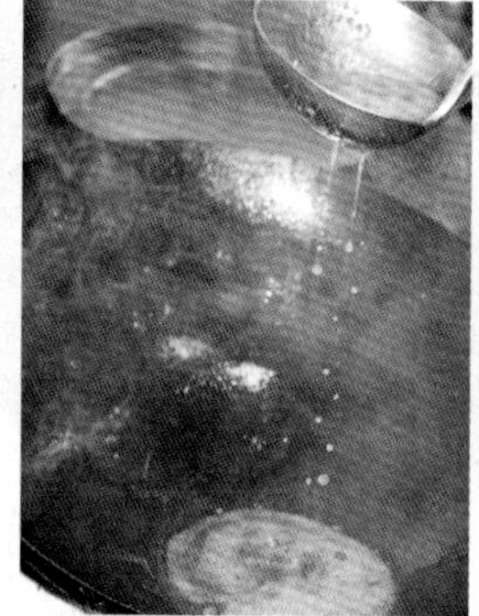
6.锅内糖液炒至拔丝状态。

7.放入炸好的蛋果裹匀糖液。

只挤人参汁　蛋皮更光滑

调蛋液时，首先要将人参打碎或切碎（最好用榨汁机），挤出汁水入菜，不要放人参渣，否则摊出的蛋皮表面不光洁。其次，不要加水，否则蛋液就稀了，摊不成饼。第三，不要将干面粉直接入蛋液搅拌，那样容易出现小疙瘩。正确的做法是先将面粉加入少许蛋液调均匀，再倒入碗中与“大部队”会合，这样调出的蛋液均匀光滑。

炸时要想鼓　煎时别太熟

摊蛋皮前，要在锅内加入宽油充分烧热炙透，这样锅壁温度均匀，不会出现煳边、煳心的情况。摊蛋皮时，锅心温度最高，所以要从周围往中心淋蛋液，这样蛋皮才能均匀成熟。最后要趁表面蛋液尚未凝固时迅速“合皮”，然后轻轻烙一下便出锅，不要烙得太结实，否则炸时蛋皮鼓不起来。

蛋糊封皮　存积空气

摊蛋皮时留下的少许蛋液拌上干淀粉、面粉、色拉油就成了一款稀蛋糊。蛋果一定要挂匀此糊再炸，如此一来，“蛋果”中所含的空气受热膨胀，想跑出来却被外面的糊封住，形成了“气鼓鼓”的效果。

糖液变稀即“拔丝”

何为“拔丝”状态？除了观察糖泡大小，还可以观察糖液的状态：白糖受热溶化，一开始很黏稠，忽然有一刻糖液变稀了，像水一样，此时就是拔丝状态，应立即离火投入原料。若熬的糖液有点多，放入主料翻匀后仍有余汁，可以往锅里洒点冷水，这样糖液就变少了。

同行探讨

杨建华：往锅内洒冷水时若操作不当，局部糖液容易变硬。我的方法是将炒锅底坐入冷水盆中，隔水降一下温，糖液也会变少。

大师 原伟

1962年出生于沈阳一个餐饮世家，1979年进入沈阳北市餐厅学厨，曾就职于沈阳鹿鸣春饭店，中国烹饪大师，辽宁省烹饪协会副会长，现任沈阳原味斋烤鸭店董事长。

原伟大师演说原味美食

刷出来的肘子皮

原味斋是沈阳本土最大的烤鸭店，其前身是北京普云楼烤鸭店。原味斋董事长原伟大师介绍："我的祖父早年在北京普云楼当小工，学习烤鸭。1930年，他跟随另外八名师兄弟来奉天开普云楼分号。后来，东家把该店的股权卖给了九兄弟，公私合营之后改名叫'新味斋'。1999年，我的父亲原林挖掘新味斋的烤鸭工艺，延续老字号，更名为'原味斋'。原味斋从一个470平方米的小酒楼发展到如今共有11家分店的规模，成为东北地区最大的专业烤鸭店。"

普云楼奉天分号经营者的合影旧照片，如今挂在原味斋店内。

“浓妆艳抹”的扒锅肘子。

风干肠

五香酥鱼

原味斋走亲民路线，定位是大众餐饮。原大师介绍：“如今我和哥哥原杰负责烤鸭店的经营，我觉得开酒楼没什么窍门，只要做到服务热情、菜品可口、价位合理，生意就会旺。我们店很多回头客进门都不需要看菜单，直接叫来熟悉的服务员点菜：‘来只烤鸭，来份风干肠、扒锅肘子、熘虾段、五香酥鱼……’的确，这些都是原味斋传承10多年的当家招牌菜，也是老顾客百吃不厌的‘原’味美食。”

扒锅肘子

原味斋的金牌菜之一，也是同行前来考察的重点对象。原伟大师介绍：“这锅肘子有两大怪：一，给你一锅肘子你捞不出来。焖好的肘子非常软烂，不知道操作秘诀的人，根本无法完整地把它打捞上来；二，预制好的肘子放十天也不会变质，即使是在三伏天。”

原来，这一锅肘子要先入汤桶卤，把肉味煮入汤中，再倒入宽口大铁锅小火慢扒，把汤再㸆入肉中，最后撇净油脂，铲出肘子。如此连卤带扒七小时，非专业人士根本捞不出来，于是造就了“第一怪”；把肘子放到托盘里，把锅内剩下的汁收浓，一层层刷到肘子上，冷却凝固成肘子的“外皮”，隔绝空气，造就了肘子三伏天不变质的“第二怪”。此菜上桌时最好配一碗米饭，在其中埋上肘子片，外层的膜遇热融化到米饭中，吃起来又香又糯，更是一绝。

选料：1斤半至1斤8两的猪前肘，不要超过2斤，若个头参差不齐，则成熟时间不一致。

批量预制：①用镊子拔出猪肘上的残毛，入冷水浸泡两小时去掉血水，再用剔骨尖刀剔出大骨，不要划破外皮，之后冷水下锅汆透，捞出备用。②汤桶底垫竹箅子，摆上30个猪肘，加入清水没过主料15厘米，调入料酒600克、本地酱油600克、盐400克、老抽300克、冰糖200克、香料包（桂皮50克、花椒30克、八角30粒、白蔻20粒、砂仁15粒、干辣椒15个、陈皮15克、草果8个、肉蔻8个、小茴香6克、良姜2块），大火烧开转小火卤4小时。③取一大黑铁锅在底部垫上盘子，置于火上，从汤桶内取出肘子摆入其中（只摆一层，不要叠放，否则扒时入味不均匀），再灌入原汤，继续用小

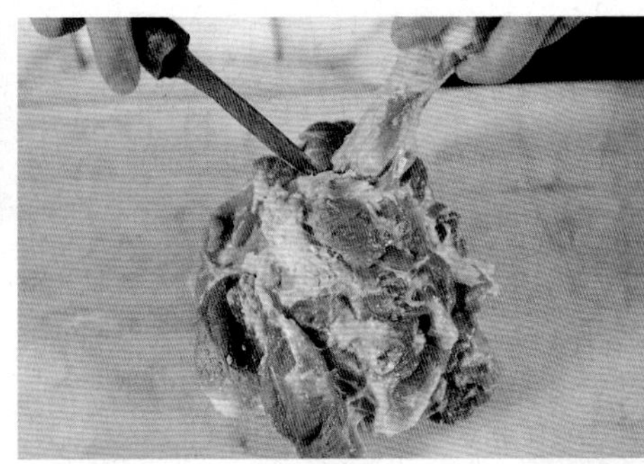

1.肘子剔骨。

2.最后将原汁熬浓，刷到肘子上。

3.冷却后变成一层肘子皮。

火扒3小时，等汤汁只剩原先的1/4时，用铲子轻轻托出猪肘摆入托盘，原汁继续熬浓似勾过芡一般，然后用刷子蘸汁刷到猪肘上，冷却后再刷一层，反复刷4-5遍至充分凝固。

走菜流程：取半个猪肘切成半圆片即可装盘上桌。

特点：咸鲜五香，肥而不腻，瘦而不柴，老少皆宜。

制作关键：①不要用火烧去肘子的残毛，而是要用镊子手工拔出，这样可以带出毛囊，最大限度地去除猪的毛腥味。②此菜的加热过程分两个阶段，首先在汤桶内小火卤4小时，将猪肘卤熟，然后转入铁锅中小火扒3小时。为何不能在汤桶内一气呵成？一是因为桶太深，口太小，如果在其中"连卤带扒"7小时，肘子已非常软烂，根本捞不出来，而铁锅口阔，容易铲出肘子；二是不锈钢和生铁传热煨出的食材口味是不一样的，用铁锅小火慢扒的肘子有锅汽香，入味深透，香味更醇。③最后要将剩下的汤汁小火熬至似皮冻汤一般黏稠，然后分层刷到肘子上，冷却凝固后，汁与肉贴合紧密，吃起来咸鲜滑润，又几乎看不出"玄机"，这也是此菜最大的妙处。

精彩问答

Q **调五香卤水一般要放干黄酱而非酱油，否则卤水用久了会发酸。此菜卤肘子时在汤里放的是酱油，会有这个问题吗？**

A 此汤是一次性的，不会反复利用，即肘子扒好了，汤也收尽了，最后熬浓刷在肘子上，所以并不会发酸。

菊花里脊

这是一道传统老菜，在如今"回归老味道"的风潮中，原味斋将其开发、还原、优化，改变拍粉方法：先拍淀粉、再拍面粉、最后拍生粉，每拍一层要喷水打湿，这样炸好的里脊更加酥脆，挂上糖醋汁后久放不塌，是一道造型与口味兼备的实用旺菜。

原料：猪里脊300克，香菜叶10克。

调料：番茄酱20克，白糖60克，白醋50克。

制作：①猪里脊解冻至稍硬，修成长方块，顶刀切至里脊块厚度的3/4，第四刀切断，旋转90°，继续切至里脊的3/4，第四刀切断，变成"菊花"块。②待"菊花里脊"完全解冻后加入少许盐、料酒码入底味，拍匀淀粉，喷一层水雾至湿润，再拍一层面粉，喷湿之后拍匀生粉，入五成热油炸至"开花"，继续浸炸至熟透，捞出控油后摆入长盘。③锅留少许底油，加入葱、蒜末爆香，调入番茄酱、白糖、白醋、少许清水稀释烧开，改小火熬浓，勾芡后淋到菊花里脊上，点缀香菜叶即成。

特点：色泽红亮，酸甜适口，里脊颇有嚼头。

制作关键：①里脊改刀时要将"花瓣"切得细一点、短一点，这样炸后形状更逼真。②里脊单拍淀粉会发硬，只拍生粉又容易"脱皮露肉"，在中间拍上面粉则既能缓解淀粉的"硬"、又能托住生粉，三者"搭档"，炸出的里脊外脆里嫩。③改好的里脊下锅后，用竹签扎住"花心"部分往下摁住，这样炸出的"菊花"更立体。

菊花里脊制作流程图

1.里脊顶刀切片，第四刀切断。

2.旋转90°后切条，改成菊花朵。

3.拍上一层淀粉。

4.喷上水雾至湿润。

5.拍上一层面粉。

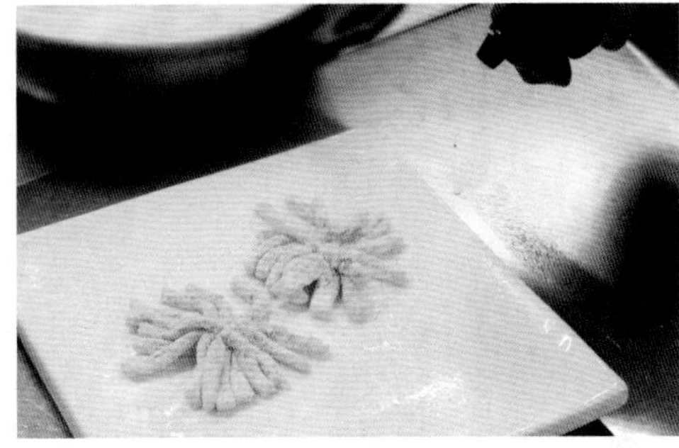
6.再次喷湿。

三次各拍不同粉
水壶喷出雨纷纷
竹签戳入油锅内
菊花形色俱传神

7、最后再拍一层生粉，用竹签扎住“花心”。

8.入油锅往下摁住，炸至定型。

9.炸好的菊花里脊。

用私家诀窍烹龙江菜肴

大师 张金春

1963年1月生于哈尔滨，16岁入行，师从黑龙江烹饪泰斗盛英杰老先生。张金春是哈尔滨本土龙江菜的实践者，也是金春大酒店创始人。2002年他被评为中国烹饪大师，2003年被授予国际美食评委称号。

张大师说：“龙江菜就是黑龙江菜系的简称，它以鲁菜为基础，深受京菜影响，又融合了本地菜和俄式西餐，形成了独特的烹饪体系。”

张大师认为，龙江菜之所以包罗甚广，与其形成的社会背景密不可分。黑龙江是个移民省份，居民大多是20世纪二三十年代“闯关东”的山东人，他们自然而然带来了鲁菜；本地菜则以满族和乡村地方菜为主，比如小鸡炖蘑菇、灌血肠、猪肉炖粉条等，它在龙江菜中有着坚不可摧的地位；另外，黑龙江与俄罗斯仅一江之隔，俄式西餐也给龙江菜带来了一缕西风和一丝洋气。这些分支在时光的推移中，不断碰撞、交融，互相影响，最终形成了独具一格的龙江菜。

龙江菜的主要特点是：口味浓，但这种浓，不能简单地说是咸，它是味道上咸鲜、感官上色泽油亮的一种集合，比方说龙江菜里的红烧肉，就要直冒油吃起来才够味。龙江菜的常用技法以红烧、红焖、㸆烧、炖、扒为主，其经典代表菜有烧大肠、红烧林蛙等。

张金春不仅是龙江菜的首席厨师，还是一位成功的商人，他一手创办了赫赫有名的哈尔滨金春大酒店。闯荡了已有16个年头的金春大酒店，不仅从刚开业时40人不到、营业面积1000多平方米，发展到如今拥有近200名员工、占地7000余平方米的8层大酒店，更是以正宗的龙江菜，收获了每天爆满的客流量。

蛋黄焗杧果

这道菜是从“蛋黄焗南瓜”改良而来，炸过的南瓜口感软糯但甜度不足，张金春将南瓜改为杧果，颜色金黄依旧，口味则更加香甜。此菜一经推出，就成了金春大酒店的招牌甜品，深受女士和儿童的喜欢。

大师点拨——

油调脆皮糊　挂匀杧果条

此菜所用的脆皮糊由脆炸粉加色拉油调制而成，比例为2：5，这样调制出来的脆皮糊更有黏性，比水调糊更容易挂到杧果上。

原料：黄皮杧果2个。

调料：脆炸粉100克，咸蛋黄50克，黄油20克。

制作过程：①脆炸粉加色拉油250克调匀成糊。杧果肉切长条，挂匀脆皮糊备用。②锅入宽油烧至六成热，下入挂好脆皮糊的杧果条，小火炸至金黄色，捞出沥油。③锅留底油，下黄油炒至溶化，放入咸蛋黄小火慢炒至返沙，下炸好的杧果条快速翻炒，裹匀咸蛋黄，即可出锅。

制作关键：①杧果条不要切得太细，否则容易变软、不成形。②咸蛋黄要小火慢炒，火大了蛋黄易发黑，影响成菜卖相。

烧大肠

鲁菜厨师擅烹下货，以“九转大肠”为经典代表，龙江菜深受鲁菜影响，也有一道用猪下货做的菜，就是“烧大肠”。这道菜借鉴鲁菜“锅烧”技法，先煮熟再挂糊油炸，另外，张大师还极具创意地在大肠内插入山东大葱，炸后带葱改刀上桌，去异味的同时，还能起到解腻增鲜的作用。

大师点拨——

白醋+大葱　去尽脏器味

制作这道菜最关键的地方就是去异味，可分为两步走：一是大肠内外加白醋反复抓洗；二是炸制时插入山东大葱，能更好地去除大肠的脏器味。

慢火炸成枣红色

要选择新鲜、完整的大肠头入菜，便于成形。炸的时候火不能急，控制在六成热，慢慢将大肠炸透、炸酥，呈淡枣红色时捞出沥油。小火慢炸还有一个好处，可以使大肠和葱的香味更加浓郁。

大肠预制：①新鲜大肠头5斤摘净油脂，倒入白醋1瓶（500克），内外反复抓洗15分钟，然后入清水洗净。②锅入冷水，加入花椒50克、盐25克、葱姜片20克、料酒20克、八角5个，放入洗净的大肠大火烧开，转小火煮熟，捞出放流水下冲凉，接着擦干水分，逐条插入整根的大葱白，放入托盘，覆保鲜膜入冰箱保存。

调糊：盆中放入面粉200克，倒进清水400克，调入味精10克、料酒、酱油各10克、盐2克搅拌均匀即成。

走菜流程：①取插好葱白的大肠5根挂匀面糊，入六成热油中慢火炸至淡枣红色，捞出沥油。②将炸好的大肠切成1厘米长的段，摆入盘内，带一碟椒盐上桌即可。

特点：外焦里嫩，葱香浓郁。

1.将大葱白插入煮至八成熟的大肠内。

2.挂匀面糊后入六成热油慢火炸至淡枣红色。

香炸鹿肉

这道菜是张大师将东北野味变身实用菜品的成功案例。在龙江菜中，鹿肉的烹制多以烧、扒、炖、焖为主，比如红烧鹿肉、鹿肉炖栗子等，成菜卖相粗犷，吃起来比较腻口。张大师则将鹿肉当作猪里脊处理，煮熟后切成薄片，拍粉、拖蛋糊，沾一层芝麻，入油炸酥，卖相简洁清爽，一点也不油腻。

大师点拨——

选料：鹿外脊

鹿外脊肉质细嫩、瘦肉较多、没有筋，口感鲜嫩、易入味。

改刀：切薄片

煮熟后的鹿肉要改刀成薄片，这样容易炸透，如果切成长条，时间短不易炸透，时间稍长则肉质变硬、又干又柴。

沾层芝麻更酥香

炸之前，鹿肉片单面要沾一层白芝麻，成菜更美观也更酥香。如果两面全沾上芝麻，则香味过浓，会掩盖鹿肉本身的味道。

批量预制：①鹿外脊2000克切成长5厘米、宽3厘米的长方块，在细流水下冲净血水备用。②锅入冷水，加花椒50克、葱姜片40克、盐20克、料酒、酱油各10克、八角5个，放入鹿肉块大火烧开，转小火煮40分钟至八成熟，关火，捞出晾凉，放进托盘入冰箱保存即可。

走菜流程：①取煮好的鹿外脊一块切成薄片，两面各拍一层干面粉，然后拖蛋泡糊，单面沾匀一层白芝麻，即成生坯。②锅入宽油烧至六成热，下入鹿肉生坯炸至两面呈淡黄色，捞出沥油即可装盘。

1.煮至八成熟的鹿肉块切成薄片，沾一层干面粉。

3.单面沾一层白芝麻。

2.拖蛋泡糊。

4.入六成热油中炸至淡黄色。

张大师现场示范手打蛋泡糊。

蛋泡糊：抵住手心　五指捏紧

现在一些年轻厨师打蛋泡糊动辄就用打蛋器，张大师则认为，厨师没到一定岁数，体力还跟得上，就不要动不动用机器代替双手。厨师这个行业，靠双手累积经验，如果把双手“丢”下了，就相当于把炒菜的铲子“丢”下了。

采访张大师当天，他在厨房恰巧看到一名小学徒在漫不经心地打蛋泡糊，虽然是用手打，但是手法不对，张大师拿过小学徒手里的筷子，给他示范起来：要用筷子粗端打，这一端体积大，自然带动力也大，打起来用时短；筷子的另一端要紧紧抵住手心，两根筷子呈30°角散开，大拇指、食指、中指固定其中一根，无名指和小拇指固定好另一根，这样两根筷子就被稳稳地架在手里，非常牢固，打起蛋泡糊来会特别省劲。打的时候力度要稍大，顺时针抽打大约5分钟，至蛋泡糊能立住竹筷为宜，然后再加入适量淀粉和面粉混合均匀即成。

大师 李志刚

1963年出生于山东省阳谷县，鲁菜泰斗崔义清大师的关门弟子，中国烹饪大师，金瓶梅宴创始人。1985年，李志刚从烟台商业技工学校烹饪专业毕业，分配到原山东省劳动局劳动就业培训中心，从事全省的厨师晋级考核培训工作；1992年进入济南东方大厦工作；1997年进入五花月酒店任总经理；2002年至今，在山东商业职业技术学院担任实习指导老师、副教授。1995年成立济南李大厨酒店管理咨询公司，至今已成功策划、管理上百家特色旺店，旗下拥有300多名签约实力大厨。

中餐有杆秤　藏在大厨心

套用电影《霸王别姬》里的台词，李大厨是“菜痴”、“菜疯子”。谈起餐饮事，他两眼放光，有说不尽的典故、道不完的技术——“现在的厨房里没有师傅，只有炒菜工”；“中餐并非没有标准，这个标准藏在厨师的心中”……年过50的他，对待菜品仍然像对待“祭品”一样虔诚，一片老叶也不放过，一条粗根也要剪掉，一招一式完美到位，家常原料经他妙手组合，变幻出一道道创意与口味兼备的实用旺菜，令人叹服。

Part1 厨师三境界

说到学厨经历，李大厨不谈自己的故事，而是别出心裁，从做厨师需要达到的几个境界说起。“如今的年轻人炒菜没两年就说自己是‘师傅’，是‘大师’，听起来非常可笑。有一句古话说得好——‘大师一出手，就知有没有’，这个‘一出手’指的就是做厨师要达到的第一个境界——手感，这是一种用手一抓就能估出原料分量、试出原料质感和新鲜度的技能。”

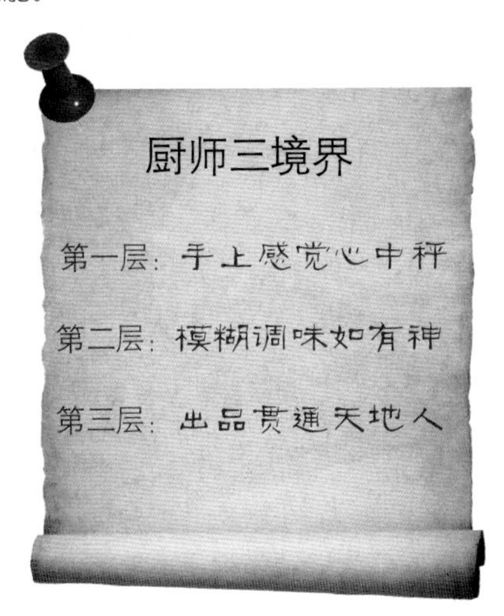

第一层：手上感觉心中秤

年轻人练手感没有捷径，一靠老师傅的言传身教，二靠自己的努力。如今厨房普遍存在着一个通病：那就是没有老师傅，别说六七十岁的大师，就连50岁以上的大厨都很少见。我学徒时，每个厨房里都有好几位六七十岁的老师，承上启下，教给年轻人很多技术细节、工作习惯。

刮鳞废掉整条鱼

那时候，年轻人入行伊始，老师傅教的都是手感方面的知识。简单的一个杀鸡动作，标准流程应该是：大拇指、食指掐住鸡头，小指别住鸡腿，中指、无名指分别勾住两个翅膀，这样鸡脖子就凸出来了，另一只手拔掉上面的毛，用刀一割，颈动脉、气管等全部断裂。又如杀鱼，很多年轻厨师不懂其中的窍门，拿来就宰杀、去内脏、刮鳞，其实不同的鱼有不同的处理方法。比如鳜鱼，其鱼鳞细小紧密，要先烫水，否则划破鱼皮也刮不干净；就连一个简单的“去内脏”步骤，烹调方法不同，对应的“开口”部位也不同：制作“荷包鲫鱼”时要从鱼背上取内脏，保证腹部完整，成菜造型美观；制作“鱼羊鲜”则要从鱼嘴掏出内脏，然后把羊肉做成丸子，从嘴部塞至鱼腹内。学徒工一不留神，开错了口子，就要挨师父的打，但是疼在手上，记性却长到了心里。

记得有一次，师父让我处理白鳞鱼。我拿起鱼来就先开膛、再去内脏、刮鱼鳞，然后放入盘子递给师父。还没回过神来，师父的勺子已经落到了我的后背上。这几勺子也不是白挨的，打完之后师父告诉我：“大部分鱼需要去掉鱼鳞再做菜，但是鲥鱼和白鳞鱼除外。这两种鱼的肉质缺乏油脂，口感发柴，但鱼鳞底下却藏有无数脂肪粒，融化后可为鱼肉增加香滑口感。你刮掉鱼鳞也带走了脂肪粒，这条鱼算是被你给废掉了！以后你可得记住了。”

白鳞鱼要带鳞入菜，口感才油润。

北宋状元陈尧咨箭术精湛，武林第一，而一个卖油老头却对他的“百发百中”不以为然，认为只不过是“手熟”而已。只见此翁用铜钱盖住葫芦，以瓢舀油，注入其中，一丝油线穿孔而过，铜钱丝毫未湿。欧阳修用这则寓言故事形象地说明了“熟能生巧”的道理。

寻找“四两鸡丁”的感觉

要想练出手感，除了多听老师傅的教导，还要自己沉下心来反复实践。以往参加三级厨师资格考试时，有一个环节就是检验学员的手感。当时有一道必考题“熘鸡丁”，需要四两主料，但选手不能带秤，需要用手掂，误差不超过一钱，否则就算失败。为了备战这道菜，我反复剔鸡肉、切丁、抓料，然后放到秤上称量，以寻找四两鸡丁在手里的感觉并牢牢记住。一个月内，我共剔了400只鸡，切好鸡丁之后反复抓量，练习完毕后将其做成各种口味的菜，先在餐厅售卖，卖不掉的再做成员工餐，剔下的鸡架子装满了一个四开门冰箱。通过刻苦练习，手感的准确性从量变到质变，考试前已达“一抓四两，一钱不差”的程度，用《卖油翁》里的一句话说就是，“无他，唯手熟尔！”如今很多厨师想着走捷径，剔一只鸡就会了，或者看一看就掌握了，这是不可能的。所以，每当听到有中餐厨师妄自菲薄，说“我们没有标准”时，我非常不赞同，因为中餐有杆秤，它在厨师的心里、手上。**心里有了秤，你才能成为师傅。**

第二层：模糊调味如有神

做厨师要达到的第二个境界是**“模糊调味如有神”**。站灶炒菜，节奏很快，没有时间让你来反应这道菜需要用几克盐、几克味精、几克甜面酱，所以，厨师要具备“下意识调味”的技能，而非先思考、后调味。

调料：模糊是最大的标准

“模糊调味”也是一个量变到质变的过程，需要在实际操作中积累经验，单靠死记硬背达不到这层境界。比如制作糖醋鲤鱼时，最后需要熬汁，济南府制作的糖醋汁，历史上就有两种熬制方法，一种是葱、姜、蒜米爆锅后，烹人醋和料酒，再加糖及其他调味品；另一种是先熬糖，即在锅内放水或油，下白糖熬至融化、呈水状，此时汤汁开始冒烟，汁面开始冒小黄泡，并变成鸡血红的颜色，这几秒钟的时间，便是烹水或烹醋的最佳时机。若烹水，因其是无色的，就需要把糖汁熬得“老”一点、颜色深一点；若烹醋，因其呈棕色，所以要将糖汁熬得“嫩”一点、颜色浅一点。这里只有因事制宜的规律，而无严苛死板的教条。这种细微差别，做一次肯定掌握不好，但做一百次、一千次之后，标准自然就在心里了，调味也就变成了下意识的行为。杜甫说“读书破万卷，下笔如有神”，借到咱们的行当里 ，就是“炒菜过万道，调味如有神”。根据我的经验，在鲁菜这片天地，没有20年的积累，成不了大厨，再聪明的人也不例外。

对于调味来说，模糊才是最大的准确。我一直不反对烹饪杂志中出现“适量”、“少许”等字样，因为有些调料没法给出准确的量，它与火候、灶具均有关联，达到“模糊调味”境界的厨师都能看懂。比如，醋、料酒是挥发性调料，火大了量就要大一些，反之则量小一点。但对于刀工来说，中餐有严格的标准，不能有一丝模糊。以往老师傅说：“马吃寸草，菜切八分”，说的是喂马的草料要铡成一寸长，如果砧板师傅在配菜时也将原料切成一寸长，那岂不是跟喂马无异？因此原料改刀的标准长度是八分（如蒜薹炒肉中的蒜薹段）或者一寸二（如回锅肉中的蒜苗）。我们学徒时，都在砧板上标出一寸二、八分的刻度。

第三层：出品贯通天地人

第三个境界则是“懂天、懂地、懂人”，对“三才之道”融会贯通。懂天是指厨师要按时令出新菜，举个简单的例子，“三月三，荠菜赛仙丹”，也就是说农历三月之前的荠菜清鲜脆嫩，连根都可以吃。懂地则是指厨师做菜要留意地域的差异性。以我们公司研发的孔府宴来说，在山东的酒楼，我们用三套汤炖制的“柴把鱼翅”最为热销，不勾芡，不浑汤，原味清爽，正适合山东人的口味；而在哈尔滨，我们烧制的浓香型“砂锅大黄翅”是主打，因为地处东北，冬日寒冷漫长，居民口味偏重，尤其喜欢这种色深、味浓、保温的菜品。懂人则是指“看人下菜碟”，比如遇到“三高”食客，排菜单时就会在上面注明“少油少盐”。

柴把鱼翅

砂锅鱼翅

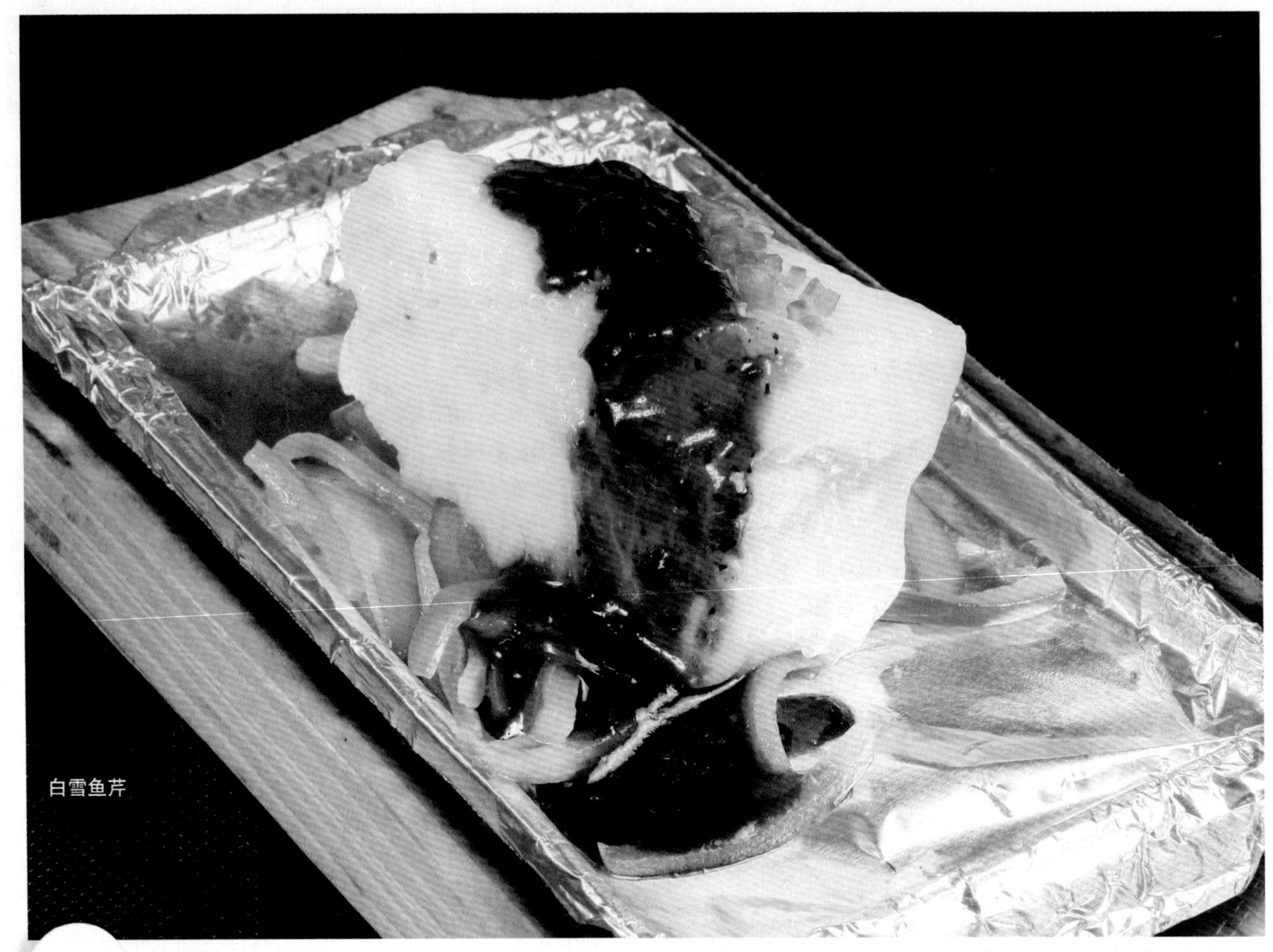
白雪鱼芹

一缕黑椒汁和一抹芹菜蓉妆点雪白的鱼肉，是删繁就简、洗尽铅华的成功范例。

Part2 烹调四章法

厨师年年出新菜，众口芸芸来过筛，有些流传成经典，有些三天被淘汰。那么，什么样的菜能通过食客的检验，经受岁月的淘洗呢？我认为，它一定是符合以下四条章法：

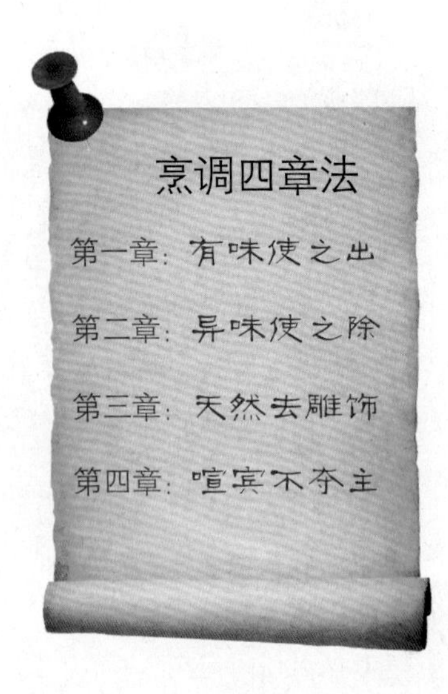

有味使之出

做菜一定不要违背原料的本性，比如，春天的本地鲫鱼怎么做？也许有的厨师要“创新”了：加大量佐料、又炸又烹，这不叫创新，而叫糟蹋原料。对于鲜活春鲫，最适合的吃法就是清炖、清蒸，如此才能突出原料的鲜美。也许有人会问：鲁菜中经典的干烧鱼就是又炸又烧，难道也错了吗？的确，工业时代之前，交通运输不便，很多海鱼到了内陆已经不新鲜了，所以厨师才将其干烧、红烧，以掩其异味、赋其新味。

异味使之除

有一句古语：“水居者腥、草食者膻、肉食者臊。”也就是说生活在水里的动物肉腥，如泥鳅、草鱼；吃草的动物肉膻，比如牛、羊；吃肉的动物肉臊，如狗肉，以及一些野味食材。古人已将三类食材的异味总结得精炼准确，厨师要做的就是按照其特性加入相应的调料，祛除异味，再进行下一步的烹调。

天然去雕饰

“清水出芙蓉，天然去雕饰”，这是诗仙李白心中的最美，其实，菜品之美也应达到这种境界：无须点缀就已美丽高雅、光彩照人。比如我们团队出品的“白雪鱼芹”，选料为西班牙皇室宴席中的一味高档食材——海盗斑鱼，充分祛异味之后简单腌制，再淋上黑椒汁蒸熟，配上一抹绿色芹菜蓉，盛入锡纸盘中，再无其他装饰，高洁典雅，受吃耐看。

喧宾不夺主

曾经有位厨师推出“冬瓜炖鸡”说是创新菜，我当场予以否定，因为鸡属补气补血的食材，而冬瓜有利水消肿的功效，两者一补一泄、属性背离，而且味道亦不和谐，强行搭配在一起，会导致冬瓜发酸、鸡肉发腥，根本没法吃。这几年，我发现很多鲁菜厨师搭配辅料极不讲究，青椒、红椒、黄瓜丁信手拈来。其实，在鲁菜里，这三者不作为辅料入菜，因为黄瓜清气太大，辣椒浓烈刺激，会掩盖主料的本味。鲁菜通用的辅料有木耳、冬笋、香菇、马蹄、蒜苗，其味平和，无论配鸡、鱼、肉，不夺主料和菜品的味型，能安分守己地当好“副职”。

Part3 文化宴席 名震两岸

李志刚是“金瓶梅文化宴”、“运河宴”的创始人。1985年，他开始阅读《金瓶梅》，历经12年的研读、走访、试制，1997年，他在济南东方大厦正式推出金瓶梅文化宴，之后受邀去我国台湾地区表演，名震两岸。谈起倾心多年的主题宴会，李大厨陷入了回忆……

菜单公式　四三六四

1985年，我被分配到劳动局培训中心当老师，那时候理论考试里有一道题目——拉菜单。考题多是这样的：请考生开列一桌总价100元的中档宴席，毛利保持在45%。很多考生看到这道题就头大，不是超出了总价就是毛利不达标。其实，当年济南的饮食业系统有一套拉菜单的方法：“四三六四席”，即配四道凉菜、三道大件、六道行件、四道饭菜，最后加适量主食、水果即可，而旅游饭店系统的大厨则认为这个方法太老套死板，直接“上几个地方特色菜、上几个硬菜、最后来主食”即可。我作为老师自然会将这两种方法都教给学生，但在实际操作中，显然宾馆系统的做法更有章可循、便捷迅速。从那时起，我就对宴席设计、配菜套路产生了浓厚的兴趣，并固执地认为，厨师一定要具备研发宴席、搭配菜品的“武功”，这是工作的立身之本，是大厨知识、才华和魅力的集中展现。

科学排菜　源自孔府

1986年，我到曲阜调研孔府菜，在这里，发现了孔府大厨“按件排菜”的方法，非常兴奋。这是古代厨师总结出的一个了不起的科学方法，也是最古老的批量出菜经验，他们以第一道大件菜命名整桌宴会，比如“燕窝三大件”。上菜的大致流程是：第一道大件跟一个炸菜（行件）、一道汤，第二道大件跟两个行炒，第三道大件多是鱼肴，同样跟两道行件（一般安排一个甜菜、一个素菜）。鱼肴最后上，寓意“鱼扫尾”，表明大件、行件结束，后面即将上甜菜。甜菜又叫压酒菜，提醒客人酒喝得差不多了。此时懂“套路”的客人会说：“干掉杯中酒，我们吃饭吧。”如果客人吃着甜菜却继续饮酒，则说明没喝足，主人应叫更多人来陪酒。甜菜上完后上饭菜（即用于下饭的菜品），多为蒸碗或烩菜，冬天则为火锅。明清两代，钦差大臣来了，上“燕窝三大件”；巡抚来了，上“鱼翅两大件”；县官来了，上“海参一大件”；府上的亲戚来了，上“海参八大碗”，再往下就是“六大碗”、“四大碗”，最低级别是“一碗菜、俩馒头”，多是供应给衍圣公府里的仆人。这样，宴会的搭配、生产有了一套完整的体系，来的客人再多也能做到有条不紊。厨师分工合作，有专门负责制作大件菜的，也有专门制作行件菜的。大件、行件、甜菜、饭菜各档口内部的菜肴成本差不多，所以“总厨”只需要把宴会大件确定下来，再从行件、甜菜、饭菜里随意调配即成一席，开列宴会菜单变成了一个排列组装过程，化繁为简、轻松快捷。这也难怪当时孔府内外厨师不超过30人，最多时每天能完成100多桌宴会，而且出菜特别快，这里边确实暗含了某些工业化的因子。这一古老而又科学的菜单组合形式为我日后研发文化宴席提供了思路。

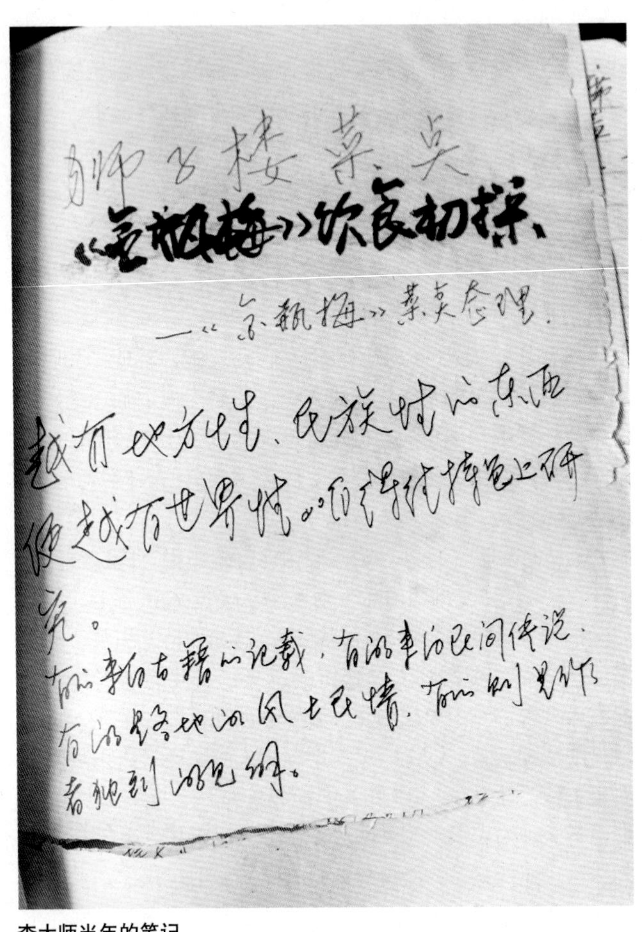
《金瓶梅》饮食初探

越有地方性、民族性的东西

有的来自古籍的记载，有的来自民间传说

李大师当年的笔记。

那几年，北京、扬州两地红楼宴的研发制作获得极大成功，已火遍大江南北。我的老师林德安先生见我对宴会痴迷陶醉，就启发我："《金瓶梅》写的是你家乡的故事，里面有2/5的内容记载了饮食。"的确，《红楼梦》反映的是贵族生活，一个茄子需要拿十几只鸡去配它，对老百姓来说可望而不可即，《金瓶梅》描写的则是市井文化，里面记载的菜品取料家常，生活气息浓郁，适用面更广。若能还原出来，将具有极大的推广价值。

宋蕙莲烧猪头

20世纪80年代，《金瓶梅》还是禁书，我逛了好几家书店，包括路边的旧书摊，都买不到。后来辗转借到半部，我就仔细通读了一两遍。有关饮食的章节，我做了大量笔记和注解，这本密密麻麻的笔记本可谓金瓶梅宴最原始的"菜谱"。到现在，我已经记不清读过多少遍《金瓶梅》，经过一段时间的揣摩，我先梳理出三道菜品，后来它们成为宴会的主打，热卖至今。第一道是"宋蕙莲烧猪头"。

一根柴火 ＝ 一捆秸秆

在书中，宋蕙莲是西门庆家里的一位厨娘，她烧得一手好菜。有一天，家中女眷打牌，潘金莲赢了些银子，就派人去买了一副头蹄（猪头+猪蹄），让宋蕙莲"烧个烂猪头"好下酒。宋蕙莲如何烧这个猪头？作者写道："于是起身走到大厨灶里，舀了一锅水，把那猪首、蹄子剃刷干净。只用一根长柴安在灶内，用一大碗油酱，并茴香大料拌着停当，上下锡古子扣定，那消一个时辰，把个猪头烧的皮脱肉化，香喷喷五味俱全。"这段描写记录了这道菜的三个关键，一是用锡古子而非普通铁锅，它是一种不漏气的灶具，类似现在的高压锅；二是油酱、大料；三是"一根柴火"。何谓一根柴火？有学者认为是一根木柴，但木柴火"硬"，若持续烧2小时，锡古子早就爆炸了，猪头也化了。我想起阳谷方言里有"一根柴火"的说法，但此柴非木柴，而是秸秆。农民把秋天的玉米秸拦根割断，然后铺在地里晒干，之后每四五十根扎成一捆，在地里晾干，再运回家码到场院里。傍晚做饭时，主妇们会对孩子说："去拿根柴火做饭"，此处的"一根"实际上指的是一捆。如此联想，我恍然大悟：秸秆火软，久烧不煳锅，更不会把肉烧化，若宋蕙莲是取一捆秸秆，然后逐根烧完，猪头应该能达到小说中软烂入味的效果，这样一切就合理了。

酱汤放到酸　味往骨里钻

破解了这些关键点，此菜的做法呼之欲出。试制过程中，我们又完善了几个环节。一，买回的猪头虽已煺毛，但皮底却还有毛茬，入菜有一股毛腥味。对此，我们有一项“冰毛”的技法：治净的猪头先入清水煮5–6分钟，捞出后立即浸入冰水里，静置5分钟之后再入热水煮5分钟，再冰镇，反复三次，毛根就自动从毛囊里蹦出来了，可轻松洗掉。二，冰掉毛茬的猪头放入锅中，添清水，放适量葱、姜、花椒，煮至离骨，捞出后完整地剔掉骨头，在猪脸上抹糖色，入热油炸至红亮，再放入酱汤，用“一根柴火”慢火卤烂即成。为了让猪头更加香糯软烂，我们用的酱汤也大有玄机：先把母汤放酸！具体做法是：将熬好的五香酱汤放置在常温下发酵至起沫、微酸（冬季约需5天，夏天需30小时），也就是厨师常说的“汤起沫了、酸了”的状态，然后加入适量白酒，放入猪头小火卤熟后捞出（下次使用前酱汤要撇油、添水、添料）。发酵后再加入白酒的酱汤“渗透力”特别强，加快了“烂肉透骨”的速度，卤好的猪头烂不脱型、香不油腻。三，卤好的猪头盛入盘中，配上黄瓜条、葱段、小春饼、甜酱一起上桌，服务员将猪头切片后分给食客，用春饼卷食，售价68元/位，供不应求。对于这道菜，服务员有专门的讲解：“猪头看上去肥腻，实则没有油脂，而是富含胶原蛋白，这也是老百姓从不用猪头肉炼猪油的原因。胶原蛋白对于女人来说是美容养颜圣品，它正是当年潘金莲、李瓶儿的美容菜。”

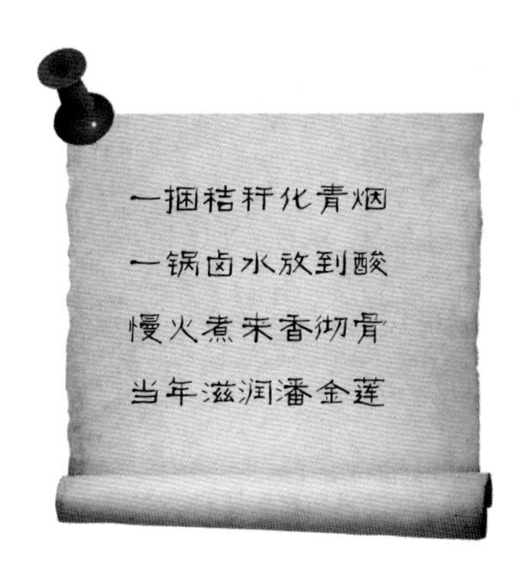

金瓶梅宴

历史悠久 丰厚的文化底蕴

文化主题菜品

《金瓶梅》中西门庆家的厨娘宋蕙莲从她的前夫蒋聪那里学得了一手好厨艺，最拿手的烹调绝活是烧猪头，她烧猪头时只需一根柴火，“上下锡古子扣定，那消一个时辰，把个猪头烧的皮脱肉化，香喷喷五味俱全”。

1.海虾留尾成凤尾虾，剖开去掉沙线，腌制入味。

2.蘸上藕粉后抖净。

3."活捶"成杏叶状。

捶熘杏叶虾

金瓶梅宴中的第二道旺菜是"捶熘杏叶虾"。它是金瓶梅故事发源地"临清码头"一带的经典时令菜。麦熟杏黄时节，河里的清虾最为肥美，当地居民将它去皮、去头制成凤尾虾，然后将虾肉捶成杏叶状的薄圆片，用水汆熟，加白汁熘炒、淋葱油而成。菜品洁白中透着红润，鲜美爽嫩，妙不可言。

辅料用藕粉　手法叫活捶

如何捶出一张薄透滑爽的虾片？一要选莲藕淀粉或者澄面，这两者细腻洁白，用它敲出虾片透明无暇。**注意，莲藕淀粉不能用超市中卖的藕粉代替**，成品藕粉是熟制品，冲水后即可食用，莲藕淀粉是生

如今，我已开发出200多道金瓶梅菜品，包括10多种面点。在实际经营中，我们沿用孔府厨师“大件+行件”的方式列菜单，高低档菜品按套路搭配，丰俭由人。

附：金瓶梅文化宴菜单一套

四干果/四果碟/四小菜
四凉菜：骑马肠、腌蒸鲜鱼、珊瑚菜卷、割切香芹
迎门茶：胡桃松子泡茶
大件：宋蕙莲烧猪头、芙蓉绣球燕菜、柴把鱼翅
六行件：捶熘杏叶虾、花酿两吃大蟹、馄饨肉圆子头脑汤、干蒸鸡、酥油泡螺、春不老炒乳饼
扣碗：扣莲蓬肉、扣白菜卷
饭菜：醋烹山药条、豆芽炒海蜇、珊瑚藕卷、椒油小菜心
饭点：鹅油玉米饼、黄芽菜肉包、玫瑰元宵、大饭糯米卷

的，用于勾芡。第二，“捶”这一动作有死捶、活捶之分。何为死捶？即一槌子砸到虾上，无回弹动作，这样捶出的虾片肉质发硬、发死；而活捶则是将木槌落到虾上接着有回弹的动作，这样捶出的虾肉松软、滑爽、鲜嫩。

制作流程：①海虾或青虾去头、外壳，留尾巴成凤尾虾，然后开背去掉沙线，加入适量葱姜丝、白胡椒粉、盐、料酒抓匀腌制15分钟。②将腌好的虾开背处抹平，沾上莲藕淀粉，抖净后用木槌“活捶”成杏叶状的圆片，在虾片外围划上几刀斩断虾筋。③锅入清水烧至90℃，下入虾片汆熟。④锅下开水100克，调入鸡汁、盐、味精，勾芡后烧浓，倒入虾片翻匀，淋葱油后即可。

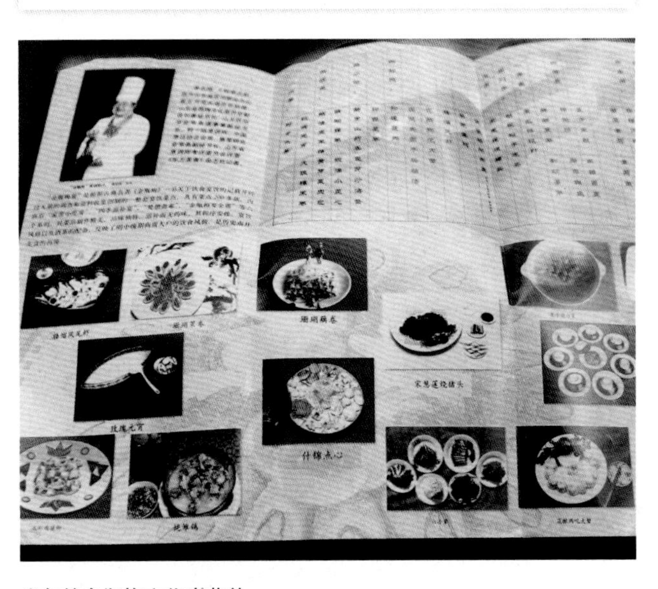

当年的金瓶梅文化宴菜单。

梁山杏花村　热推水浒宴

“金瓶梅文化宴”之后，李大厨又陆续推了地方风味“运河宴”、官府文化“孔府宴”、养生文化“阿胶上品宴”、庄园文化“齐民大宴”、农耕文化“水浒宴”。最近，水浒宴在梁山县的杏花村宾馆热推，客人进门先将人民币换成铜钱，然后换上水浒英雄的服饰，在饭庄里打酒买肉、开怀畅饮。

李大厨介绍：“《水浒传》人物形象个个鲜明，但要据此设计出一套宴席并非易事，因为书中没有具体菜单可以参考。我根据每位好汉的特点，与各种食材“对话”，找到亮点，关联再造，研发出一道聚义菜（类似全家福，汇集众多原料）、36道天罡压桌菜、72道地煞风味江湖菜、24道好吃好喝大扣碗，如此分类也便于宴席配菜。比如，十人宴会可以配1道聚义菜、4道天罡压桌菜、6道地煞风味江湖菜、1道汤、4个扣碗。水浒宴味道原始、突出鲜活、张扬生猛、崇尚时令。”

“36道天罡压桌菜道道对应天罡星英雄。如呼保义宋江对应的菜品是‘石锅肉末海参’，其色泽黑红、味道霸气，符合‘黑宋江’的特点。河北玉麒麟卢俊义对应的菜品是‘麒麟裙鲍’，即用一块裙边、一只鲍鱼烧成浓香位菜。”

注：天罡与地煞：《水浒传》中，从宋江到燕青的三十六位大头领被称为“天罡三十六将”，其余小头领被称为“地煞七十二将”。

换上“行头”，过把“好汉”瘾。

呼保义海参

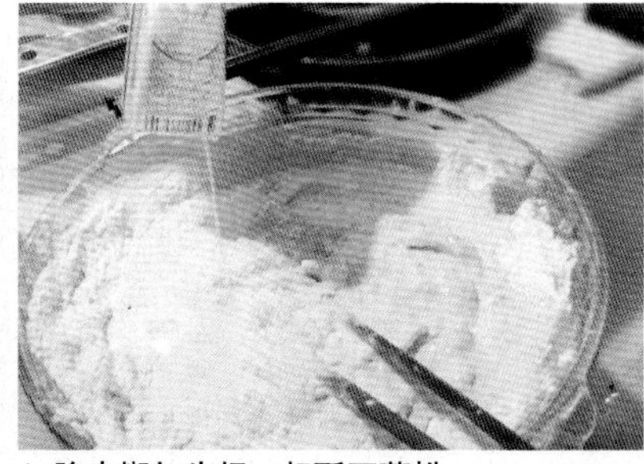

1.脆皮糊加牛奶，起酥更蓬松。

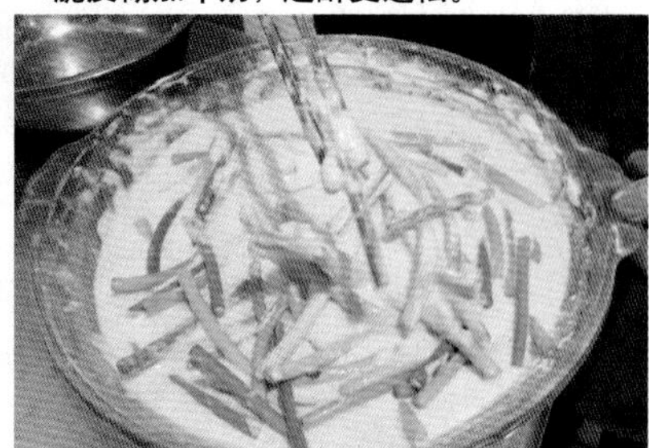

2.蒜薹裹匀脆皮糊。

3.粉丝入锅炸至膨胀洁白。

4.蒜薹入锅炸至金黄色。

英雄来去无牵挂，
一根蒜薹挂糊炸。
醉酒山前降猛虎，
独臂江南擒方腊。

武松蒜薹

李大厨为“行者”武松设计的菜品是一道简洁出彩的炸蒜薹。为何想到将蒜薹脆炸成菜？“蒜片作为料头入油爆锅时，香味浓郁，所以我联想到，其“同门食材”蒜薹油炸后口味一定也不错。我将其挂上脆糊炸至外金黄内翠绿，装盘上桌后，蒜香浓郁。一道成本低廉的小菜卖出了28元的价格，毛利超高，而且一根蒜薹暗合了武松不恋红尘、光棍一根、‘赤条条来去无牵挂’的人物特点。”

大师点拨——

①调脆皮糊时加少许牛奶可以使炸好的原料更加酥脆、蓬松。②调好的脆皮糊要饧一会儿再用，挂上原料油炸之后格外蓬松，体积要比挂未饧放的糊胀大1/3。

制作流程：①鲜蒜薹切一寸八的长段，加少许盐腌入底味。②脆炸粉120克、干淀粉30克、面粉30克加入适量水和少许牛奶调成脆皮糊。③锅入宽油烧至七成热，下粉丝小火炸至蓬松熟透，捞出控油后装盘垫底。④蒜薹挂上脆皮糊，放入七成热油中，关火浸炸至浅黄，升高油温至八成，下蒜薹复炸至金黄色、蒜香浓郁时捞出控油，放到粉丝上即可上桌。

Part4 **菜市买来家常料 即兴创意出新篇**

交流至尾声，许久没有临灶的李大厨“烹兴大发”，邀请小编走进社区菜市场，随机选购家常食材，现场创新、发挥、烹制了一桌美味佳肴。李大厨说：“修炼到做菜的第三重境界，也就具备了边买原料边创新的技能。有什么做什么，而且均能做出新意，这才是大厨之风范。”

李志刚大师随机买菜，即兴发挥，寻常原料，皆成佳作，题诗以赠之。

刘建伟

大师乘兴提菜篮，
春蒿野韭信手拈。
激扬勺声焰影里，
挥洒行云流水间。
发硎游刃皆诗意，
煮葵烧笋成新篇。
烹坛示有华山会，
一剑磨成四十年。

薄荷嘎丫面片

嘎丫面片是微山湖一带常见的家常菜，李大厨在此基础上添加了碧绿的薄荷芽，既提清香，又遮盖嘎丫的腥味。

拈（niān）：指用手指捏取东西。信手拈来，即随手拿来，多指写文章时能自由纯熟地选用词语或应用典故，用不着刻意思考。

发硎（xíng）：即磨刀。

1.片取嘎丫软扇。

2.片好的软扇加入适量葱姜等料腌制入味。

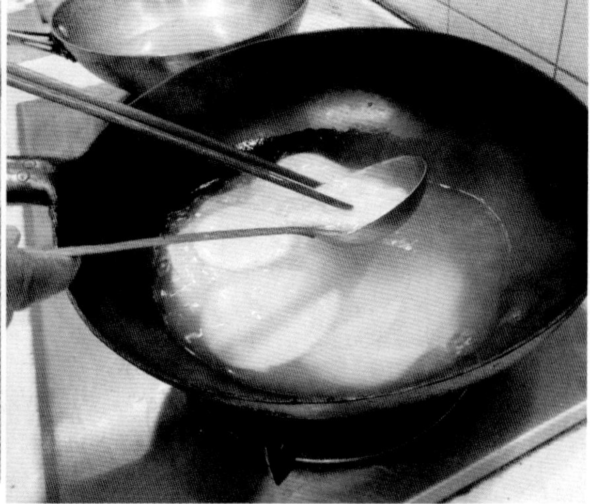

3.软扇腌制上浆后汆水，下入面片煮熟。

4.最后撒入少许薄荷芽。

大师点拨——

软扇入菜　食用方便

此菜要取嘎丫鱼的软扇，以方便客人食用。何为软扇？即去掉鱼头后从鱼身上取下不带脊骨、肋骨的一块完整鱼肉，与之对应的是硬扇：即带肋骨的一扇鱼肉，硬扇多用于切成段后炒鱼条，以保持其形状。嘎丫鱼嘴下方的刺很硬，而且有微毒，所以取软扇时要小心，防止扎伤。

制作流程：①嘎丫350克取软扇，加入适量葱姜丝、盐、味精、胡椒粉、料酒腌制入味，再拌入适量水淀粉上浆。②锅入清水，淋少许鸡汁烧开，下嘎丫软扇汆水至熟，再下面片（即饺子皮）100克煮熟，捞出控净。③锅入清汤450克，放入面片、嘎丫软扇、薄荷芽200克烧开，调入适量盐、鸡粉、鸡汁、味精即可起锅入盛器。

虾仁鸡肝膏

李大厨在集市上还买了2元一斤的鲜鸡肝，去掉筋膜后打成泥，拌入鸡蛋、淀粉蒸成肝膏，再配少许虾仁，成菜鲜嫩水滑，肝香味浓，是一道成本极低、老少皆宜的养生菜品。

1.新鲜鸡肝入料理机搅碎成蓉。

2.细密漏过筛去掉筋膜。

3.加入蛋液、水淀粉搅匀。

4.上笼小火慢蒸。

大师点拨——

生水蒸膏出蜂窝

打好的鸡肝蓉需要添加鸡蛋、水，调料搅匀后再上笼蒸制，此处千万不要加生水，而要加矿泉水、冷开水或清汤，否则蒸好的鸡肝膏容易出蜂窝，效果不好。

旺火蒸鱼 小火蒸膏

通常蒸鱼需用旺火，以保持水分，而蒸鸡肝蓉、鸡蛋膏则要用小火，否则很难蒸透，也容易出现蜂窝。

水滑虾仁先别搅

此菜点缀的虾仁由水滑制熟，在操作时需要注意，上浆的虾仁入热水后不要立即搅动，否则容易使"淀粉膜"脱落，成品不够细嫩洁白。

制作流程：①鸡肝300克洗掉血水，放入料理机中，加矿泉水100克、姜片20克打碎成蓉，然后入细密漏过筛去掉筋膜。②虾仁10个去掉沙线，切成小丁后加入少许葱姜末、料酒、盐、味精、胡椒粉、淀粉抓匀上浆，入水滑熟。③过滤好的鸡肝蓉约500克加入盐5克、鸡粉、白胡椒粉各4克、鸡蛋2个搅打均匀，倒入水淀粉（干淀粉与水1：1）50克调匀倒入碗中，覆膜上笼小火慢蒸10分钟，开盖放入虾仁丁后继续蒸3分钟，取出后淋少许美极鲜、香油即可上桌。

1.蛋清、蛋黄分离，打散。

2.蛋清、蛋黄液中分别放入榆钱，抓拌均匀。

3.蛋清榆钱入锅炒熟。

4.炒蛋黄榆钱。

炒鸳鸯榆钱

孔府菜里有一道鸳鸯蛋饼，是将蛋清、蛋黄分离，然后分别摊成饼，再拼装入盘，成菜一半金黄一半洁白，煞是有趣。李大厨巧妙地借鉴该做法，将榆钱分为两份，一份加蛋清、一份加蛋黄，分别炒熟后再堆入盘中，成菜一半蛋香味浓，一半清新鲜美，一侧金黄、一侧泛白，榆钱黏软微甜，食之妙不可言。

制作流程：①8个鸡蛋，将蛋黄、蛋清分离，分别打入两个盆内，各加入适量盐、白胡椒粉、鸡粉调匀，再分别加入洗净的榆钱300克搅匀。②炒锅下色拉油滑透，倒出热油后再淋入少许凉油，下蛋清榆钱中火炒至凝固成块，起锅盛入盘中一侧。用同样的方法再将蛋黄榆钱炒熟，堆放到另一侧即成。

1.香菇去蒂，飞水，剪成“鳝丝”。 2.拍匀面粉。

3.“鳝丝”炸至酥脆。

麻辣素鳝丝

这是一道传统寺庙菜，素菜荤做，把香菇剪成“鳝丝”，油炸后一面是黑色，一面是淡金色，一端粗、一端细，外形以假乱真。素鳝丝的传统做法是烹糖醋汁，调甜酸口，而李大厨则将其烹成麻辣味，使菌的气息趋淡，“肉”的感觉提升，吃起来热烈开胃、更像鳝鱼。

大师点拨——

剪至菌芯细变粗

鲜香菇飞水后，要用干毛巾把表面水分吸干，这样剪“鳝丝”时香菇不滑，更容易操作。一开始要剪得细一点，看上去像鳝鱼尾巴，越到菌芯剪得越粗，末端最粗，像极了鳝鱼头。菌丝不宜剪太长，否则入油炸时容易缠绕在一起。

两次拍粉起脆酥

香菇要上两次粉：腌时加少许淀粉，可使食材发滑发脆，炸前再拍一层面粉，可使外壳变得疏松。两种粉一起“发力”，炸好的香菇丝又酥又脆。

宁舍三个菜　不舍一勺汤

此菜也可选用干香菇，但泡发后需要用毛汤煨一下，再剪成“鳝丝”。关于煨制，李大厨讲到了一个观点：“宁舍三个菜，不舍一勺汤。高汤成本高，专用于做菜，毛汤低档，多用于笃（dǔ，即“煨”）原料。如今很多厨师动辄用高汤煨食材，其实是一种浪费行为。”

七成向外翻　八成向内聚

“鳝丝”需要炸两遍，第一次油温为七成，第二次油温为八成，如何辨别油温是否达标？李大厨点出一个妙招：油温六七成热时，表面的油花往外翻，达到八九成热时，油花则往中间聚集。

提前预制：①鲜香菇200克剪掉菌把，洗净后快速飞水，捞出吸干水分，剪成长条，纳入盆中，加适量盐、鸡粉、料酒，撒上少许干淀粉拌匀后腌制5分钟。②锅入开水，下入腌好的“鳝丝”快速烫一下（进一步祛除香菇原味），捞出沥干水分后再拍一层干面粉备用。

走菜流程：①锅入宽油烧至七成热，下入拍粉的“鳝丝”炸至硬挺、表面微黄时捞出，升高油温至八成，下入“鳝丝”复炸至酥脆，捞出沥干。②锅留底油烧热，下入干辣椒丝5克、花椒粒4克爆锅，滗出余油，加入葱姜丝5克，迅速倒入炸好的“鳝丝”，调入盐2克、鸡粉2克、黑胡椒粉3克，烹入少许汤（防止“鳝丝”发干），翻匀后装盘，点缀姜丝、薄荷叶即成。

黑椒煎三丁

制作素鳝丝剩余的香菇柄被李大厨巧妙地融入了这道菜中。他将菌柄切丁，配上蚕蛹、虾仁，过油后搭配黑胡椒炒制，成菜黑椒味浓郁。李大厨说："厨房是个充满创意的地方，把食材物尽其用，灵活地配出新花样、调出好味道，这才是烹饪的魅力所在。"

1. "三丁"滑油。

大师点拨——如何挑选蚕蛹

一看外观：优质蚕蛹色泽鲜亮，并且完整不碎；二看手感：用手轻轻捏一捏，太软和太硬的都不好，前者炸出来不香，后者则说明蚕蛹快变成蛾子了，不适合入菜。

油泡变小火候足

滑炸三丁时，一开始油泡很大，慢慢地油泡变得小而均匀，说明原料中的水分此时已蒸发，三丁已经起脆，可以捞出控油。

2. 入锅加黑胡椒粉翻炒均匀。

制作流程：①虾仁60克挑出虾线，切丁后加适量盐、鸡粉、料酒、蛋清、淀粉抓拌均匀。香菇把80克切丁。葱切"豆瓣"、姜切末、蒜切片备用。②锅入宽油烧至六成热，下香菇丁炸至微黄后捞出，升高油温至七成，下虾仁丁半滑半炸至熟后再下入菌丁、蚕蛹80克一起滑至油面泡泡变小，捞出沥干。③锅留底油，下葱、姜、蒜爆香，倒入三丁，调入黑胡椒粉5克、鸡粉2克、盐2克中火翻匀即可装盘。

大师 李昌顺

中国烹饪大师，1963年出生于山东省淄博市博山区，1978年跟随“聚乐村”饭庄第二代传人刘书文学习本地菜，2008年，他拜在颜景祥大师门下，对鲁菜有了更深层次的理解，2000年始担任山东理工大学国际学术交流中心主任、总经理。

鲁菜芳园又一枝——博山菜

在离济南仅40分钟车程的淄博博山，藏着一块未曾充分向世人展示其餐饮魅力的浑金璞玉。酥锅、豆腐箱、烤肉、油粉、莲浆、沤底菜……博山菜博大精深、技法独到、口味普适，在鲁菜中自成一格。地道的博山人、中国烹饪大师、现代博山菜掌门人李昌顺为我们详细讲解了10多款博山名菜的制作秘籍。

源远流长博山菜

李大师说："提起鲁菜，大部分人将其分为三部分——济南菜、胶东菜、孔府菜，其实这种定义漏掉了一个重要分支，那就是博山菜。"

为何这么个小地方的菜品能在鲁菜中占据一席之地？李大师说，餐饮是一种文明，其发达程度取决于物质基础。博山位于古齐国，2000多年前的齐地，是全国政治经济文化中心。博山境内，有"炉"（琉璃）、"窑"（陶瓷）、"炭"（煤炭）三大产业，是著名的陶瓷之都、琉璃之乡，煤炭资源丰富，人口密集、商旅如织，这使得博山菜有着深厚的历史积淀和强大的物质基础。

博山产炭也产陶 煲制酥锅正配套

博山美食首推酥锅。这道菜在山东多地都有不同版本，为什么博山的最有名？一是因为被称为"瓷都"的博山制陶业发达，用于制酥锅的一口大黑砂锅正是产于此地，这种砂锅能装下20多斤原料，其壁厚、底大、传热慢而稳定，最适宜做细火菜。二是因为博山盛产煤炭，这里家家常年生一口炭火炉，冬天放到屋里取暖，夏天放在室外烧水，不像其他地方的居民，不是舍不得柴火，就是陪不上工夫。三是因为"瓷都"人还有技术，炭炉烧久了，当地居民便琢磨出了一项特殊的压火、封炉子的技术：用2份炭、1份黄土加适量水和成泥，压成煤饼，需要压火时就取一块放到炉膛内，中间抠一个小洞控制炭火大小。常年生着炭火、又具备调出微火的技术，所以博山人可以轻轻松松"酥"出一锅软烂鲜香的"大杂烩"——这就是酥锅在博山产生并盛行的物质基础。

酥锅+豆腐箱=旱酥鱼

在博山，酥锅、烧锅、旱酥鱼并称为"三大锅"。酥锅的主料一般为鱼、肉、海带、豆腐、素鸡等，档次较低，多见于寻常百姓家；烧锅是酥锅的精品版，主料只有带皮肘子肉、黄花鱼、虎皮蛋，多见于富足人家。以往，只要看看酥锅用了什么料就能判断这个家庭是穷是富。

旱酥鱼则是酥锅的延伸版，由李昌顺大师原创，其最大优点是解决了博山酥锅味好但形散、卖相不佳的问题。**大致做法是**：将博山豆腐改成长11厘米、宽6厘米、高5厘米的长方块，入油锅炸成褐色，取出后从上面开一个盖（类似豆腐箱），用特制工具掏空里面的瓤，依次放人马踏湖莲藕、拉过油的鲅鱼、海带根、五花肉片，盖上盖子，放入垫有白菜叶的高压锅内，加入调料和鸡汤，小火酥至熟透，关火放凉，取出人保鲜盒冷藏保存，走菜时取一块豆腐，切片后摆盘上桌。李大师巧妙挪用制作豆腐箱的技法处理酥锅，成菜整洁大气，使传统酥锅摆脱了无法上高端宴席的窘境。

烧锅

旱酥鱼

1 2
3

❶ 糗糕
❷ 油粉
❸ 莲浆

小米粥倒入豆腐浆

除了自身的积淀与传承，博山菜的形成也受北京官府菜的影响。雍正年间，这里出了位名人——“一代帝师”孙廷铨，他在京城为官多年，位高权重，告老还乡之后，把北京的一些小吃、菜品、宴会规制带到了博山。如今的博山菜里还留存着不少北京风味美食的印记，比如“茶汤”，它本是北京光禄寺的一种饮汤，如今是与博山油粉、莲浆、糗糕齐名的地域美食。“油粉”在博山几乎家家会做，是一种稀粥型的小吃，堪称山东四大粥之一——临沂有糁汤，鲁西南有糊粥，济南有甜沫，博山有油粉。**大致做法**：锅内倒入开水，依次放入姜、豆芽、花生米末、白菜丝、豆腐丝、粉丝后大火烧开，再放西红柿丁调色泽、增酸度，煮出酸味后下入用凉水调开的小米面糊继续搅匀、熬熟，最关键的一点是：即将出锅时倒入少许酸浆（压豆腐时候滤出的浆水发酵而成），那种带有微微的香甜的酸头就出来了，喝起来既养胃，又顺口，当地人最爱的早餐搭配就是酸油粉+菜煎饼，滋味妙不可言。

李大师设计的
博山海参四四席

抬出八仙桌　摆开四四席

孙廷铨不但从京城带回了特色美食，还带来了官府菜的就餐理念和流程。后代厨师结合北京官府菜宴席以及当地居民的饮食特点，逐渐打磨出了一套著名的“博山四四席”，成为当地独有的一种宴会形式，已传承了上百年。近几十年，这套“古董”宴席渐渐被年轻厨师遗忘。2011年，李大师重新挖掘四四席文化，还原四四席规制，率先在山东理工大学学术交流中心推出了“博山海参四四席”，引来同行关注。

与孔府的宴会相似，博山四四席也是以第一道大菜命名整桌宴会，上菜时同样是一道大件跟一道行件，不同的是，博山四四席将整桌宴会分为四大板块：什锦冷盘、大件热菜、行件和合、老家面食，每个板块包括四道菜，如大件热菜包括三鲜海参、栗子焖鸡、博山烤肉、糖醋鲤鱼。如此一来，不加干果、水果，一桌宴席共16道菜，既好听又丰盛。为何处处含“四”？李大师介绍：“以前客人吃饭用八仙方桌，4个菜为一组上席后，无论是摆在方桌的四个角上还是四边的中央处，都是对称的，客人食用也方便，而且在古时候，‘四’字好彩头，有四平八稳之意。”

海参四四席菜单

香酥干果：原味杏仁、椒盐核桃、五香花生、椒盐瓜仁。
精美点心：琉璃地瓜、金银卷、山药饼、烤南瓜。
时令水果：鸿福石榴、富贵龙眼、朱紫葡萄、珍珠金橘。
什锦冷盘：冻粉芹菜、炒苤蓝丝、博山酱肉、早酥鱼。
大件热菜：三鲜海参、栗子焖鸡、博山烤肉、糖醋鲤鱼。
行件和合：豆腐箱、扒素三鲜、博山烩菜、八宝饭。
老家面食：酥皮火烧、博山莲浆、葱花油饼、博山油粉。

目前，李大师主推这套海参四四席，但不同季节所配菜品有所变化。春天，他会把行件里的八宝饭换成时令香椿春卷，把面食里的酥皮火烧换成荠菜煎饼；夏天，他会将大件里的糖醋鲤鱼换成博山凉糕（是一道大件甜菜）；秋天，则可以将栗子焖鸡换成炸小抓鸡（春天的小鸡到秋天正好长至“一抓”，即大小恰能一把抓在手里，此时剁块油炸就能吃到当年小鸡的鲜香）。

博山名菜细讲解

如今的博山还有一项美誉——“鲁菜名城”。这座小城的餐饮，如同它的煤炭资源一样，也是一座富矿，汇聚了众多别具一格的特色名菜，如蝴蝶海参、梅花大肠等。观之，做法新奇，造型绮丽；食之，细腻淳朴，风味天成。

梅花大肠

济南有九转大肠，博山有梅花大肠，前者烧制而成，后者汆蒸制熟，各具特色。梅花大肠还是博山四四席里的一道行件菜，厨师在烧好的大肠内酿入鸡料子，插上杏片，摆盘蒸熟后灌入清汤，成菜好似一朵朵梅花盛开在清波之上，观之赏心悦目，食之鲜美可口。

大师点拨——面粉洗掉脏器味

要选新鲜、粗细均匀的“大肠头”入菜。这段肠熟后浑圆厚实，便于酿料、成形。此菜的另一关键是祛异味：鲜大肠内外都要加生面粉反复搓洗，煮时加稍多量的葱姜、花椒、料酒，以充分祛除肠油和脏器味。

批量预制：①鲜大肠加入面粉反复搓洗，翻面后再加一部分干面粉搓洗干净，之后充分漂净，冷水入锅，加适量葱姜、花椒、白酒汆至断生。②汆好的大肠入高压锅，加酱汤中火压20分钟至熟透，捞出后在中间插入大葱段，放凉定型。

走菜流程：①将凉透的大肠切成扳指段，取出大葱，每段大肠分别酿入鸡料子，底端抹平，上端堆出一个小“山丘”，插上六片汆水的杏仁片，中间嵌一颗枸杞，做成生坯。②将加工好的生坯摆入盘中，覆膜后上笼旺火蒸8分钟，带一壶烧开并调有底味的清汤上桌，服务员把汤倒入盘中即可食用。

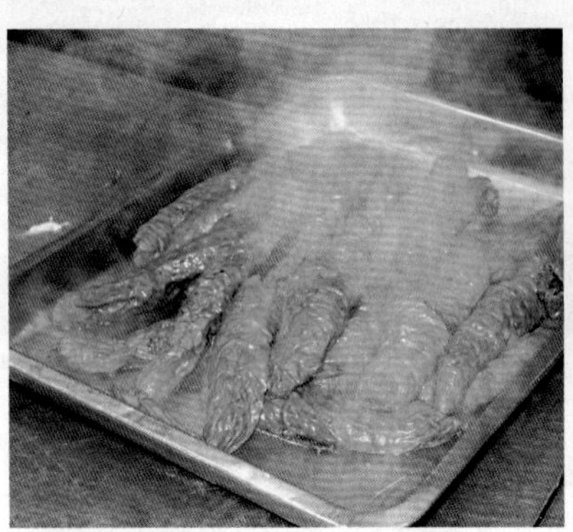
1.压熟的大肠。

2.插入一根大葱冷却定型。

3.改成扳指段。

4.去掉中间的葱段。

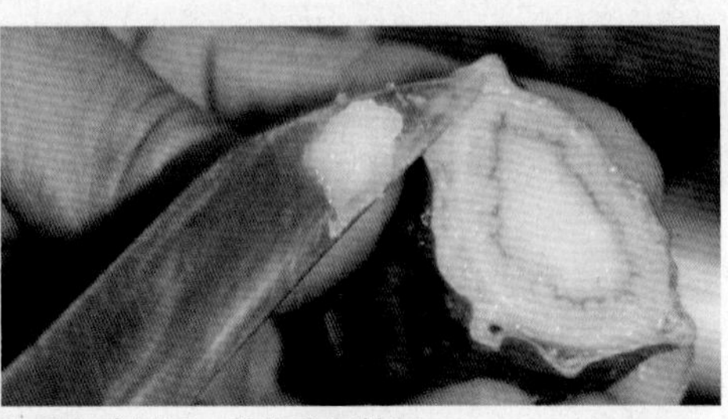
5.酿入鸡料子，并将底面抹平。

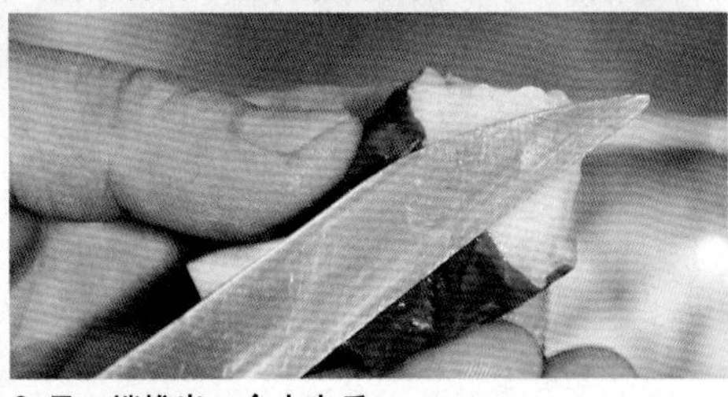
6.另一端堆出一个小山丘。

7.插上杏仁片、中间点缀枸杞。

8.上桌后浇入清汤。

博山豆腐箱

豆腐箱由博山大街南头名厨张登科首创，它之所以成为博山的代表菜，与这里的豆腐质地有关。博山豆腐细腻、结实，非常有韧性，因此可以炸成方方正正的“箱子”，能承受馅料的重量而不致破碎软塌。

大师点拨——

“打脑”工艺做出结实豆腐

为何博山豆腐具有这些特性呢？因为这里的居民制作豆腐时，有一项特殊的“打脑”工艺。大致做法是：黄豆磨成豆浆，过滤掉豆渣之后倒入锅内小火烧沸，然后点酸浆（压豆腐时滤出的浆水发酵而成，质地天然），待豆浆凝结成一团团的“豆腐脑”时，操作者将这些豆腐脑全部打碎，然后再倒入垫有笼布的盒内，压出浆水，做成豆腐。为何用“打脑”工艺做出的豆腐细腻结实呢？因为豆脑被打碎之后，存积在蜂窝孔里的浆水也被充分挤压出来。

炒馅调砂仁

此菜用五花肉、海米、笋丁等炒成的熟馅，也即搽馅。需注意的是，炒馅调味时一定要加砂仁面，这样能散发一股微苦的特殊香气，这也是豆腐箱是否正宗的一个标准。

浇上爆汁　瞬间入味

此菜最后要浇入的爆汁，即用蒜片炝锅、烹陈醋、加汤调味熬浓勾芡而成，类似爆炒腰花的汤汁。蒸好的豆腐箱外面没有底味，而爆汁渗透力强、香味浓郁，两者一接触，豆腐箱瞬间入味。

博山豆腐箱制作流程：

1.制作此菜需要选用“打脑工艺”制作的博山豆腐（右为博山豆腐，左为普通水豆腐）。

2.改成长方块，炸至定型，掏出瓤。

3.掏空后变成豆腐箱。

4.锅下底油烧热，加入泡软的海米30克炒香，调入生抽6克、蚝油3克，倒入笋丁250克、五花肉丁100克翻炒均匀，加入味精5克、五香粉3克、砂仁面2克炒匀，淋少许香油即成馅料。

5.在豆腐箱内填入笋丁馅。

6.依次做好之后覆膜上笼旺火蒸15分钟。

7.爆汁：锅下底油烧热，加入蒜片爆香，烹入陈醋25克、生抽5克、老抽2克，添清汤50克，调入适量盐、味精、白糖后烧开熬浓，勾芡后撒入汆水的木耳10克、青蒜段5克。

8.起锅浇在豆腐上即可。

蝴蝶海参

蝴蝶海参是博山地区的一道传统高档鲁菜，它展现了厨师精湛的手艺和鲁菜典雅的气质。李大师说：“过去食材稀缺，厨师要用尽可能少的原料做出大气实惠的菜品，蝴蝶海参就是其中代表：只用2只海参就能做出一份大气的例份菜，上桌后客人赏其形、品其汤，然后每客分享一只栩栩如生的‘蝴蝶’。”

大师点拨——

选参：个大肉厚

此菜必须选用质地优良的刺参，涨发后个头大、肉质厚，片出的片柔韧透明、丰满结实，如今可以选用冰藻海参，个大肉紧、价格便宜。若用质地较差的海参，则片后易碎，无法做成蝴蝶的翅膀。

改刀：横向切片

此菜刀法特别。葱烧海参等菜品要求厨师将海参片成抹刀长片，而此菜则要求厨师横向片参，片出弯曲的薄片，酷似蝴蝶翅膀。

上等清汤浮力大

此菜要选用上等清汤。因为清汤是用大量食材煮、吊而成，其比重比清水大，灌入盘中能使蝴蝶浮起来，菜品更加灵动。

盘底蒸芙蓉　托起小蝴蝶

此菜中的蝴蝶“身体”是用打上劲的鸡料子塑造而成，因为鸡蓉的密度低、浮力大，容易漂在汤面。有些师傅在制作这道菜时，会做一个很大的“身子”放到海参片上，以增加浮力，但如此一来，蝴蝶身大翅小，看上去不够协调。李大师为了兼顾浮力与造型，特意做了改良：在盘底蒸一份蛋清芙蓉底，把蝴蝶身子做得小巧一些，镶嵌在海参片上，蒸后放到芙蓉底上，上桌后灌入浅浅一层清汤。上桌后客人可以舀起一只蝴蝶、一块“芙蓉”入碗，搭配食用，更显优美。

蝴蝶海参制作流程：

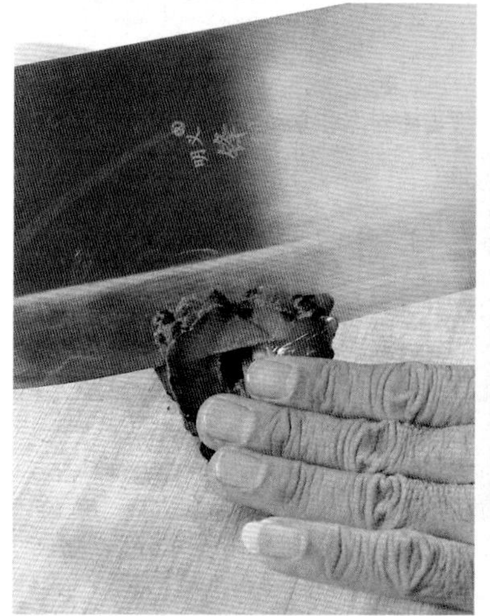

1.横向片海参，片出蝴蝶片。

3.鸡料子修成橄榄形，嵌上芝麻、贴上青红椒丝，做成“虫身”。

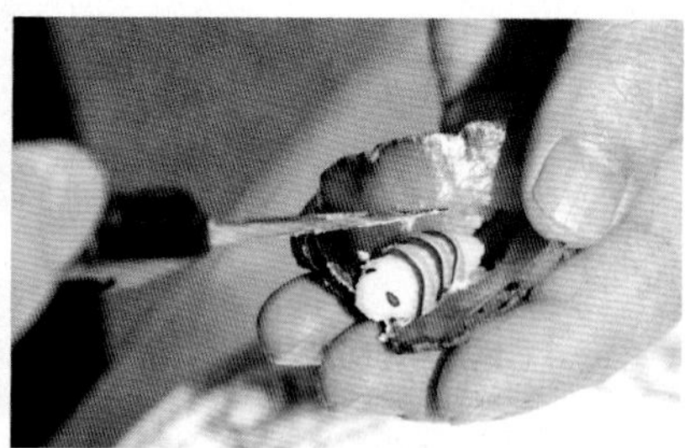

5.黏上做好的“虫身”。

6.盘底蒸蛋清芙蓉，然后放上蒸熟的蝴蝶海参。

2.片好的海参片形似蝴蝶翅膀。

4.海参片中间抹上淀粉。

7.上桌后灌入上等清汤。

打鸡料子：鸡脯肉150克打成泥，用竹签挑出筋膜，加入适量盐、味精、水淀粉、蛋清、葱姜水打成鸡料子。

提前预制：①发好的冰藻海参1只人调好味的清汤小火煨5分钟，捞出放凉，横向片成3毫米厚的“蝴蝶翅膀”。②取蚕豆大小的鸡料子放到铲刀上，用另一把雕刻刀修成长橄榄形（状如蝴蝶身体），然后镶上两粒芝麻做眼睛，再贴上几条汆水过凉的青、红椒丝，做成身子上的花纹。③取一片海参，在中间抹少许干淀粉，然后黏上修好的蝴蝶身，再在蝴蝶“头部”插上两根虾须作为触角，即成蝴蝶生坯，依次做好六只。

走菜流程：①蛋清7个加人清水300克、少许盐调匀，盛人深盘底部，上笼蒸成芙蓉底。②将做好的蝴蝶生坯摆人盘中，覆膜后上笼旺火蒸5分钟至熟，取出后错落地摆到蛋清芙蓉上。③上等清汤人砂锅烧开，调人盐、味精，装人壶中，跟随蝴蝶海参一起上桌。服务员将清汤慢慢注人深盘中，蝴蝶在清汤中翩翩起舞，活灵活现。

1.红香椿去掉老梗，留嫩心。

2.汆水至颜色变翠绿，挤干水分。

3.肉丝加甜面酱炒熟。

4.盖到香椿上，最后点缀海米。

椿芽肉丝

在博山地区，香椿芽的吃法除了常见的“香椿炒鸡蛋”，还有肉丝海米拌椿芽，其中的肉丝最好用“飞酱”技法（即锅内先炒糖色，再加甜酱炒匀，散发一股焦糖气息）炒制而成，再配上温油浸透的海米，既有香椿的浓香，又有海米的清鲜、甜酱肉丝的厚重，一菜上桌，香透大堂。

原料：猪后腿肉50克，鲜红香椿芽200克，海米10克。

调料：甜面酱10克，味精2克。

制作：①猪后腿肉切丝，上浆滑油备用。②红香椿去掉老梗，只留嫩心，根部切十字花刀，汆水后挤干。③海米入三成热的油中浸透备用。④汆好的香椿芽加入少许盐、味精、香油拌匀，盛入盘中。⑤锅留底油烧热，加入葱、姜末爆香，下甜面酱8克炒匀，烹入少许清汤或清水稀释一下，加肉丝翻炒均匀，补适量白糖，浇到香椿上，撒上海米即可上桌。

1
2

❶ 汳底海参
❷ 汳底燕窝豆腐

汳底菜

汳底菜又叫肉底菜，是博山独有的一种烹调方法，也是本地宴席上不可或缺的大件菜，其制作方法类似扣碗又不尽相同。

肉丝做底 鲜香味厚

博山菜的特点是咸鲜为本、浓香醇厚、回味悠长，汳底菜充分诠释了这个特点。其大致做法是：①肉丝、笋丝汆水后用香油炒熟，制成肉底备用。②取一个扣碗，底部码上主料（如海参、鱿鱼等），上面填肉底，灌人清汤、调味，上笼蒸透，取出后将原汁滗在锅内，将碗中原料扣人深盘，使肉底在下、主料在上。③原汁中添加适量清汤或高汤，烧沸后调盐、味精、胡椒粉、五香粉，挑出主料，人汤稍煨，一起浇人深盘内，一道汳底海参或汳底鱿鱼就做成了。与扣碗相比，汳底菜多了一层肉底、一些汤汁，前者解决了普通扣碗“鲜而不香、味薄不厚”的难题；后者则加大了菜品分量，让客人不但可以吃主料，还能喝到原汁原味的鲜汤。

回锅肉汆散再炒 炼红油三种辣椒

大师 曹靖

中国烹饪大师，川菜烹饪大师。一九八二年毕业于四川省旅游学校烹饪专业，之后在锦江宾馆工作二十余年，并在国内多家知名酒店担任过行政总厨等职务。现任四川省天味调味品有限公司技术顾问，大蓉和蓉和小厨技术顾问，郑州姐弟俩餐饮有限公司菜品导师，并为四川省原创菜品评定委员会专家。

诸肉还是猪肉香

“川菜源远流长、博大精深，与苏、鲁、粤并称中国四大菜系，令人叫绝的菜式不下千种，但若是搞一场评选，最受普通大众欢迎的还是回锅肉。有些厨师认为回锅肉的制作很简单，就是煮一块、切成片、炒几下，却不知，有时越是简单的菜肴，越要用心制作，每一个步骤比别人多讲究一点，最后的出品就能比别人高出一大截，长久积累，你做出的菜品就能将同行远远地甩在身后，成为行业的佼佼者。”

回锅肉

回锅肉是川式家常菜的典型代表，最初源于民间祭祀，因百姓将煮熟的猪肉敬献先祖后再回锅炒制而得名，几百年来沿袭至今。回锅肉的做法看似简单：猪肉片小火熬出油，再放郫县豆瓣炒香，最后投入蒜苗翻匀出锅，但想要做到肉片色泽红亮、肥而不腻，由干香中带出徐徐柔软，有几个技巧必须要注意：

肥四瘦六宽三指
后腿二刀最是香

真正的回锅肉是选用猪后腿二刀肉制作，而非某些厨师认为的普通五花肉，一定要买当天宰杀的鲜猪肉，肥四瘦六，太肥则腻，太瘦易焦；肉片的宽度要斩到三指，太宽太窄都难以成形。

而想要炒出一份好肉，调料的选择非常重要：正宗的郫县豆瓣用刀剁细；甜面酱要色泽黑亮、味道甜香；酱油要浓稠得能挂住瓶壁。

1.煮熟的肉片有淡淡粉红色。

2.肉片炒出“灯窝盏”。

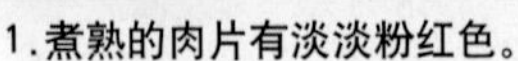

煮料——

先煮小料再煮肉

有些厨师将猪肉直接放入清水中煮熟，肉入锅后才投入少许葱段、姜片、料酒，煮好的肉很难出香。我的办法是将锅中水烧沸后，先放入生姜、大葱、蒜瓣、花椒，下入的葱、姜、蒜一定要用刀拍破，让其内部疏松，以便加热时味道充分溢出，约熬7–8分钟，再放入猪肉煮到六成熟，也就是外表变色，用竹签戳肉不流血水，但切开能看见淡淡粉红，这时将肉块捞起。一定不能煮到全熟，否则最后炒制时肉片易老，失去化渣的口感。

切料——

肉块急冻两三分　肥瘦不断厚薄匀

刚煮好的肉太烫手，难以切出厚薄均匀的肉片，有些厨师就将肉放到一旁，待其冷透了再切，可这时候切出来的肉片虽厚薄均匀，但肥瘦易断。我的办法是将煮好的肉放到冷库急冻两三分钟，在肉块外冷内热的时候下刀，此时刀刀断开、肥瘦相连、厚薄均匀，卖相最完整。

入油——

菜油炼熟入热锅

有些厨师喜欢冷锅放油，或者在热锅中放生油炼熟后做菜，这两者都是不可取的：冷锅放油，待锅热时油温已经过高，肉片下入后极易变煳；而刚炼熟的生油烟味过重，炝入菜中，会大败菜的本味。最好的办法是将锅热透后，放入一点已经炼熟的菜油，此时再下入肉片，热锅冷油，肉片不黏、不煳，且经过煸炒，猪肉中的油脂溢出，与菜油融合，炒制后香味更浓。有些厨师喜欢不放油，直接将肉片下入锅中煸炒，这样油是不重了，可肉也干了，失去了化渣的口感。如果担心成菜口感过腻，可以在肉片熬好后，倒出多余的油后再进行下一步制作。

下料——

肉片氽散再煎炒

热锅中的油烧到四成热时，就可以放肉了。这里有一个细微处需要注意：切好的肉放了一阵子，肉片会粘连在一起，若下锅后用勺子将其炒散，则肉片上的肥瘦两部分容易分离；而若是等到肉片粘连部分的油化开自己分散，又容易下焦上腻。我的办法是将煮肉的汤放在煲仔炉上小火保持温度，不用太高，70℃足矣，肉片下锅前，先放在漏勺内下入汤中氽散，沥水后再上锅煎，这样肉片的肥瘦不断，吸入的汤汁还能帮助其保持嫩度。

投料——

中火熬出“灯窝盏”

有些厨师喜欢用大火熬肉，待其呈“灯窝盏”后再下入郫县豆瓣炒香，但大火易将肉片熬焦，我一般是用中火，下入肉片后立即放入剁细的郫县豆瓣混合炒制，肉片在卷曲变为“灯窝盏”的过程中，能充分吸入豆瓣特有的色泽和味道，此时再放入甜面酱、酱油，淋入几滴料酒、放一点鸡精，增加香味和鲜味，然后马上投入蒜苗，翻匀出锅。

蒜苗要用细长杆

现在很多厨师喜欢在传统回锅肉的基础上延伸，制成干豇豆回锅肉、蕨菜回锅肉、面皮回锅肉等等，但无论怎样改良，回锅肉始终离不开蒜苗这一固定搭档。制作回锅肉应该用香蒜苗作配料，夏秋时节上市，外形又细又长。有的北方厨师会用一种秆粗叶长的蒜苗作配料，川人称为“葱蒜苗”，有一种冲鼻的坏葱味，一投入锅，这份回锅肉就被毁尽了味道。

同行探讨

肉片切好晾凉　按份分装保存

谢昌勇（川味飘香餐饮管理有限公司董事长）：制作回锅肉时，确实需要像曹大师说的那样，肉片不能粘连着下锅，否则难以炒出“灯窝盏”。将肉片氽散是一个办法，但氽后的肉片水分多，放入热油中爆得厉害，溅到皮肤上就是一个疤，你要是看到川菜师傅手上那些小斑小点，基本都是炒回锅肉落下的痕迹。想要肉片不粘连，除了氽水，我还有一个办法：将刚刚切好的肉片摊开晾凉，再按份装入保鲜袋保存，走菜时取出，肉片一抖就开，既不会粘连，也没有过多的水分。另外，在下入肉片的同时放上一点点盐，也能有效地阻止肉片爆油。

百菜还是白菜好

“当学徒工时，听到老师父给我讲，开水白菜是川菜中的神品，我很是不解，一盆清汤寡水的白菜，如何担当得起这个‘神’字？在后来的潜心学习中，我才慢慢窥见了其精髓所在，一棵在地里随处可见的白菜，因为构思巧、制作精而走上国宴，让诸国领导人一尝难忘。如今很多厨师追求原料高档、难得，而我却认为，能将很低贱的东西做成神品，这才是菜肴制作的大化之道。”

开水白菜

在以“红”、“辣”闻名天下的川式菜肴中，汤清味寡的“开水白菜”无疑是个异端。一棵白菜、一盆清汤怎样打动了芸芸众生？我认为有两句话可以概括：手法要巧，选料要鲜，而浇灌白菜的这锅清汤，制作时更是一丝马虎不得。

初加工——
先烫菜根　再刺菜身

最好选用秋末时节打过霜、刚卷紧芯子的白菜，一定要当天离土的，经霜后，白菜才会甜；不过夜，白菜才细嫩。

买回的白菜去掉外层的叶子，只留叶白茎嫩、拳头大小的精华，先把菜根部分浸泡在烧热的清汤中2分钟，待其软化后轻轻剥开四五片叶子，注意根部不能断，让白菜呈现睡莲初开的美态，将其平放在漏勺上，用银针在菜心上反复深刺，使白菜从里到外充满肉眼难见的针眼。

成菜——
80℃热汤浇白菜

汤与白菜的相遇，是这道菜的重头戏。有些厨师将白菜直接放进汤里煮，只这一下子，前面的功夫就都白费了。我的办法是先取一锅清汤烧至微热，文火使汤汁保持70℃－80℃，将白菜放人漏勺，移到汤桶上方，用勺子舀起清汤反复淋在白菜上，直到最外层的菜茎完全熟软，将白菜放人碗中，沿碗边浇人新的清汤，此时看去，四五片摊开的叶子衬着一大朵睡莲般的白菜，菜茎一如新生，没有半点煨烫的痕迹，让你以为这就是一棵生的白菜，而碗中的清汤仿似一盆开水，无油花、无颜色，这才叫真正的开水白菜。

煮汤——
一煮、二扫、三吊

就这道开水白菜而言，清汤的好坏直接影响了最后的成败。熬制清汤的大致比例为：土鸡2只、鸭子2只、猪骨14斤、猪皮5斤放人桶中，加清水60斤熬成清汤，之后打去渣滓，加猪肉蓉、鸡肉蓉各5斤扫汤，最后吊出的清汤约有50斤。在制作时，除了“原料开水人锅让鲜味充分溢出、中途不可加水防止原料外层蛋白质凝固”之外，还有以下三点需要注意：

中火煮开小火炖　絮状浮沫及时清

原料冷水下锅后，火力就成为一锅好汤的关键。有些厨师喜欢用大火煮、小火炖，更有些人为图省事一直开小火，但如果开始火力太小，原料中的血红物质由于“动力不足”而无法溢出，就凝固在“体内”，会影响汤味和汤色；如果开始火力太大，原料受滚水的震荡撞击太猛，汤汁易变得浓稠、乳白，没有了清汤的透亮。我试验了多次，发现最好的办法是中火煮开，烧至沸腾后立刻转成小火慢炖，待丝絮状的浮沫出现后要及时撇去，如果浮沫因为火大变成了渣状，则一定要用细纱布过滤汤汁，避免因渣滓的混人影响其清澈。

我一般在转小火后，会在汤中加人一点陈年黄酒去腥增香，或放人鸡枞、牛肝等野生干菌添味提鲜，待熬制一段时间，原料充分成熟、香味也最大限度地融到汤里后，就要开始扫汤。

扫汤关键词——
两种肉蓉、温水下锅、轻缓搅动

扫汤要经过两次，一次是用猪腿肉剁成的肉蓉，也就是我们俗称的“红蓉”，这个肉不能有筋，必须全瘦；另一次是用鸡胸肉蓉，也叫作“白蓉”，最好选用土鸡，肉鸡的香味不浓。扫汤时要先下红蓉，待浮起后将其捞出，再下人白蓉。扫汤时有三个关键点需要注意：

首先，两种肉要剁得细、捶出蓉，这样受热后形成的絮状物才多，能够尽量多地吸收汤中的杂质。肉蓉被捶至用手指碾压无粗粒感，放人盆中加葱姜水、鲜汤调成糊状备用。

其次，肉蓉人锅时汤汁温度不能太高，否则还来不及散开就被烫紧、烫老，肉中的鲜美出不来，汤中的浑浊也吸附不去。正确的操作方法是小火保持汤汁微沸，将肉蓉在汤中大面积铺开，与水的接触面越大，析出的鲜味越充分，吸附杂质也越多。

第三，肉蓉放人汤中，别忘用勺子沿一个方向缓缓搅动，这个动作是必需的，可以帮助肉蓉充分散开、均匀受热，从上到下把污物吸净，等到汤汁将要重新沸腾时，立刻转为小火，待肉蓉粘连着汤中杂质浮上汤面时将其捞出，用清水漂洗以去除黏附的血沫等污物，挤干水分、捏成团子备用。

温水泡胡椒　过滤再吊汤

扫净的汤汁还要经过“吊”这一步骤才算最后完成。吊汤的操作很简单，就是将扫汤后捏成团的红白二蓉，用干净的纱布包好，放人用细纱布过滤的汤汁中，微火慢熬，保持汤汁似开非开，肉团在汤中沉浮时鲜香味充分溢出，这个过程一般需要两三个小时才能完成。

有些厨师在吊汤时喜欢加葱姜水、胡椒粉，直接放人会破坏清汤的香醇和清亮，我的办法是将胡椒粉用温水浸泡融化，用细纱布过滤后倒人汤中，再加点盐出味，这清汤就算完成了。

同行探讨
清汤蒸10分　白菜更入味

谢昌勇：开水白菜的清汤，一定要按照曹大师的三部曲那样制作，先煮、再扫、最后吊，汤汁才会鲜美清澈。我在制作时，是将扎了孔、撕掉老筋的白菜放在碗中，浇入清汤覆膜上锅蒸10分钟，取出倒出清汤，再浇入新的清汤上桌，虽然外形不如曹大师的白菜漂亮，但入味较足。

煸出川式一锅香

“干煸是川菜常用的烹调技法，它是将原料加工成比较粗的丝、条等状，不上浆、不挂糊、不勾芡，通过不同的火候煸炒至脱水成熟，菜肴干香不见汁。炒制时一般要放糖，使口感醇厚，但用量不宜过多，以“放糖不带甜”为度。而制作干煸菜肴时，要根据原料进行不同的初加工，像牛肉丝、鳝丝等过火易老的原料，应先以温火少油煸至水分基本挥发，而肥肠、鱿鱼等料则最好用中高火炸至紧皮、干香后，烹入料酒或醪糟汁祛腥回软，再焙炒数分钟，从而达到酥香化渣的口感。”

干煸鱿鱼丝

选料——

薄透干鱿鱼　受热切细丝

这道菜吃的就是绵韧干香的口感，要选用浙江一带产的干鱿鱼，最好薄到透明，现在有些餐厅用厚约1厘米的阿根廷鱿鱼制作这道菜，再怎么炒，也不可能达到外韧内嫩的口感。

买回的鱿鱼去头、去尾，横切成细丝，若干鱿鱼过硬，可在小火上烤一下，待其受热变软后再切，之后放入温水中泡软、洗净，挤干水分备用。

同行探讨

鱿鱼泡发不放碱

谢昌勇：我做干煸鱿鱼丝，喜欢将鱿鱼干泡发后再炒制，成菜口感更厚实。泡发干鱿鱼时一定要用热水，将干鱿鱼放入大盆，浇入热水浸泡至水温变凉，将水倒出，再放入热水浸泡，如此反复几次，鱿鱼就能发好。需要注意的是，泡发鱿鱼时水中不能放碱，否则发好的鱿鱼口感变脆，再如何炒制也无法出现干煸鱿鱼丝要求的那种绵韧干香的口感。

烹制——

油温六成　旺火快翻

有些厨师按一般干煸菜的手法小火煸炒鱿鱼丝，成菜软塌。鱿鱼干水分含量很少，每100克鱿鱼中只含有16克水，要求火旺、油烫，鱿鱼才不会脱水，下锅时油温要达到六成，此时油面热浪翻起，鱿鱼丝入锅后表层很快凝固形成焦膜，阻止了内部水分渗出，保证菜品外韧里嫩。

特别需要注意的是，当鱿鱼丝开始卷曲时，要及时烹入料酒，并迅速加入码过味的生瘦肉丝一起煸炒，待将肉丝水分煸干时，加入其他辅料，调入盐、味精、糖炒香，这段过程是“火中取宝”的关键，切忌在锅内久煸，否则鱿鱼在高温下外形干瘪，口感变老。

辣椒+辣油　味道更出众

很多厨师制作干煸鱿鱼时，只是将干椒段入油炸至棕红出煳辣味，而我则是直接用煳辣油，再入干红椒、花椒爆香后加鱿鱼炒制，成菜煳辣味型更浓。

宫保鸡丁是煳辣荔枝味

“我以前看过一档电视美食节目，上面的厨师教大家做宫保鸡丁，出现的一个镜头是：锅中下入滑过油的鸡丁，略翻炒后离火调入盐、糖、醋……炒匀起锅。表演者在这个环节上至少有两个错误，一是鸡丁不可滑油；二是调味不能离火，中间也不能停顿，正确的方法是烹入料汁，尽量减少原料在锅内停留的时间。”

独特味型——
胡辣荔枝味

宫保鸡丁的味型一直颇受争议。有人认为它是糖醋味，我个人认为这个说法是错误的，因糖醋味是先甜后酸，而宫保鸡丁却是先酸后甜，也就是俗称的荔枝味。但它又不仅仅是荔枝味，因为有了花椒、辣椒的加入，它还带上了一股煳辣味。

煳辣味——
先入花椒后放辣椒　烹入白酒添醇香

煳辣是通过一定温度的油，将花椒和辣椒脂溶脱水焦化，产生一种奇妙香气，从而达到微辣不燥的效果。干辣椒要选用“二荆条”，花椒则应选用色红皮薄无籽的“汉源大红袍”，投料顺序应该是先花椒后辣椒，因花椒的外壳厚且硬，遇热时间够长才能出香，而干辣椒的皮脆且薄，加热时间长易煳，为了使原料中的香气充分释放，并防止小料熬煳，一般在熬油时，我会加入少许兑有清水的白酒。

荔枝味——
糖、醋、盐比例8：9：3

荔枝味强调“破口酸、回口甜”，呈味顺序是酸味大于甜味，酸甜味又大于咸味，这样才能达到酸甜中带咸鲜的目的，因此在制作时要掌握好糖和醋的比例，并要考虑醋在受热时的挥发性。糖醋味中糖、醋、盐的比例是5：4：1，而荔枝味的则是8：9：3，醋稍大于糖，或让二者比例相当。

同行探讨

糖、醋、盐比例　我给到8：10：3

谢昌勇：煳辣荔枝味是川菜特有的一种味型，曹大师道出了其本质特征——“破口酸、回口甜，酸味大于甜味，酸甜味又大于咸味”。大师给出的糖、醋、盐比例为8：9：3，我认为醋的比例应该略高，因为它沸点低，38℃就开始挥发，如果放得少了，鸡丁出锅时已经没有醋味，一般我炒制此菜时，糖、醋、盐给出的比例8：10：3，出锅时酸味恰到好处。

大葱小指粗　轻拍更出味

制作宫保鸡丁，葱香味不能少，很多厨师喜欢用京葱，但京葱太粗，切丁入菜后极易喧宾夺主，我一般使用小指粗细的大葱，成都人也称之为“火葱”，切成九分丁，轻拍一下更出味。

弃腰果　还用花生

宫保鸡丁中一定不可少的配料便是花生，有些厨师为了显示菜品高档而改用腰果，我认为不可取，因腰果虽酥香，但吃多了会发“闷”，而花生则酥脆且不腻口，与鸡丁搭配更协调。

红油扛起半边天

"凉菜是个大行当，而由于川菜中很多凉菜都是麻辣味或者红油味，因此，有没有一缸辣味地道、香气浓郁的红油，就成了能否做出一桌上好凉菜的关键。"

三种辣椒4：4：2

要制作出一款好红油，辣椒的选择一定要讲究，干辣椒要肉厚籽少、颜色红润油亮，还要讲究辣椒品种的搭配，贵州的朝天椒、川西坝子的二荆条、渝黔一带的小米椒按照4:4:2的比例配好，微火烘干捣碎，这样制成的辣椒面有朝天椒的红润、二荆条的香冽、小米椒的劲辣，入眼亮、入鼻香，入口之后，辣味层层叠叠地铺散开来。

三成热油冲香　两种香料添彩

备好辣椒面后，就要开始熬油。现在有些厨师熬制红油时喜欢放上十几种香料，但香料多了味道变杂，制好的红油虽香却会掩去菜的本味。我熬制红油，只用八角、草果两种香料即可：菜籽油人锅炼熟，大火烧到颜色清亮，下人葱段、姜块、花椒小火炸至焦黄出香，将渣滓沥去不用，待油温降至五成热，加人几颗草果细细搅出香味，等到油温降到三成热，将带有香料气味的热油冲人辣椒面中，菜籽油五成、辣椒面一成，边冲边搅，待慢慢浸润出辣椒的色与味时，放到一旁，再加人几颗八角拌匀，加盖焖1–2天即可使用。

鲜椒制红油　冲熟泡一晚

还有一种方法，就是按照上面的办法配好干辣椒面后，再取新鲜的二荆条红椒去蒂洗净，晾干水汽后剁成辣椒蓉，按照干椒、鲜椒3:2的比例拌匀，再按照辣椒一成、菜油两成的比例炼红油，因为鲜椒的添人，油温要略高，烧至四成热时，将热油缓缓倾人盛有椒蓉的盆中，边倒边搅拌，让味道充分融合，浸泡一夜后滗出红油，其色泽红艳，干辣中带有鲜椒气息，味道特别，最适宜用来拌蔬菜。剩下的辣椒蓉拌上盐、味精等料，装人盘中还可当作蔬菜蘸料使用。

蒜泥白肉：
肉浸原汤冷却变凉

四川的凉菜中，蒜泥白肉受喜爱的程度，相当于热菜中的回锅肉。二者同样是用二刀肉制作而成，同样要先人水煮至八成熟，但白肉煮好后，不能像做回锅肉那样立即把肉从汤里捞出，而是要浸没在原汤中，让它慢慢温凉，肉吸收了足够多的汤汁，这样切出的肉片，人口才会润滑香软。

泡菜坛埋入泥土里

泡菜坛生花放竹笋

泡菜，是四川人生活中必不可少的一道辅食，而腌泡菜时坛中却易生花，这是让人最头疼的问题，一是使泡菜难看，二是让泡菜变味。有些厨师会在坛中洒入白酒，这样做能灭掉一些“花”，但不持久，十天半月后又是一层，而且放多了酒，泡菜会有股糟气。我的办法是，在坛中埋入竹笋，别看这小小不起眼的一颗，进坛后再多的花，七八天就没了，两三根竹笋，就可保盐水半年不生花，当然，必须是新鲜的竹笋。

同行探讨

泡菜坛埋入泥土盆

谢昌勇：泡菜的制作其实是“蔬菜+盐水”的发酵过程，温度很关键：最适宜的温度为20℃，温度高了，发酵过快，泡菜就容易发酸、生花；温度低了，发酵太慢，泡菜不易入味。坛子一般是放在阴凉、避光、通风处保存。泡菜一定要接地气才好吃，但现在很多厨房都不在一楼，怎么解决？我的办法是用一个大盆装上土，浇透了水之后再将泡菜坛放在上面，定期浇水别让泥土干透，这样做虽然麻烦一点，但泡好的菜又香又脆，坛中也不易生花。

腌制泡菜时，我喜欢在坛中放糖，一般10斤水放2两糖，冰糖、黄糖最好，红糖次之，腌好的菜酸中带甜，非常好吃。

酸汤鱼脑

老菜谱得出新灵感

“之所以吃百家菜，就是为了创造出那一百零一道菜，我喜欢在老菜谱中寻找灵感，按照上面的做法实践，再请朋友一起过来品尝评鉴，由此创造了百余道新菜。现在我家里已经收藏了上百本老菜谱，川、粤、鲁、湘各地都有，每隔一段时间取出来看看，仍能有不少新体验。”

淮扬菜中得出灵感——低温焖鱼脑 泡水去鱼骨

记得我曾在一本淮扬菜老菜谱上看到过一道鱼脑菜，因为时间太久，菜名我已经不记得了，但处理鱼脑的方式却让我记忆深刻：先在锅中添水，加葱段（拍破）、姜块（拍破）、料酒、白胡椒粉、盐煮出味道，此时转小火，将花鲢鱼头一分为二摆入锅中，注意鱼脑一面朝上，让汤面保持似开未开的状态煮5分钟，关火后加盖再焖5分钟，用“低温熟化”的手法处理，制成的鱼脑熟软而不破。

浸泡好的鱼头用漏勺捞出后立刻浸入凉水，冷透后即可拆骨。现如今有些年轻的厨师为图方便直接在盆中拆骨，这样做鱼脑十分容易破损，应该用手托住鱼头，再小心地拆去骨头，方可保持鱼脑的完整。

1.煮好的鱼头泡入凉水。

2.拆去鱼骨。

猪脑配鱼脑 鱼骨熬酸汤

看完菜谱后我在后厨试验过此法，做成的鱼脑滑而不散，效果很好，于是决定改良后在酒店推出。为了使鱼脑的口味更丰富，我在其中加入了猪脑，二者口感很搭：猪脑放入水中轻拍，使膜和脑自然分离，撕去表面的膜后，汆水去腥，一分为六，薄薄地拍上一层红薯粉，炸至表面金黄后，再与鱼脑一同加酸汤烩制而成。

酸汤是用黄椒酱、泡菜碎、野山椒水、蔬菜水制作而成的，原来用于制作“酸汤肥牛”，为了增加酸汤的鲜味，我在熬制时加入了大量煎香的鱼骨，最后在汤中加入一包藿香浸泡1小时以上，汤汁酸味浓郁，非常开胃。

抓炒大虾/浮油鸡片/醋椒海参汤
红烧野生甲鱼/干炸小丸子

细说五道宫廷菜

大师 张芳忠

生于1963年9月，1982年拜师，成为上海名厨朱志斌的关门弟子，现任北京花家怡园出品部技术总监。

北京社会餐饮旺店——花家怡园出品部技术总监张芳忠是一位既有实战积累又有30多年从厨经验的实力派大师。张芳忠的主攻方向除了时尚北京菜，还有经典宫廷菜，他曾经研究过10年的"红楼菜"，2000年转向新派时尚北京菜后，他也没有忽略对时尚北京菜的前身——宫廷菜的研究，这些年的钻研和领悟让他积淀深厚。花家怡园的出品有四条原则：传统菜改良化、家常菜精细化、融合菜口味化、宫廷菜平民化。张芳忠潜心试制6个多月，推出一批宫廷菜，把以往遥不可及的尊贵工夫菜端到了客人面前。在钻研、试制过程中，张大师对于这些年轻厨师基本不会做的经典菜有了更深刻的制作心得，也掌握了更多的核心绝技。因此这些技术细节是实实在在被印证并成功了的，绝密又真实！

红烧野生甲鱼

这是一道非常传统且实用的中高档宫廷菜，目前很多店在推。我曾经考察过很多店的红烧甲鱼，发现成菜效果参差不齐。我这里有一个红烧甲鱼的配方，拿出来和大家分享。

初加工：要选1斤9两至2斤1两的野生甲鱼，从脖子处拉开口子，放血，之后入90℃的热水烫皮，烫至表皮皱起时用刀刮掉黑皮。之后将甲鱼斩成1寸半见方的块，此时要将甲鱼体内的脂肪、黄油全部去掉，否则会特别腥，但苦胆汁留用。此菜辅料有五花肉片120克、美人椒100克、炸熟的蒜子30克。

猪蹄熬浓汤　10斤烧一份

除了主辅料，此菜用的汤非常特别，那就是猪蹄浓汤，即浓汤加猪蹄小火熬制，熬到猪蹄软烂脱形、胶质基本融入汤内、汤汁浓稠似勾芡一般时停火，捞出猪蹄残渣即成。烧一份野生甲鱼需要用猪蹄浓汤10斤，所以此菜成本是较高的。

两次炒制。一炒：净锅下葱段、姜片、生甲鱼块干炒至断生，这也是去掉多余水分和腥气的过程。二炒：锅下少许底油，下入五花肉片煸炒至香，加入葱姜蒜等料头，加入甲鱼块煸炒一下，烹入料酒去腥，加入10斤猪蹄浓汤和苦胆汁，大火烧开，改中小火烧40分钟，烧至浓汤起胶变稠，调入盐、白糖、酱油、蒸鱼豉油、味精、鸡粉，大火继续把汁收浓，收至汤汁还剩2斤半至3斤时停火。美人椒拉油，入砂锅垫底，把甲鱼块捞出放在美人椒上，原汤过滤，浇入砂锅中即可。

此菜味道咸鲜微辣，味醇厚，汤浓稠，颜色酱红，精华汇于一锅，滋补养生。烧制时为何加苦胆汁呢？事实证明，苦胆汁遇高温后会转化，一点苦味也没有，反而增鲜。吃完甲鱼很多客人要求上米饭，砂锅底部的汁虽然不多，但是香浓挂嘴，用来拌米饭口味绝佳！这道菜我曾经试制了半年，“牺牲”20多只甲鱼才最终确定了这个配方。

浮油鸡片

浮油鸡片是一道美味可口但已经快失传了工夫菜。其大致做法是将鸡肉斩成蓉，加入清水、蛋清、淀粉搅匀成糊，用小勺子舀入油中浸至浮起成一片片洁白的、圆形的片，最后入锅熘炒成咸鲜味。成菜中的鸡片要鲜、嫩、软、滑，色泽洁白。

蛋清用量决定成败

浮油鸡片的制作关键是调蓉时鸡肉和蛋清的比例以及滑油的油温。此菜要选鸡柳，即鸡里脊，俗称鸡牙子，这是鸡身上最细嫩的一块肉。先将鸡柳用刀背剁成蓉，然后按1：7的比例添加蛋清，再加人少许清水、水淀粉搅拌5分钟以上，搅成比蛋液略稠的稀糊，让蛋清、淀粉充分融合。若不搅匀，鸡蓉蛋清糊不均匀，则做成的鸡片有的地方发白，有的地方发乌，质地也不细腻。鸡蓉与蛋清、淀粉的配比非常重要，蛋清加多了则做好的鸡片太软，一夹就碎，而且会遮盖鸡肉的鲜味；鸡蓉若多了则做好的鸡片太硬，而且颜色发乌，口感达不到要求；淀粉若加多了鸡蓉糊会结块，汆时不易成形，而且做好的鸡片口感太黏；水若太多，鸡蓉人油会散，不能成形。

俩人同时操作　防止鸡片粘连

做鸡片的另一关键是油温。锅下宽油烧至两成热，用比较平的汤匙舀起一勺鸡蓉，浸人油中，鸡蓉受热凝固从汤匙中滑出。不可一次下人太多鸡片，一锅滑3–5片即可，否则由于鸡片容易粘连，而且在油里受热的时间不一样，下得早的鸡片会吸收很多油分，而且口感易老。最好俩人同时操作，一人往油里下鸡片，另一个人待鸡片成形浮到油面上时翻一下，等两面都变白时就捞出来，这样失误率较低。捞出的鸡片立即放人清水中脱油，以去掉多余油分。滑鸡片时油温不可高于两成，否则鸡蓉下锅后很快就浮起来，而且会膨胀。

鸡片做好了，后面的步骤是“熘炒”，相对于前面的初加工，这一步要简单许多。锅留底油烧热，下人高汤、盐、糖、味精烧开，下水淀粉勾二流芡，下鸡片、黑木耳、笋片，用铲子轻轻翻匀即可出锅。

醋椒海参汤

这是一道传统的宫廷汤菜，醋椒味本是鲁菜中的传统味型，因为调味难度较大，如今已经失传。这道菜的出品标准是五色俱全、五味俱全。五色俱全是指五种配料分别为黑、白、红、黄、绿，而五味俱全则指成菜闻着有香菜、小葱的香味，入口酸，回味咸，到咽喉是胡椒的辣，喝起来是汤的鲜。

第一，选料。任何海参都可以制作这道菜，所以厨师可根据所在店的消费档次从黄玉参至辽参中任选一种价位合适的海参。辅料有鸡片（不同于“浮油鸡片”，此鸡片即鸡脯肉片）、笋片、火腿片、蛋皮片、香菇片，所有辅料均切成菱形，小料有眉毛葱（即将大葱剖开，去掉葱芯，斜刀切成粗丝，这样葱的竖纹斜着分布在葱丝上，酷似眉毛）、香菜梗。这样配料就有五种颜色：海参、香菇片的黑；鸡片、笋片、眉毛葱的白；火腿片的红；蛋皮的黄；香菜梗的绿。注意一定要将葱白切成眉毛葱，不能用葱丝、葱段，眉毛葱人汤才能散发出浓郁的葱香味。

第二，选汤。一定要选清汤为汤底。

第三，兑汁。此菜用到的调料是胡椒粉、醋、盐、香油，不加鸡粉和味精。胡椒粉：醋：盐：香油=3：4：1：2。在汤里下调料也有严格的顺序：烧开清汤后先下盐，后放醋，下醋烧开后要离火，若烧制时间长了醋会挥发。胡椒粉、香油是放在盛器里的，无须下锅人汤。最好选白胡椒粒打碎，不要买市面上的成品胡椒粉，因为这种胡椒粉含的添加剂太多。

讲了这么多，我们就可以捋出这道菜的详细做法了：发好的海参切片，和鸡片、笋片、火腿片、蛋皮片、香菇片一起飞水，捞出后放人大碗中，撒上胡椒粉和香油。锅下高级清汤烧开，依次下盐、醋，烧开离火，冲人大碗中，撒香菜、眉毛葱即可上桌。

宫廷四大抓

抓炒大虾

"抓炒大虾"、"抓炒鱼片"、"抓炒里脊"、"抓炒腰片"并称为"宫廷四大抓"，如今"抓炒"的技法几近失传。"抓炒"是一种先炸后炒的烹调手法，成菜标准是从上桌到就餐结束，主料保持外焦里嫩、不能回软，菜品口味酸甜，盘中不能有多余的汤汁。老师父在教徒弟制作这道菜时会这么要求："炸好的原料就算扔到水桶里第二天也还是脆的。"当然，老师们是用了夸张的修辞手法，但也形象地道出了此菜的核心关键。在实际出品中，至少就餐的一个小时之内主料是酥脆的，否则这道菜就失败了。

以"抓炒大虾"为例，**大致流程**：选21-25规格的大虾仁，开背去虾线，无须腌制，吸干水分，入淀粉糊抓匀，之后油炸三遍至酥脆。锅下少许底油，下入兑好的料汁，同时下原料翻两三下即可出锅。

此菜的制作分为三个阶段：抓+炸+炒，先说"抓"的要点。第一，虾仁必须吸干水分，否则入糊抓拌时原料自身出水会让淀粉糊变稀。**第二**，用红薯淀粉调糊，而且粉与水的比例要精准，我的配比是80克红薯淀粉加30克水，调成很稠很稠的糊，稠度只比面团略差一点。虾仁上糊时，出现第一个关键词，那就是"抓"：虾仁放入稠糊中用手抓住再从虎口挤出，反复抓3-5分钟，让糊和虾仁充分黏在一起。如果达不到这个程度，炸出的虾仁不脆不酥。

炸制——
虾仁碰漏勺　发出咔咔声

炸是一个很重要的过程，同样与虾仁是否酥脆有很大关系。抓好的虾仁下三次油锅，第一次，锅下宽油烧至四五成热，下入虾仁炸至定型，捞出；第二次，油温再次烧至四五成，下入虾仁中火炸至熟透，捞出；第三次，油温烧至八成热，下入虾仁快速炸脆。检验虾仁是否炸到火候有一个标准，那就是用漏勺捞出虾仁时，掂一掂，若虾仁与漏勺碰撞发出"咔咔"的清脆响声，说明已经炸得够硬够脆了。

三次油炸过程中还有一个**超级秘籍**，那就是虾仁第二次下油锅炸熟捞出之后，要用手勺轻轻拍一下，让它变松、出现裂纹，然后再第三次下油锅，这样能保证炸好的虾仁无死角，整个都是酥脆的。

炒制——
遵循"三最口诀"

再说"炒"的要点。此菜需要提前兑汁，汁要酸甜适口，这要求几种调料配比精准，我的经验是白糖：米醋=5：3，再加少许的盐、水淀粉，水淀粉的量要少，仅起黏合作用，即让汁能挂在虾肉上。除此之外，汁的量与原料的分量也息息相关：200克虾仁配80克汁才恰到好处。

炒的过程还有一个关键词，即**旺火速炒**。为达到"速炒"的要求，我让性格爽快、动作麻利的厨师负责这道菜，性格慢的厨师你再要求快他也快不到那个程度。我可以用"三最"口诀告诉大家：用你的炉灶最旺的火、你能达到的最快速度、最短的时间来炒，具体操作方法是：锅下少许底油，一手烹汁一手倒入原料，翻三两下至均匀即出锅。

做好这道菜除了遵循以上规律之外，还要求厨师多练习，找到感觉。我把标准配方教给了三位徒弟，但是他们做出来的成品效果却各不相同。有人炸出的虾仁不脆不酥，原因是没抓到位、三次下油锅的技巧掌握欠佳；有的口味偏酸，有的偏甜，这应该跟"炒"有关系：多翻几下，醋挥发得多就偏甜，少翻几下，醋还没开始挥发，口味就又酸了。纠正几次之后，基本就能达到出品标准了。

干炸小丸子

说到京菜、宫廷菜，不可不提的就是干炸小丸子。炸好的丸子外焦酥里鲜嫩中间有一些小孔。小孔是怎么来的呢？原来是肉馅里的肥肉在高油温下化掉了，于是丸子里面就出来了一个个小孔，吃上去棒极了！

选料——

肥七瘦三五花肉

此菜要选肥七瘦三的五花肉，对，没看错，是肥七瘦三，不要怕肥腻，因为肥肉会被炸化的。五花肉不能用机器绞，要手切成0.3厘米见方的小肉丁。在调馅时淀粉的选择至关重要，一定要用红薯淀粉，因为红薯淀粉筋度高，成品不易软塌；一定要加甜面酱，不能加酱油，加甜面酱炸出来的丸子里外都是金红色的，而且有祛猪肉腥气的作用，放酱油则丸子发黑。具体调馅的方法是：肉丁1斤加入盐3克、味精5克、鸡粉4克、红薯粉80克、甜面酱30克、葱姜花椒水50克（水若太多炸丸子时会爆裂，而且丸子芯无嚼劲，口感太软），无需顺同一个方向搅至上劲，只需要搅拌均匀，大约搅8-10分钟，然后用手挤成大小均匀的小丸子，一两肉馅挤7-8个丸子。

改良——

干炸丸子配韩国泡菜

两遍炸制：第一遍油温烧至五成，下入丸子炸至定型并熟透。第二遍油温烧至八成，下入丸子复炸至金红色、焦酥。以往干炸小丸子配椒盐上桌，如今，我在出品时做了改良。取干炸小丸子22-24个入盘，配上适量韩国泡菜，除了椒盐碟，我还加了一碟飧汁，一干一湿两味碟，吃肉丸配泡菜，味道更丰富。

干烧鹅肝鳕鱼配馒头片

鹅肝搭配银鳕鱼，淋上自制小炒酱，口味一香一鲜，口感一幼滑一鲜嫩，再配上馒头片，吃法新颖。

制作小炒酱：①去皮五花肉100克切小丁。虾干30克泡至回软，剁碎。②锅下底油烧热，下入葱、姜、蒜、洋葱丁共30克炒香，下入五花肉丁小火煸炒至出油，下入蒜蓉辣酱80克、海鲜酱20克、桂林辣酱10克炒香，下入虾干碎、瑶柱丝20克翻炒均匀，调入适量味精、白糖、胡椒粉，加清水50克稀释炒匀，淋红油、香油各10克即成。

走菜流程：①银鳕鱼100克、鹅肝100克分别切成麻将块，撒入少许盐、料酒腌制10分钟。②不粘锅下入橄榄油，下银鳕鱼中火煎至金黄色。不粘锅下少许橄榄油抹匀，下入鹅肝片中火煎至刚刚结壳。将煎好的银鳕鱼、鹅肝间隔摆入用芦笋垫底的盘中。③取小炒酱40克入净锅小火炒热，起锅盖在主料上，点缀汆水的小胡萝卜；馒头重新蒸透，切片，摆入小笼，与鹅肝鳕鱼一起上桌。客人用馒头夹鹅肝或银鳕鱼，抹上小炒酱食用。

特点：干香复合味，鹅肝细腻香浓，鳕鱼外香里嫩。

制作关键：①煎鹅肝时，不要在锅里放太多油，否则会太腻，因为鹅肝在煎制时会出一点油。②此菜要现点现煎，不可提前加工，否则鹅肝口感会变老变腥。

玲珑紫苏墨鱼皇

原料：墨鱼肉300克，彩椒片20克，冬笋50克，紫苏叶15克，自制“玲珑”盏2个（用面粉、南瓜汁、泡打粉等调浆，用裱花袋挤到倒扣的码斗上，入烤箱烤成形即成）。

调料：盐3克，味精2克，白糖3克，米酒4克，葱油5克。

制作：①墨鱼肉切成菱形块，加人适量盐、味精、胡椒粉、料酒、蛋清、生粉腌制上浆，之后人三成热油拉油。冬笋切滚刀块，先飞水，然后与彩椒片一起拉油，备用。②锅下清油烧至四成热，下紫苏叶炸至酥脆，捞出，人“玲珑”盏垫底备用。③锅留底油，下葱姜蒜等料头煸香，下墨鱼块、冬笋块、彩椒片，调人盐、味精、白糖、米酒中火翻炒均匀，勾薄芡，淋葱油，出锅倒在紫苏叶上即可上桌。

味型：咸鲜清淡，紫苏清香。

制作关键：炸紫苏要用净油，这样其香味最浓郁纯净。

腊豆烧茄子配煎松茸

松茸是一种高档食材，张芳忠用煎松茸搭配烧茄子，松茸为菜品提高档次，为茄子增香，高低结合，令人耳目一新。

原料：广东茄子250克，腊八豆20克，松茸20克，油菜心2棵。

调料：蚝油3克，鸡饭老抽2克，美极鲜味汁3克，高汤100克，盐1克，味精2克，白糖4克。

制作：①茄子切成5厘米长的段，在切面拍少许生粉，人八成热油炸至六成熟，捞出控油。腊八豆飞水。②松茸切片飞水，人橄榄油煎至金黄色备用。③锅下底油烧热，下姜蒜末、腊八豆煸香，调人蚝油、美极鲜、鸡饭老抽，下高汤，调人盐、味精、白糖烧开，下炸好的茄子小火烧2分钟，勾薄芡，出锅装盘，旁边配煎松茸、油菜心即可上桌。

味型：咸鲜，豆香浓郁。

制作关键：茄子不要炸得太老，否则装盘时不成形。

雄霸天下

此菜选用300克/只的小甲鱼，个小肉嫩，进价也低，搭配上牛鞭、鸡块、虾仁烧成麻辣味，原料档次高，菜品售价却不高，便于经营。

批量预制：①牛鞭泡洗去掉血水，之后加入葱姜、料酒等飞水祛腥味，捞出改成鞭花，入酱汤小火卤至软糯熟透（用筷子能轻松扎透），捞出备用。②甲鱼宰杀去内脏、油脂，烫去黑皮，切成块，甲鱼壳保留原状。锅下少许底油，加入适量葱姜蒜片，下入甲鱼块生炒去掉水汽和腥味，炒至断生时盛出备用。③三黄鸡切块，冲去血水，加入适量盐、味精、料酒腌入底味，之后入四成热油拉油至变色，捞出备用。

走菜流程：①虾仁80克开背去虾线，加入适量盐、味精、料酒、水淀粉腌制入味，入三成热油拉油。②锅下底油烧热，下入花椒5克、干辣椒5克、郫县豆瓣酱8克、泡椒末10克、火锅底料10克炒香，下入高汤600克烧开，打掉渣子，下入甲鱼块、鸡块150克小火烧10分钟，再下牛鞭80克、发好的香菇15克小火同烧5分钟，最后下虾仁烧匀，调入盐2克、味精5克、鸡粉3克、辣鲜露4克、蚝油3克、胡椒粉3克，大火收干，勾米汤芡，起锅装入瓦片形的盛器中。③锅下少许色拉油，下入青花椒3克、红美人椒段3克炸香，起锅淋在菜品上，带火上桌即可。

特点：咸鲜麻辣，牛鞭软糯，甲鱼鲜嫩。

制作关键：下料的顺序不能颠倒，虾仁要最后下锅，否则就老了。

大师 郑树国

从厨30余年，中国烹饪大师，现任哈尔滨老厨家道台食府总经理，黑龙江省非物质文化遗产传承人。

一门四代厨 传承锅包肉

刘敬贤大师曾讲解过锅包肉的来历以及做法："锅包肉的创始人为100多年前的哈尔滨名厨郑兴文，他当时为了接待俄罗斯客人，将咸鲜味的焦烧肉块改成酸甜口，大受欢迎，从此一代代流传下来。"

许久以来，这道传说中由"郑兴文"发明的锅包肉一直是东北三省食客的最爱，也是当地厨师必会的一道家常旺菜。为了寻根溯源，笔者专程赴哈尔滨，顺藤摸瓜，找到了郑兴文大师第四代嫡孙郑树国和他的老厨家道台食府，解读东北名菜"锅包肉"的前生今世，以及黑龙江"非物质文化遗产"——"老厨家·滨江官膳"传统厨艺中的代表菜。

省级非物质文化遗产档案：

“老厨家·滨江官膳”传统厨艺，包括锅包肉、马上封侯等30多道名菜，以及多套宴席。

四代皆大厨，传承老厨家。

店内陈列的珍贵老菜谱。

老厨家道台食府进门处有参观指南，愈发凸显“品美食观历史”的特色。

店内走廊两侧宛如一个小型博物馆。

陈列区的挂画显示，郑兴文当年娶的是一位俄罗斯太太。

包间以当年道台大人的“字”命名，“振甫”正是第四任道员于泗兴的字，旁边还配有该道员的介绍。

走廊内摆着最早传入中国的古董煤气炉。

用老式粮票作为点缀的隔断墙。

哈尔滨大厨郑树国从小就知道自己的爸爸、爷爷、太爷爷都是厨师，却从没意识到他们有多优秀。他虽然出生于厨艺世家，但小时候的理想却不是入厨，而是想当一名画家。初中毕业之后，威严的父亲没有征求他的意见，就把他带进了中朝饭店的厨房，就这样，郑树国“被动”入行，并于20世纪90年代闯荡广州、福州等地学艺。

2005年，哈尔滨复建道台府（又叫滨江关道衙门，是清朝时哈尔滨最高级别行政机构，其第一任道员是杜学瀛），在挖掘历史过程中顺带把府内的名厨郑兴文和他的锅包肉一起“挖”出来了。原来，郑兴文15岁入北京恭王府学厨，1907年进入道台府主灶，期间创制出“熏卤鸭”、“猪头焖子”、“天龙赐福”、“锅包肉”等特色名肴，后来，他到奉天主理“万国鼠疫研究会”饮食，被清政府赐予“滨江膳祖”的称号。

挖出郑兴文的从厨历史，郑家厨艺的几代传承也一点点浮出水面。其子郑义林始创哈尔滨名菜“油炸冰溜子”，并曾在道里区开设私家餐馆，名为“老厨家”；郑义林之子郑学章15岁时随父进入“德发园”学徒，后进入“宝盛东”、“中朝饭店”任职；郑学章之子就是郑树国——一门四代皆为大厨。

这段历史被曝光之后，郑树国的生活发生了极大的变化：先是有各路媒体来采访“锅包肉传人”，央视曾采访并制作播放了《私家历史私家菜》、《美食世家》等节目，后又有食客来到郑树国当时所在的饭店点名要吃郑兴文重孙所烹的锅包肉……这些事情让他感受到了肩上沉甸甸的责任。于是，他复兴祖业，重开“老厨家”酒楼。

如今的老厨家道台食府在郑树国的打理下，成为哈尔滨首家博物馆式饮食文化体验餐厅。店内摆放着当年道台府内的食盒、紫砂壶、俄式老冰箱等，透出百年道台饮食文化的厚重。橱窗内陈列着《西餐烹制全书》、《造洋饭书》、《老厨家京菜谱》等珍贵食谱，彰显着滨江官膳的博大精深。

店内挂着锅包肉的“前世今生”。

锅包肉：灵感来自俄罗斯太太

传统锅包肉有五大评判标准：色、香、味、型、声，其中的“声”是指吃起来像咬爆米花，“刷刷”脆。如今大多数厨师认为这道菜是郑大师为了招待俄罗斯客人而创制的，其实不完全准确。郑树国介绍：“我的太奶奶、即郑兴文大师的太太是一位俄罗斯人，她爱吃焦熘肉片，但又不爱它的咸鲜口味。太爷爷按照太太的口味，就把焦熘肉片改成酸甜味，很得太太欢心。后来，他就把这道创新菜搬上了道台府的餐桌。”

如今东北地区的锅包肉主要有两种做法，一种是烹汁，一种是熘汁。前者是用糖、醋、黄酒、清汤等兑成清汁，烹入锅中，下肉片迅速裹匀；后者则在汤汁内加些番茄酱，多放白糖，把汁熬至厚稠，似勾芡一般，然后下肉片翻匀。如今有很多大师认为，烹汁版锅包肉做法最正宗，而熘汁版则是后代大厨演变来的“偷懒”做法。其实不然，这两种方法均由郑兴文发明原创，而且两者适合不同类型的宴会，各有千秋。

烹汁版人等菜 熘汁版菜等人

1911年，郑兴文到奉天主理万国鼠疫研究会的饮食。当时与会人员吃的是自助餐。就餐结束，郑兴文到餐厅巡台时发现盘内剩下很多锅包肉。他品尝后发现味道没有问题，继续对着锅包肉思考半天才恍然大悟，是脆度不够了。专业厨师都知道，烹汁菜是一款火候菜，属于“人等菜”，即需要客人端坐桌前，准备停当，菜品一出锅赶紧上桌品尝方知其妙处。放到自助餐台后，“人等菜”的弊端就显露出来了，热度一降，脆度大不如初。郑兴文调整做法，熬出稠厚的熘汁，裹匀肉片，盛到自助餐盘中，稍凉后仍然酸甜、脆香、煞口，一夜之间在奉天走红。

如今“老厨家”的锅包肉以烹汁做法为主，在核心的炸制和烹汁环节上，郑树国点拨道：“肉要片得大一些，然后挂上淀粉糊（将淀粉加水泡透、沉淀，撇掉上面的水剩下的那层糊）；炸时拿起一片肉，底部放入油中，待炸定型后放手、将肉片往前一推，这样肉片平整宽大，而且不粘连。兑汁时，将醋和糖按1：1的比例混匀，然后点少许盐和生抽调底口，不再放清汤或者清水，用该汁烹出的菜品酸甜杀口，味感鲜明。如果有条件，也可以用鲜山楂榨汁来代替醋，烹出的锅包肉别有一番清甜。需注意的是若用山楂汁，则要减少糖的用量。”

老厨家烹汁版锅包肉　沈阳熘汁版锅包肉

烹汁版锅包肉烹调流程：

锅留底油烧热，加入适量葱、姜、蒜等小料爆香，下炸好的肉片350克、同时烹汁（白糖40克、米醋40克、盐3克加酱油2克调匀），快速颠翻均匀即可出锅。

熘汁版锅包肉烹调流程：

锅留底油烧热，下葱、姜、蒜等小料爆香，加入兑好的汁（米醋60克、白糖40克、盐3克加酱油2克调匀），中火熬至浓稠、起小泡时投入炸好的肉片350克翻匀，即可出锅。（注：沈阳厨师喜欢放点番茄酱，老厨家则只用白糖、米醋熬至糖液变稠即可。）

同行探讨

董志伟(营口美食王冠大酒店行政总厨)：锅包肉制作流程中，肉片所挂的淀粉糊一定要选土豆淀粉泡制：东北土豆淀粉加入清水浸泡一天一夜，然后撇掉上层的水，将底层的淀粉充分抓匀即成。浸泡后的土豆淀粉虽然闻起来有一股“烂土豆”味，但挂到肉片上炸后却金黄干香，又酥又松、不扎嘴。还需注意的是，土豆淀粉浸泡时间越长、挂到肉片上炸后效果越好，这是地瓜淀粉、普通淀粉所不具备的特质，也是制作锅包肉的一个秘诀。

除此之外，郑大师所讲的用山楂汁代替醋烹制锅包肉，这个方法很好。传统兑汁是加少许酱油着色，换上山楂汁后，不用加酱油菜品色泽也会变得自然诱人。

1.胡萝卜与地瓜切成等大的片，两片为一组贴在一起。

2.挂上淀粉糊。

3.入锅炸至酥脆后烹汁即成。

锅包素

说起此菜的来由，还有一段佳话：1959年，国家领导人视察哈尔滨，要到三八饭店用餐，当时三八饭店刚刚成立一年多，女厨师们只会做一些简单的家常菜。于是，饭店选派女厨班翠霞来到郑家学习锅包肉的制作，以期呈上一道东北名菜。班翠霞连夜练功，最后把准备的肉都试完了，效果还是不理想。于是，她找来几根胡萝卜，切片后代肉"出征"，继续练习，没想到做出来的"锅包胡萝卜"别有一番清甜。后来，她将这道菜命名为"锅包素"，并作为锅包肉的一道衍生菜保留下来。郑树国在原做法基础上，又添加了地瓜片，并把两种片贴在一起挂糊油炸，地瓜吸收了胡萝卜渗出的汁水，成菜又软又甜，口味别致。

原料：胡萝卜1根，地瓜1个。

调料：白糖40克，米醋40克，盐3克，酱油适量。

制作：①胡萝卜去皮，切成0.4厘米厚的椭圆片，地瓜也切成同样的片。②将地瓜和胡萝卜两片为一组贴在一起，挂上淀粉糊（同锅包肉中所用的糊），入六成热油中火炸至金黄、外脆，捞出控油。③净锅下少许底油，加入白糖、米醋熬化，调盐、淋酱油大火熬开，下炸好的蔬菜片快速颠翻几下即可装盘上桌。

特点：酸甜，外脆里嫩。

大师点拨——

①胡萝卜含水量大，地瓜反之，所以两者贴在一起入菜互为补充、口味更好。②所切地瓜片要与胡萝卜片大小、厚薄相似，这样贴合紧密，炸时不易散开，颠翻时也不会"分家"。

老厨家第二代传人郑义林发明了油炸冰棍。此照片摄于1938年哈尔滨厚德福饭庄。

油炸冰棍

此菜由郑树国的爷爷郑义林始创。当年，郑义林在哈尔滨厚德福饭庄主灶。有一天来了一位客人，问堂倌你们这里都有什么吃的？堂倌傲气地说：我们饭庄点啥有啥！于是客人指着外面屋檐下的冰溜子说：我要吃冰溜子，拔丝的！堂倌骑虎难下，只好到后厨告诉了郑义林。郑大厨思考了一下，就让徒工去摘下冰溜子，然后拌上面粉。只见他架起两口锅，一口烧油炸冰溜子，另一口熬糖，之后在拔丝糖液中迅速放入炸好的冰溜子裹匀上桌。客人看到这道菜，品尝了一下，连连称好！后来这位顾客成为厚德福的常客，并跟郑义林结为儿女亲家。这段故事曾被电视剧《闯关东》搬到荧屏上。之后，郑义林将冰溜子换成了中央大街的特色冰棍，改为挂脆皮糊直接油炸，成菜外香里甜，口味更佳，成为“厚德福”的特色菜肴，极具冰城风情。

原料扫盲——

马迭尔冰棍是哈尔滨中央大街上的特色冷饮老字号，创立于清朝，热卖至今，这种冰棍不含膨化剂，其牛奶、鸡蛋的含量也远高于部分冰激凌，口味甜而不腻，冰中带香。

原料：马迭尔牛奶冰棍4根。

调脆皮糊：面粉500克、土豆淀粉100克、泡打粉10克纳入盆中，加入啤酒100克以及清水适量，搅匀即成。

制作：冰棍沾匀面粉，然后裹上脆皮糊，迅速入四成热油中炸至金黄色，待冰棍浮起5秒之后捞出，装盘即可走菜。

特点：外香里甜，外热里凉。

大师点拨——

①冰棍要冻得越硬越好，否则上桌后容易漏汁。②此菜中用到的脆皮糊也很重要，它决定了油炸冰棍的形态，过稀或过干都不行。稀了冰棍挂不住糊，入油锅立马就融化；干了则油炸时冰棍膨胀过大，不易熟也不成形。和糊时若有这样的感觉即适宜：糊随着搅动的筷子一起“跑”，而非挂在筷子上（此状态说明糊过干）或筷子带不住糊（此状态说明糊过稀）。③冰棍杆的部分一定要沾严脆皮糊，因为这个木柄会传导热量，如果挂不严糊，入锅后热量上传，冰棍就化到锅里了，而且上桌后也容易漏汤。④走菜要迅速，时间若长脆皮会变软、塌陷，卖相就不好看了。

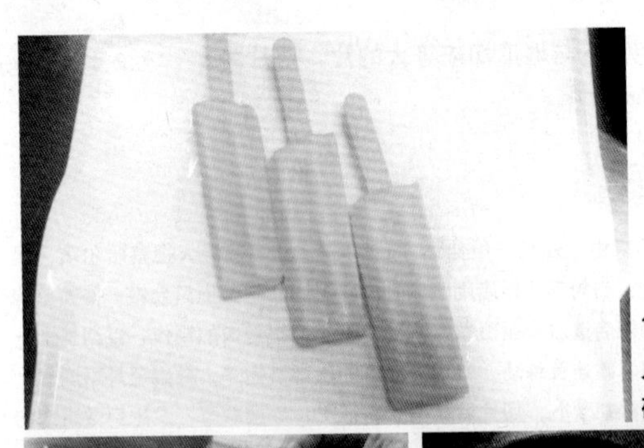
1.马迭尔冰棍入冰箱冻得越硬越好。

2.挂上脆皮糊。

3.入油锅炸至金黄膨胀。

酸瓜洋春卷

春卷是中餐里的常见菜式，酸黄瓜、黑胡椒则是俄餐里的风味辅料，行政总厨马威在春卷内卷黑胡椒味的酸黄瓜丝，成菜外香酥里酸爽，改变了传统春卷的味型，中俄结合、耳目一新。

原料：春卷皮8张，酸黄瓜100克，胡萝卜50克，里脊肉50克。

调料：黑胡椒碎10克，盐、味精、白糖各少许。

制作：①胡萝卜、酸黄瓜分别去皮，切成细丝。里脊肉切成丝。②胡萝卜丝飞水备用。③锅下底油烧热，加入里脊丝翻炒至熟，再下胡萝卜丝、酸黄瓜丝，调入黑胡椒碎、盐、味精、白糖中火翻炒均匀，做成黑椒酸瓜馅。④展开春卷皮，放入适量馅料包成春卷，用水淀粉封口，入五成热油中火炸至金黄色，捞出控油，出勺装盘即可。

特点：酸爽黑椒味，外脆里鲜。

大师点拨——

①酸黄瓜不但要去皮，还要去掉瓜瓤，因为瓜瓤水分大、籽多、易碎，如果炒成馅料包到春卷中，则油炸时它会散发大量水汽，容易把皮浸透或炸破。②黑胡椒是俄餐典型调料，因此炒馅时一定要加黑胡椒碎，风味更足。

同行探讨

董志伟：哈尔滨有三大特色——红肠、列巴、酸黄瓜，此菜选酸黄瓜做馅口味清爽、别致，值得借鉴。我建议酸黄瓜丝入馅时不要炒，直接拌匀卷入春卷内即可，否则两次加热会影响其酸鲜和爽脆。

1.酸黄瓜切丝。

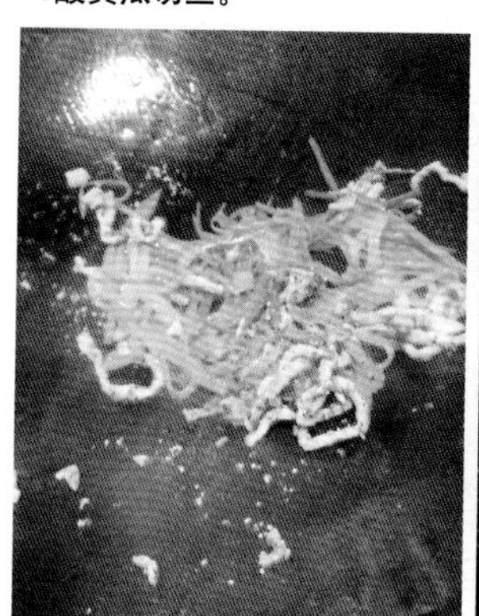

2.入锅加黑胡椒碎炒成馅。

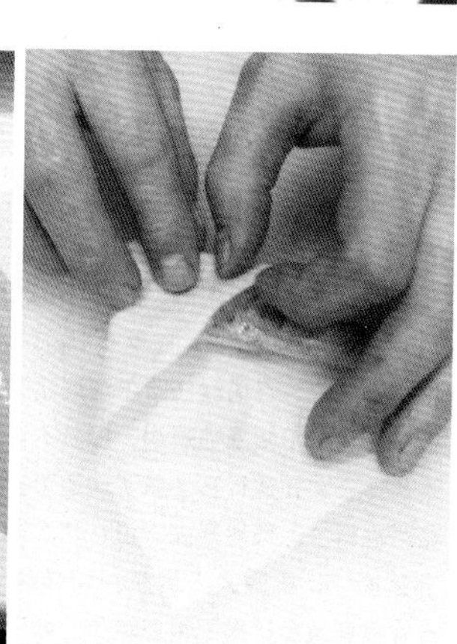

3.放入春卷皮内卷起来。

4.油炸至熟。

马上封侯

相传，清朝宣统二年（1910年），皇帝爱新觉罗·溥仪传旨召见时任哈尔滨滨江关道道员的施肇基。施道台一时不知是福是祸，惶恐不安。在进京前一晚，膳长郑兴文在送行宴上做了一道菜，用马哈鱼肉和猴头菇为主料。上菜后郑兴文说："大人，这道菜名为'马上封侯'，祝愿大人进京一切祥顺！"于是此菜以其吉祥寓意及新颖搭配得以流传。如今"马上封侯"也是"滨江官膳"里的一道代表菜，它将三江马哈鱼与东北猴头菇结合，水陆两鲜合璧，极有卖点。

1.发好的猴头菇切片，之后抹上鸡料子码放整齐。

2.马哈鱼切片，油炸后入锅加红酒烧焖。

提前预制：干猴头菇用温水浸泡至软，攥干水分后重新加温水继续浸泡至透，再次攥干，加温水浸泡，反复三次，之后放入盆中，加入高汤没过，调适量盐、味精、葱、姜，覆膜后上蒸箱旺火蒸2小时，取出后将猴头菇挤干汤水，再次放入盆中，重新加高汤、少许盐、味精，再次上蒸箱旺火蒸1小时，取出放凉。

走菜流程：①取出发好的猴头菇切成薄片，在其一面抹上鸡料子，然后码放到小碗中，放入蒸箱旺火蒸15分钟。②马哈鱼尾400克切成2厘米厚的椭圆片，洗净后入六成热油炸至金黄色，捞出控干。③锅下底油烧热，加入八角2个、蒜片5克、姜片5克炝锅，添高汤500克、红葡萄酒150克，放入鱼片，调入盐、醋各适量，大火烧开转小火煨15–20分钟，㸆干汁水之后起锅摆在盘子周围，在中间扣上蒸好的猴头菇即可上桌。

特点：鱼肉劲道咸香，有浓郁的葡萄酒香气；猴头菇鲜美透鼻。

大师点拨——

①猴头要反复浸泡、蒸制才可以去掉它本身的苦涩味、透出山珍的鲜味。如果只是简单的浸泡一遍、蒸透一次，则猴头菇又苦又干。②要选马哈鱼的尾部，其腹部因取鱼子而剖开，无法切成圆片。